KB150419

3판 의류학연구방법론

RESEARCH METHODOLOGY
IN CLOTHING & TEXTILES

3판

RESEARCH METHODOLOGY
IN CLOTHING & TEXTILES

의류학연구방법론

이은영 · 정인희 · 서상우 지음

교문사

의류학연구방법론은 본 저자에게 의미가 큰 책이다. 의류학 연구자로서의 첫걸음을 떼던 시절, 연구의 가장 기본적인 자세와 기초적인 지식을 갖게 해 준 의류학연구방법론 수업의 감동이 이 책에는 고스란히 담겨 있다. 의류학연구방법론을 정말 매력적으로 가르쳐 주신 지도교수님의 열정 어린 집필 작업을 초판부터 함께 할 수 있었던 만큼 애정이 깊은 책이기도 하다. 그리고 이제는 이은영 선생님께 대한 그리움이 켜켜이 쌓여가는 책이다.

학문이란 모름지기 앞에 있던 것에 새로운 것이 더해져야 발전하는 것이다. 그리고 그렇게 체계를 갖춘 지식과 이론은 끊임없이 새로운 세대로 전수되어야 한다. 의류학연구방법론이 의류학 연구자들에게 지식을 전수하고 이를 통해 의류학 발전을 이끌어 가는 데 작은 기여라도 하고 있기를 바라는 마음으로 제3판을 위한 개정 작업을 시작했다. 새롭게 모신 공저자는 의류학연구방법론을 무척이나 사랑하는 발군의 역량을 갖춘 연구자이기에, 제3판은 의류학연구방법론이 미래로 이어진다는 지속가능성을 상징하기도 한다.

이번 개정 작업을 통해 가장 크게 바뀐 부분은 통계분석 실습용으로 마련한 SPSS 활용 예제의 SPSS 버전이 10에서 25로 업데이트된 것이다. 그리고 일부 예제에서만 제공하고 있던 자료입력 그림을 모든 예제로 확대하여 삽입하였다. 본문 중 작은 부분이라도 지나간 시기와 관련된 표현은 현재의 시각에 맞게 수정하였고, 조절변수와 매개변수, 왜도와 첨도, IRB 등에 관한 내용은 새로 정리하였다.

이 책에서 제시한 사례나 연구예는 단순히 해당 방법론 관련 자료나 연구를 소개하는 데서 그치는 것이 아니라, 그 연구의 내용이나 결과를 의류학 연구자들과 공유하고자 하는 마음에서 선정하는 측면도 있다. 가급적 새로운 연구들도 포함해 나가고자 하여 제3판에서는 일부 연구예를 교체하게 되었다. 미처 저자들의 눈길이 미치지 못하는 좋은 연구들이 많을 것이기에 다음 개정을 위한 독자들의 추천을 기다리는 바이기도 하다.

한편 독자들은 제3판에서 예쁜 옷으로 갈아입은 의류학연구방법론을 만나실 것이다. 초판과 개정판의 흑백 인쇄에 컬러가 살짝 입혀졌다. 편집도 보다 세련미를 띠게 되었다. 많은 일을 정성스럽게 해 주신 김선형 편집자님과 제3판 작업이 차질없이 이루어지도록 한결같이 지원해 주신 진경민 대리님께 감사드린다. 그리고 의류학연구방법론을 비롯한 의류학 교재 출판을 통해 의류학의 발전을 견인하고 계시는 교문사의 류제동 대표님과 류원식 대표님께 깊은 감사의 말씀을 올린다.

2019년 2월
정인희

이 책이 출간된 지 벌써 8년이 되었고, 책임저자이신 이은영 선생님께서 고인이 되신 후로도 꼭 2년의 세월이 흘렀다. 선생님께서 수업을 하시는 도중 꼬박꼬박 수정 표시를 해놓으신 초판 2쇄본을 손에 쥐고도 행여 선생님께 누가 될까 선뜻 이 책에 새로운 옷을 입히는 일을 시작하지 못하다가, 더 이상 재고가 남지 않았다는 출판사의 연락을 받고 부랴부랴 일부 내용을 다듬고 보완한 개정판을 선보이게 되었다.

본 개정판은 그동안 연구방법론 관련 강의를 하면서 저자 스스로도 설명이 어려웠던 부분을 다른 시각으로 재정리하고, 학생들의 이해를 돕기 위해 보충이 되면 좋겠다고 생각했던 내용들을 추가한 것이다. 용어나 서술 방식에 대한 수정 이외에 초판과 다른 주요 내용은 다음과 같다.

먼저 제1장에서는 과학적 접근의 기준을 다시 정리하고, 연구 유형을 구분함에 있어 적절한 관점을 부여하였으며, 메타분석에 관한 설명을 추가한 후 여러 연구 유형에 따른 연구사례들을 보충하였다. 제2장에서는 문헌조사 관련 내용을 업데이트하였다. 제6장에서는 무작위블록설계(난괴설계)와 라틴스퀘어설계에 관한 실험설계 방법을 추가하였다. 그리고 제8장에서 제17장까지의 SPSS 활용 예제 중 일부에 대해서는 자료입력(코딩) 방법을 그림으로 제시하여 학생들의 SPSS 활용 실습을 효율적으로 지도하는 데 도움이 되도록 하였다.

의류학을 전공하는 대학원생 및 학부생들의 교육에 이 책을 활용하시는 여러 대학의 교수님들, 그리고 의류학 분야의 연구에 이 책을 펼쳐 도움을 구하는 여러 연구자들께 깊은 감사를 드린다. 이분들로 인하여 의류학의 연구방법론은 더욱 발전해 나가는 것이다. 부디 교육 과정에서나 연구 과정에서 수정이나 추가 내용의 필요성을 느끼는 부분이 있다면, 그리고 여러 독자들과 공유하고 싶은 우수한 연구사례가 있다면 언제든지 주저 말고 저자에게 연락주시기를 바라며, 본 저자의 역량이 미치는 한 수요자의 요구를 섬세하게 반영해 나갈 것을 약속드린다.

이 책을 통해 이은영 선생님의 의류학에 대한 애정과 올바른 연구방법론의 교육에 대한 의지가 이어지기를 바라며, 개정 과정을 잘 이끌어주신 교문사의 류제동 사장님께 감사드린다.

2010년 1월
정인희

시중에 나가 보면 수많은 연구방법론 책들이 나와 있다. 그런데도 굳이 '의류학연구방법론'을 발간하기로 마음먹은 데는 몇 가지 이유가 있다.

우선, 연구방법론은 도구(tool)이기 때문이다. 좋은 도구를 가지고 있으면 좋은 결과를 낼 수 있고, 도구가 부실하면 좋은 결과를 기대하기 어려운 것은 당연한 일이다. 대부분의 대학원에서 연구방법론을 필수로 이수하는 이유가 여기에 있다. 따라서 의류학을 연구하는 사람들이 좋은 연구를 하고, 결과적으로 의류학이 학문적으로 발전하기 위해서 '의류학연구방법론'이 필요하다고 생각한다.

두 번째 이유는, 의류학이 응용과학이면서 동시에 종합과학의 성격을 갖기 때문이다. 의류학에는 재료나 환경의 자연과학적 특성, 사회심리나 마케팅의 사회과학적 특성, 복식사나 미학의 인문학적 성격이 함께 공존하고 있으며, 이들이 합쳐져서 의류학의 학문적 특성을 이룬다. 따라서 이런 다양한 접근방법을 함께 소개하는 연구방법론이 필요하다고 생각해왔다.

마지막으로, 개인적으로 20여 년간 대학원에서 '의류학연구방법론'을 강의하면서 만들어진 강의 노트를 많은 사람들과 나누고 싶었다. 의류학의 특성상 여러 접근방법이 함께 있는 교재를 찾기 어려워 강의용 교재를 만들어 사용하다 보니 책으로 만들어 보고 싶은 욕심이 들었다.

이 책은 크게 두 부분으로 구성되어 있다. 제1부는 연구설계과정에 필요한 내용이고, 제2부는 수집된 자료를 분석하는 기법들에 대한 내용이다. 내용을 정리하면서 중요하게 생각했던 점은 의류학의 학문적 특성을 살려서 되도록 의류학의 여러 분야들을 포괄적으로 고르게 다루고자 한 것이다. 그러나 아무래도 저자들의 전공 영역이 패션마케팅이기 때문에 이 부분의 내용이 많이 있고, 상대적으로 자연과학의 연구설계, 질적 연구, 문헌연구 부분들이 소홀히 다루어졌다. 이런 점들은 앞으로 계속 보완해 나가려고 한다.

1970년대 통계 패키지가 소개되기 시작한 이후 컴퓨터의 발달과 함께 통계 패키지를 사용하는 사람들의 수는 엄청나게 증가하였다. 다양한 통계 패키지가 사용자에게 편리하도록 지속적으로 개발되고, 연구자들이 진실을 규명하는 데 통계분석이 유용하다는 믿음을 갖게 되면서 많은 연구자들이 통계의 소비자가 되었다. 의류학 연구자들도 이러한 통계 소비자라는 생각으로 기법 자체보다는 활용에 좀더 비중을 두고 내용을 구성하였다.

의욕만 가지고 가볍게 출발한 집필에 수년을 보냈지만, 다행스럽게도 그 과정에서 십여 년간 같은 학문의 길을 걸어온 젊고 유능한 공저자를 만나 이 책을 완성하게 된 것을 매우 감사하게 생각한다. 막상 출판하려니 아쉽고 미흡한 점이 한두 가지가 아니지만, 많은 선후배, 동료의 비판과 의견을 들어 계속 보완해 나갈 것을 약속하며, 점 하나라도 틀리면 안되는 까다로운 편집과정을 성실히 수행해준 교문사 양계성 편집부장과 이 책을 출판해준 류제동 사장님께 감사한다.

2002년 2월
이은영

CONTENTS

18 CHAPTER

기타 고급통계분석 388

1
PART

연구
설계

1
CHAPTER

연구의 기초

1 의류학 연구의 개념

연구는 현상에 대한 의문으로부터 출발한다. 자연과학 연구는 자연현상에 대한 의문으로부터, 사회과학 연구는 사회현상에 대한 의문으로부터 출발한다. 의류학 연구는 의복이라는 구체적인 대상을 중심으로, 이와 관련된 현상에 대한 의문으로부터 출발한다. 의복을 대상으로 하여 나타나는 현상 중에는 자연적 현상도 있고 사회적 현상도 있다. 따라서 의류학 연구는 과학적 문제해결이라는 연구의 기본을 따르면서 자연과학적 방법론과 사회과학적 방법론을 모두 사용하여 이루어진다. 의복과 관련된 다양한 의문들이 연구문제가 되고, 연구문제에 대한 해답의 추구과정이 과학적으로 이루어질 때 진정한 '의류학 연구'라 할 수 있다.

| 과학적 접근의 기준 |

현상에 대하여 의문을 갖고, 그러한 현상의 원인을 규명하고자 할 때 사용할 수 있는 방법은 다양하다. 예컨대 세탁이 이루어지는 현상에 대하여 관심을 갖고 어떤 세탁 방법에 의해 세탁이 가장 잘 되는지 알고 싶을 때, 사람들은 자신의 과거 경험, 자신이 권위를 인정하는 다른 사람의 의견, 자신이 주위에서 접하는 사람들의 경험에 의존하거나 아니면 자신이 직접 몇 번 세탁을 해보고 스스로 결론을 내릴 수 있다. 그러나 이런 방법으로 내린 결론들은 상식은 될 수 있지만 과학적 결론은 되지 못한다. 그 이유는 결론에 이르는 과정이 과학적으로 접근되지 못하였기 때문이다. 과학적 접근이라고 불리기 위해서는 다음과 같은 기준에 맞아야 한다.

실증성

과학적 연구의 대상이 되기 위해서는 우선 실증이 가능하여야 한다. 즉, 실증될 수 없는 추상적 내용은 과학적 연구의 대상이 되지 못한다. 실증성은 연구대상에의 접근 가능성과 연구하고자 하는 개념의 명료성이라는 두 가지 조건을 모두 충족시킬 때

획득되는 것이다.

연구대상에의 접근 가능성이란 연구하고자 하는 자료를 얻을 수 있는가에 관한 것이다. 과거의 복식을 연구하고 싶다 하더라도 실증을 위한 아무런 자료가 없다면 연구는 불가능하다. 어떤 물질을 합성하여 만든 신소재의 물성을 측정하고 싶다고 하더라도 물질의 합성 자체가 예측했던 대로 이루어지지 않는다면 연구를 진행할 수 없다.

또한 과학적으로 접근되기 위해서는 변수로 선정된 요인들의 개념이 명확하여야 한다. 보는 사람들의 관점에 따라서 다양하게 이해되는 모호한 개념은 제대로 측정될 수 없다. 따라서 추상적 개념이 연구의 변수가 될 때는 이를 실증 가능하도록 조작화하는 과정이 필요하다. 예를 들어 의복의 쾌적성에 대해서는 사람마다 다른 정의를 내릴 수 있으므로, 연구를 위해서는 적정 피부온을 유지하는 상태라거나 의복착용자의 주관적 온열 쾌적감 등으로 명확하게 규정해 줄 필요가 있다. 소비자 혁신성도 어떤 제품을 시판 초기에 구매하는 특성이라고 규정한다면 실증 가능한 변수가 된다.

체계성

대부분의 연구에서는 현상을 설명하기 위해 현상의 원인을 규명하게 된다. 이때 원인이 될 것으로 기대되는 요인(변수)들은 체계적으로 변화시키고 나머지 요인들은 통제함으로써 특정 변수의 효과를 명확히 밝힐 수 있다.

어떤 세탁방법이 가장 효과적인지 알기 위해서는 세탁에 영향을 미치는 세탁조건들, 예컨대 세탁온도나 세제조성 등을 체계적으로 변화시키며 투입하여야 한다. 즉, 세탁온도의 영향을 알려면 온도를 달리한 몇 개의 조건 하에서 세탁실험을 해야 하며, 세제조성의 효과를 알고자 하면 세제조성을 체계적으로 조작한 세제를 이용하여 세탁실험을 해야 한다.

이와 더불어, 체계적으로 투입한 변수들의 영향을 명확히 알기 위해서는 통제도 적절히 이루어져야 한다. 즉, 세탁효과에 대한 온도의 영향을 명확히 알기 위해서는 세제의 종류, 세액의 농도, 옷감의 종류 등을 동일하게 통제한 상태에서 온도를 변화시켜야 한다.

전통 복식미의 변천을 연구하고자 할 때에도 시대별, 미적 요인별 체계화와 통제가 필요할 것이다. 또한 패션 광고의 효과를 알고자 할 때에는 매체, 모델, 소구점 등 광고 요인에 대한 체계화와 통제가 있어야 한다. 이와 같이 체계적으로 투입한 변수들의 영향력을 통하여 원인과 결과 사이의 규칙성을 규명할 수 있으며, 이때 규명된 변수들 사이의 관계는 과학적 이론이 된다.

객관성

과학은 측정의 객관성에서부터 비롯된다고 해도 과언이 아닐 만큼 측정의 객관성은 과학적 접근의 중요한 기준이다. 측정하고자 하는 변수가 무엇이든 이들이 객관적으로 측정되지 못하면 과학적 연구가 될 수 없으며, 객관적 측정이 가능할 때에는 연구의 대상이 자연현상이든 사회현상이든 모두 '과학'으로 불린다. 즉, 세척률, 온열감, 유행관여, 의복의 맞음새와 같은 연구 변수들이 객관적으로 측정될 때 의류학 연구도 과학적 접근 방법을 따르는 것이라 할 수 있다.

과학적 연구방법의 발달은 객관적 측정방법의 발달로 인해 가능하므로, 여러 연구 분야에서는 이를 위한 노력이 지속적으로 이루어지고 있다. 자연과학 분야에서는 정확하고 객관적인 측정을 위한 기기가 계속 개발되고 있으며, 사회과학 분야에서는 타당도와 신뢰도가 높은 척도의 개발을 위해 노력하고 있다. 의류학 연구에서도 세척률을 시료의 표면반사율로 측정하는 것, 온열감을 피부온으로 측정하는 것, 유행관여를 질문 문항에 대한 반응으로 측정하는 것, 의복의 맞음새를 관능검사로 측정하는 것 등 객관적 측정을 위한 여러 가지 방법이 개발되어 왔다.

신뢰성

과학적 접근의 기준에 맞게 진행된 연구는 동일한 연구자나 다른 연구자에 의하여 반복 연구될 때 동일한 결과를 내기 마련이다. 바꾸어 말하면, 반복연구의 결과에 일관성이 결여된다는 것은 과학적으로 접근되지 못하였거나 우연에 의하여 얻어진 결과일 가능성이 높다는 것이다. 따라서 신뢰성은 과학적 연구 여부를 판정하는 기준이 된다.

그런데 신뢰성을 얻기 위해서는 실증성과 체계성, 객관성의 선행 요건들이 모두 충족되어야 한다. 즉, 연구하고자 하는 개념이 명료해야 체계적이고 객관적인 측정이 가능하며, 측정이 체계적이고 객관적으로 이루어져야 신뢰성 있는 결과를 얻을 수 있다.

| 과학적 접근의 결과 |

연구가 과학적 접근의 기준에 맞게 진행되었을 때, 연구의 결과들은 다음과 같은 기여를 할 수 있다.

첫째, 현상에 대한 정확한 기술(記述, description)을 할 수 있다. 예컨대, 모섬유의 보온성은 어느 정도인가, 우리나라 국민의 체형은 어떠한가, 우리나라 국민의 의복비 지출 실태는 어떠한가, 소비자들의 의복 스타일에 대한 선호는 어떠한가 하는 내용들은 모두 현상 또는 현재 상태를 알고자 하는 연구문제들이며, 이러한 주제에 대한 과학적 접근의 결과로 이러한 현상 또는 상태에 대하여 정확히 파악할 수 있다.

둘째, 규칙성을 발견할 수 있다. 현상에 대한 기술만으로 만족하지 않고 현상을 일으키는 원인을 규명하고자 할 때는 규칙성을 밝히는 연구가 필요하다. 예컨대, 모섬유의 보온성이 높은 이유가 함기량 때문이라고 생각되면 모섬유의 함기량을 다른 섬유들과 비교함으로써 함기량과 보온성 사이의 규칙성을 밝힐 수 있다. 또한, 의복비 지출이 소비자의 개인적 특성에 따라 어떤 차이를 보이는지 연구함으로써 소비자 특성과 의복비 지출 사이의 규칙성을 밝힐 수 있다. 이와 같이 변수들 사이의 관련성을 밝힘으로써 현상을 일으키는 요인을 설명할 수 있으며, 나아가서 이러한 결과를 활용하면 조건이 변화할 때 어떤 결과를 보일 것이라는 예측도 가능해진다.

셋째, 이론과 법칙을 정립할 수 있다. 연구문제를 발견하고 과학적 접근방법에 따라 연구를 진행하였을 때, 연구의 결과들은 이론과 법칙 등 지식의 체계를 형성하게 된다. 체계화된 지식이 학문이므로, 연구의 결과는 학문의 축적에 기여하게 되는 것이다. 의류학과 같은 응용학문의 경우, 이론 정립의 역사가 짧기 때문에 특히 이를 위한 노력이 필요하다. 의류학의 이론 정립을 위해서는 기초학문과 차별화되는 의류학의 고유성이 있어야 하며, 연구문제의 도출이 선행연구들의 이론적 뒷받침 아래에서 이루어져야 한다. 하나의 이론이나 법칙이 되기 위해서는 어떤 연구결과가 수많은 연구들에 의하여 확인되고 보편성을 획득하는 과정을 거쳐야 하므로 각 개별 연구결과를 선행연구와 비교 검증하는 것은 매우 중요하다.

이론 정립의 예

Rogers와 Shoemaker(1971)의 'Communication of Innovations' 부록에는 혁신의 확산과 관련된 수많은 연구결과들을 귀납적으로 일반화시킨 내용들이 나와 있다. 이러한 과정을 통하여 중범위이론의 정립이 가능하다. 그중 몇 개를 소개하면 다음과 같다.

"집단 구성원들이 지각하는 혁신의 가시도(observability)는 채택률과 정적 상관을 갖는다."는 명제에 대한 연구가 9편 발표되었는데, 그중 78%인 7편은 이것을 지지하는 결과를 보였고, 2편은 지지하지 못했다.

"혁신의 초기 채택자는 연령에 있어서 후기 채택자와 차이가 없다."는 명제에 대한 연구가 228편 발표되었는데, 그중 19%인 44편은 초기 채택자가 연령이 낮다는 결과를, 48%인 108편은 차이가 없다는 결과를, 33%인 76편은 초기 채택자의 연령이 높다는 결과를 보였다.

"집단의 규범이 변화지향적일 때 의사선도자들은 혁신성향을 가지며, 집단의 규범이 전통적일 때 의사선도자들은 특별히 혁신성향을 갖지는 않는다."라는 명제에 대한 연구가 9편 발표되었는데, 그중 78%인 7편은 이것을 지지하는 결과를 보였고, 2편은 지지하지 못했다.

"다른 계층의 사람들 사이에서 상호작용이 일어날 때 추종자들은 자신보다 높은 계층에서 의사선도자를 찾는다."는 명제에 대한 연구가 11편 발표되었는데, 11편 모두 이를 지지하는 결과를 보였다.

이와 같이 많은 연구가 일치된 결과를 보일 때는 귀납적으로 일반화된 명제가 이론으로 성립되며, 일치되지 않는 결과를 보이는 명제에 대해서는 계속적인 연구를 통한 이론화 작업이 이루어지게 된다.

2 연구의 유형

대부분의 연구는 '현상'을 설명하고자 하는 목적으로 이루어진다. 즉, 현상을 일으킨다고 생각되는 변수들 사이의 관련성을 규명함으로써 특정한 현상이 나타나는 이유를 밝히고, 그 이유를 앎으로써 현상에 대한 예측력을 높이기 위하여 연구를 수행한다.

연구문제에 대한 해답을 얻을 수 있는 방법에는 여러 가지가 있다. 그중에서 연구문제에 가장 적절한 방법을 선택하여 연구를 진행하게 되는데, 연구가 어떤 방법으로 진행되었는지에 따라 연구의 유형이 결정된다.

| 논리 전개 방식에 따른 분류 |

현상을 결정하는 요인을 밝히는 방법으로는 이론으로부터 원인을 추리하는 이론연구 방법과, 현상을 분석하여 원인이 되는 요인을 추리하는 현상연구방법이 있다. 전자를 연역적 방법(deduction), 후자를 귀납적 방법(induction)이라 한다.

연역적 방법

연구는 항상 새로운 것의 발견을 위하여 이루어지기 때문에 현재까지 밝혀진 이론들의 확인만으로는 부족하고, 이를 기초로 하여 새로운 미지의 상황에 대한 추론을 하게 된다. 이와 같이 일반적 원리에서 미지의 사례를 추론하는 방법을 연역적 방법이라 한다. 연역적 방법으로 추론된 내용이 사실인지 여부를 판정하기 위하여 실증적 연구가 함께 사용되기도 한다. 그러나 이때 실증적 연구의 결과는 추론된 내용의 사실 여부 판정에 사용될 뿐 이 자료로부터 새로운 사실을 규명하는 것이 중요한 것은 아니다. 그림 1-1에서 보는 바와 같이 두 변수 사이의 관계가 이론적으로 연역되고, 실증적 자료로써 이 관계가 확인되면 처음 연역된 관계를 규명하는 결론을 내리게 된다.

연역적 방법의 장점으로 다음과 같은 점들을 들 수 있다.

첫째, 설명력 있는 요인(변수)의 추출이 가능하다. 지금까지 그 현상에 대하여 연구해 온 선행연구들과 이미 이론으로 정립된 내용들을 살펴보면, 아직 밝혀지지 않은 부분이 무엇이며 이것을 설명하기에 가장 적절하다고 판단되는 요인이 무엇인지 알수 있다. 즉, 연구의 내적 타당성을 높일 수 있는 변수의 선정이 가능하다.

그림 1-1
연역적 연구의
결론 도출과정

이론적 연역   실증적 검증   결론의 도출

둘째, 결과에 대한 논리적 설명이 가능하다. 연역적 연구방법은 변수들 사이의 관계가 이미 이론적으로 예측된 상태에서 이루어지므로, 연구결과가 나왔을 때 왜 이런 결과가 나왔는지 이론적 뒷받침을 가지고 논리적으로 설명할 수 있다. 경우에 따라서는 이론적으로 예상되었던 관계와 다른 결과를 보이기도 하는데 이런 경우에도 왜 다른 결과가 나왔는지 나름대로 설명해 볼 수 있다. 그러나 이론적 근거가 취약한 현상연구의 경우는 예상했던 관련성이 나오지 않았을 때 연구로서의 가치를 상실하게 된다.

셋째, 학문의 발전에 기여한다. 학문이란 법칙과 이론이 축적된 것이므로 기존의 이론에 근거하여 새로운 사실을 규명하고자 하는 연구는 학문의 발전에 기여할 수 있다.

이에 반하여 연역적 방법은 다음과 같은 제한점도 갖는다.

첫째, 새로운 분야에는 적용이 어렵다. 새롭게 관심의 대상이 되는 현상에 대해서는 축적된 이론이나 연구가 적기 때문에 이론적 연역이 어렵다. 그래서 의류학을 비롯한 대부분의 응용학문은 관련되는 기초학문의 이론을 원용하여 이론적 연역을 한다.

둘째, 변수의 선정과 사고에 제약을 받게 된다. 지금까지 연구대상이 되어왔던 변수들 위주로 이론이 구성되어 있기 때문에 자연히 이를 답습하게 된다. 따라서 새로운 발상이나 사고의 전환 등 혁신적 아이디어를 얻기 어렵다.

이상과 같은 장단점을 알고, 가급적 단점을 보완하면서 장점을 살리는 것이 필요하다.

귀납적 방법

귀납적 연구방법에서는 개개 상황들로부터 일반적 원리를 이끌어낸다. 귀납적 연구는

실증적 자료수집

자료의 분석

그림 1-2
귀납적 연구의
결론 도출과정

결론의 도출

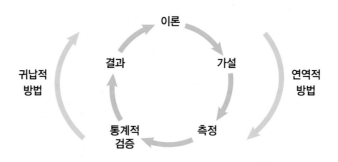

그림 1-3
연역적 방법과
귀납적 방법의
상호보완성

실증적 연구를 통하여 이루어지며, 실증적 연구를 통하여 얻은 자료를 분석하여 연구의 결론을 내리게 된다.

연역적 방법이 이론으로부터 출발하여 새로운 상황을 추리하는 데 비하여, 귀납적 방법은 그림 1-2와 같이 개별 상황의 자료로부터 출발하여 이론을 구성한다. 따라서 그림 1-1과 비교하였을 때, 동일한 자료임에도 불구하고 서로 다른 결론을 내리게 되는데, 연역적 연구의 결론이 이론적 추리를 확인하는 것임에 비해 귀납적 결론은 실증적 자료에 따른 것이다.

이와 같이 접근하는 방향이 반대이기 때문에 서로의 장단점도 반대이다. 즉, 연역적 연구의 장점이 귀납적 연구에서는 미흡한 부분이 되며, 연역적 연구의 단점이 귀납적 연구에서는 장점이 된다. 귀납적 연구의 장점으로는 기존연구의 틀에 얽매이지 않고 자유로운 발상으로 연구에 임할 수 있다는 점을 들 수 있으나, 이런 특성은 자칫 연구로서의 가치에 대한 비판을 가져올 수 있는 귀납적 연구의 단점이 되기도 한다. 예컨대, 변수 Y를 설명할 수 있으리라고 생각되는 새로운 변수 X를 도입하여 귀납적 연구를 수행하였을 때, 만일 변수 X가 변수 Y에 대하여 설득력이 있으면 새로운 원리를 끌어낼 수 있지만 그렇지 못할 경우에는 연구로서의 가치를 인정받기 어렵다.

연역적 방법과 귀납적 방법의 상호보완성

의류학과 같이 새롭게 체계를 잡아가는 응용학문의 경우, 이론적 기반이 비교적 약하기 때문에 귀납적 연구에 치중하는 경향이 있다. 그러나 학문의 축적을 위해서는 이론적 연구가 중요하므로 이론적 연구로부터 추론된 내용을 귀납적 방법으로 검증하는 그림 1-3과 같은 상호 보완적인 연구가 효과적이다.

| 현상 탐구 방법에 따른 분류 |

현상을 보고 이를 객관화하는 과정에는 다음의 두 가지 접근방법이 있다. 하나는 연구하고자 하는 구체적인 내용인 변수를 선정하고 이를 측정 가능하도록 조작화 (operationalize)하며 조작화된 내용에 따라 변수를 수량화하는 방법이고, 다른 하나는 현상을 전체적으로 보고 있는 그대로 다루는 자연주의적 접근방법이다. 전자를 양적 연구(量的研究, quantitative research)라 하고, 후자를 질적 연구(質的研究, qualitative research)라 한다.

양적 연구

과학의 발달은 양적 연구의 발달과 함께 진행되었다. 우리 주위에서 관찰되는 대부분의 현상들은 상당히 많은 요인들이 복합적으로 작용하여 나타나는 결과들이기 때문에 이를 대상으로 과학적 연구를 진행하려면 양적 연구가 불가피한 것이다. 양적 연구의 기본적인 개념은 과학적 연구의 기본개념을 그대로 따라, 변수의 선정과 조작에서 실증성, 체계성, 객관성 등을 중요시한다. 즉, 현상에 대하여 설득력이 클 것으로 기대되는 변수를 선정하여 이를 체계적으로 연구에 도입하며, 변수의 개념을 명료하게 하고, 개념에 맞도록 객관적으로 측정함으로써 변수들 사이의 관련성을 실증하는 것이다.

과학적 연구는 양적 연구방법으로 진행되는 경우가 대부분이기 때문에 이 책에서 다룰 통계분석 내용들은 모두 양적 연구에 따라 수량화된 자료들을 대상으로 한 것이다. 그러나 최근 양적 연구방법에 지나치게 치중한 나머지 현상 전체를 보지 못하고 변수화된 조각들만 보게 되는 것에 대한 비판과 함께 측정과정에서 신뢰성을 높이기 위하여 타당성이 희생되는 등의 문제점이 지적되면서 이에 대한 보완책으로 질적 연구의 가치가 거론되고 있다.

질적 연구

질적 연구는 인류학자들의 접근방법으로 출발하였으나 최근에는 여러 학문 분야에서 양적 연구의 보완방법으로 관심의 대상이 되고 있다. 밖으로 드러나는 현상은 여러 요인이 복합적으로 상호작용하여 나타나는 것이기 때문에 특정 부분을 분리하여 보아서는 전체를 제대로 이해할 수 없고, 따라서 전체를 하나로 보아야 한다는 것이 질적 연구에서 채택하는 관점이다. 또한 현상을 보는 연구자의 시각을 존중할 뿐 아니라 더 나아가 연구자의 판단에 의한 맥락적 관점을 중요시하여 연구자 자체가 연구도구(human instrument)로서의 기능을 하도록 한다.

Lincoln과 Guba(1985)는 질적 연구의 과정을 연구의 흐름에 따라 다음과 같이 제시하였다.

- 모든 연구는 통제되지 않은 자연스러운 상황에서 이루어진다.
- 규격화된 척도가 아니라 연구자 자신이 조사에 투입되어 자료를 수집한다.
- 언어로 명시되는 지식보다 직관에 따른 지식이 더 가치 있게 사용된다.
- 직관에 따른 지식과 질적 방법을 통해 정보제공자(informant)들을 표본추출하고 만난다.
- 조사 와중에 연구설계가 이루어지고 수정되며 이와 동시에 귀납적 자료분석이 행해지는데, 조사 내용에 더 이상의 진전이 없을 때까지 이 과정이 반복된다.
- 수집 자료에 근거한 가설적 이론을 세우고 결과를 토의한다.
- 조사한 사례에 대하여 보고한다.

이러한 질적 연구의 특징은 양적 연구에 익숙한 관점에서 보았을 때 과학적 접근의 요건을 충족시키지 못하는 듯 보이기도 하며, 실제로 능숙한 연구자에 의하여 수행되지 않으면 연구로서의 가치를 상실할 위험성도 있다. 그러나 질적 연구가 갖는 장점을 충분히 인식한다면 이러한 접근방법의 도입은 노력할 만한 가치가 있는 일이다.

연구예 **양적 연구와 질적 연구의 비교 연구**

Lennon, S. (1990). Clothing and changing sex roles: Comparison of qualitative and quantitative analysis. **Home Economics Research Journal, 18**(3), 245–254.

이 연구는 1953~1988년에 미국 텔레비전에서 상영된 세 편의 시트콤을 분석하여 각 시트콤에 등장한 인물들의 성역할과 그들의 의복에 표현된 여성성과 남성성의 관련성을 본 것이다. 자료수집은 양적 분석과 질적 분석의 두 가지 방법으로 이루어졌으며, 이 두 가지 방법으로 수집한 자료는 매우 유사한 결과를 나타내어 두 방법이 모두 연구에서 타당한 방법으로 사용될 수 있음을 보였다.

양적 연구와 질적 연구의 상호보완성

현상을 연구함에 있어서 양적 연구방법과 질적 연구방법은 상호보완적으로 적용될
수 있는데, 양적 연구방법은 신뢰도를, 질적 연구방법은 타당성을 높이는 데 더 효과

질적 연구방법에 관한 연구

연구예

Spiggle, S. (1994). Analysis and interpretation of qualitative data in consumer research. **Journal
of Consumer Research, 21**(3), 491–504.

질적 연구방법을 사용하는 연구자들이 거쳐야 하는 근본적 활동내용인 자료분석과 해석의 단
계들을 제시하고 있다. 범주화(categorization), 추상화(abstraction), 비교(comparison), 차원화
(dimensionalization), 통합(integration), 반복(iteration), 논박(refutation)의 단계 및 질적 연구기법을
이용하여 결론에 도달하고 자료에 의미를 부여하는 과정에 대한 내용을 담고 있다.

질적 연구

연구예

민동원 (1999). **의복의 상징적 소비에 관한 질적 연구.** 서울대학교 대학원 박사학위논문.

이 논문에서는 질적 연구방법 중 문화기술적 면접기법이 사용되었다. 의복의 상징적 의미를 찾고 이
러한 상징적 의미가 구매 및 사용과 어떻게 연결되는가를 규명하기 위해서 심층면접을 행하였으며,
처음에는 넓고 얕게 시작하여 점차 좁고 깊게 들어가는 발전적 연구순서에 따라 결과를 찾고 해석
해 나가는 기법을 사용하였다. 양적 연구로 얻기 어려운 내적 의미수준을 발견하였으며, 이는 구매
와 사용에 결정적인 영향을 미치는 것으로 밝혀졌다.

질적 연구

연구예

김경미 (1996). **고객 특성을 통해 본 소규모 의류샵의 판매전략과 기능.** 서울대학교 대학원 석사학위
논문.

연구자는 실제로 한 소규모 의류점포에서 근무하며 참여 관찰 연구를 수행함으로써 자료를 수집하
였다. 한정된 공간에서 일어나는 고객들의 행위와 담화를 통해, 그들이 갖는 의복 가치와 의복외적
가치를 파악하였다. 그리고 이러한 고객의 특성을 반영한 점포의 판매전략과 기능, 단골들이 이 점
포를 애용하는 요인에 대해서도 살펴보았으며, 더 나아가 이러한 특성을 계층적 특성과 연결시킴으
로써 일반화를 시도하였다.

적이다. 즉, 양적 방법으로 객관화시킨 자료는 반복 연구될 경우에도 동일한 결과를 낼 수 있어 연구결과에 대한 신뢰도가 높은 반면에, 질적 방법으로 수집된 자료는 실제로 나타나고 있는 현상을 그대로 받아들이기 때문에 높은 타당성을 보이게 된다.

질적 방법에 의하여 확인된 사실이 양적 방법에 의하여 검정될 수 있으며, 양적인 방법에 의한 결과의 구체적인 내용을 질적 방법으로 심도 있게 밝혀낼 수도 있다. 전자의 예로는 세탁기에 대한 소비자불만족을 연구하고자 할 때 주부들을 대상으로 표적집단면접을 실시하여 세탁기를 사용하면서 경험하는 불만족들을 자유롭게 논의하도록 한 후, 중요한 문제점으로 대두된 몇 가지 요인에 대하여 실험연구를 수행하는 것을 들 수 있다. 또한 후자의 예로는 양적 방법으로 의복 구매 시 사용하는 평가기준에 따라 소비자를 유형화한 후, 각 유형별로 전형적인 소비자를 선정하여 이들을 대상으로 심층면접을 실시하는 연구를 들 수 있다.

이와 같이 질적 연구와 양적 연구는 상호보완적인 관계로 활용될 수 있다. 1990년 대 질적 연구방법의 도입 이후, 최근 패션마케팅 분야의 연구에서는 질적 연구와 양적 연구를 병행하여 탐색과 확인 과정을 통해 현상을 규명하는 사례들이 증가하고 있다.

| 연구자료에 따른 분류 |

연구자료에 따른 연구의 유형은 학자에 따라 약간씩 다르게 제시되나, 의류학의 경우 다음과 같은 유형으로 구분할 수 있다. 즉, 문헌자료에 근거하여 새로운 사실을 밝히는 문헌연구(documentary research), 연구자가 직접 설계한 조사 및 실험 과정을

연구예 **양적 연구와 질적 연구의 상호보완 연구**

서상우 (2010). **패션 브랜드 진정성의 속성과 척도 개발.** 서울대학교 대학원 박사학위논문.

이 연구는 진정성에 대한 선행연구가 많지 않은 상황에서 패션 브랜드 진정성의 속성과 척도를 개발하기 위해 질적 연구와 양적 연구를 병행하였다. 질적 연구로 일대일 심층면접을 통해 소비자가 지각하는 패션 브랜드의 진정성 속성을 확인하고 이를 유형화하였다. 양적 연구에서는 질적 연구에서 나타난 패션 브랜드 진정성의 속성을 통계적으로 검증하고 척도를 개발하였다.

통하여 측정하고 검증하는 실증연구(empirical research), 사례를 통하여 기존에 알려지지 않은 사실을 탐색하는 사례연구(case study), 그리고 여러 양적 연구결과들을 통합하여 분석함으로써 특정 연구문제에 대한 결과의 일반화를 꾀하는 메타분석(meta analysis) 등으로 나눌 수 있다.

문헌연구

연구를 통하여 밝히고자 하는 새로운 사실이 문헌자료를 통하여 규명될 수 있을 때 문헌연구가 된다. 문헌연구는 문헌자료를 통하여 밝히고자 하는 내용에 따라서 다시 역사적 연구(historical research), 비판적–분석적 연구(critical–analytical research), 가설도출연구(hypothesis generating research) 등으로 구분된다. 문헌연구에는 문헌에 제시된 내용을 수량화하는 양적 연구도 포함된다.

연구의 기본이 되는 자료가 문헌으로부터 얻어지기 때문에 문헌자료의 선정과정이 매우 중요하다. 예컨대 특정시대의 복식을 규명함에 있어서도 문헌의 대표성, 전형성

그림 1–4
연구자료에 따른
연구의 유형

등에 대한 충분한 고려가 있어야 한다. 또한 문헌연구는 논지를 밝히는 데 사용된 내용에 대해 문헌자료를 정확하게 제시하는 것이 중요하므로 각주방식으로 참고문헌을 제시하는 경우가 대부분이다.

역사적 연구

역사적 연구는 문헌을 통하여 '과거의 사실'을 새롭게 규명하거나 과거의 사실에 대하여 새로운 해석을 제시하는 연구이다. 복식사 연구가 전형적인 역사적 연구에 해당되며 '신라시대 관복에 관한 연구'와 같이 과거의 사실을 밝혀내어 기술하는 연구 이외에 건축과 복식의 관련성이나 예술과 복식의 관련성을 규명하는 것처럼 과거에 있었던 관계의 규명도 중요한 연구주제가 된다.

현재를 대상으로 현상을 기술하거나 관련성을 규명하는 연구가 이루어지는 것과

연구예   **역사적 연구**

박현정 (2016). 조선 초기 태조어진 봉안의식에서 관찰사의 역할과 관복 –『세종실록』을 중심으로–. **한국의류학회지, 40**(5), 801–814.

이 연구는 『세종실록』 세종1년(1419), 세종24년(1442), 세종25년(1443)의 태조어진 봉안의주를 통해 조선 초기 태조어진 봉안의식에서 관찰사의 관할구역 내 이동 동선을 세분하고 이에 따른 관찰사의 수행 역할과 관복을 고찰하였다. 또한 국가전례서, 법전, 실록, 지방관 일기류의 관련 의주와 사례를 통해 관찰사 관복에 대해 고찰함으로써 조선 초기 관복제도 운영의 원칙과 특징을 발견하였다.

연구예   **역사적 연구**

신주영, 김민자 (2006). 18세기 로코코 패션에 나타난 시누아즈리(chinoiserie). **복식, 56**(1), 13–31.

시누아즈리에 관한 문헌, 18세기 패션에 관한 문헌 및 박물관 소장 복식유물 전시도록을 바탕으로 한 사적 고찰을 통해 로코코 시누아즈리의 미술사적 가치와 이 스타일이 당시 패션에 미친 영향을 분석하였다. 바로크 미술이 루이 14세의 사망과 함께 막을 내린 1715년부터 프랑스 혁명이 일어나기 전인 1789년까지 로코코 스타일이 유행했던 시기를 중심으로 로코코의 산실인 프랑스와 동서양 무역의 주도국이었던 영국에서 발생한 시누아즈리 스타일을 도자기, 가구, 텍스타일, 패션에 걸쳐 연구하였다.

마찬가지로 과거 사실의 규명이나 과거에 있었던 관련성의 규명이 추구되는 것이며, 다만 과거라는 특성상 실증적 자료를 사용하지 못하고 과거의 사실을 기술해 놓은 문헌자료를 사용하는 것이다.

비판적-분석적 연구

비판적-분석적 연구는 문헌의 내용을 분석하여 새로운 사실을 규명하거나 또는 문헌의 내용을 비판적 시각으로 해석하여 새로운 명제를 제시하는 연구로, 문헌연구 중 많은 부분을 차지한다. 분석이나 비판을 위해서는 문헌내용이 선별적으로 사용되므로 역사적 연구와 마찬가지로 문헌 선정의 타당성이 중요하다.

비판적-분석적 연구를 위해서는 일단 선정된 문헌내용을 분석하여야 하므로 내용

비판적-분석적 연구　　　　　　　　　　　　　　　　　　　　　　　연구예

Damhorst, M. L. (1990). In search of a common thread: Classification of information communicated through dress. **Clothing and Textiles Research Journal, 8**(2), 1–12.

이 논문의 목적은 의복을 통한 인상형성과 관련된 연구들을 정성적으로 분석하여 그들의 일관된 주제와 결과를 찾아내는 것이다. 1943년~1986년에 발표된 논문에 나타난 869개의 통계적으로 유의한 결론을 내용 분석하였다. 인상형성의 주제는 평가(성격, 사회성, 분위기 등), 힘(권위, 능력, 지식 등), 역동성(활동성, 자제력, 자극 등), 사고의 질(유연성, 객관성, 실체성 등)의 네 개 범주로 나타났으며, 결과의 93%가 이러한 범주들과 결합되어 있었다. 선행연구의 결과에 연구의 초점을 맞추고 있지만 연구방법 상에서 몇 가지 비판과 제언이 결론으로 제시되었다.

비판적-분석적 연구　　　　　　　　　　　　　　　　　　　　　　　연구예

Behling, D. U. (1992). Three and a half decades of fashion adoption research: What have we learned? **Clothing and Textiles Research Journal, 10**(2), 34–41.

이 논문은 Rogers 모델에 근거하여 이루어진 유행채택에 관한 연구결과들을 수합하고 분석함으로써 이 모델이 과연 얼마나 유행현상을 설명하는 데 효과적인 모델인지를 밝히고자 했다. 분석대상의 선정기준은 의복/패션에 대해 실증적 연구로 이루어진 논문들 중 전문학술지에 발표된 것으로, Rogers의 채택자 분류에 사용된 변수들을 포함한 것이었다.

분석이 자료수집의 주된 부분이 된다. 내용분석 과정에서 연구자의 명확한 문제의식과 관점이 필요하며, 또한 분석된 내용에 대한 논의를 통하여 결론을 도출하는 과정에서 주제를 보는 연구자의 통찰력이 매우 중요하다. 따라서 연구의 초보자는 이러한 유형의 연구를 성공적으로 수행하기 어려우며, 그 연구는 자칫 분석내용의 나열에만 그치게 되기 쉽다.

연구예 **비판적-분석적 연구**

박경애 (2008). 쇼핑연구의 고찰: 학술영역의 이해를 통한 쇼핑이론의 기초적 접근. **한국의류학회지, 32**(11), 1802-1813.

이 논문에서 연구자는 한국학술정보(KISS)와 누리미디어(DBPIA)를 이용하여 총 560편의 쇼핑 관련 연구를 선별하고 연구 주제어와 연구내용 등의 패턴을 분석하였다. 연구결과로 쇼핑연구가 소비자행동에 이론적 배경을 둔다 하더라도 소비자행동의 이해가 여러 학문 분야에서 다양한 주제와 방법으로 접근할 수 있는 만큼, 쇼핑연구의 이론은 다양한 학문 영역을 배경으로 할 필요가 있고 따라서 학제간 연구와 공동연구의 필요성이 있음을 제안하였다.

연구예 **가설도출연구**

홍금희, 이은영 (1992). 의복만족 모형 구성을 위한 이론적 연구. **한국의류학회지, 16**(3), 223-232.

이 연구는 기존의 문헌에 나와 있는 이론 및 연구결과를 분석하여 소비자가 의복만족에 이르는 모형을 구성하고자 수행되었다. 연구의 결과로 기대불일치 패러다임에 근거한 의복만족모형이 제시되었으며, 이 모형에 제시된 변수들 간의 가설적 관련성은 실증적 연구를 통하여 확인될 수 있다.

연구예 **가설도출연구**

정유진 외 3인 (2005). 패션 브랜드 지점 조사를 통한 구미시 상권 구조 및 패션 동향 분석. **한국의류학회지, 39**(3/4), 511-522.

이 연구에서는 문헌을 활용하는 대신 3년간에 걸친 상권 관찰 자료를 분석하여 향후 패션 상권 연구를 수행하기 위해 적용할 수 있는 가설들을 도출하였다.

가설도출연구

가설도출연구는 잠재적 관련성(potential relationship)이 있는 비교적 새로운 주제에 대하여 기존의 이론이나 선행연구 결과 등의 문헌자료를 이용하여 이들의 관련성을 뒷받침할 근거를 찾아내거나 관련의 양상을 제시함으로써 새로운 명제나 가설을 도출해내는 이론적 연구를 말한다. 가설도출연구의 결과는 이후 실증연구를 통하여 구체적으로 확인되는 것이 일반적이다.

실증적 연구

실증적 연구는 연구문제에 대한 해답을 실제적 경험을 통하여 증명해 내는 연구로 경험적 연구라고도 불린다. 실증적 연구에는 크게 조사연구(survey research)와 실험연구(experimental research)가 있다. 조사연구는 소비자의 의복구매행태를 직접 소비자에게 물어서 조사하는 것이나 우리나라 국민체위에 대해 실측을 통하여 조사하는 것과 같이 현재 상태를 실제로 조사하는 방법이다. 실험연구는 인스트론을 사용하여 실제로 끊어봄으로써 직물의 인장강도를 측정하는 것이나 특정한 원형으로 만든 옷을 입어보고 착의실험을 하는 것과 같이 실험을 통하여 자료를 얻는 방법이다.

조사연구

조사연구는 사물에 대한 응답자의 태도, 의견, 선호, 또는 어떤 속성의 현재 상태를 조사하여 이러한 자료로부터 현상을 밝히거나 변수들 사이의 관련성을 밝히는 연구를 말한다. 의류학에서 현재의 상태를 밝히는 조사연구의 예로는 소비자의 선호조사, 의복비사용실태조사, 의복구매행동조사, 의복착용실태조사, 국민체위조사 등이 있으며, 이런 연구에서는 현재의 상태를 되도록 정확하게 밝히려는 노력이 가장 중요하다.

그러나 대부분의 조사연구는 현재 상태 자체에만 관심을 갖는 것이 아니라 이보다 한 걸음 더 나아가서 현상을 가져오는 원인에 더 많은 관심을 갖기 때문에 연구를 통하여 변수들 사이의 관련성까지 밝힌다. 조사연구를 통한 관련성의 규명은 사후실증연구(ex-post facto research)를 통하여 이루어진다. 즉, 현재 나타난 상태를 가지고 원인을 추리하는 방법이다. 대표적인 예로, 현시점에서 흡연습관과 폐암발병을 조사하여 이 둘 사이의 관련성을 추리하는 것을 들 수 있다. 이 예에서 흡연습관이 폐암발병의 원인이라고 명확한 인과관계를 규명하려면 동일한 건강조건에 있는 두 집단의 사람들을 대상으로 오랜 기간에 걸쳐 같은 환경조건에서 생활하게 하고 다만 흡연습관 여부만 달리한 후 이 두 집단 사이에 과연 폐암발병률에 차이가 있는지 확인하여야 한다. 그러나 대부분의 사회과학 연구에서는 이러한 통제가 불가능하기 때문에 현재의 상태로부터 변수들 사이의 관련성을 추리하는 사후실증연구가 이루어진다. 비행청소년과 그들의 가정배경을 조사하여 관련성을 추리하는 것도 마찬가지 예이며, 의류학 연구의 경우에는 소비자 특성과 소비행동 사이의 관련성을 통하여 소비자의 어떤 특성이 어떤 소비행동을 가져오는지 밝히는 연구가 사후실증연구의 전형적인 예이다.

실험연구

실험연구는 원인변수(독립변수)와 결과변수(종속변수)를 명확히 결정한 후, 원인변수에 실험처치(experimental treatment)를 가하여 실험처치에 따라 결과변수가 어떻게 변화하는지를 측정함으로써 두 변수 사이의 인과관계를 밝히는 연구이다.

이때 실험처치를 제외한 나머지 부분은 통제(control)되기 때문에 '실험처치'와 '통제'가 실험연구의 특징이 된다. 예컨대 세제조성이 각기 다른 세 종류의 세제 A, B, C로 세탁을 한 후 세척률을 비교하는 연구를 하였을 때, 원인변수는 세제종류이며, 실험처치는 세제조성을 달리하는 것이다. 세척률은 결과변수에 해당하며, 이때 세제의 효과만을 명확히 보기 위하여 실험에 사용된 시험포, 오염, 세탁방법 등을 동일하게 하였다면 이들은 통제에 해당한다.

이와 같은 실험실 실험(laboratory experiment)이 전형적인 실험연구이며, 의류학 연구에서는 직물의 물성연구, 세척률 연구, 의복환경학 연구 등 자연과학적 방법론을 사용하는 연구가 주로 실험실 실험을 통하여 이루어진다. 사회과학 분야의 연구도 실험실에서 이루어지는 경우가 간혹 있는데, 이때에도 원인변수, 실험처치, 결과변수, 통제 등 실험의 기본적인 틀은 동일하게 유지된다.

실험연구의 또 다른 형태로 실제 현장에서 실험이 이루어지는 현장실험(field experiment)이 있다. 예를 들어 디자인 교육이 의복구매행동에 미치는 영향을 보기 위하여 두 집단의 대학신입생을 대상으로 하여 한 집단에는 디자인 교육을 실시

자연과학 분야의 실험연구

윤창상 외 4인 (2017). 세탁 및 건조과정에 의한 스판덱스 혼방 직물의 변형 비교. **한국의류학회지, 41**(3), 458-467.

이 연구는 스판덱스 혼방 직물의 적절한 관리방법을 알아보기 위해 면, 폴리에스테르, 나일론에 스판덱스가 혼방된 직물의 세탁 및 건조과정이 수축, 뒤틀림, 구김에 미치는 영향을 살펴보았다. 이 과정에서 세탁기 종류, 세탁 시간 및 온도, 세제, 시료의 종류와 무게 등은 통제되었으며 세탁과 건조 행정이 변수로 활용되었다.

사회과학 분야의 실험연구

Davis, L. L., & Miller, F. G. (1983). Conformity and judgment of fashionability. **Home Economics Research Journal, 11**(4), 337-342.

의복의 패션성을 평가하는 데 준거집단특성과 자극의 모호성이 어떤 영향을 미치는지 밝히기 위하여 실험실 실험을 실시하였다. 160명의 여성에게 여섯 벌의 여성 슈트에 대하여 패션성을 평가한 후 네 개의 준거집단(동료, 패션 전문가, 주부, 직장여성) 중 하나가 제시한 의견을 읽어보고 다시 동일한 대상에 대하여 평가하도록 하였다. 이때 80명은 현재의 패션성에 대한 평가를 하고, 나머지 80명은 2년 후의 패션성에 대하여 평가를 하도록 하였다. 응답자들은 다른 준거집단보다 전문가의 의견에 더 많이 동조하였고, 현재의 패션성보다 판단기준이 모호한 2년 후의 패션성에 대하여 더 준거집단의 의견에 동조하였다.

현장실험연구

신현영 (1999). **의상치료를 통한 정신장애자의 자기 외모 이미지 변화가 자기존중감과 정서에 미치는 영향.** 건국대학교 대학원 박사학위논문.

이 연구는 정신장애자를 대상으로 하여 의상치료를 통한 자기 외모 이미지 변화가 자기존중감과 부정적 정서에 미치는 영향을 알아봄으로써 의상치료 프로그램의 치료적 가치를 규명하고자 한 연구이다. 37명의 정신장애자를 대상으로 자기 외모 이미지(이상적, 현실적), 자기존중감, 부정적 정서(불안, 우울, 적개심)를 측정한 후 의상치료 프로그램에 따라 8회에 걸쳐 화장, 의상, 액세서리 등을 이용한 외모 개선을 실시하고, 그 후 자기 외모 이미지, 자기존중감, 부정적 정서를 다시 측정하여 의상치료에 의한 변화를 보았다.

하고 다른 집단에는 디자인 교육을 하지 않은 후 두 집단의 의복구매행동 차이를 비교하였다면, 디자인 교육 여부가 실험처치가 되고 의복구매행동이 결과변수가 된다. 실제 상황에서 어떤 결과가 일어나는지를 알 수 있어 결과가 현실에 잘 적용되므로 특히 사회심리적 변수의 연구에 효과적이다. 그러나 '실험'의 조건을 충족시킬 만큼의 원인변수 조작이나 외생변수 통제에 어려움이 있어 의사실험(擬似實驗, quasi-experiment)이라고 불리며, 조사연구와 실험실 실험의 중간적 성격을 갖는다.

사례연구

사례연구는 하나의 사회적 단위(social unit)를 대상으로 이의 특징을 포괄적으로 연구하는 방법이다. 사회적 단위는 개인, 가족, 집단, 기관, 사회, 종족 등 매우 다양하며 주로 인류학적 접근을 시도하는 질적 연구에서 이루어진다. 의류학의 경우에도 문화인류학적 접근을 시도하는 연구, 복식사회심리학 연구, 패션마케팅 연구에서 간혹 사용된다.

비서구권 국가의 한 가족이 서구화를 겪으면서 경험한 의복착용 품목 및 착용 방식의 변화라든가 특정 부족에게 특정 신체장식이 갖는 의미 등을 밝히는 것은 전통적인 사례연구에 속하며, 그 밖에 한 개인의 의생활이나 특정 기업의 패션머천다이징 시스템에 대한 분석 같은 연구도 사례연구를 통하여 이루어질 수 있다.

사례연구는 주로 질적 접근방법에 따라 이루어지므로 결과의 일반화를 추구하기보

연구예 **사례연구**

김수영 (1999). **패션상품의 연결 마케팅에 관한 연구-고객 관계증진 시스템을 중심으로-.** 서울대학교 대학원 석사학위논문.

이 연구는 패션상품을 다루는 개별기업과 그 기업이 속한 마케팅 시스템이 급변하는 환경에서 어떻게 대응해 나갈 것인지에 관심을 두었다. 우선 패션상품의 환경불확실성의 특성과 이에 대한 마케팅 시스템의 대응원리를 살펴보고, 이것이 구체화된 형태인 고객관계증진 시스템의 유형별 특징과 이의 실현을 가능하게 하는 요소로 정보기술과 유연조직을 밝혔으며 나아가 패션상품의 대 고객 관계화 모델을 제시하였다. 제시한 모델을 기본틀로 하여 S사와 G사의 고객관계증진 시스템을 사례분석함으로써 모델의 타당성을 입증하였다.

다는 사례의 특성을 기술하는 데 중점을 둔다. 이론적으로 또는 실증적으로 도출된 내용을 지지하기 위한 목적으로 사례분석을 실시하기도 한다.

메타분석

메타분석은 연구에 대한 연구이다. 메타분석에서 처리하는 자료는 실증연구의 결과들로서, 메타분석에서는 개별 연구의 통계적 결과값들을 자료로 삼아 이들에 대한 통계적 적용을 통해 종합적 결과를 얻고자 한다.

일반적으로 선행연구에 대한 고찰은 연구자의 주관에 따라 선별된 연구에 대한 요약 서술의 형태를 띠므로, 특정 주제에 대한 선행연구 고찰이 객관성을 확보하기는 어렵다. 따라서 특정 주제를 중심으로 수행된 연구결과들을 좀 더 체계적이고 객관적인 방법으로 요약하고자 도입된 것이 바로 메타분석이다. 즉 메타분석은 특정 주제에 대한 연구결과를 통합하여 일반화시키는 것을 그 목적으로 하며, 궁극적으로 지식의 축적에 기여하게 된다.

그러나 메타분석은 다음과 같은 본질적 한계를 가질 수 있다(Wolf, 1986). 첫째, 메타분석에서 분석하는 연구들은 측정기법이나 변수정의 및 연구대상에 있어서 특히 이질적이다. 이를 '사과와 오렌지 문제(apples and oranges problem)'라고 부르는데, 서로 다른 것들을 함께 비교한다는 것은 부적절하다는 뜻이다. 둘째, 잘 설계된 연구와 잘못 설계된 연구의 결과가 함께 투입되기 때문에 메타분석의 결과를 해석하는 것이 곤란할 수 있다. 셋째, 메타분석의 대상은 일반적으로 출판된 논문에 한정된다.

사례연구
연구예

Sammarra, A., & Belussi, F. (2006). Evolution and relocation in fashion-led Italian districts: Evidence from two case-studies. **Entrepreneurship & Regional Development, 18**(11), 543–562.

선진국의 전통 제조업에 특화된 산업단지가 어떻게 글로벌화라는 새로운 환경에 대응하고 있는지 살펴보고자 두 곳의 패션산업단지를 사례로 선정하여 연구하였다. 패션 특화 산업단지로는 몬테벨루나와 비브라타-토르디노-보마노의 두 곳이 선정되었으며, 두 곳에 대하여 질적 연구와 양적 연구를 병행한 2단계 사례조사를 하였다. 비물질적 자원인 지식, 디자인, 정보, 물류가 위상 재정립을 위한 주요 요인으로 확인되었다.

유의하지 않은 결과들은 출판되는 경우가 드물므로, 본질적으로 유의한 결과들을 가지고 분석하게 되는 편향이 생긴다. 넷째, 동일한 연구로부터 여러 개의 분석자료가 추출될 수 있는데, 이들은 서로 독립적이지 않기 때문에 메타분석의 결과 또한 여러 개의 분석자료가 추출된 연구의 결과와 같은 방향으로 치우칠 수 있다. 따라서 이러한 한계점을 잘 알고 이를 최대한 극복하기 위한 조치를 마련하고자 노력할 때 메타분석의 진정한 가치를 찾을 수 있을 것이다.

메타분석 기법은 매우 다양하며 연구자별로 새로운 기법을 고안하여 적용할 수도 있으나, 일반적으로 메타분석에서 가장 손쉽게 적용될 수 있는 기법은 유의성에 대한 종합검증(combined test)과 효과크기의 측정(measurement of effect size)이다. 의복기후의 조절이 체지방 감소에 영향을 미치는가, 판매촉진이 브랜드 충성도 증대에 영향을 미치는가 등의 주제들이 종합 검증 기법으로 연구될 수 있을 것이다. 영향이 없거나, 있더라도 서로 방향이 다른 여러 연구들로부터 연구결과의 유의도 값을 구하고 이에 대한 종합적 분석을 통해 영향의 유무에 대한 결론을 내릴 수 있다. 또한 몇 개의 의복기후 조절 방법의 대안 중 어떤 것이, 그리고 여러 개의 판매촉진 방법 중 어떤 것이 가장 체지방 감소나 브랜드 충성도 증대에 영향을 미치는가를 알기 위해서는 효과크기 측정방법을 도입할 수 있다. 그러나 메타분석에서는 기법별로 유의도 값이나 평균값 등 특정한 통계적 수치를 요구하기 때문에 실제로 메타분석을 실행할 수 있는 값을 보고한 적절한 수의 연구논문을 확보하는 일이 쉽지는 않다.

연구예   **메타분석**

Sultan, F., Farley, J. U., & Lehmann, D. R. (1990). A meta-analysis of applications of diffusion models. **Journal of Marketing Research, 27**(2), 70–77.

이 연구에서는 확산모델을 적용한 15개 연구로부터 213개의 분석자료를 추출하여, 혁신의 유형(산업재/의료재, 공산품, 내구재, 기타)과 지역(유럽, 미국) 등에 따라 혁신계수와 모방계수에 차이가 나타나는지 고찰하였다. 또한 동일 연구에서 여러 개의 자료를 추출하는 경우 메타분석의 효율성을 증대시키기 위해 가중치를 부여하는 방법에 대하여 논의하였다.

메타분석

이종남, 유혜경 (2013). 의복관여 효과에 대한 메타분석. **한국의류학회지, 37**(3), 386-398.

이 연구는 의류학 분야에서 소비자 행동에 영향을 미치는 기본적인 요인인 관여도가 의류 관련 행동에 미치는 영향을 알아보고 메타분석을 소개하기 위한 목적으로 수행되었다. 한국학술정보(KISS)에서 최초 127편의 논문을 목록화하였으며, 최종적으로 36편의 논문을 메타분석을 위한 자료로 활용하였다. 연구결과 의복관여와 유행 및 유행혁신성/선도성은 선행연구에서 많이 다루어졌으나 일관성 있는 결과가 나타나지 않고 있음을 확인하였으며, 메타분석 과정에서 나타날 수 있는 문제점과 이에 대한 제언을 논의하였다.

연구의 과정

1 연구문제의 설정

연구는 현상에 대하여 의문을 갖는 것으로부터 출발하여, 적절한 절차를 거쳐 연구를 진행시킨 후, 보고서를 통하여 연구의 전 과정과 결과를 발표함으로써 끝나게 된다. 연구문제의 설정은 무엇을 연구할 것인가에 대한 결정이므로 연구의 전 과정에서 가장 먼저 이루어질 뿐 아니라 가장 중요한 결정에 속한다. 연구문제에 대한 평가는 연구문제가 도출된 이론적 근거, 창의성, 시의성, 수행 가능성 등을 기준으로 이루어지며, 의류학의 연구문제는 의류학의 학문적 구성에 맞추어 다양한 주제로 선정될 수 있다.

| 연구문제의 평가기준 |

연구문제는 연구자의 관심과 흥미에 따라 선정되지만, 연구문제가 연구의 가치를 결정하는 중요한 부분이므로 그 선정은 매우 신중하게 이루어져야 한다. 연구문제가 잘 설성되었다고 반드시 훌륭한 논문이 되는 것은 아니지만, 연구문제가 잘못 설정된 경우에는 연구과정이 잘 되었다 하더라도 좋은 논문이 되기 어렵다.

연구의 과정에서 볼 때, 처음부터 연구문제가 설정되는 것은 아니다. 누구나 처음에는 광범위하고 불분명한 연구주제(research issue)를 결정하게 되며, 그 주제에 대하여 지속적으로 관심을 가지고 선행연구를 검토하는 과정을 거치면서 연구주제를 구체화하여 연구문제(research problem)를 확정하게 된다. 연구문제를 확정하는 과정에서 다음의 사항에 대하여 스스로 평가하여 볼 필요가 있다.

이론적 근거

연구는 이론적 관심에서 출발할 수도 있고, 또는 실용적 목적에서 출발할 수도 있다. 어떤 경우이든 도출된 연구문제에 대하여 이론적, 논리적으로 결과를 예상할 수 있어야 한다. 결과의 예상은 변수들 사이의 관련성이 이론적 근거를 가지고 설정되었을 때 가능하다. 연구의 결과가 학문의 축적에 기여하기 위해서는 이론적 근거가 물론 중요하지만, 실용적 목적을 가지고 출발한 연구라 할지라도 연구결과를 일반화시키거나 또는 개념을 추상화시키기 위해서는 이론적 뒷받침이 있어야 한다.

창의성

창의성은 연구의 생명과 같다. 무엇인가 새로운 면이 있어야 연구로서의 가치를 인정받을 수 있다. 이때 반드시 연구문제 자체가 새로워야 하는 것은 아니며, 연구방법, 연구대상 등이 새로운 것도 창의적인 연구로 볼 수 있다. 예컨대, 한 사회 내에서 누가 유행선도력(fashion leadership)을 갖는가는 많은 연구가 이루어져 온 주제이지만, 유행선도력을 측정하는 방법이 창의적이거나 전혀 새로운 사회나 집단을 대상으로 유행선도력 연구가 이루어질 때는 연구의 가치를 인정받기에 충분하다.

시의성

시의성은 연구문제가 시기적으로 얼마나 적절한가에 대한 평가이다. 학문의 궁극적인 목적은 인류의 복지향상이므로 특정한 시기에 수행되는 연구들은 그 시점에서 사회의 발전을 위하여 중요하다고 생각되는 것들에 집중된다. 특히 응용학문의 경우에 시의성은 더욱 중요시된다. 예컨대 1995년에는 광복 50년을 맞아 근현대사에 대한 체계적인 조망을 통해 과거를 정리하고 미래 비전을 제시하는 연구들이 많이 이루어졌다. 최근에는 건강과 삶의 질이나 4차 산업혁명 기술에 관한 연구가 많이 이루어지고 있다.

수행 가능성

연구문제를 설정할 때에는 과연 이 연구가 수행될 수 있는지에 대하여 평가해 보아야 한다. 시간적 제약, 경제적 여건, 기기나 도구 등의 사용 가능성 그리고 연구자의 연구능력 등을 감안하여 수행이 가능한 연구문제가 설정되어야 한다.

| 의류학의 연구문제 |

의류학은 매우 다양한 분야를 포함하는 종합학문이며 응용학문이다. 따라서 의류학에서 연구되는 내용도 매우 다양하다.

국내 의류학 연구경향을 분석한 문헌들

• 대한가정학회 편 (1990). **가정학 연구의 최신정보 Ⅲ: 의류학.** 서울: 교문사.

1990년 당시 최신 국내외 의류학 분야의 연구 동향과 정보를 의류과학 분야(의복재료, 가공, 염색, 의복위생, 의복정리), 의복구성학 분야(디자인과 관련된 의복구성 분야, 체형, 원형제도, 재단 및 봉제, 착의평가), 복식사 분야(한국복식사, 서양복식사), 복식 사회·문화 분야(복식 디자인·문화 분야, 복식사회심리학·마케팅 분야)로 분류하여 정리하였다. 각 하위 분야의 연구 범위와 주된 연구 경향을 일별할 수 있는 가치 있는 자료이다.

• 정찬진, 박신정, 황선진 (1991). 한국 의류학 연구의 현황과 재조명: 1950~1990. **한국의류학회지, 15**(1), 28-37.

대한가정학회지, 한국의류학회지, 복식지에 발표된 의류학 관련 논문을 의복구성학, 의복과학, 복식의장학, 복식사, 의상사회심리학, 의류상품학, 기타의 범주로 분류하여 연도별, 연구 주제별 연구 빈도를 분석하였다.

• 나수임, 이정순, 배주형 (2000). 한국의류학의 연구경향분석: 1991~1999. **복식문화연구, 8**(6), 853-863.

정찬진 외(1991)의 연구에 복식문화 분야를 추가하여 분야별 세부 연구 주제와 학술지별 주된 게재 분야를 분석하였다. 복식의장학 분야의 연구가 1990년 이후 가장 활발하였으며, 다음이 의류상품학, 의복과학, 의복구성학이었다.

• 이은영 (2006). 지식정보화 사회와 의류학: 의류학의 세 번째 50년을 시작하며. **한국의류학회 창립 30주년 기념 학술대회 프로그램,** 35-42.

사회적 요구에 따라 변화해야 하는 특성을 가진 응용학문으로서의 의류학의 역사를 3단계로 나누어 고찰하였다. 1단계는 가정학의 일부로 의류학이 교육되던 20세기 전반으로 이때 의류학의 목표는 '가정생활의 과학화를 통한 가정과 개인의 삶의 질 향상'이라는 가정학의 총체적 목표에 따른 것이었다. 2단계는 의류학의 전문화 및 학문적 정체성 정립시기인 20세기 후반으로, 이 시기에 섬유·의류산업은 수출과 고용에서 큰 비중을 차지하는 국가의 기간산업으로 자리매김하였기 때문에 의류학은 양적으로도 크게 팽창하였다. 3단계는 사회적 요구에 밀착된 의류학의 발전기로 21세기 전반이 이에 해당한다. 의류학은 사람들에게 최대의 만족을 주는 의류를 공급하기 위하여 자연과학, 사회과학, 예술적 지식이 통합되어야 하는 실천학문이므로, 의류학자들은 사회 구성원들의 옷과 관련된 모든 문제를 해결해주는 역할을 수행하여야 한다.

의류학은 우선 복식계와 의복과학계로 크게 구분해 볼 수 있다. 이는 두 분야가 연구를 위하여 필요로 하는 배경지식(root discipline)에 차이가 있을 뿐 아니라, 주로 사용하는 연구의 유형에 차이가 있기 때문이다.

복식사회심리학, 패션마케팅, 복식사, 복식미학 등을 포함하는 복식계 연구에서는 주로 조사연구, 문헌연구 등 사회과학적 접근방법이 사용되고, 인문사회과학적 배경지식을 필요로 한다. 이에 비하여 의복재료학, 의복관리학, 의복환경학 등을 포함하는 의복과학계에서는 주로 실험실 실험 등 자연과학적 접근 방법이 사용되고, 자연과학적 배경지식을 필요로 한다. 또한 의류학의 학문적 특성이 의복을 중심으로 한 통합적 관점이므로 구성학이나 체형학 등에서는 두 분야의 특성을 함께 갖는 연구가 이루어진다. 최근에는 융합연구, 학제간연구가 권장되는 사회적인 추세와 종합학문이라는 의류학의 본질적 속성에 따라, 의류학의 하위 분야 간 협력연구도 더욱 중요해지고 있다.

2 문헌 조사

연구의 결과는 현재까지 밝혀진 지식의 체계 위에 축적됨으로써 학문의 발전에 기여하게 된다. 따라서 연구를 수행하고자 할 때 그 시점까지 밝혀진 내용들을 확인해 보는 것은 필수적인 과정이다. 근래에는 인터넷을 이용한 검색도구들이 많이 개발되어 문헌조사에 유용하게 활용된다.

| 문헌조사의 목적 |
문헌조사를 통하여 얻은 내용은 연구과정에서 다음과 같이 활용된다.

연구문제의 확정 및 결과의 예측

연구의 초기단계에는 비교적 모호한 상태의 연구주제로부터 출발하지 않을 수 없다. 관심을 가지고 연구주제와 관련된 문헌을 읽다 보면 무엇보다도 그 주제에 대하여 현재까지 누구에 의하여 어떤 연구가 진행되어 왔으며, 현재까지 밝혀진 내용이 무엇이고, 좀 더 연구되어야 할 내용이 무엇인지 파악할 수 있다. 이런 상태에서 연구주제가 구체적인 연구문제로 확정될 수 있다.

또한 선행연구의 뒷받침이 되었던 이론적 근거들과 선행연구의 결과들을 이해함으로써 자신이 진행하고자 하는 연구의 결과를 추론해 볼 수 있다. 즉, 이론적 근거를 가지고 연구에서 다루고자 하는 변수들 사이의 관련성을 추론해 보는 것이다. 이러한 추론의 결과에 따라 '연구문제에 대한 예측적 해답'인 가설이 설정된다.

가설의 형태를 갖지 않는 연구라 하더라도 연역적 연구와 귀납적 연구의 상호보완성이 중요하다는 관점에서 보았을 때 이 과정은 소홀히 할 수 없는 부분이다.

이론적 근거의 확보

연구는 이론적 근거를 가지고 진행될 때, 학문의 축적에 기여할 수 있을 뿐 아니라 연구결과에 대한 논의가 가능하다. 이론적 근거가 취약한 상태에서 진행된 조사나 실험은 결과로 나온 내용에 대하여 논의할 근거가 취약하다. 논의는 연구의 결과를 지식계에 접합시키는 작업이기 때문에 논의가 취약하면 연구로서의 가치가 낮게 평가될 수밖에 없다.

연구방법의 결정

선행연구를 고찰할 때에는 연구문제와 결과뿐 아니라 연구의 절차도 중요시해야 한다. 왜냐하면 연구절차에 따라서 같은 연구문제라도 다른 결과를 낼 수 있으며, 연구에 따라 다양한 연구방법을 사용하기 때문이다.

따라서 많은 선행연구를 접하면 다양한 연구방법을 파악하게 되며, 다양한 방법 중에서 자신의 연구문제에 가장 적합한 방법이 무엇인지에 대한 시사를 받을 수 있다. 예컨대 체형유형을 밝히는 연구를 수행하고자 할 때, 선행연구에서 사용된 체형분류 방법들을 비교 평가하여 보고 이들의 문제점을 보완한 새로운 방법을 창안하거나 연구에 가장 적절한 방법을 선택할 수 있다.

폭넓은 지식의 섭렵

연구주제에 대하여 폭넓은 지식을 섭렵하는 것은 연구진행자로서 반드시 갖추어야 할 일이다. 연구결과를 보고 왜 이런 결과가 나왔는지, 어떤 이론으로 이러한 결과를 해석할 것인지 등에 대하여 판단하려면 직접 관련된 선행연구뿐 아니라 주변의 폭넓은 지식이 필요하며, 경우에 따라서는 인접학문과 기초학문의 이론에 대하여서도 깊이 있는 지식을 가져야 한다.

| 문헌조사의 방법 |

문헌조사는 연구주제에 따라 깊이와 폭이 다르다. 연구가 많이 이루어지는 주제이거나 또는 좁게 규정된 주제일 때에는 연구주제에 초점을 맞추되 깊이 있는 문헌조사가 이루어져야 한다. 반면에 과거에 별로 연구되지 않은 새로운 연구주제이거나 학제간 연구주제일 때는 깊이 있기보다는 폭넓은 문헌조사가 이루어져야 한다.

조사대상의 선정

문헌조사의 대상이 되는 자료는 서적, 논문, 정부간행물, 신문기사 등 다양하지만 그 중에서 서적과 논문이 일반적으로 가장 많이 활용된다. 대상의 성격으로 보았을 때, 서적에 있는 내용은 대부분 이미 체계화되고 이론화된 지식들이며, 논문에 있는 내용은 이론을 형성하는 과정에 있는 지식들이다. 따라서 서적의 내용은 보다 일반화된 것이고 배경지식의 습득에 도움이 되는 것인 반면, 논문의 내용은 특수하고 구체적인 것으로 연구주제에 대한 현재 상태의 파악과 연구방법의 결정에 도움이 된다.

출처가 무엇이든 되도록 연구자가 직접 집필한 문헌인 1차 자료(primary source)를 읽는 것이 좋다. 다른 집필자에 의하여 인용된 2차 자료(secondary source)는 전체 내용 중 일부만 인용되었거나 집필자에 의하여 재구성된 내용이므로 잘못 활용될 가능성이 크기 때문이다. 그러나 1차 자료를 구하기 어려울 경우에는 부득이 2차 자료를 인용해야 하며, 이때 직접 읽지 않은 1차 자료를 읽은 것처럼 연구내용에 기술하여서는 안 된다.

문헌조사와 인터넷

최근에는 주로 인터넷을 통해 문헌탐색이 이루어지고 있는데, 인터넷 홈페이지에 있는 내용들은 원자료를 도용, 전재하고 있으면서도 자료의 출처를 명시하지 않고 있는 경우가 많다. 학술 연구를 하는 입장에서는 가급적 출처가 불명확한 인터넷 상의 자료에 대한 인용을 삼가는 한편, 자료의 원출처를 확인하는 절차를 반드시 거쳐야 한다. 또한 자료가 자주 갱신되는 경향을 고려하여 자료를 참고로 한 시점도 기록해 두어야 한다.

논문을 검색하기 위해서는 각 대학의 전자도서관을 이용하여 해당 대학 및 타대학의 도서관 정보를 열람하거나 국회도서관, 국립중앙도서관 등의 소장 자료를 확인할 수 있다. 최근 각 대학에서는 학내 구성원들이 자유롭게 연구자료를 탐색할 수 있도록 다양한 국내외 전자논문서비스를 제공하고 있으므로, 대학 도서관 웹사이트를 통해 이를 확인하고 문헌조사에 이용하도록 하자.

국가전자도서관(국가 주요 전자도서관의 통합사이트) http://www.dlibrary.go.kr
과학기술정보통합서비스 http://www.ndsl.kr
한국교육학술정보원 http://www.riss.kr
한국학술정보 학술데이터베이스서비스 http://kiss.kstudy.com
누리미디어 전자저널서비스 http://www.dbpia.co.kr
과학기술학회마을 http://society.kisti.re.kr
Sciencedirect http://www.sciencedirect.com
Scopus http://www.scopus.com

문헌조사 내용의 구성

문헌조사는 목적 자체가 연구를 위하여 이루어지는 것이므로 내용을 구성할 때도 연구의 주제에 맞추어 구성해야 한다. 연구에서 중요하게 다루어지는 개념들이 문헌조사 내용에서도 중요시되어야 함은 물론, 연구문제의 구체화 과정, 즉 변수의 선정과정이 납득되도록 해야 한다.

이 과정은 본 연구와 유사한 선행연구의 나열식 소개여서는 안되고, 선행연구 내용들을 비교하여 종합적으로 분석함으로써 본 연구의 구체화 과정에 타당성을 부여할 수 있도록 해야 한다.

의류학 분야의 국내외 학술지

• 공통

한국의류학회지(한국의류학회)

Family and Environment Research(대한가정학회)

Fashion & Textile Research Journal(한국의류산업학회)

Clothing and Textiles Research Journal(International Textiles and Apparel Association)

Family and Consumer Science Research Journal(American Association of Family and Consumer Science)

Journal of Textile and Apparel, Technology and Management(TATM, NC State University)

Fashion and Textiles(The Korean Society of Clothing and Textiles)

• 의복과학계

한국섬유공학회지(한국섬유공학회)

한국생활환경학회지(한국생활환경학회)

감성과학(한국감성과학회)

Fibers and Polymers(한국섬유공학회)

한국염색가공학회지(한국염색가공학회)

폴리머(한국고분자학회)

International Journal of Clothing Science and Technology(Emerald)

Polymer(Elsevier Ltd.)

Textile Research Journal(Textile Research Institute)

• 복식계

복식(한국복식학회)

복식문화연구(복식문화학회)

소비자학연구(한국소비자학회)

한국의상디자인학회지(한국의상디자인학회)

한복문화(한복문화학회)

패션비즈니스(한국패션비즈니스학회)

Journal of Fashion Marketing and Management(Emerald)

Journal of Consumer Research(The University of Chicago Press)

Journal of Retailing(American Collegiate Retailing Association)

Journal of Marketing Research(American Marketing Association)

* 의류학은 응용학문이므로 관련 분야가 많다. 관련 분야의 학술지 목록은 일부만 포함시켰다.

3 가설의 설정

가설이란 '변수들 사이의 관련에 대한 가정적 서술문'이다. 연구문제에서 밝히고자 하는 내용에 대하여 예측적 해답을 가설로 제시한 후 이를 실증적 자료를 통하여 채택하거나 기각함으로써 연구의 결론에 이르게 된다.

그러나 모든 연구에 가설이 있어야 하는 것은 아니며, 연구에 따라서는 연구문제의 형태로 서술되기도 한다. 어떤 형태로 서술되든지 연구에서 변수로 선정된 것은 관련성을 예측하여 이루어진 것이기 때문에 기본적으로는 큰 차이가 없다.

| 가설의 요건 |

가설은 다음과 같은 요건에 맞도록 서술되어야 한다.

첫째, 가설은 연구문제에 대한 가장 적합한 해답이어야 한다. 이는 연구문제에 대한 가능한 해답을 충분히 찾은 후 서술되어야 함을 의미한다. 즉, 이론적 배경이 충실하며 이론과 합치되어야 한다는 것이다. 예컨대 우리나라 소비자의 의복비 지출에 대하여 연구할 때, 의복비 지출에 가장 영향력이 큰 변수가 무엇일지 충분히 검토한 후에 의복비 지출이 소비자의 어떤 특성에 따라 유의한 차이를 보일 것이라고 서술하여야 한다.

둘째, 간단 명료하며 변수들 사이의 관계가 명시되어야 한다. 가설은 독특한 서술형태를 갖는데 그 이유는 그 방법이 가장 간단하고 관계가 명확히 드러나기 때문이다. 예를 들어, 의복비 지출과 연령과의 예측되는 관련성을 서술할 때 '의복비 지출과 연령과는 서로 유의한 정적 상관을 가질 것이다.' 또는 '의복비 지출과 연령과는 서로 유의한 상관이 없을 것이다.'로 서술된다. 또한 기혼여성과 미혼여성의 의복비 지출의 차이를 보는 것처럼 변수 간의 관련성이 집단비교를 통하여 연구될 때에는 '미혼여성의 의복비 지출이 기혼여성보다 많을 것이다.' 또는 '기혼여성과 미혼여성의 의복비 지출에는 차이가 없을 것이다.'와 같이 집단 간의 차이에 대한 예측적 서술문으로 구성한다. 이와 같이 가설은 변수들 사이의 관계를 관련성(relationship)이나 차이 (difference)로 나타낸다.

셋째, 실증적 검증이 가능해야 한다. 가설은 실증적 연구를 통하여 확인되어야 하기 때문에 실증이 불가능한 연구문제나 개념은 가설의 대상이 될 수 없다.

| 가설의 종류 |

가설은 서술되는 방법에 따라 귀무가설(歸無假說, null hypothesis)과 대립가설(對立 假說, alternative hypothesis)로 나뉜다.

귀무가설

귀무가설은 변수들 사이의 관련성을 부정하는 서술문이며, 연구결과에 따라 변수들 사이에 관련성이 없다고 했던 가설의 내용을 기각(reject)함으로써 변수들 사이의 관련성을 증명하는 형식이다. 예를 들어 '연령집단에 따라 의복비 지출에 유의한 차이가 없다.'라는 가설을 세우고 이 가설을 기각함으로써 연령집단에 따라 의복비 지출에 유의한 차이가 있다는 사실을 밝히는 것이다. 이것은 관련성이 있다는 것을 기정 사실로 하고 관련성이 없다는 증거를 제시하지 못하면 관련성이 있는 것으로 결론내리는 것에 대한 논리적 취약점을 없애기 위하여 사용되는 방법이다. 마치 재판을 할 때 죄가 있다고 설정해 놓고 죄가 없음을 증명하지 못하는 한 유죄로 보는 것보다는 일단 무죄로 설정해 놓고 죄가 있음을 증명함으로써 유죄 판정을 내리는 것이 타당한 것과 같은 논리이다. 이런 방법을 영가설(零假說)이라고도 부른다.

대립가설

대립가설은 연구가설(研究假說, research hypothesis)이라고도 하며, 예측되는 관련성을 그대로 가설로 설정하고, 이를 채택함으로써 관련성을 증명하는 방법이다. 이론적으로 변수들 사이의 관련성이 예측될 때 이를 부정한 후 기각함으로써 증명하기보다는 예측되는 관련성을 그대로 서술하고 이를 긍정함으로써 결론에 이르고자 하는 것이다. 예를 들어 연령 변수와 의복비 변수 사이의 관련성을 보고자 할 때 이론적으로 젊은 여성이 더 많이 지출할 것으로 예측되면 '젊은 여성이 중년 여성에 비하여 의복비 지출이 유의하게 많을 것이다.'라는 가설을 설정하고 이를 검증하는 방법이다. 대립가설은 변수들 사이의 관련의 방향성이 제시되도록 서술하여야 한다. 즉, '연령집 단에 따라 의복비 지출에 유의한 차이가 있을 것이다.'라고 서술하지 말고 어느 집단 의 의복비 지출이 높을 것이라는 방향성이 제시되도록 서술한다.

귀무가설과 대립가설은 연구자의 판단에 따라 선택될 수 있으나 통계적으로는 귀무 가설이 유리하며 논리에 더 적합하다. 최근에는 통계기법이 발달하여 통계적으로 쉽 게 유의확률이 확인되므로, 귀무가설과 대립가설을 구분할 현실적인 필요성이 줄어 들면서 귀무가설보다는 대립가설이 더 많이 활용되는 추세이다.

가설을 사용한 연구 연구예

Goldsmith, R. E., Heitmeyer, J. R., & Freiden, J. B. (1991). Social values and fashion leadership. **Clothing and Textiles Research Journal, 10**(1), 37–45.

유행선도력을 연구한 많은 연구들에 대한 검토를 통해 인구통계적 특성과 관련된 세 가지 가설 및 사회적 가치와 관련된 두 가지 가설을 도출하고 실증하였다. 이 논문의 가설 설정은 다음과 같다.

H1. 나이는 유행선도력과 유의한 부적 상관이 있다.
H2. 소득은 유행선도력과 유의한 상관이 없다.
H3. 교육수준은 유행선도력과 유의한 상관이 없다.
H4. 재미와 즐거움의 가치는 유행선도력과 유의한 정적 상관이 있다.
H5. 자극추구 가치는 유행선도력과 유의한 정적 상관이 있다.

4 분산통제 전략의 선택

연구의 변수를 확정하고 측정방법을 결정하는 과정에서 연구에 가장 적합한 분산통 제전략을 선택하여 연구설계(research design)를 하게 된다.

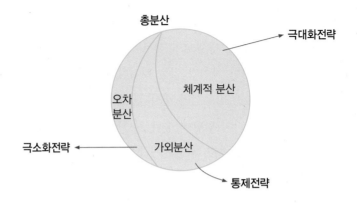

그림 2-1
총분산의 구성과
극대소화통제의 원리

| 분산통제전략의 의미 |

분산(分散, variance)이란 자료가 평균으로부터 떨어져 있는 정도를 나타내는 양(量)
이다. 의복비를 예로 들어 설명하면, 우리나라 대도시에 거주하는 소비자 1천명을 대
상으로 월의복비를 측정하였을 때 표본 전체의 평균 의복비로부터 각 개인의 의복비
가 떨어져 있는 정도의 합이 총분산이 된다. 산술적으로는 전체 평균과 개인 의복비
의 차이를 제곱한 숫자를 1천명 모두 합한 것이 총분산(total variance)이다(만약 제
곱하지 않고 차이를 더한다면 차이의 합은 0이 되므로 제곱값을 사용하는 것이며,
분산의 제곱근이 바로 표준편차이다).

총분산은 체계적 분산(systematic variance), 가외분산(extraneous variance), 오
차분산(error variance)으로 구성되어 있다. 분산통제전략이란 체계적 분산을 극대
화하고, 가외분산을 통제하며, 오차분산을 극소화하는 것으로, 극대소화통제의 원리
(極大小化統制의 原理, Maxmincon principle)라고도 한다(그림 2-1).

| 체계적 분산의 극대화전략 |

체계적 분산은 연구에 체계적으로 도입된 변수의 차이에 의하여 결정되는 부분을 말
한다. 만약 성별, 연령, 직종에 따라 의복비의 차이를 분석하였다면, 즉 의복비를 설명
하기 위하여 성별, 연령, 직종을 체계적으로 도입하였다면, 이 변수들에 의하여 설명
되는 부분이 체계적 분산이 된다. 예컨대 전체 평균이 월 13만원인데 사무직에 근무
하는 20대 여성인 P씨의 월의복비가 18만원이었다면, 전체 평균과의 차이 5만원 중에
는 P씨가 사무직에 근무한다는 요인, 20대라는 요인 그리고 여성이라는 요인의 효과

참고

연구의 타당성

연구의 타당성에는 내적 타당성(internal validity)과 외적 타당성(external validity)이 있다. 내적 타당성은 연구의 결과가 체계적으로 투입된 변수에 의하여 나타나는 정도를 말하며, 외적 타당성은 연구결과가 현실에서 나타나는 현상과 일치하는 정도를 말한다.

예를 들어 동작에 따른 의복의 편안함을 연구할 때, 실험복을 착용하고 일상생활을 하게 하여 일상생활에서의 편안함/불편함을 측정하였다면 연구의 외적 타당성이 높다. 즉, 연구결과에서 편안하게 평가된 의복이 실생활에서도 확실히 편안할 것이다. 그러나 개인에 따라서 생활에 차이가 있기 때문에 편안함은 동작 이외의 변수에 의하여 영향을 받을 수 있다. 반면에 팔의 각도, 허리 각도 등과 같이 실험 동작을 체계적으로 도입하여 실험할 경우에는 내적 타당성이 높아져 동작별 편안함 정도를 포괄적이며 일관성 있게 밝힐 수 있다.

연구에서는 두 가지 타당성이 모두 필요하지만 그중에서도 내적 타당성이 더욱 중요시된다. 만약 외적 타당성을 높이기 위하여 상황을 통제하지 않을 경우에는 연구결과의 신뢰성이 낮아져 연구로서의 가치가 떨어진다. 반면에 내적 타당성을 높이기 위하여 지나치게 통제한 결과 실생활과 동떨어진 조건에서 실험을 한다면 이것 또한 연구로서의 가치를 상실하게 된다. 따라서 이 두 가지를 항상 염두에 두고 연구설계를 할 필요가 있다.

가 포함되어 있다는 것이다.

체계적 분산의 극대화전략이란 총분산 중에서 체계적 분산이 차지하는 비율이 높아지도록 연구설계하는 것을 말하며, 체계적 분산이 차지하는 비율이 높을 때 연구의 내적 타당성이 높다고 말한다. 체계적 분산을 극대화하기 위하여 다음과 같은 방법이 사용된다.

설명력이 큰 변수의 도출

이론적 근거에 따라 가장 설명력이 큰 변수를 도출해 내는 것이다. 의복비에 영향이 큰 변수가 있음에도 불구하고 이를 연구에 도입하지 않으면 체계적 분산의 비율이 낮아지므로 중요한 변수를 놓치지 않도록 선행연구를 충분히 섭렵하여야 한다.

변수내 집단(실험처치)의 수준차 확대

연구하고자 하는 변수의 효과를 뚜렷이 알 수 있도록 변수 내 집단 간 차이를 크게 한다. 앞의 예에서 의복비가 연령에 따라 차이를 보일 것으로 기대된다면 20대부터

50대 이후까지 폭넓게 조사하여야 연령의 효과를 뚜렷이 볼 수 있다. 만일 20대와 30대만을 대상으로 한다면 연령의 효과는 잘 나타나지 않을 것이며, 이런 경우라면 오히려 동질적인 특정 연령대로 연령을 통제함으로써 연구범위를 한정하는 것이 효과적이다.

마찬가지 논리로 실험연구를 할 경우에는 실험처치 수준의 차이를 크게 한다. 예를 들어, 세척률 연구에서 세탁온도에 의한 세척률의 차이를 보려고 할 때는 세탁온도를 충분히 차이나게 실험처치함으로써 온도의 효과가 뚜렷이 나타나도록 실험설계하며, 또한 동작에 따른 체표면적 변화를 보고자 하는 연구라면 동작을 폭넓게 설정하여 체표면적이 확실히 변화하도록 연구설계하여야 한다.

| 가외분산의 통제전략 |

가외분산이란 총분산을 증가시키는 원인이 되지만 연구에 체계적으로 도입되지 않은 요인에 의한 분산을 말한다. 예컨대 결혼여부가 의복비에 영향을 미침에도 불구하고 연구에서 결혼여부에 따라 분석하거나 결혼여부를 통제하지 않았다면 기혼자와 미혼자가 섞여 있음으로 해서 생기는 분산이 가외분산이 되며, 가외분산의 원인이 되는 요인인 결혼여부는 가외변수가 된다.

대부분의 연구대상이 되는 현상은 연구에 사용된 변수에 의하여 모두 설명될 수 없기 때문에 가외분산은 어쩔 수 없이 존재하기 마련이다. 가외분산의 원인을 찾아내어 이를 통제하려는 노력을 가외분산 통제전략이라 한다. 가외분산을 통제하기 위하여 다음과 같은 방법이 사용된다.

제거법

가외변수를 제거함으로써 이에 의한 분산의 증가를 막는 방법이다. 모든 연구에서 가외변수의 제거가 가능한 것은 아니며, 대체로 실험연구의 경우 제거법이 유용하다. 직물의 물성 실험연구에서 직물에 가해진 가공이나 염색에 의하여 실험의 순수한 결과가 흐려질 우려가 있을 때 가공이나 염색을 하지 않은 원포(gray material)를 사용하는 것, 또는 의복을 착용한 사진을 보고 의복으로부터 받는 느낌을 측정하고자 하는 연구에서 착용자의 얼굴 모습이 영향을 미쳐 순수한 의복으로부터의 느낌이 흐려질 우려가 있을 때 사진에서 얼굴 모습을 제거하는 것, 재질감 평가 시 직물의 색채나 무늬의 시각적 효과가 영향을 미치지 못하도록 스크린으로 직물을 가리고 손으로만 만져 보게 하는 것 등이 제거법의 전형적인 예이다.

조건고정화법

가외변수의 제거가 불가능할 때에는 가외변수의 조건을 동일하게 고정시킴으로써 영향력을 최소화할 수 있다. 실험실 실험에서 흔히 사용되는 통제방법이다. 세척률 연구에서 온도를 동일하게 유지시키는 것이나 의복환경학 실험에서 실험복의 디자인을 동일하게 하는 것 등이 조건고정화법의 예에 속한다. 의복비 연구의 예에서 결혼여부가 의복비 지출에 영향을 미칠 것으로 생각될 때 미혼 또는 기혼의 표본만을 사용하여 조건을 고정화시키고, 결과도 이들에게만 일반화시킴으로써 결혼여부에 의한 가외분산을 통제할 수 있다. 의복의 느낌이나 재질감 연구를 제거법 대신 조건고정화법으로 설계한다면 얼굴을 제거하는 대신 동일한 모델을 사용하여 사진자극을 만들고, 같은 색이나 무늬로 제직된 직물을 사용하면 된다.

상쇄법

상쇄법(相殺法)은 가외변수의 영향을 상쇄시킴으로써 분산을 통제하는 방법이다. 구성연구에서 세 가지 다른 제도법의 원형을 사용하여 실험복을 만들고 각 실험복을 착용한 모델에 대하여 관능검사법으로 맞음새(fit)를 평가하고자 할 때, 평가대상이 되는 모델의 순서를 무작위로 배치함으로써 모델의 순서에 의한 영향력을 상쇄시킬 수 있다. 만일 모델이 착용하는 실험복의 순서를 항상 일정하게 고정시키면, 첫 번째 평가대상이 엄격하게 평가되거나 그 반대의 효과를 내어 순서에 의한 가외분산이 발생할 우려가 있다. 마찬가지로 사진 자극물에 대한 응답자의 반응을 측정하는 연구에서도 사진 자극물의 순서를 조작하여 순서에 의한 효과를 상쇄시킬 수 있다. 질문지를 사용하는 방법에서도 여러 개념을 측정하는 질문들이 함께 있을 때, 개념별로 질문을 모아놓지 않고 서로 섞어서 배열함으로써 순서효과를 없앨 수 있다.

순서에 의한 효과를 상쇄시키는 방법으로는 순서를 무작위로 하는 방법과 순서를 체계적으로 변화시키는 방법이 있다. 질문 문항들은 난수표(亂數表, random number table) 등을 사용하여 순서를 무작위로 하는 방법이 효과적이며, 모델의 순서나 자극물의 순서는 체계적으로 변화시켜 각 평가대상이 각 순번에 동등하게 나타나도록 하는 방법을 사용하는 것이 좋다.

격상법

가외변수의 효과가 확실할 때는 이를 하나의 독립변수(원인변수)로 격상시켜 연구에 도입하는 격상법(格上法)을 사용할 수 있다. 앞에서 예로 든 세척률 연구에서 온도를 독립변수로 격상시켜 온도변화에 따른 세척률의 차이를 보는 것이나, 의복환경학 연구에서 실험복 디자인을 독립변수로 격상시켜 디자인에 따른 실험결과의 차이를 보는 것이다.

통계적 기법의 활용

가능한 모든 방법으로 가외분산을 통제한 후에도 연구에는 항상 우연에 의한, 또는 전혀 예상치 못한 변수에 의한 결과의 왜곡이 생길 수 있다. 연구에서 표본추출 또는 실험단위의 추출을 무작위로 하는 것은 알지 못하는 가외변수의 효과를 상쇄시키기 위함이며, 추리통계를 사용하는 것은 우연에 의한 자료 때문에 잘못된 결론을 내릴 가능성을 없애기 위해서이다.

| 오차분산의 극소화전략 |

오차분산이란 측정상 발생하는 오차에 의한 분산을 의미한다. 아무리 정교한 기기를 이용하여 측정하더라도 측정치에는 오차가 있게 마련이다. 하물며 사람을 대상으로 자료를 얻거나 주관적인 판단에 의하여 측정되는 자료에는 오차의 양이 더 커지게 된다. 오차의 양이 커지면 총분산이 증가하고, 따라서 총분산 중 체계적 분산이 차지하는 비율이 줄어들게 되므로 연구의 내적 타당성이 낮아지게 된다. 그러므로 연구에서는 오차의 양을 극소화시키기 위한 전략이 필요한데, 이 전략을 위해서는 측정도구의 신뢰도를 향상시키는 것이 가장 유효한 방법이다.

5 자료의 수집

연구의 설계가 이루어지면 자료수집 단계로 넘어가게 된다. 자료의 수집은 연구의 유형에 따라 다양한 방법을 통하여 이루어진다.

| 자료수집방법의 결정 |

자료수집은 연구의 유형에 따라 문헌조사, 설문지, 면접, 관찰, 실험 등 다양한 방법으로 이루어진다. 연구문제에 따라 어떤 자료수집방법이 좋은 자료의 획득에 가장 적절할 것인지 다각도로 검토하여 결정하도록 한다. 각 자료수집방법은 나름대로의 장단점을 갖고 있기 때문에 어떤 방법이 최적인가 하는 것은 연구분야와 연구문제에 따라 결정될 사항이다. 각 자료수집방법의 특징과 절차는 제5장에서 상세히 다룬다.

| 측정도구의 확정 |

연구의 결론은 측정된 자료의 분석을 통해서 이루어지므로 측정도구의 결정은 연구에 있어서 가장 중요한 결정 중 하나이다. 동일한 개념(변수)이라도 어떤 도구로 측정하는가에 따라 결과가 다르게 나올 가능성은 얼마든지 있다. 따라서 측정도구를 확정할 때에는 연구자가 측정하고자 하는 개념을 얼마나 잘 측정할 수 있는 도구인지 확인해 보아야 하며, 동시에 측정치가 얼마나 일관성을 보이는지도 확인해 보아야 한다. 전자를 측정도구의 타당성, 후자를 측정도구의 신뢰성이라 하며, 이 두 가지를 확인하여 측정도구를 확정하도록 한다. 측정도구에 대한 설명은 제3장과 제4장에서 자세히 다룰 것이다.

| 모집단 및 표본추출방법의 결정 |

연구 중에는 전수조사나 사례연구와 같이 모집단 전체로부터 자료를 수집하는 경우가 종종 있으나, 대부분의 학술적 연구에서는 모집단에서 표본을 추출하고 표본으로부터 수집한 자료를 분석하여 결과를 모집단에 일반화시키는 과정을 거친다. 따라서 자료를 수집하기 전에 모집단을 확정하고, 이들로부터 어떤 방법으로 표본을 추출할 것인지 결정하여야 한다. 표본추출방법에 대해서는 제5장에서 자세히 다룬다.

| 예비조사(예비실험)를 통한 연구방법의 수정보완 |

치밀한 과정을 거쳐 자료수집 단계에까지 이르렀다 하더라도 본조사 또는 본실험으로 바로 들어가기에는 위험이 따른다. 따라서 대부분의 연구에서는 연구의 성격에 따라 예비조사(pretest) 또는 예비실험(pilot study)을 거쳐 연구절차를 수정 보완한다.

조사연구의 경우에는 연구의 일부분에 대한 예비조사를 실시하는데, 주로 측정도구의 문제점들, 예컨대 문항의 서술방법이 적절한지, 응답자가 연구자의 의도대로 질문을 이해하는지, 응답에 걸리는 시간은 적절한지 등을 찾아내어 보완하고, 동시에 측정도구의 신뢰도를 확인하는 작업을 하게 된다. 면접연구의 경우에는 면접자의 훈련을 위해서도 예비조사가 필요하다. 예비조사는 본조사와 동질적인 대상에게 실시하는 것이 문제점을 발견하거나 신뢰도를 확인하는 데 유리하다.

실험연구의 경우에는 실험을 소규모로 수행해 보는 예비실험을 통하여 사용하고자 하는 기기가 연구에 적절한지, 실험설계가 잘 되어 있는지 확인해야 한다. 예컨대 세탁 전과 세탁 후 직물의 물성 변화를 보고자 할 때, 기기가 물성 변화를 측정해낼 만큼 정밀한지, 실험처치에 따라 실험결과에 유의한 차이를 보이는지, 측정치가 일관되게 나오는지 등을 확인하고, 결과에 따라 본실험 계획을 보완한다.

예비조사나 예비실험은 이와 같이 측정도구와 실험방법에 대한 보완에 필요할 뿐 아니라, 그 결과에 대한 분석을 시험적으로 실시해 봄으로써 예상되는 관련성이나 차이가 본조사나 본실험에서 제대로 나타날 것인지를 확인해 보는 데도 유용하다.

| 본조사(본실험)를 통한 자료수집 |

예비조사 또는 예비실험의 결과에 따라 필요한 수정 보완을 마치면 본조사 또는 본실험을 통하여 자료수집을 하게 된다. 연구에 있어서 좋은 자료가 수집되는지 여부는 이전의 과정이 얼마나 충실히 수행되었는가에 달려 있다. 따라서 본조사 또는 본실험을 시작하기 전에 모든 사항을 면밀히 점검해야 하며, 자료의 분석계획까지도 미리 세워놓아야 한다.

6 자료의 분석과 해석

이 책의 많은 부분을 차지하는 제2부는 수집된 자료를 분석하는 방법론에 대한 내용이다. 자료를 통하여 현상을 기술(記述, description)하고, 자료로부터 변수 사이의 관련성을 밝히며, 모집단의 상황을 추리하는 과정이 통계분석과정이다.

통계분석은 양적으로 이루어지지만, 숫자로 제시된 결과 못지않게 중요한 것이 이에 대한 해석이다. 이론적 근거 또는 선행연구와의 비교 검토를 통해 연구결과의 의의를 해석하고, 이를 기존 이론의 틀에 맞추어 결론을 내리는 과정이 잘 이루어져야 좋은 연구라 할 수 있다. 이때 문헌조사에서 습득한 연구분야에 대한 폭넓은 지식이 유용하게 사용된다.

7 보고서 작성

연구의 결과는 보고서로 작성된다. 보고서는 연구 목적 및 용도에 따라 적절한 형태를 갖추어야 한다. 연구가 학위논문을 위하여 진행되었을 때는 학위논문을 작성하는 지침에 맞도록 작성되어야 하며, 학술지에 투고할 때는 학술지에서 요구하는 형식에 맞추어야 한다. 그 밖에 산학공동연구나 기업용역과제연구의 보고서는 연구수행의 목적에 부합하고 연구결과를 활용할 사람들에게 적합하도록 구성되어야 한다. 그러나 어떤 형태가 되든지 보고서가 기본적으로 갖추어야 할 사항을 정리해 보면 다음과 같다.

| 보고서의 구성 |

보고서는 서론, 본론, 결론의 큰 틀을 따라 구성되나, 세부 구성은 연구의 유형에 따라 차이가 있다. 조사연구는 일반적으로 서론, 문헌조사, 연구방법, 결과, 결론의 기본적인 틀을 가진다. 문헌연구는 서론에서 연구방법을 함께 설명하고 본론에서는 연구된 내용을 소주제에 따라 별개의 장들로 구성한다. 실험연구의 경우 문헌조사 내용이 서론에 포함되어 서론, 실험방법, 결과, 결론의 목차를 가지는 것이 보통이다. 여기에서는 조사연구의 목차 순서에 따라 작성방법을 설명한다.

서론

서론은 '어떤' 연구를 '왜' 하는지 밝히는 부분이다. 주로 연구의 의의, 연구의 필요성, 연구의 목적, 연구문제의 서술, 연구의 구성 등과 같은 소제목들을 적절히 활용하여 이 연구가 왜 수행되어야 하는지에 대한 연구의 정당성(justification)을 밝히고, 연구의 독자성과 가치를 주장한다.

서론을 쓸 때는 특히 논리의 흐름을 중요시하여야 한다. 서론에서 쓰고자 하는 내용을 그림 2-2의 예와 같이 흐름표(flow-chart)로 만들어 본인의 주장이 논리적으로 전개되도록 구성한다. 흐름표를 만든 후에는 각 단계별로 별도의 단락(paragraph)을 만들어 내용이 산만하지 않게 하며, 한 단락이 한 문장으로 구성되는 것은 피하도록 한다. 단락의 내용이 많을 때에는 단락을 나누어 주는 것이 필요하지만, 이때도 각 단락의 주제가 차별화되도록 한다. 또한 서론의 끝 부분에서는 연구하고자 하는 내용이 뚜렷이 제시되도록 한다.

문헌조사

문헌조사 부분은 이론적 배경, 이론적 고찰 또는 이론적 연구라는 제목으로 정리되며, 연구에서 문헌조사의 기능이나 문헌조사가 차지하는 중요도에 따라 적절한 제목을 붙여준다. 문헌조사가 연구문제의 도출이나 가설의 설정 근거를 보여 주고자 할 때에는 이론적 배경이라는 제목이 적절하며, 선행연구들을 연구자의 관점에서 체계적

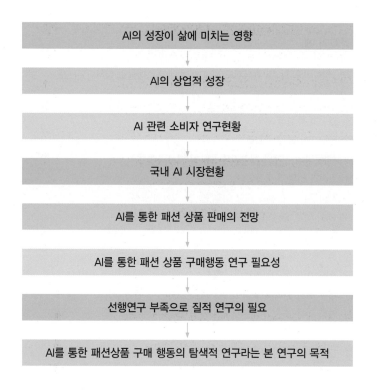

그림 2-2
서론 내용구성을
위한 흐름표의 예

으로 정리, 비교 검토한 경우에는 문헌고찰이라는 제목이 적절하다.

문헌조사 자체가 연구문제 중의 하나일 때에는 이론적 연구라는 제목을 붙일 수 있다. 문헌을 통하여 연구문제의 해답을 밝히고자 한 것이기 때문에 이론적 연구에 대해서는 연구자의 결과 제시가 있어야 한다. 이론적 연구는 실증적 연구를 위한 모형의 제시와 같은 연역적 연구에서 흔히 사용된다.

실험실 실험연구에서는 문헌조사가 독립되어 서술되지 않는 경우가 많다. 그 이유는 본실험과 직접 관련된 최근의 연구들이 서론 부분에서 연구의 필요성이나 연구내용을 밝힐 때 이미 상세히 소개되었고, 이를 뒷받침하는 이론은 교과서적인 내용이므로 연구보고서에서 또다시 소개할 필요가 없기 때문이다.

문헌연구의 경우에는 연구의 전 과정이 문헌조사이기 때문에 '문헌조사'라는 제목을 붙이지 않는다. 연구의 절차, 결과 및 논의 등의 제목도 별도로 붙이지 않고 연구내용을 제목으로 붙여주는 것이 일반적이다.

연구방법

연구방법 부분에서는 목적으로 하고 있는 바의 연구가 어떤 과정에 의해 진행되었는가를 구체적으로 전달하게 된다. 문헌조사의 결과물로 얻은 가설이나 연구문제 혹은 연구모형을 확실히 제시하는 한편 조사대상과 연구하고 있는 개념의 조작적 정의, 사용척도, 자료수집 및 분석방법 등을 있는 그대로 서술한다. 이때 다른 사람들이 반복조사나 반복 실험을 한다 해도 그대로 따라 할 수 있을 만큼 '무엇을' '어떻게' 했다는 연구과정을 상세히 밝혀야 한다.

특히 조사연구의 경우에는 실험실 실험과 같이 표준화된 도구가 있는 것이 아니기 때문에 측정도구에 대하여 충실히 설명하여야 한다. 또한 연구의 결과에 차이를 가져올 수 있는 표본추출과정과 표본특성에 대하여서도 충분한 설명이 있어야 한다.

실험실 실험연구에서는 시료 및 시약, 장비, 실험시간 및 반복횟수와 더불어 실험환경조건 등을 통례에 따라 구체적으로 제시하게 된다. 문헌연구에서는 연구대상이나 자료 등을 포함한 연구방법과 절차를 서론 부분에서 언급하는 경우가 대부분이다.

결과 및 논의

결과는 연구문제의 순서에 맞추어 제시하는 것이 읽기에 수월하다. 결과의 제시와 함께 결과에 대한 연구자의 논의가 반드시 있어야 하는데, 주로 이론적 근거, 선행연구의 결과, 연구자의 기대 등과 관련하여 논의하도록 한다.

결론 및 제언

결과를 추상적 개념의 수준으로 일반화시킨 것이 결론이다. 예컨대, 사회계층에 따른 의복비의 차이를 고찰하는 연구에서 사회계층을 소득과 교육수준으로 조작화하였다면, 결과에서는 소득과 교육수준에 따른 의복비 차이를 설명하지만 결론은 사회계층이라는 개념수준에서 내린다.

결론은 연구문제에 대한 해답이라고 볼 수 있으며, 결론과 함께 제시되는 제언에는 후속연구를 위한 제언과 결과의 활용을 위한 제언이 포함된다. 전자가 학문적 입장에서의 제언이라면, 후자는 실용적 입장에서의 제언이라 할 수 있다.

| 참고문헌의 제시방법 |

참고문헌은 연구보고서에 인용된 것들만 정리하는 것이 일반적이다. 정리하는 방법에는 크게 나누어 각주(脚註, foot note)방식, 후주(後註)방식 그리고 최근에 널리 쓰이는 APA(American Psychological Association)에서 규정한 방식이 있다.

본문에서 저자를 명기할 때 서양학자의 경우는 성만으로도 개인의 식별이 가능하므로 성만 쓰는 것이 원칙이다. 그러나 우리나라 학자의 경우에는 성이 같은 사람이 많기 때문에 서양식을 따르기보다는 이름까지 써주는 것이 보통이다. 최근에는 국내 학술지의 경우에도 참고문헌 제기와 본문 인용을 알파벳으로 하는 경우가 많으므로, 이때는 우리나라 학자에 대해서도 서양식을 따라 표기한다.

서양문헌의 저자명을 제시할 때 각주방식에서는 서양식 순서대로 이름(first name)을 먼저 쓰고 성(last name)을 뒤에 쓰는 반면, 후주방식이나 APA 방식에서는 성을 먼저 쓰고 쉼표(,)를 찍은 다음 이름을 쓴다. 이것은 문헌을 알파벳 순서대로 정리할 때 성에 따라 정리하기 위해서이다.

한편 인용문헌에 대해서는 문헌의 서지사항뿐만 아니라 인용된 내용이 들어 있는 쪽을 밝혀서 해당 내용에 관심 있는 독자가 원문헌을 찾아보기 쉽도록 하는 것이 좋다. 각주방식을 채택한 경우에는 개별 각주마다 서지사항과 함께 인용문헌의 쪽을 표시해 주는 것이 원칙이다. 후주나 APA 방식에서는 쪽수를 반드시 명기하도록 하고 있지 않지만, 인용된 쪽을 표기한다면 본문 중에 쪽수를 포함시키는 것이 보통이다. 특히 내용을 직접 인용하고 있는 경우에는 반드시 표시해 주어야 한다.

각주방식

쪽마다 밑에 주(註)를 붙여 문헌을 밝히는 각주는 연구의 주된 자료가 문헌으로부터 얻어지는 문헌연구에서 주로 사용된다. 문헌각주는 저서나 논문의 내용을 직접 인용하는 경우에 한하여 사용하며, 내용의 출처가 되는 문헌을 쪽수까지 정확히 밝힌다. 본문 중 각주의 번호는 인용된 순서대로 붙이되, 장(章)이 바뀌면 번호를 새로 시작한다. 인용문헌의 전체 목록을 보고서 뒤에 붙인다.

각주를 붙일 때에 특별히 주의할 점은 Ibid.(上揭書, 상게서), op. cit.(前揭書, 전게서)의 용법이다. Ibid.는 라틴어 ibidem의 약어로 '같은 자리에서'라는 뜻을 갖는다. 이것은 바로 앞에서 인용한 문헌을 반복하여 인용할 때 사용되며, 동일한 저자명과 문헌명을 반복하는 대신 Ibid.라고 쓰고 밑줄을 긋거나 이탤릭체로 표시한다. 앞에서 인용한 쪽과 동일한 쪽에서 인용할 때에는 Ibid.만 쓰고, 쪽수가 다를 경우에는 Ibid. 뒤에 쪽수를 밝힌다.

op. cit.는 라틴어 opera citato의 약어로 '인용된 작품에서'의 뜻을 갖는다. 이것은 직전 문헌보다 앞서 인용된 문헌을 다시 인용하고자 할 때 사용하며, op. cit.에 밑줄을 긋거나 이탤릭체로 표시한다. op. cit.를 사용할 때에는 문헌의 저자명(서양식 문헌의 경우에는 저자의 성, 국내문헌의 경우에는 저자의 성명)을 인용하고 쉼표(,)를 찍은 후 op. cit.를 붙인다.

Ibid. 대신에 '상게서', op. cit. 대신에 '전게서'를 쓸 수 있으나 한 논문에서 라틴어와 한글을 혼용해서는 안 된다.

참고

내용각주

본문에 표시하기 어려운 보충적 내용을 각주를 이용하여 설명하는 것을 내용각주라고 하여 문헌각주와 구별한다. 내용각주는 본문의 흐름에서 약간 빗나간 보충적 설명, 저자에 대한 소개, 사의의 표시 등이 필요할 때 문헌각주와 병기하여 사용하며, 문헌각주 방식을 사용하지 않는 논문에서도 내용각주는 사용할 수 있다.

참고

각주 표기의 예

1) 홍길동, 한국인의 의생활(서울: 하늘출판사, 1995), p. 10.
2) *Ibid.*, pp. 71~75.
3) *Ibid.*
4) 한의류, "의류학 연구방법에 대한 사적 고찰"(대한의류학회지 20권 1호, 2000), p. 80.
5) 홍길동, *op. cit.*, p. 101.

후주방식

후주방식이란 본문에는 저자명 위에 어깨번호를 붙여 문헌을 표시하고 보고서 뒤에 번호별로 문헌의 서지사항을 기록하는 방식이다. 경우에 따라서는 본문 중에 저자명을 밝히지 않고 인용되는 내용 끝에 어깨번호를 붙여주기도 한다. 이때 문헌번호는 인용순서대로 붙이기도 하고 또는 전체 인용문헌을 가나다순이나 알파벳순으로 일괄 정리하여 먼저 번호를 정한 후 이 번호를 본문에 어깨번호로 붙여주기도 한다. 후주방식은 실험실 연구의 보고서를 작성할 때 주로 사용되는 방법이다.

동일한 문헌이 반복인용되면 같은 번호를 계속 붙여주는 것이 각주와 다른 점이다. 각주와 후주의 또 다른 점은 후주방식에서는 서지사항을 작성할 때 인용된 부분의 쪽수를 표기하지 않는다는 것이다. 다만 서적의 일부를 직접 인용했을 때에는 본문에서 책의 쪽수를 밝히도록 되어 있다.

APA 방식

APA 방식은 1929년 미국의 인류학과 심리학 학술지 편집자들이 함께 만들어 사용하기 시작한 이래 최근까지 개정을 거듭하며 정착된 방식이다(2009년 6차 개정). 현재 많은 학문영역에서 이를 채택하여 사용하고 있으며, 국제의류학회(International Textiles and Apparel Association)에서 발간하는 *Clothing and Textiles Research Journal*이나 한국의류학회에서 발간하는 한국의류학회지 등에서도 이를 채택하고 있다.

APA 방식의 가장 큰 특징은 본문 중에서 인용문헌의 저자명 뒤에 괄호를 사용하여 발표년도를 표시하게 하는 것이다. 이러한 표시는 후주방식이 어깨번호로 문헌을 확인하는 것처럼 저자명과 연도로 문헌을 확인하는 기능을 할 뿐 아니라, 본문을 읽으면서 연구가 수행된 시기를 알려주는 기능도 한다. 저자명과 연도로 문헌을 확인하기 때문에 동일저자의 논문이 2편 이상 인용될 경우에는 혼란을 막기 위하여 연도 뒤에 a 또는 b 등을 붙여 구별한다.

APA 방식에서 정하고 있는 문헌 제시방법 중 흔히 사용되는 경우를 소개하면 다음과 같다(Publication Manual of the American Psychological Association, 6th edition, 2009).

학술지 논문

Curran, L. (1999). An analysis of cycles in skirt lengths and widths in the UK and Germany. *Clothing and Textiles Research Journal, 17*(2), 65–72.

저자명은 성을 먼저 쓰고 쉼표(,)를 찍고 이름의 첫 글자만 밝힌다. 저자가 두 명 이상일 때에는 쉼표와 '&'로 연결하고, 세 명 이상일 때는 마지막 두 사람 사이에 '&'를 넣는다. 저자명 뒤에 연도를 표시하는데, 동일 저자의 인용문헌이 두 개 이상일 경우에는 연도 뒤에 a 또는 b를 붙여 구별한다(예: 1999a). 논문 제목은 첫 글자와 고유명사만 대문자로 하고 나머지는 소문자로 한다. 논문 제목 뒤에 마침표(.)를 찍고 학술지 정보를 적는다. 학술지 명(名)과 권(卷, volume)에는 밑줄을 치도록 되어 있는데 이는 인쇄할 때 이탤릭체로 바꾸도록 표시하는 것이다. 따라서 인쇄를 위한 별도의 작업을 하지 않는 경우에는 밑줄 대신 이탤릭체로 쓴다. 밑줄과 이탤릭체와의 관계는 다른 문헌에서도 마찬가지이다. 현재는 문서파일로부터 직접 책을 만드는 경우가 대부분이므로, 이런 경우에는 밑줄 대신 이탤릭체를 써준다. 학술지 이름과 권(호) 뒤에 쉼표

(,)를 찍고 쪽수를 쓴 후 마침표(.)를 찍는다.

> Curran, L. (1999). An analysis of cycles in skirt lengths and widths in the UK and Germany. *Clothing and Textiles Research Journal, 17*(2), 65–72.

서적

> Cone, J. D., & Foster, S. L. (1993). *Dissertation and theses from start to finish: Psychology and related fields.* Washington DC: American Psychological Association.

저자명은 학술지 논문과 마찬가지로 공저인 경우에는 마지막 두 저자 사이에 '&'를 붙이며, 저자명 뒤에 발행년도를 괄호 안에 쓴다. 서적명은 밑줄을 긋거나 이탤릭체로 쓴다. 출판사에 대한 정보는 출판지역(도시명)을 쓰고 콜론(:)을 붙인 후 출판사명을 쓴다.

편저의 경우 일반 서적과 같으나 저자명 뒤에 이들이 편집자(editor)임을 나타낸다. 편집자가 1명일 때는 (Ed.), 2명 이상일 때는 (Eds.)를 붙인다.

> Gibbs, J. T., & Huang, L. N. (Eds.). (1991). *Children of color: Psychological interventions with minority youth.* San Fransisco: Jossey–Bass.

편저의 한 장을 참고한 경우 참고한 장(章) 또는 논문을 저자명, 제목 순으로 쓴 다음, 'In' 뒤에 편저의 서지사항을 밝힌다.

> Massaro, D. (1992). Broadening the domain of the fuzzy logical model of perception. In H. L. Pick, Jr., P. Broek, & D. C. Knill (Eds.), *Cognition: Conceptual and methodological issues*(pp. 51–84). Washington DC: American Psychological Association.

3
CHAPTER

변수와 측정

1 변수 ────────────

변수(變數, variable)란 일반적으로 '변화하는 어떤 양 또는 속성'을 뜻하는 용어로 연구과정에서 변화하는 모든 것은 변수가 된다.

| 변수의 종류 |

연구과정에서 변수들은 서로 구별되는 속성을 가지며, 연구에서 하는 기능에 따라 다음과 같이 분류된다.

독립변수

독립변수는 종속변수에 영향을 미친다고 생각되는 자극변수를 말한다. 즉 'X가 바뀜에 따라 Y에 어떤 변화가 생길까?'라는 의문을 가지고 연구가 진행될 때, X는 Y의 변화를 유도하기 위하여 사용되는 자극변수이며, 이것을 독립변수(independent variable)라 한다. 독립변수는 원인변수(causal variable), 설명변수(explaining variable), 예측변수(predictor variable) 등의 이름으로도 불린다.

X가 Y에 미치는 영향을 확인하기 위하여 실험실 실험연구에서는 X의 수준을 다양하게 변화시켜 이에 따른 Y의 변화량을 측정하게 된다. 예컨대 세액의 온도가 세척률에 미치는 영향을 확인하고자 한다면 세액의 온도를 여러 가지 수준으로 변화시키면서 세척률을 측정하는 것이다.

사후실증연구에서는 X에 따른 Y의 차이를 규명함으로써 X가 Y에 미치는 영향을 확인할 수 있다. 즉 실험실 실험연구처럼 X를 조작할 수는 없지만, 이미 현상적으로 차이가 있는 X를 택함으로써 Y에 미치는 영향력을 확인하게 된다. 예를 들어 남녀라는 성별에 따른 의복비 차이를 규명한다면, 성별을 의복비 차이를 유발하는 독립변수로 다루는 것이다.

종속변수

종속변수(dependent variable)는 독립변수에 의하여 영향을 받는다고 생각되는 반응변수를 말한다. 즉, X가 바뀔 때 이에 따라 변화하는 Y를 종속변수라 한다. 일반적으로 실험의 결과로 측정되는 것이 종속변수이며, 결과변수(effect variable), 피설명변수(explained variable), 피예측변수(predicted variable)라고도 불린다.

조절변수

독립변수와 종속변수 사이에 개재되어 이들 두 변수 사이의 관계에 영향을 미친다고 생각되는 제3의 변수를 조절변수(moderate variable)라 한다. 예를 들면, 세제조성에 따른 세척률의 차이를 연구할 때, 세제종류는 독립변수, 세척률은 종속변수가 된다. 그러나 세제와 세척률의 관계가 세탁온도에 따라 차이가 있을 것이라고 판단될 때 세탁온도는 조절변수가 된다. 연구변수를 결정하는 연구설계 과정에서는 독립변수와 조절변수가 잘 구별되지만 실제 연구에서는 조절변수와 독립변수의 역할에 별 차이가 없다. 따라서 제2의 독립변수라고도 불린다.

매개변수

독립변수와 종속변수 사이의 관계를 연결해주는 변수를 매개변수(mediating variable)라 한다. 예를 들어 인터넷 사용 시간이 의류제품 구매율에 미치는 영향을 살펴볼 때, 인터넷 사용시간은 독립변수, 의류제품 구매율은 종속변수가 된다. 그러나

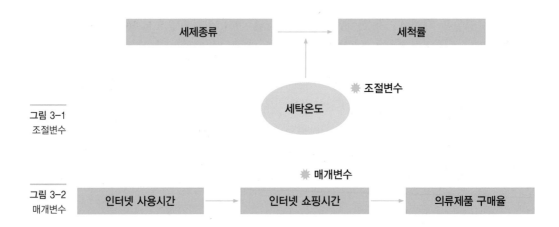

그림 3-1
조절변수

그림 3-2
매개변수

인터넷 사용 시간이 직접적으로 의류제품 구매율에 영향을 미친다고 보기는 어려우므로, 인터넷 사용 시간이 길면 인터넷 쇼핑을 하는 시간도 길어지고 이로 인해 의류제품 구매율이 높아질 것이라 예상을 해 볼 수 있다. 이 경우 인터넷 쇼핑시간은 매개변수가 된다. 이와 같이 매개변수는 독립변수와 종속변수 사이에서 중간 역할을 하는 변수로서 독립변수, 종속변수와 인과관계를 가지며, 조절변수와 달리 독립변수 및 종속변수와 직접 영향을 주고받는다.

통제변수

종속변수에 영향을 미친다고 생각되지만 연구의 체계적 분산을 높이기 위해서 통제하는 변수를 통제변수(control variable)라 한다. 예를 들면, 세액의 농도가 세척률에 영향을 미칠 것으로 생각되지만 이를 특정 비율로 일정하게 유지함으로써 그 효과를 통제하는 것이다. 만일 통제변수를 제대로 활용하지 않으면 종속변수의 총분산 중에서 가외분산의 비율이 높아져 연구의 내적 타당성이 낮아지게 된다. 따라서 통제하여야 하는 변수는 적절히 통제하여야 하는데, 실험실 실험연구에서는 이러한 통제가 비교적 용이하지만 현장 실험연구나 조사연구에서는 변수의 통제가 어렵기 때문에 가외분산을 줄이기 위한 특별한 노력이 필요하다. 가외분산의 통제전략은 제2장에서 소개하였다.

| 변수의 수량화 |

연구과정에서 변화하는 것들을 변수라고 볼 때, 변화하는 것이 무엇인가에 따라 양(量)이 변화하는 경우에는 양적 변수, 질(質)이 변화하는 경우에는 질적 변수로 구분

내생변수와 외생변수

참고

연구변수들 중 연구과정에서 결정되는 변수를 내생변수(endogenous variable), 연구과정 밖에서 결정되는 변수를 외생변수(exogenous variable)라 한다. 사후실증연구의 독립변수는 외생변수인 경우가 많으며, 종속변수는 내생변수이다. 예를 들어, 소비자 특성에 따라 의복구매행동의 차이를 연구하는 경우 소비자 특성은 연구 밖에서 이미 결정되어 있으므로 외생변수, 구매행동은 내생변수이다.

한다. 키나 몸무게는 대상에 따라 변화하는 것이 양이므로 양적 변수이고, 좋아하는 색상이나 즐겨 찾는 점포유형은 대상에 따라 변화하는 것이 속성이므로 질적 변수이다. 숫자에 의미를 부여하여 통계적으로 분석하기 위해서는 양적 변수와 질적 변수 모두 수량화하여야 한다.

양적 변수의 수량화

양적 변수는 측정 또는 계산을 통해서 수량화된다. 측정에 의한 수량화는 숫자로써 자료를 표현하는 방법으로, 신체계측치, 피부온, 의복비 등이 이에 속한다. 계산에 의한 수량화는 수학적 방식을 이용하여 측정치 사이의 관련성을 표현하는 방법이다. 계산으로 수량화하는 방법은 측정된 수치 자체보다 수치들 사이의 관련성으로 표현하는 것이 자료로 더 적합할 때 사용된다. 예를 들어 스커트 길이의 변화를 연구하기 위하여 표본으로 추출된 사진들의 스커트 길이를 수량화하고자 할 때, 스커트 길이 자체는 사진의 크기나 모델의 크기에 따라 달라지므로 타당한 측정치가 되지 못한다. 따라서 키 또는 적절한 다른 길이 항목을 기준으로 하여 스커트 길이의 비율을 계산함으로써 스커트 길이를 좀 더 타당하게 수량화할 수 있다. 체형연구에서 지수치를 사용하는 경우나 세척연구에서 세척률을 계산하여 종속변수로 사용하는 것 등은 모두 이러한 예에 속한다.

양적 변수의 수량화가 중요한 이유로는 자료의 통계적 처리를 가능하게 한다는 점을 가장 먼저 꼽을 수 있지만, 측정치의 객관화를 통해 학자들 사이의 명확한 커뮤니케이션을 돕는 것도 중요한 이유이다.

질적 변수의 수량화

질적 변수를 수량화하기 위해서는 우선 측정된 내용에 따라 유목(category)으로 나누어야 한다. 예컨대 성별, 거주형태, 거주지역 등과 같은 질적 변수에 대한 응답을 내용에 따라 구분하여 성별의 경우 남성과 여성으로 구분하고, 거주형태의 경우 아파트, 단독주택, 다세대주택, 오피스텔 등의 유목으로 구분하며, 거주지역의 경우 대도시, 중소도시, 읍면지역 등과 같이 유목화하는 것이다. 유목은 설문지를 구성하는 과정에서 미리 만들어지기도 하고, 자유기술식으로 응답하도록 한 후에 응답결과로 결

거주지역 측정 \ 가변수항목	대도시 D1	중소도시 D2	농어촌 D3
대도시	1	0	0
중소도시	0	1	0
농어촌	0	0	1
도서·산간	0	0	0

표 3-1
가변수를 이용한
거주지역의 표현

정하기도 한다.

질적 변수에는 각 유목별로 고유숫자를 부여한다. 그러나 이렇게 부여된 숫자는 각 유목을 나타내는 번호와 같은 기능을 할 수는 있지만 수학적 의미는 전혀 갖지 못한다. 질적 변수가 수학적으로 처리되어 통계분석되려면 이진법(binary number)으로 표시되어야 한다. 이진법은 각 유목별로 유목의 성격을 가지고 있는 경우에 1을, 가지고 있지 않은 경우에 0을 주어 1과 0으로 속성의 유무를 표시하는 것이다. 이진법으로 표시한 숫자는 가감승제의 모든 산술적 계산이 가능하며, 따라서 통계분석의 대상이 될 수 있다. 이와 같이 이진법으로 표현한 질적 변수를 가변수(假變數, dummy variable) 또는 모조변수라 한다.

일반적으로 가변수로 표현하기 위해서 필요한 항의 수는 유목수에서 1을 뺀 것이 된다. 예컨대 성별을 가변수로 표현하기 위해서는 남성 또는 여성의 한 항목만 있으면 되고, 표 3-1과 같이 거주지역을 네 개의 유목으로 측정하였다면 세 개의 항목이 필요하다.

2 측정

측정이란 변수의 수량화를 위하여 규칙에 따라 사상(事像)에 숫자를 부여하는 것을 말한다.

| 측정수준 |

측정치는 측정하고자 하는 변수의 내용이나 방법에 따라서 측정수준(level of measurement)이 다르며, 각 측정수준에 따라 다음과 같은 네 가지 측정척도 (measurement scale)가 있다.

명명척도

명명척도(命名尺度, nominal scale)는 질적 변수를 유목화(classification)하여 측정하는 것이다. 예컨대 소비자가 선호하는 스타일을 알기 위하여 몇 개의 디자인을 제시하고 그중에서 하나를 선택하도록 한다면 이는 명명척도로 측정되는 것이다. 남녀로 측정되는 성별, 몇 개의 유목으로 나누어서 측정되는 직업 등은 모두 명명척도이며, 측정수준이 가장 낮은 척도이다.

명명척도로 측정된 것은 각 유목에 수치를 부여하더라도 그 수치는 마치 이름 (name)과도 같은 성격을 가지므로, 각 유목에 수치를 부여할 수는 있으나 산술적 계산이 불가능하다. 즉 선호하는 디자인을 선택하도록 하면서 몇 개의 디자인을 제시하고 디자인에 따라 1, 2, 3,… 등의 수치를 부여할 수는 있지만 이들을 산술적으로 계산하여 의미 있는 수치를 얻어낼 수는 없다. 명명척도로 측정된 것을 양적으로 분석하고자 할 때는 특별히 가변수화하여 분석해야 하는데 이에 대해서는 제10장의 회귀분석에서 상세히 설명하도록 한다.

서열척도

서열척도(序列尺度, ordinal scale)는 명명척도의 각 유목 사이에 서열(order)의 속성이 더해진 것으로 순위로써 측정하는 것을 말한다. 선호 디자인을 측정하고자 하는

참고　**명명척도의 예**

귀하의 종교는 무엇입니까?

① 불교　　　　② 기독교　　　　③ 천주교
④ 유교　　　　⑤ 기타　　　　　⑥ 없음

연구에서 제시된 디자인에 대하여 좋아하는 순서대로 응답하게 할 경우에는 서열척도가 된다. 서열척도로 측정된 자료는 유목 사이의 상대적 크기를 비교할 수 있으나 차이의 크기를 알 수는 없다. 즉 가장 선호하는 디자인과 그 다음으로 선호하는 디자인 등 선호하는 순서는 알 수 있지만 그 차이가 얼마나 되는지는 측정되지 않는다.

서열척도로 측정된 자료는 크기의 양이 나타나지 못하므로 양적 분석에 제한을 받는다. 따라서 고급통계를 사용하기 위해서는 되도록 서열척도보다 수준이 높은 등간척도 또는 비율척도로 측정하는 것이 좋다.

등간척도

등간척도(等間尺度, interval scale)는 측정단위 사이의 크기가 동일한 척도를 말한다. 따라서 측정된 수치는 단위에 따라 크기가 명확하게 나타나게 되며, 측정치 간의 차이도 크기로 정확히 나타낼 수 있다. 교과목 시험성적이나 소비자의 의복에 대한 관심도 측정치 등과 같이 점수화된 측정치들이 이에 속한다. 등간척도로 측정된 자료는 모든 산술적 계산이 가능하며, 거의 모든 고급통계기법을 적용할 수 있다.

그러나 등간척도는 '절대 0(absolute zero)'의 개념이 희박하다. 절대 0의 개념이란 그 속성이 전혀 없을 때 측정치가 0임을 의미하는데, 등간척도 중에는 측정치 0과 그 속성의 0이 일치하지 않는 경우가 많다. 예를 들어 수학 시험점수가 0점이더라도 그 학생의 수학실력이 전무한 것은 아니며, 시험점수가 50점인 학생이 25점인 학생보다 수학실력이 두 배 많다고 말할 수 없다는 것이다.

이와 같이 절대 0의 개념이 약하기 때문에 서로 다른 등간척도로 측정된 측정치들

서열척도의 예 참고

다음에 제시된 항목 중 의복구매 시 가장 중요하게 생각하는 것에는 1, 두 번째로 중요하게 생각하는 것에는 2, 그 다음으로 중요하게 생각하는 것에는 3, 나머지 한 항목에는 4를 기입하여 주십시오.

① 적절한 가격인가? .... ( )
② 유행을 앞서는 옷인가? .... ( )
③ 얼마나 자주 입을 수 있는가? .... ( )
④ 미적으로 아름다운 디자인인가? .... ( )

을 그대로 비교하는 것에는 무리가 있다. 예컨대 국어시험점수와 영어시험점수를 비교하여 국어점수 평균이 영어점수 평균보다 낮다고 하더라도 학생들의 국어실력이 영어실력에 미치지 못한다는 결론을 내릴 수는 없다는 것이다. 그러나 측정도구가 표준화되어 있는 경우에는 측정도구의 표준화 과정에서 점수의 분포를 예상해 놓았기 때문에 비교가 가능하다.

등간척도 중에는 절대 0이 존재하는 경우도 있는데, 의복비(원), 거리(m) 등의 측정치는 측정단위 크기가 동일한 등간척도이면서 절대 0도 존재한다. 또한 이 경우 측정치간 배수 개념의 적용도 타당하다.

비율척도

비율척도(比率尺度, ratio scale)는 측정치를 그대로 사용하지 않고 어떤 기준에 대한 비율로 나타낸 것으로, 가장 높은 측정수준이다. 예컨대 유행 스타일의 변화를 알기 위하여 수년간 잡지에 실려 있는 디자인의 스커트 길이를 측정하고자 할 때, 측정치가 사진의 크기에 따라 달라지므로 측정치 자체는 의미가 없다. 그러나 스커트 길이를 키에 대한 비율이나 하체 길이에 대한 비율로 바꾸어 주면 원하는 자료를 얻을 수 있다.

비율척도는 등간척도와 마찬가지로 모든 산술적 계산과 다양한 통계기법의 적용이 가능하며, 등간척도에 부족한 절대 0과 배수의 개념도 갖고 있다. 따라서 비율척도로 측정된 자료들은 비교가 가능하다. 예컨대 국가별 인구규모에는 큰 차이가 나므로 절대적인 인터넷 이용자수로써 국가 간 정보화 수준을 비교하는 것은 불가능하지만 전체 인구 중 인터넷 이용자수라는 비율을 활용한다면 상호비교가 가능해진다.

자료를 수집할 때에는 되도록 높은 수준의 자료를 얻는 것이 좋다. 왜냐하면 높은 수준의 자료는 더 많은 정보를 가지므로 그 정보량을 희생하여 낮은 수준의 자료로 변형시킬 수 있지만 그 반대는 불가능하기 때문이다. 소득을 측정하고자 할 때, 등간척도를 통해 소득액으로 측정하면 필요에 따라 생활수준을 상·중·하로 분류할 수 있으나 반대로 상·중·하로 측정된 것은 소득액으로 분석할 수 없다.

표 3-2는 자료의 측정수준에 따라 적용 가능한 통계기법을 보여준다. 표에서 보는 바와 같이 자료의 수준에 따라 통계기법이 결정되며, 비율척도와 등간척도는 통계적

용에 있어서는 동일하게 취급된다. 예를 들어 남녀 성별에 따른 월평균 의복비의 차이를 보고자 할 때, 독립변수인 성별이 명명척도이고 종속변수인 월평균 의복비가 등간척도이므로 t-검정, 분산분석, 상관비를 적용하여 분석할 수 있다.

등간척도 및 비율척도의 예 참고

• 유아복 구매 시 다음 각 항목에 대해 중요하게 생각하는 정도를 10점 만점으로 기입해 주십시오.

① 유아 피부에 대한 섬유의 안전성 .... (점)
② 입히고 벗기기의 편리성 .... (점)
③ 잦은 세탁을 견디는 내구성 .... (점)
④ 오래 입을 수 있는 넉넉한 크기 .... (점)

• 세척률을 원포와 오염포의 세탁 전후 표면반사율에 근거한 식에 의해 계산하였을 때 세척률은 비율척도가 된다. 즉 세척률이 0이라면 하나도 세척이 되지 않은 것이며, 세척률이 40%라면 20%의 두 배라고 말할 수 있다.

• 의복착의량을 의복중량으로 측정하면 등간척도이다. 한편 체표면적당 의복중량으로 측정하였을 때 의복착의량은 비율척도이다. 착의량이 0이라면 의복을 하나도 착용하지 않은 것이며, 착의량 $900g/m^2$은 $600g/m^2$의 1.5배이다.

변수의 측정수준 (종속변수)	단일변수의 측정	두 번째 변수의 측정수준(독립변수)		
		명명척도	서열척도	등간/비율척도
명명척도	빈도 비율	카이제곱		판별분석
서열척도	빈도 비율 중앙치 백분위점수		순위차 상관계수	
등간/비율척도	빈도 비율 중앙치 백분위점수 평균 표준편차	t-검정 분산분석 상관비		상관관계 회귀분석 경로분석

표 3-2
변수의 측정수준에
따른 통계기법

측정척도별 숫자의 의미

측정척도	숫자의 의미
명명척도	1≠2≠3≠4
서열척도	4〉3〉2〉1, 4-3≠3-2≠2-1
등간척도	4-3=3-2=2-1
비율척도	4-3=3-2=2-1, 2=1×2, 0=절대 0

| 변수의 조작화와 척도화 |

연구는 현상을 일으키는 개념과 개념 사이의 관련성을 밝히는 것이다. 이때 개념은 연구과정에서 측정 가능한 변수로 구체화해야 하며, 적절한 방법으로 측정되어야 한다. 이와 같이 개념을 측정 가능한 변수로 구체화하는 과정을 조작화(operationalization)라 하며, 조작화된 개념에 대하여 측정방법을 구체화하는 과정을 척도화(instrumentation)라 한다.

조작화

그림 3-3에서 보는 바와 같이 개념(concept)은 조작화를 통하여 변수화된다. 예를 들어 '의복착용정도(개념 A)에 따른 온열감(개념 B)의 차이'를 보고자 할 때, 의복착용정도를 의복의 무게로 조작화하고, 온열감을 평균피부온으로 조작화할 수 있다. 또 다른 예로, '사회계층(개념 A)에 따른 유행혁신성(개념 B)의 차이'를 보고자 할 때, 사회계층을 소득수준·교육정도·직업 지위의 합으로 조작화하고, 유행혁신성을 혁신적

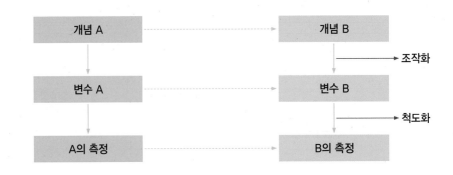

그림 3-3
변수의
조작화와 척도화

제품의 소유실태로 조작화할 수 있다. 하나의 개념은 다양한 방법으로 조작화할 수 있는데, 유행혁신성의 경우에도 혁신적 제품의 소유실태가 아닌 제품을 수용하려는 태도와 구매의도로 조작화할 수 있다.

권수애(1991)는 침상기후 연구에서 피험자가 얼마나 쾌적한 상태에서 취침 중인지를 측정하기 위하여 수면 중 체동(體動)을 측정하였다. 즉 '수면의 쾌적한 정도'를 '수면 중 체동'으로 조작화한 것이다. 이러한 조작화는 연구의 과정에서 매우 중요한 결정이므로, 측정된 결과가 과연 측정하고자 하는 개념을 제대로 나타내고 있는지에 대한 지속적인 점검이 필요하다. 이와 같이 개념을 조작화한 것을 개념에 대한 조작적 정의(operational definition)라고 한다.

측정하고자 하는 개념이 추상적일수록 조작화는 다양한 방법으로 이루어지며 개념과 변수가 구분된다. 예컨대 '경제적 불안은 국가정권에 대한 불만을 초래한다.'는 명제에 대하여 경제적 불안을 물가상승률로 변수화하고, 국가정권에 대한 불만을 대통령에 대한 부정적 태도로 변수화할 수 있다. 분석결과는 물가상승률과 대통령에 대한 부정적 태도의 관련성에 대하여 도출되지만, 연구의 결론은 경제적 불안과 국가정권에 대한 불만의 관련성으로 내려지게 된다. 이와 같이 조작화가 잘 되면 변수들 사이의 관련성을 통하여 개념 사이의 관련성을 결론지을 수 있으며, 조작화가 잘못될 경우에는 엉뚱한 결론을 내리는 오류를 범하게 된다.

측정하고자 하는 개념이 구체적일 때(예: 섬유조성, 이불 두께, 의복 맞음새 등)에는 개념이 곧 변수가 되어 개념과 변수가 구분 없이 사용된다. 즉, 개념이 구체적일 때에는 특별히 조작화할 필요 없이 개념이 그대로 변수가 되는 것이다.

척도화

조작화된 개념에 대하여 구체적인 측정방법을 결정하는 것이 척도화이다. 즉, 변수는 척도화를 통하여 측정 가능한 상태로 된다. 앞의 예에서, 의복착용정도와 온열감을 일단 의복무게와 평균피부온으로 각각 조작화하고 나면 의복무게를 어떻게 측정할 것인가, 평균피부온을 어떻게 측정할 것인가의 척도화 문제로 넘어가게 된다. 사회계층을 소득수준, 교육정도, 직업지위로 조작화한 후에는 이들을 각각 어떻게 측정하는 것이 가장 좋은 방법인지 숙고하여야 한다. 유행혁신성을 혁신적 제품의 소유정도로 조작화하였다면, 과연 어떤 제품들을 혁신적 제품의 대상으로 삼아야 하는지 등 측정을 위한 문제에 봉착하게 된다. 유행혁신성을 혁신적 제품의 소유정도로 측정하고자 한 조작화는 잘 되었다 하더라도 측정을 위하여 선정된 자극제품이 좋지 않으면 좋은 측정이 되지 못한다.

하나의 개념은 다양한 방법으로 조작화될 수 있으나, 일단 조작화된 변수를 가장 잘 측정할 수 있는 방법은 한 가지이다. 예컨대 세척률을 평가하고자 할 때 세척률을 조작화하는 방법은 다양하지만, 일단 표면반사율로 조작화하고 난 후에는 표면반사율을 가장 잘 측정할 수 있는 방법이 유일하다는 것이다. 따라서 척도화 단계에서는 어떻게 하면 조작화된 변수를 가장 잘 측정할 수 있을지 연구하여야 한다.

| 측정의 타당도 |

좋은 측정은 좋은 연구의 필수요건이다. 측정의 타당도는 측정하고자 하는 것을 얼마나 잘 측정하고 있는가를 나타내는 타당성(validity)의 정도를 말한다. 측정이 잘 되려면 조작화와 척도화가 모두 잘 되어야 한다. 즉 측정하는 내용이 과연 연구자가 측정하고자 하는, 또는 측정하고 있다고 생각하는 개념인지(what the test measures), 이것이 얼마나 정확하게 측정되고 있는지(how well the test measures)가 모두 평가되어야 한다. 예를 들어 의복의 내구성을 옷감의 인장강도로 평가하고자 하여 이를 인스트론으로 측정하였다면, 과연 옷감의 인장강도로 의복의 내구성을 평가할 수 있는지(what), 또한 인스트론이 옷감의 인장강도를 얼마나 잘 측정하는지(how well) 평가해 보아야 한다. 인스트론으로 측정된 수치가 진실로 의복의 내구성을 나타낸다면 이 측정의 타당성은 높다고 평가할 수 있다.

타당성의 종류

타당성에는 여러 가지 종류가 있으며, 측정하고자 하는 내용에 따라 적합한 타당성에 차이가 있다. 예를 들어 대학입시를 위하여 실시하는 시험이 학력고사에서 수학능력시험으로 바뀌면서 그에 필요한 타당성도 달라졌다. 학력고사는 그 학생이 고등학교에서 이수하여야 할 내용을 얼마나 잘 알고 있는지 학력을 평가하는 시험이므로 내용 타당성이 중요시되었으나, 반면에 수학능력시험은 그 학생이 대학에 입학해서 얼마나 공부를 잘 할 수 있는지 평가하는 시험이므로 예시적 타당성이 중요시되어야 한다. 따라서 측정하는 개념에 따라 적합한 타당성을 찾아내고, 이를 높이도록 노력하여야 한다. 타당성의 종류에는 크게 내용 타당성, 기준관련 타당성, 구성체 타당성의 세 가지가 있다.

내용 타당성

내용 타당성(content validity)은 측정도구가 측정하여야 하는 내용을 포괄적으로 포함하고 있는지 여부를 의미한다. 측정하여야 하는 내용을 포괄적으로 포함하고 있으면 내용 타당도가 높고, 그렇지 못하고 일부만 포함하고 있으면 내용 타당도가 낮은 척도이다. 앞의 예에서, 학력고사는 고등학교 교육과정에서 다루어지고 있는 내용을 이수 단위에 맞게 포괄적으로 포함할 때 타당도 높은 시험이 된다. 반면, 수학능력시험에서는 각 대학이나 전공에서 요구하는 시험 과목이 서로 다를 수 있다.

의복구성 연구에서 개발한 원형에 따라 옷을 만들어 입은 후 외관을 평가하여 원형의 적합성을 판단하고자 할 때, 관능검사의 평가항목에 외관을 구성하는 의복의 각 부분을 포괄적으로 포함시켜야 좋은 측정이 된다. 길원형을 평가한다면 가슴둘레 여유분은 적절한가, 어깨에 군주름은 없는가, 옆선은 바르게 놓이는가, 다트의 위치와 양은 적절한가, 암홀의 곡선은 괜찮은가 등 보디스의 외관을 결정하는 내용들이 모두 포함되어야 한다. 만일 중요한 부분을 포함시키지 않고 평가한다면 평가결과와 실제 사이에 차이가 있어 좋은 측정이 되지 못한다.

기준관련 타당성

기준관련 타당성(criterion-related validity)은 측정한 내용으로 기준이 되는 다른 성질을 예측할 수 있는지 여부를 의미한다. 기준관련 타당성에는 동시적 타당성(concurrent validity)과 예시적 타당성(predictive validity)이 있다. 동시적 타당성은 현재의 한 가지 측정으로 다른 한 가지를 예측하는 정도를 의미한다. 예컨대 수면 중 체동을 측정하여 이로부터 수면의 쾌적감을 평가하는 것이다. 예시적 타당성은 현재의 측정으로 미래를 예측하는 정도를 의미한다. 예컨대 수학능력시험으로 장차 대학에 들어와서 얼마나 잘 수학할 수 있을지를 예측하는 것이다.

구성체 타당성

구성체 타당성(construct validity)은 측정도구가 측정하는 내용이 측정하고자 하는 개념의 이론적 구성과 일치하는지 여부를 의미하며, 개념 타당성이라고도 부른다. 즉 그 개념을 구성하고 있는 하위개념의 이론적 구성과 측정도구의 내용이 일치하는 정도를 말한다. 예를 들어 의복결핍감(clothing deprivation)이라는 개념을 측정하고자 할 때, 의복결핍감이라는 개념이 현재 소유한 의복에 대한 부족감, 새 옷에 대한 욕구, 의복 부족으로 인한 심리적 위축감 등으로 구성된 개념이라면, 의복결핍감을 측정하는 문항들이 이러한 하위차원들을 이론적 구성에 맞게 반영하여야 한다는 것이다. 구성체 타당성은 특히 추상적인 개념을 측정하고자 할 때 중요하며, 추상적 개념을 측정하고자 할 때는 이미 타당성이 입증된 측정도구를 사용하는 것이 안전하다. 연구자가 측정도구를 직접 구성하고자 할 때에는 개념의 이론적 구조를 파악하여 이에 맞도록 하여야 한다.

연구예 **구성체 타당성 평가**

Gurel, L. M., & Deemer, E. M. (1975). Construct validity of Creekmore's clothing questionnaire. **Home Economics Research Journal, 4**(1), 42–47.

Creekmore(1963)가 개발한 의복 중요성 측정도구는 89개 문항이 아홉 개의 하위척도로 되어 있는데, 이들 89개 문항을 피험자들에게 다시 측정한 후 요인분석을 하여 여덟 개의 요인을 얻고 아홉 개의 하위척도와 그 내용 및 상관관계를 비교해 보았다. 그 결과, 한 개 요인이 두 개 하위 척도를 포함하고 나머지 요인들은 각각 하나의 대응 하위척도를 가지는 것을 확인하여 구성체 타당성을 평가하였다.

연구예 **구성체 타당성 평가**

Zaichowsky, J. L. (1985). Measuring the involvement construct. **Journal of Consumer Research, 12**(3), 341–352.

형용사쌍으로 구성된 관여 측정문항을 개발하여 내용 타당성, 구성체 타당성 그리고 기준관련 타당성을 검증하였다. 특히 구성체 타당성은 문헌으로부터 고관여와 저관여 소비자의 행동 차이에 대한 가설을 세우고 개발된 척도가 이러한 행동의 차이를 구별해 줄 수 있음을 밝힘으로써 확인하였다.

타당성의 입증

'측정하고 있다고 생각하는 것이 진실로 측정되고 있는가?'를 확인하기 위하여서는 측정도구의 타당성을 입증하여야 한다. 타당성을 입증하는 방법에는 경험적인 확인방법과 개념적인 확인방법이 있다.

경험적 확인

타당성의 경험적 확인(empirical confirmation)은 측정된 결과와 실제(reality)의 현상을 비교하여 이들이 같음을 확인함으로써 측정도구의 타당성을 확인하는 방법이다. 예를 들어 의복동조성 측정문항의 타당성을 입증하고자 할 때, 이 측정문항에 응답한 결과와 실제 의복동조행동을 비교하여 동조를 많이 하는 사람이 높은 점수를 얻고 동조를 안 하는 사람이 낮은 점수를 얻었다면 이 측정도구는 타당성 있는 것으로 평가할 수 있다. 또 다른 예로, 개인이 가지고 있는 노이로제 정도를 측정하는 검사지를 개발할 때, 검사지로 노이로제 정도를 측정하고 의사들이 실제 증세를 진단하게 한 후, 이 두 가지 결과의 상관관계가 높으면 검사지의 타당성을 입증할 수 있으며, 일단 타당성이 입증되면 의사의 진단을 거치지 않고 검사지만으로도 노이로제 정도를 측정할 수 있다. 그러나 경험적 확인이 가장 좋은 입증방법임에도 불구하고 많은 경우에 '실제'를 확인할 수 없기 때문에 사용하지 못한다.

개념적 확인

개념적 확인(conceptual confirmation)은 경험적 확인이 불가능할 때 개념적 증거로부터 타당성을 입증하는 방법이다. 추상적이고 복잡한 개념에 대하여 타당성을 입증하고자 할 때 특히 많이 쓰인다. 예를 들어 의복흥미도 검사지의 타당성을 확인하고자 할 때, 이론적으로 젊은 사람이 나이든 사람보다 의복에 높은 흥미를 가진다는 것이 입증되어 있다면, 의복흥미 검사지에 대한 응답결과가 젊은 사람은 높게, 나이든 사람은 낮게 나왔을 때 타당성이 있다고 평가할 수 있다. 이와 같이 서로 차이날 것들을 비교하여 이들이 차이남을 확인함으로써 타당성을 입증하는 방법을 판별 타당성(discriminant validity)이라고 한다.

반면에 여러 가지 측정방법이나 측정문항들이 일관된 결과를 보임을 통하여, 즉 결과가 한곳으로 수렴됨을 통하여 타당성을 입증하는 방법이 있는데, 이를 수렴 타당성(convergent validity)이라고 한다. 예를 들어 의복흥미가 높은 사람은 유행혁신성이 높다고 알려져 있는 상태에서, 새로 개발한 유행혁신성 척도에서 높은 점수를 받은 사람의 의복흥미가 높게 나타났다면 새로 개발한 척도는 타당성을 갖게 되는 것이다.

측정도구의 타당성 입증과 관련하여 측정도구를 구성하는 문항의 수렴 타당도에도 유의해야 한다. 만약 의복흥미라는 변수를 측정하는 도구를 만들기 위해 의복을 중요하게 생각하는 정도, 의복 착용에 신경 쓰는 정도, 의복 정보에 관심을 가지는 정도와 같은 문항을 포함시킨 후 그 측정 결과에서 이들 문항이 서로 높은 상관관계를 보인다면, 이들 문항은 의복흥미 변수를 측정하는 수렴 타당도가 높다고 할 수 있을 것이다.

소비자의 선호점포유형에 따라 그들이 중요시하는 점포 이미지의 차이를 연구한 김현숙(1991)의 논문에 의하면 가격을 중요시하는 정도가 각 소비자 집단을 구분하는 변수가 아니라는 의외의 결과를 보였다. 이때 가격을 중요시하는 정도를 '정찰제가 언제나 지켜진다', '할인판매가 많다', '신용카드 사용 및 분할구매가 가능하다', '가격이

연구예 | **타당성 입증: 판별 타당성**

Goldsmith, R. E., Heimeyer, J. R., & Freiden, J. B. (1991). Social values and fashion leadership. **Clothing and Textiles Research Journal, 10**(1), 37–45.

유행선도력은 유행 선도자와 추종자 간에 차이가 나는 것이 당연하므로, 연구를 위해 구성한 유행 선도력 측정 문항에 대한 이들 집단의 상이한 반응을 확인함으로써 타당성을 입증하였다.

연구예 | **타당성 입증: 수렴 타당성**

Fairhurst, A. E., Good, L. K., & Gentry, J. W. (1989). Fashion involvement: An instrument validation process. **Clothing and Textiles Research Journal, 7**(3), 10–14.

Zaichkowsky(1985)가 개발한 PII(Personal Involvement Inventory)라는 관여 척도에 대해, 연구 대상 품목을 의복으로 한정하여, 이미 신뢰할 수 있고 타당한 것으로 알려진 다른 두 개 척도와의 상관관계를 확인함으로써 타당성을 입증하였다.

싸다'로 측정하였는데 이들 문항 사이의 상관은 매우 낮은 것으로 나타났다. 즉, 가격과 관련된 것이지만 실제 측정하고 있는 내용이 한 곳으로 수렴되지 못하고 있다는 것이다. 따라서 가격에 관한 이 연구의 결과는 척도의 수렴 타당도가 낮기 때문에 나타난 것으로 해석할 수 있다.

| 측정의 신뢰도 |

측정의 신뢰도(reliability)는 측정치가 얼마나 믿을 만한가의 정도를 나타내는 것으로 측정치의 일관성을 의미한다. 즉, 측정의 타당도가 측정도구의 정확성을 의미한다면 측정의 신뢰도는 측정값의 정확성을 뜻한다고 할 수 있다. 측정도구의 신뢰도가 높을 때에는 그 측정도구로 반복측정할 때 측정치들이 일관되게 나온다. 반면에 신뢰도가 낮은 측정도구로 측정하면 언제, 어디서, 누가 측정하는가에 따라 일관성 없는 결과를 보여 측정치를 믿기가 어렵다.

신뢰도의 개념

모든 측정치는 오차를 가지고 있기 마련이다. 즉, 측정치 Y는 진실값(true score; t)과 오차(error; e)로 구성되어 있다. 진실값은 직접적으로 측정하는 것이 불가능하며, 가상적인 수치이다. 개념적으로는 무한대 반복의 평균으로 생각할 수 있다.

$$Y = t + e$$

Y : 측정치(관찰치)
t : 진실값
e : 오차

이때 신뢰도는 한사람의 측정만이 아니라 표본 전체에서의 일관성을 의미하므로 점수 자체가 아니라 분산(variance)으로 설명된다.

$$Var(Y) = Var(t + e)$$
$$Var(Y) = Var(t) + Var(e)$$

$$신뢰도 = Var(t)/Var(Y)$$
$$= \{Var(Y) - Var(e)\}/Var(Y)$$
$$= 1 - Var(e)/Var(Y)$$

$Var(Y)$: 총분산
$Var(t)$: 진실값의 분산
$Var(e)$: 오차의 분산

그러므로 신뢰도는 전체분산 중에서 진실값의 분산이 차지하는 비율, 또는 전체분산 1에서 오차분산이 차지하는 비율을 뺀 값을 의미한다. 신뢰도는 '0'에서 '1' 사이의 숫자로 표시하며, 측정치가 모두 오차이면 신뢰도는 0이 되고, 측정치가 모두 진실값이면 신뢰도는 1이 된다. 따라서 1에 가까울수록 신뢰도는 높은 것이며, 일반적으로 0.8 이상이면 만족스러운 신뢰도로 평가된다.

신뢰도에 영향을 미치는 요인으로는 측정도구에 대한 응답자의 친숙도, 응답자의 피로나 건강상태, 기온 등과 같은 물리적 환경 등이 있으므로, 이러한 요인들을 충분히 고려하여 이에 의한 오차가 발생하지 않도록 유의하여야 한다.

신뢰도 검정의 방법

측정의 신뢰도를 검정하는 방법에는 여러 가지가 있으며, 측정하는 내용에 따라 적절한 방법을 사용하여야 한다.

재검사법

재검사법(retest method)은 동일한 측정도구를 사용하되 시차를 두고 두 번 반복실시하여 두 측정치 사이의 일관성 정도로 신뢰도를 검사하는 방법이다.

$$Y_1 = t + e_1$$
$$Y_2 = t + e_2$$

첫 번째 측정치가 Y_1, 두 번째 재검사 측정치가 Y_2일 때, 진실값은 변함이 없으므

재검사법에 의한 신뢰도 검정의 예

12문항으로 구성된 감각추구성향 척도(부록 A 참조)에 대해 2주간의 차이를 두고 조사한 20명의 응답 점수 및 재검사법에 의한 신뢰도는 다음과 같다.

문항 응답자	1 T R	2 T R	3 T R	4 T R	5 T R	6 T R	7 T R	8 T R	9 T R	10 T R	11 T R	12 T R	전체 T R
1	5 4	5 4	5 3	5 5	5 5	5 5	4 4	5 4	4 5	4 4	5 4	5 5	57 52
2	1 3	1 2	2 3	3 2	4 2	3 3	1 2	1 2	2 2	2 2	2 2	1 1	23 26
3	3 4	3 4	5 4	4 3	4 3	3 3	3 3	3 3	3 2	2 2	3 3	5 5	41 39
4	5 4	3 4	4 3	4 4	5 4	5 5	4 4	3 4	3 3	5 5	5 5	5 5	51 50
5	5 5	5 5	5 5	4 4	5 5	5 5	4 5	4 5	3 5	3 3	3 5	5 5	51 57
6	3 3	5 5	5 5	5 5	5 5	4 4	3 5	2 4	3 5	3 4	3 4	3 3	44 52
7	4 4	4 4	5 4	4 4	4 4	4 4	3 4	3 4	3 3	2 2	2 2	4 4	42 43
8	3 3	4 4	5 5	4 4	3 3	2 3	3 4	3 4	3 4	2 2	2 4	3 5	37 45
9	5 4	5 5	5 5	5 5	5 5	3 3	5 5	4 4	4 4	5 4	5 4	5 4	56 52
10	5 5	5 5	5 5	5 5	5 5	5 5	5 5	5 5	5 5	5 5	5 5	5 5	60 60
11	2 4	4 4	4 4	5 4	3 3	5 5	4 4	3 2	3 2	4 3	2 1	4 4	43 40
12	5 5	5 4	5 5	5 5	5 4	5 4	5 5	5 5	5 5	2 3	5 5	4 5	56 55
13	3 3	5 5	4 4	3 4	2 4	3 3	3 3	2 3	2 3	2 2	2 2	5 4	36 40
14	4 4	4 3	4 4	4 4	3 3	2 4	3 4	3 4	4 5	4 4	4 5	4 5	43 49
15	5 4	5 4	5 5	5 4	5 4	5 4	5 4	5 5	4 4	4 4	5 4	5 5	58 51
16	3 4	4 3	5 4	5 3	3 3	4 3	4 3	3 3	3 3	3 3	3 3	4 4	44 39
17	3 3	4 3	3 2	3 3	3 3	3 3	4 3	4 3	4 2	3 3	4 3	4 4	42 35
18	2 3	2 3	2 3	2 3	2 3	3 3	2 2	2 2	1 2	4 3	2 3	2 3	26 33
19	5 5	5 5	5 5	5 5	5 5	5 5	5 5	4 5	5 5	5 5	5 5	5 5	59 60
20	4 5	4 5	5 5	5 5	5 4	5 4	5 5	5 5	5 4	5 4	5 3	5 5	58 54
상관계수	.706	.737	.726	.701	.698	.781	.705	.745	.631	.886	.677	.813	.888

* T: test R: retest

12개 문항의 점수를 합산한 전체 점수에 대한 재검사 상관계수는 0.888로 0.1% 수준에서 유의한 상관이 발견되었다. 따라서 이 척도는 안정성 측면에서의 신뢰도가 높다고 할 수 있다. 만약 전체 점수의 재검사 상관계수가 유의하지 않다면 개별 문항들에 대한 재검사 상관계수를 구하여 문항별로 신뢰성을 확인한다.

로 Y_1은 진실값에 e_1이 합쳐진 값이며, Y_2는 진실값에 e_2가 합쳐진 값이다. 이때 신뢰도는 Y_1과 Y_2와의 상관관계 또는 평균 차이로 확인한다. 각 측정치에서 오차가 차지하는 부분이 적을 때 Y_1과 Y_2는 유사한 값을 내게 되고, 결과적으로 높은 신뢰도를 보이게 된다. 재검사법으로 나타나는 신뢰도는 측정의 안정성이므로 이를 안정성지수(stability coefficient)라 한다.

설문지의 신뢰도를 재검사법으로 확인하고자 할 때는 측정도구를 확정하는 예비조사 단계에서 실시하여야 한다. 신뢰도 결과에 따라 그 측정도구를 사용할 것인지 보완할 것인지가 결정되기 때문이다. 이 경우 예비조사 시에는 동일한 응답자의 두 측정치 사이의 일관성을 확인하여야 하기 때문에 응답자들을 구분 및 확인할 수 있는 정보를 확보하여야 한다.

재검사법은 측정치의 일관성을 쉽게 확인할 수 있는 좋은 방법이지만 재검사하는 시점에 따라 실제 변화가 일어나거나 또는 설문 내용의 기억효과가 나타날 수 있다. 즉, 두 시점을 너무 멀리 잡으면 그 동안에 응답자에게 실제로 변화가 일어날 수 있으며(history effect), 너무 가깝게 잡으면 먼저의 응답을 기억하여 같은 답을 할 수 있다(memory effect). 이러한 두 가지 부정적 효과가 최소화되도록 하기 위하여 2~4주 간격을 두고 반복하는 것이 적절하다.

내적 일관성법

내적 일관성법(internal consistency method)은 문항들 사이의 일관성을 통하여 신뢰도를 평가하는 방법으로서 널리 사용된다. 즉 동일한 질문에 동일한 답을 하는가에 대한 검증이다. 내적 일관성으로 평가되는 신뢰도는 크론바하의 알파(Cronbach's alpha)를 산출하여 나타낸다. 크론바하의 알파는 다음과 같은 방법으로 산출한다.

$$\alpha = \frac{N}{(N-1)} \left(1 - \sum_{i=1}^{n} S_i^2 / S_T^2\right)$$

S_i^2 : i번째 문항의 분산
S_T^2 : N개 문항 전체의 분산

또는 문항끼리의 상관계수를 산출한 상관행렬표를 이용하여 산출하기도 한다.

$$\alpha = \frac{N \times \bar{r}}{1 + (N-1) \times \bar{r}}$$

$\bar{r}$: 상관행렬표에 있는 상관계수들의 평균

크론바하의 알파는 0.8 이상이면 만족스러운 것으로 평가되고, 0.7 이상을 채택하기도 한다. 그러나 측정하는 개념이 무엇인가에 따라 신뢰도가 인정되는 기준에는 다소 차이가 있다. 예를 들어 라이프스타일 관련 척도의 경우 0.5 이상의 크론바하의 알파 값으로도 적절한 신뢰도를 확보하는 것으로 보고되고 있다(정인희, 2009).

대안형법

대안형법(代案型法, alternative-form method)은 두 개의 평형적 기구로 동시에 측정하여 이들 두 점수를 비교함으로써 신뢰도를 평가하는 방법이다. 이때 평형적 기구라 함은 측정내용과 난이도 등이 유사한 측정도구를 의미하며, 두 점수 사이의 상관관계가 높을수록 신뢰도가 높은 것이다. 예를 들어 의복구성 연구에서 연구원형의

크론바하 알파에 의한 신뢰도 검정의 예 1　　참고

의복구성 연구에서는 관능검사 시 평가자들 사이에 평가의 일관성이 있는지 확인하기 위하여 크론바하의 알파를 산출한다. A, B, C, D 4명이 연구원형의 맞음새를 평가하였을 때, 이들 평가의 상관계수가 다음과 같으면 크론바하의 알파는 아래와 같이 산출된다.

	A	B	C	D
D	.71	.66	.68	
C	.70	.69		
B	.64			

$$\alpha = \frac{N \times \bar{r}}{1 + (N-1) \times \bar{r}} = \frac{4 \times 0.68}{1 + 3 \times 0.68} = 0.895$$

맞음새(fit)를 평가하기 위한 측정도구를 개발하고자 할 때, 개발한 두 개의 측정도구 사이에 측정결과의 차이가 크다면 각 측정도구는 신뢰할 만하지 못한 것이다. 왜냐하면 맞음새는 일정하기 때문에 무엇으로 측정하는가에 따라 차이가 크다면 측정도구에 문제가 있는 것이다. 마찬가지 예로, 수학시험을 두 번 보았을 때 두 시험점수 사이에 상관관계가 낮으면 시험점수를 신뢰할 수 없다. 대안형법은 좋은 방법이지만 두 개의 평형적 기구를 만드는 것이 어렵기 때문에 흔히 사용되지 못한다.

반분법

반분법(半分法, split-half method)은 하나의 측정도구를 둘로 반분한 후 두 점수 사이의 상관관계를 산출하여 신뢰도를 평가하는 방법이다. 측정도구를 반분하는 방법으로는 홀수번호 문항과 짝수번호 문항으로 나누는 방법이 주로 사용된다. 이 방법은 측정문항의 동등성을 평가하므로 반분법으로 산출한 신뢰도 계수는 동등성지수(equivalent coefficient)라고 불린다. 수학시험문제를 둘로 나누어 두 점수를 비교하

참고 **크론바하의 알파에 의한 신뢰도 검정의 예 2**

앞의 감각추구성향 척도에 대한 내적 일관성을 확인하기 위해 1차 검사자료인 12문항의 응답 점수에 대한 크론바하의 알파를 계산해 본 결과 .9471의 값을 얻었으므로, 이는 내적 일관성에 의한 신뢰도가 매우 높은 척도라고 평가할 수 있다.

참고 **반분법에 의한 신뢰도 검정의 예**

"자기와 타인에 대한 수용" 척도에 대한 신뢰도 평가
Shaw, M. E., & Wright, J. M. (1967). **Scales for measurement of attitudes,** p. 432. (부록 A 참조)

하나의 검사지에 포함된 두 가지 척도, 즉 자기에 대한 태도 척도 36문항과 타인에 대한 태도 척도 27문항에 대해, 18명에서 183명까지의 규모에 이르는 5개 집단의 응답치를 대상으로 하여 반분법으로써 신뢰도를 평가하였다. 자기수용성에서 한 집단이 .746의 신뢰도를 보였으나 나머지 네 집단은 모두 .894 이상이었고, 타인수용성에서는 다섯 집단의 신뢰도가 .776에서 .884 사이였다. 따라서 본 척도는 신뢰할 만하다.

였을 때 두 점수 사이의 상관관계가 낮다면 각 문항으로 측정되는 수학실력에 차이가 많은 것이며, 따라서 문항의 동등성이 낮다. 반분법은 문항을 둘로 나누는 방법이 달라지면 신뢰도도 달라지는 문제점을 가지고 있다.

| 측정의 오차 |

측정이 진실값을 나타내지 못하는 정도를 측정의 오차(measurement error)라 한다. 진실값과 측정치 사이에 차이가 나타나는 것은 측정의 타당도가 낮아서 발생하는 오차와 신뢰도가 낮아서 발생하는 오차 때문이다.

체계적 오차

체계적 오차(systematic error; constant error)는 모든 표본에서 일관되게 나타나는 오차로 측정의 타당도가 낮을 때 크게 나타난다. 측정도구가 측정하고자 하는 것, 또는 측정한다고 생각하는 것을 제대로 측정하지 못할 때 측정치에는 체계적 오차가 많이 포함된다. 마치 실제 무게보다 10kg씩 더 나가는 저울로 표본의 체중을 측정하는 것과 같다. 이런 경우 측정치에 일관성이 있어 신뢰도는 높게 나타날 수 있지만 측정의 타당도는 낮다. 체계적 오차를 타당성 오차(validity error)라고도 부르는 것은 이런 이유 때문이다. 체계적 오차가 클 때에는 연구의 결과를 왜곡시키므로 중요한 오류를 범하게 되지만 측정치만을 놓고 보았을 때에는 측정치에 일관성이 있어 체계적 오차가 얼마나 있는지 알 수 없다. 따라서 체계적 오차는 연구의 설계 과정에서 방지되어야 한다.

체계적 오차

확률적 오차

그림 3-4
체계적 오차와
확률적 오차

연구예   **신뢰도 검정**

Zaichkowsky, J. L. (1985). Measuring the involvement construct. **Journal of Consumer Research,**
12(3), 341–352.

형용사쌍으로 된 관여 측정문항을 개발하여 내적일관성과 재검사법으로 신뢰도를 확인하였다.

확률적 오차

확률적 오차(random error)는 각 표본에서 무작위로 나타나는 오차를 말한다. 측정
의 타당도가 높다 하더라도 신뢰도가 낮으면 개별 측정치 사이에 차이가 크게 발생하
며, 이것이 확률적 오차가 된다. 확률적 오차가 클 때에는 연구의 결과가 명료하지 못
하고 흐려지게 된다. 이 때문에 확률적 오차는 신뢰도 오차(reliability error)라고도
불린다. 체중을 제대로 측정하기는 하지만 매번 잴 때마다 차이가 크게 나는 저울로
측정하는 것과 같다. 확률적 오차는 표본수가 증가하면서 상쇄되는 경향을 보인다.

SPSS를 이용한 신뢰도 검정

1. 분석(Analyze) 메뉴에서 척도분석(Scale)에 커서를 가져가면 신뢰도분석(Reliability Analysis)을 선택할 수 있다.

   ▷분석(Analyze) ▶척도분석(Scale) ▶▶신뢰도분석(Reliability Analysis)

2. 신뢰도분석의 대화상자가 나타난다.

3. 신뢰도를 검정하고자 하는 변수목록을 왼쪽 창에서 선택하여 화살표 버튼을 사용하여 항목(Items) 창으로 옮긴다.

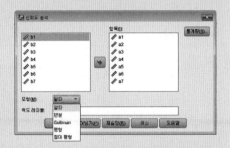

4. 모형(Model)에서 알파(Alpha)를 선택하면 크론바하의 알파값을, 반분계수(Split-half)를 선택하면 척도를 반씩 두 개로 나누었을 경우 이들 간의 상관관계를 구할 수 있다. 디폴트는 알파이다.

5. 확인(OK) 버튼을 누르면 결과창을 얻을 수 있다.

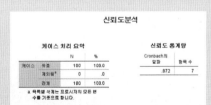

4

CHAPTER

척도

1 척도의 유형

연구를 진행하기 위해서는 측정이 필수적이며, 측정은 척도를 통하여 이루어진다. 척도는 측정하고자 하는 내용에 맞추어 이를 측정하기 적합한 형식으로 구성되는데, 형식에 따라 다음과 같은 유형으로 나눌 수 있다.

| 자유기술형식 |

자유기술형식(open-end question; open-response question)의 척도는 측정내용에 대하여 응답자가 자유롭게 기술할 수 있도록 만든 개방형 질문을 말한다. 응답자들은 자신의 의견이나 사실을 자유롭게 기술하기 때문에 응답내용이 매우 다양하다.

자유기술형식은 질문에 대한 응답자의 반응이 그대로 표현된다는 점에서 강점을 갖는다. 그러나 응답의 내용이 다양하기 때문에 양적 분석을 위해서는 탤리(tally) 작업을 하여야 하는 어려움이 있다. 즉, 연구자가 질문에 대한 주관적 응답을 내용이 유사한 것끼리 묶어 분류한 후 번호를 부여하여 수량화시키는 과정이 필요하다.

연구에서는 최종설문지보다 연구문제 전개의 초기단계나 예비조사에서 많이 사용된다. 예컨대 의복불만족 연구에서 의복구매 시 경험했던 불만족 내용을 자유기술하도록 한 후 응답내용을 토대로 설문지 문항을 구성하거나, 상표에 대한 소비자태도 연구에서 응답자가 알고 있는 상표를 자유기술하도록 한 후에 많이 알고 있는 상표 중에서 연구대상이 될 상표를 선정한다. 그 밖에 의복원형 연구에서 옷을 입고 활동할 때 불편을 느끼는 부위를 자유기술하도록 한 후에 연구할 부분을 확정하는 것도 예로 들 수 있다.

참고   **자유기술형식 척도의 예**

• 세탁기를 이용하실 때 가장 불편한 점은 무엇입니까?

• 청바지 상표로 기억나는 것에는 어떤 것이 있습니까? 모두 적어 주십시오.

| 선다형식 |

선다형식(選多形式, multiple choice)은 응답자가 대답할 가능성이 있는 여러 가지 응답항목들을 미리 제시하고 그중에서 자신이 답하고자 하는 내용과 가장 근접한 항목을 선택하도록 하는 방법이다. 자유기술형식에 비하여 결과 분석이 용이하다는 장점을 가지고 있으나 응답항목 구성에 있어서 세심한 주의가 필요하다.

우선 응답항목에 포괄성(exhausiveness)이 있어야 하는데, 이는 응답 가능한 모든 대답이 포괄적으로 제시되어야 한다는 것이다. 응답내용이 포괄적으로 제시되어야 모든 응답자들이 응답할 항목을 찾을 수 있기 때문이다. 예를 들어, 결혼상태를 묻는 문항에서 기혼과 미혼만 제시한다면 이혼한 사람, 사별한 사람, 혼전 동거하는 사람 등은 응답할 항목이 없어 정확한 응답을 할 수 없게 된다. 종교를 묻는 문항에서도 응답 가능한 모든 종교가 제시되어야 하며, 모든 것을 제시할 수 없을 때는 '기타' 항목을 포함시켜 어디에도 속하지 않는 사람이 응답할 수 있도록 하여야 한다.

또한 응답의 각 항목에는 상호배제성(mutual exclusiveness)이 있어야 한다. 즉, 각 항목의 의미하는 바가 서로 겹치지 않도록 하여야 한다는 것이다. 예를 들어 학력을 묻는 문항에서 응답항목을 '중학교 졸업', '고등학교 졸업', '대학교 졸업', '해외유학'으로 제시하였다면 각 응답항목의 상호배제성이 없어 해외에서 대학을 졸업한 사람은 응답이 곤란해진다. 이와 같이 응답항목이 포괄적이면서도 상호배제적으로 구성되어야 '모든 응답자들이 대답할 곳이 있고, 대답할 곳은 한 곳'인 좋은 문항이 된다.

응답항목의 수는 네 개를 제시하는 경우가 대부분이나 반드시 네 개이어야 하는 것은 아니다. 필요에 따라서는 이보다 적은 수의 응답을 제시할 수도 있고 많은 수의 응답을 제시할 수도 있다. 또한 응답자에게 선택하도록 하는 응답의 수도 대부분의 경우에는 한 개이지만 필요에 따라서 두 개 이상을 선택하도록 문항을 구성할 수 있

선다형식 척도의 예

• 의류상품 구매 시 귀하의 상표선택 행동은 다음 중 어디에 해당되십니까? 가장 가까운 것을 하나
 만 골라 주십시오.
 ① 좋아하는 상표가 하나 있어 그 상표만 고집한다.
 ② 좋아하는 몇 개 상표의 제품만 비교해 본 후 그중에서 선택한다.
 ③ 특별히 좋아하는 상표 없이 매 의류 구매 시마다 여러 상표의 제품을 비교하여 선택한다.
 ④ 기타 (   )

• 귀하가 패션 정보를 얻기 위해 활용하는 정보원은 무엇입니까? 해당하는 것을 모두 골라 주십시오.
 ① 패션 잡지   ② 여성잡지   ③ 신문   ④ TV   ⑤ 인터넷
 ⑥ 카탈로그   ⑦ 디스플레이   ⑧ 주변 사람들   ⑨ 패션쇼   ⑩ 기타

다. 이런 경우 복수로 선택한 응답을 수량화하는 단계에서 특별히 주의를 기울여야
하는데, 응답한 항목이 서로 동등할 때(예: 좋아하는 상표 두 개를 선택하도록 지시한
경우)와 서로 동등하지 않을 때(예: 좋아하는 상표 세 개를 좋아하는 순서대로 선택
하도록 지시한 경우) 각 응답을 수량화하는 데 차이를 둘 수 있다. 즉, 순위의 개념이
들어가는 경우 명명척도가 아닌 서열척도로 취급되어야 한다.

| 가부형식 |

가부형식(可否形式, dichotomous question)은 주어진 내용에 대한 평가 및 반응을
양분(兩分)하여 측정하는 방법이다. 예컨대 '좋다—나쁘다', '그렇다—아니다', '맞다—
틀리다'와 같이 이분법으로 표시된 척도에 자신의 평가결과를 응답하도록 하는 방법
이다. 그러나 일반적으로 성인 응답자의 평가는 양극으로 나뉘기보다는 상대적으로
이루어지기 때문에 가부형식의 반응을 여러 단계로 세분화한 것이 다음에 설명하는
평정척도이다.

| 평정척도형식 |

평정척도(評定尺度, rating scale)는 주어진 내용에 대한 평가 및 반응을 강도(強度)
의 정도에 따라 다단계로 측정하는 방법이다. 즉 '그렇다—아니다'와 같은 가부형식을

정도에 따라 여러 단계로 나누어, 그렇다고 생각하는 경우에도 '매우 그렇다', '그렇다', '약간 그렇다' 등으로 측정한다. 평정척도의 유형에는 다음과 같은 것이 있다.

총화평정기법

총화평정기법(總和評定技法, summated rating technique)은 연구하고자 하는 주제에 대한 여러 개의 진술(statement)을 제시하고 각 진술 내용에 대한 찬성의 정도를 응답하도록 함으로써 주제에 대한 응답자의 의견 및 태도를 측정하는 방법이다. 여러 개의 진술에 대한 응답점수를 합산하여 해당 주제에 대한 개별 응답자의 점수로 삼는다.

총화평정기법의 대표적인 것으로 리커트 척도(Likert scale)가 있다. 리커트 척도는 주어진 진술 내용에 대한 찬성의 정도에 따라 '전혀 그렇지 않다(strongly disagree)-그렇지 않다(disagree)-보통이다(neutral)-그렇다(agree)-매우 그렇다(strongly agree)' 중 하나에 응답하게 함으로써 의견 및 태도를 측정한다. 찬성의 정도는 동의정도(agree)로 측정하는 것이 표준이지만 호의정도(like), 승인정도(approve), 가능정도(likelihood) 등으로 변형하여 측정하기도 한다.

찬성의 단계는 5단계로 측정하는 것이 보통이지만 그렇지 않은 경우도 많다. 응답자가 찬성의 정도를 분별할 능력이 약할 때에는 5단계보다 적은 수를 사용하기도 하며, 반대로 세밀한 평가가 가능할 때는 5단계보다 많은 수를 사용하기도 한다.

또한 홀수로 단계를 나누는 것이 보통인데 그 이유는 '보통이다(neutral)'를 중간에 넣고 양쪽으로 찬성과 반대를 대칭으로 구성할 수 있기 때문이다. 그러나 연구내용에 따라서 중립적 응답을 막고자 할 때에는 의도적으로 짝수의 단계를 사용하기도 한다. 예를 들면 '전혀 그렇지 않다(strongly disagree)-그렇지 않다(disagree)-약간 그렇지 않다(somewhat disagree)-약간 그렇다(somewhat agree)-그렇다(agree)-매우 그렇다(strongly agree)'의 6단계로 하되 찬성과 반대를 대칭으로 구성하는 것이다.

진술문은 찬성 또는 반대의 의견이 나올 수 있도록 특정한 문제에 대한 긍정적 또는 부정적 견해로 서술되어야 한다. 중도적 서술이나 사실적 내용의 서술은 응답자의 견해를 밝힐 수 없기 때문에 피해야 한다. 예를 들어 '백화점의 상품 가격은 너무 비싸다.'는 진술에는 응답자의 긍정적 또는 부정적 반응이 가능하지만, '백화점은 재래

리커트형 척도의 예 1

다음 질문들은 귀하가 직장에서 착용하는 의복에 대한 질문입니다. 각 문항에서의 다른 사람은 직장상관이나 동료, 친구, 가족, 매스미디어 스타 등 누구든지 가능합니다. 각 문항을 읽고 자신의 생각과 일치하는 곳에 V 표시를 해 주십시오.

문항	전혀 그렇지 않다	별로 그렇지 않다	약간 그렇다	매우 그렇다
1. 내가 속한 집단원들의 옷 입는 기준에 맞추어 입는다.				
2. 다른 사람들로부터 얻게 되는 정보에 따라 옷을 산다.				
3. 내가 이상적이라고 생각하는 사람의 옷과 유사한 옷을 입고 싶다.				
4. 다른 사람들과 상관없이 나에게 어울리는 옷을 입는다.				
5. 다른 사람들과 비슷한 옷을 입는 것을 싫어한다.				
6. 다른 사람들이 어떤 스타일과 상표의 옷을 입었는지 관찰한다.				
7. 내가 좋아하는 사람의 옷과 유사한 옷을 구입한다.				
8. 나의 성격이나 기분을 자유롭게 나타내는 옷이 좋다.				
9. 옷을 입을 때 다른 사람들의 비난을 받지 않도록 주의한다.				
10. 출근할 때는 직장복으로 적절한 옷을 입는다.				
11. 내가 속한 집단에서 옷을 다른 사람들과 다르게 입는 사람이 되고 싶다.				
12. 새 옷을 사기 전에 다른 사람들의 의견을 듣기를 원한다.				
13. 내가 매력적이라고 생각하는 사람의 옷을 모방한다.				
14. 옷을 살 때 다른 사람들과 상관없이 내가 좋으면 산다.				
15. 많은 사람들이 입는 스타일과는 다른 특이한 옷을 입으려고 노력한다.				

자료: 박혜선 (1991). 의복동조에 관한 연구-의복동조동기의 유형, 관련변인 및 준거집단을 중심으로-. p. 116.

시장보다 가격이 비싸다.'라는 진술은 사실이므로 찬반 반응이 불가능하다.

응답에 대한 점수는 '전혀 그렇지 않다'를 1점으로 하여 찬성의 정도가 강할수록 숫자가 커지도록 하는 것이 결과를 논의할 때 자연스럽다. 측정문항 중 일부는 의도적으로 반대되는 진술을 넣기도 하는데 이런 진술에 대해서는 반대 방향으로 점수를 처리하여 '매우 그렇다'를 1점으로 하고 '전혀 그렇지 않다'에 최고점을 주어야 한다. 만약 의복관여를 측정하는 문항에서 '옷은 나에게 아무 의미도 없다.'는 진술을 넣었다면 이 문항에 대해서는 반대의 정도가 높은 응답을 할수록 관여가 높은 것으로 평가해야 하는 것이다.

의복구성 연구나 의복환경학 연구 등에서도 평정척도의 원리를 활용하여 리커트형 척도를 개발할 수 있다. 예를 들어 스커트 원형을 개발한 후 이를 평가하고자 할 때, 스커트의 맞음새(fit)를 결정하는 부위들을 진술 내용과 같은 개념으로 보고, 이들 부위가 맞는 정도를 '전혀 맞지 않는다–맞지 않는다–보통이다–잘 맞는다–매우 잘 맞는다'와 같이 여러 단계로 응답하게 한다. 이 경우 여러 부위들에 대한 평가점수를 합산하여 원형에 대한 평가점수로 삼는다. 의복환경학 연구의 경우에는 '매우 춥다–춥다–보통이다–따뜻하다–매우 따뜻하다'와 같이 단계를 두어 응답하게 함으로써 응답자의 온열감을 측정하는데, 이것도 같은 원리를 이용한 것으로 볼 수 있다.

참고 **리커트형 척도의 예 2**

귀하는 자신의 다음 신체 치수에 대해서 어떻게 느끼십니까? 그 정도를 표시해 주십시오.

	매우 작다	작다	보통이다	크다	매우 크다
가슴둘레					
허리둘레					
엉덩이둘레					
키					

평정척도의 등간성 논의

평정척도를 사용하여 '매우 그렇다–그렇다–보통이다–그렇지 않다–전혀 그렇지 않다'로 측정한 경우, 각 응답 간 찬성 정도의 차이가 동일하다고 인정할 수 있으면 등간척도로 볼 수 있지만 그렇지 않다면 응답 사이의 순서만 인정하여 서열척도로 보는 것이 옳다. 그러나 서열척도로 볼 경우 사용할 수 있는 통계방법에 크게 제한을 받기 때문에 약간의 무리가 있어도 등간척도로 보아 모수적 추리통계를 적용하는 것이 일반적이다. 한편, 평정척도에 등간성을 부여하기 위하여 양극과 중립 지점에만 '매우 그렇다', '보통이다', '전혀 그렇지 않다'의 지시문을 주고 이들 사이는 아무런 지시문도 주지 않아 응답자가 등간으로 양극과 중립 사이의 값을 구분하도록 하는 방법도 사용되고 있다.

서스톤 척도

서스톤 척도(Thurstone scale)는 측정하고자 하는 개념에 관련된 여러 개의 진술과 각 진술별 척도치(尺度値, scale value)로 구성된다. 응답자는 각 진술에 대하여 자신의 의견을 찬성 또는 반대로 표시하며, 응답자의 점수는 그가 찬성한 진술들이 갖고 있는 척도치의 평균값 또는 중앙치로 표시한다. 서스톤 척도는 리커트 척도에 비하여 등간성이 좋은 것으로 평가된다.

의미미분척도

의미미분척도(意味微分尺度, semantic differential technique)는 사람들의 느낌을 형용사로 측정하는 방법이다. 의미미분척도는 서로 반대되는 의미의 형용사쌍을 직선의 양쪽 끝에 놓고 그 사이를 여러 단계로 나누어 구성한다. 보통 7단계로 나누는 방법이 많이 사용된다.

응답자는 평가하고자 하는 대상에 대하여 자신이 갖는 느낌을 양쪽 형용사로부터의 거리로 나타낸다. 즉, 형용사가 의미하는 느낌을 강하게 받을수록 그 형용사에 가깝게 표시하게 되며, 이 거리를 수량화하여 응답자의 느낌을 측정한다.

특정한 느낌을 받는 정도를 알고자 하는 경우나 반대어 선정에 무리가 있는 경우에는 맞은편에 반대 형용사를 놓는 대신 그 형용사의 부재를 놓거나 또는 한쪽에만 형용사를 두어 사용하기도 한다.

서스톤 척도의 예

'심미적 가치에 대한 태도' 척도 (양식 A)

다음 진술에 동의하는 경우 ∨ 표시하고, 동의하지 않는 경우 × 표시하시오.

척도치

3.0   1. 심미적 관심이 국가들 간의 바람직한 관계를 증진시킨다고 믿는다.

7.0   2. 순수하게 심미적인 직업에 종사하고 있는 사람들은 사회의 기생충 같은 존재라고 생각한다.

8.0   3. 매우 심미적인 사람들의 관심사는 이성적이라기보다 감성적이므로 나는 그들에게 신경쓰지 않는다.

1.6   4. 나는 심미적인 문제들에 지대한 관심을 가지고 있다.

4.3   5. 나는 모든 사람들이 심미적 문제에 약간은 훈련받아야 한다고 생각한다.

6.1   6. '지식인'인 체하는 분위기가 없다면 심미적 사업을 하는 기업체에 후원금을 낼 용의가 있다.

1.8   7. 나는 심미적 자질을 찾을 수 있는 모든 것에 관심을 가지고 있다.

9.9   8. 나는 심미적 활동을 목적으로 하는 어떤 조직에도 참여하고 싶지 않으며 그 조직과 관계를 맺고 싶지도 않다.

0.8   9. 내가 크나큰 만족을 느꼈던 것은 삶에 있어서의 심미적 경험에서였다.

9.3   10. 나는 심미적 관심사에서 거의 아무런 가치를 찾지 못한다.

2.1   11. (콘서트나 미술 전시회 같은) 심미적 오락에 참여함으로써 영감을 얻는다.

5.0   12. (콘서트나 미술 전시회 같은) 심미적 오락은 아무에게도 해를 입히지 않기 때문에 좋아한다.

5.5   13. 심미적 문제가 현재는 나의 관심을 자극하지 못하지만, 언젠가는 내가 그것을 적극적으로 추구할 때가 오리라 생각한다.

6.7   14. 실용성을 고려하는 것이 먼저이고, 아름다움은 그 다음이다.

2.2   15. 심미적 관심사를 추구하는 것은 개인의 생활에서 만족을 증대시켜 준다고 믿는다.

3.4   16. 나는 심미적 관심사를 추구하는 사람들에게 매력을 느낀다.

10.4   17. 심미적 교육은 무의미한 것이다.

5.2   18. 심미적 감식력을 가르치는 것은 좋으나, 현재의 방식은 '대중적인 이해를 얻는 데' 실패하고 있다고 생각한다.

7.7   19. 나는 내가 심미적 주제와 관련된 강의로부터 어떤 도움을 받을 수 있으리라 여기지 않는다.

8.9   20. 정부는 심미적 대상이나 활동을 위해 비용을 지출할 아무런 이유도 없다.

자료: Shaw, M. E., & Wright, J. M. (1967). Scales for measurement of attitudes. p. 292.
    (전체 원문은 부록 A 참조)

서스톤 척도의 구성과정

'유행'에 대한 진술문항 10개에 대하여 30명의 평가자로 하여금 진술내용에 찬성하는 정도에 따라 1~11의 점수가 부여된 파일로 분류하게 한 결과 다음 표와 같은 결과를 얻었다고 하자.

진술	매우 그렇다								전혀 그렇지 않다			포함	평균값
	1	2	3	4	5	6	7	8	9	10	11		
1	5	7	12	6	0	0	0	0	0	0	0	○	2.63
2	5	19	3	0	1	0	0	0	0	0	0	○	1.96
3	1	7	0	4	1	3	4	4	0	5	3	X	
4	0	1	1	3	5	9	3	3	0	0	0	○	5.86
5	0	0	4	6	10	5	1	1	0	0	0	○	5.06
6	0	0	4	3	5	2	6	6	1	4	3	X	
7	0	0	0	0	0	2	4	4	9	7	7	○	9.30
8	0	0	0	0	0	0	5	5	14	9	2	○	9.26
9	1	3	0	4	2	7	4	4	0	1	0	X	
10	0	0	0	8	15	6	0	0	0	0	0	○	5.00

진술 1에 대해서는 30명 중 5명이 매우 긍정적인 1점으로 분류하였고, 7명은 2점, 12명은 3점, 6명은 4점으로 분류하였다. 이런 식으로 하나의 진술에 대해 평가자들이 부여한 점수의 분포를 살펴보면, 다른 진술들은 비교적 긍정적이거나 부정적이거나 중립적인 것으로 의견이 일치하고 있으나, 3번, 6번, 9번의 경우는 분산이 매우 크게 나타난다. 따라서 이 진술들은 의견을 묻는 척도로 포함시키기 곤란하므로, 최종 척도에서 제외해야 한다.

나머지 문항들에 대해서는 평가의 평균값을 계산하여 척도치를 삼게 되는데, 1번과 2번 같이 척도치가 작은 문항은 매우 긍정적인 진술이며, 7번과 8번 같이 척도치가 큰 문항은 매우 부정적인 진술이다. 그런데 5번과 10번 그리고 7번과 8번은 서로 척도치가 비슷한 문항이므로 최종 척도에는 한 문항씩만을 선정하여 포함시키게 된다.

즉, 위의 진술들로 구성할 수 있는 척도양식의 한 유형은 2번(1.96), 1번(2.63), 10번(5.00), 4번(5.86), 7번(9.30)의 5문항과 본 보기에 포함되지 않은 진술들로서 척도치가 약 1.0, 4.0, 7.0, 8.0, 10.0, 11.0에 해당하는 문항들로 된 것이다. 또 다른 유형에서는 10번 대신 5번을, 7번 대신 8번을 포함시킬 수 있다.

자료: Lin, N. (1976). Foundations of social research. p. 190에서 재구성

의미미분척도의 예 1: 반대형용사의 사용

다음 사진에 대한 시각적 느낌을 두 형용사쌍 사이의 해당되는 곳에 표시해 주십시오.

우아한							천박한
지저분한							깨끗한
멋있는							멋없는
발랄한							점잖은
산뜻한							우중충한
답답한							시원한
무거운							가벼운
풍성한							꼭 끼는
이상한							괜찮은
야한							고상한
편안한							불편한
강렬한							무난한
어색한							어울리는
보기 좋은							보기 싫은
소박한							사치한
입기 힘든							입기 쉬운
화려한							수수한
딱딱한							부드러운
복잡한							단순한
세련된							촌스러운
포근한							차가운
현대적인							고전적인
위엄 있는							경박한
어두운							밝은
긴							짧은
유행에 앞선							유행에 뒤진
활동적인							비활동적인
귀여운							노숙한
거추장스러운							간편한
아름다운							보기 흉한
단정한							너저분한
여성적인							남성적인
뚱뚱해 보이는							날씬해 보이는
평범한							특이한
요염한							청순한
화사한							침침한

자료: 박혜선 (1982). 의복에 대한 의미미분척도 개발연구. p. 21.

의미미분척도의 예 2: 반대형용사의 사용

다음 직물의 재질감을 평가하십시오.

	1	2	3	4	5	6	7	8	9	
1. 늘어나지 않는다	1	2	3	4	5	6	7	8	9	늘어난다
2. 신축성이 없다	1	2	3	4	5	6	7	8	9	신축성이 있다
3. 거칠지 않다	1	2	3	4	5	6	7	8	9	거칠다
4. 부드럽지 않다	1	2	3	4	5	6	7	8	9	부드럽다
5. 차갑지 않다	1	2	3	4	5	6	7	8	9	차갑다
6. 까칠까칠하지 않다	1	2	3	4	5	6	7	8	9	까칠까칠하다
7. 오톨도톨하지 않다	1	2	3	4	5	6	7	8	9	오톨도톨하다
8. 매끄럽지 않다	1	2	3	4	5	6	7	8	9	매끄럽다
9. 보송보송하지 않다	1	2	3	4	5	6	7	8	9	보송보송하다
10. 건조하지 않다	1	2	3	4	5	6	7	8	9	건조하다
11. 눅눅하지 않다	1	2	3	4	5	6	7	8	9	눅눅하다
12. 끈적거리지 않는다	1	2	3	4	5	6	7	8	9	끈적거린다
13. 얇다	1	2	3	4	5	6	7	8	9	두껍다
14. 가볍다	1	2	3	4	5	6	7	8	9	무겁다
15. 딱딱하지 않다	1	2	3	4	5	6	7	8	9	딱딱하다
16. 뻣뻣하지 않다	1	2	3	4	5	6	7	8	9	뻣뻣하다
17. 뻗치지 않는다	1	2	3	4	5	6	7	8	9	뻗친다
18. 늘어지지 않는다	1	2	3	4	5	6	7	8	9	늘어진다
19. 감기지 않는다	1	2	3	4	5	6	7	8	9	감긴다
20. 투박하지 않다	1	2	3	4	5	6	7	8	9	투박하다
21. 성글지 않다	1	2	3	4	5	6	7	8	9	성글다
22. 촘촘하지 않다	1	2	3	4	5	6	7	8	9	촘촘하다
23. 탄력이 없다	1	2	3	4	5	6	7	8	9	탄력이 있다
24. 힘이 없다	1	2	3	4	5	6	7	8	9	힘이 있다
25. 반발력이 없다	1	2	3	4	5	6	7	8	9	반발력이 있다
26. 회복성이 나쁘다	1	2	3	4	5	6	7	8	9	회복성이 좋다

자료: 박성혜 (1999). 마직물의 태에 관한 연구. p. 170.

의미미분척도의 예 3: 한 속성의 존재정도 사용

의복 사진을 보고, 주어진 용어 각각에 대한 평가 정도를 표시해 주십시오.

	아주 그렇다	그렇다	조금 그렇다	그렇지 않다
단정하다				
우아하다				
품위있다				
귀엽다				

자료: 정인희 (1992). 의복 이미지의 구성요인, 계층구조 및 평가차원에 대한 연구.

평정척도의 문제점

평정척도는 공통적으로 다음과 같은 문제점을 갖는다.

첫째, 후광효과(後光效果, halo effect)를 갖는다. 후광효과는 전반적인 인상이나 선입견에 따라 평가가 영향을 받는 것을 말한다. 예컨대 특정한 상표에 대하여 디자인, 유행, 가격, 광고 등의 특성을 평가할 때, 그 상표에 대한 전반적인 인상이 후광효과로 작용하여 각 특성별 평가에 영향을 미치는 것이다.

둘째, 엄격과 관용의 오차(error of severity-error of leniency)를 갖는다. 이것은 개인에 따라 지나치게 엄격하거나 지나치게 너그럽게 평가함으로써 발생하는 오차를 말한다. 예컨대 성적을 줄 때에 대부분 A를 주는 교수가 있는가 하면 A를 거의 주지 않는 교수가 있듯이 평가자의 성향에 따라 응답 결과에 차이가 나타나는 것이다.

셋째, 집중경향의 오차(error of central tendency)를 갖는다. 이것은 응답자들이 일반적으로 극단적인 반응을 기피하고 중앙에 응답하는 경향을 말한다. 따라서 5단계로 나누어 평가하도록 하여도 대부분의 응답이 중앙의 세 개로 밀집되는 경향을 보이게 된다.

이러한 문제점을 갖고 있음에도 불구하고 현재로서는 반응의 강도를 측정하는 더 나은 방법이 없기 때문에 평정척도가 매우 흔하게 사용되고 있다. 따라서 연구자는 평정척도의 제한점을 알고 사용하여야 할 것이다.

| 조합비교형식 |

조합비교형식(paired comparison)은 비교하고자 하는 내용들을 두 개씩 조합하여 비교하게 함으로써 전체에 대한 반응을 측정하는 방법이다. 예를 들어 의복구매 시 다섯 개의 평가기준(가격, 디자인, 색채, 상표, 유행)에 대하여 평가기준별 중요성을 측정하고자 할 때, 이들 다섯 개를 두 개씩 조합하여 둘씩 비교하게 하는 것이다. '가격-디자인', '가격-색채', '가격-상표', '가격-유행', '디자인-색채', '디자인-상표', '디자인-유행', '색채-상표', '색채-유행', '상표-유행'의 열 쌍에 대하여 둘 중 중요시하는 속성을 표시하게 하여 표시된 빈도에 따라 속성의 중요도를 평가하는 것이다. 이는 마치 열 개의 프로야구 팀이 리그전을 펼치는 것과 같다. 열 팀은 두 팀 씩 짝을 지어 경기를 하고 이기는 팀이 승점을 1점씩 갖는 것이다. 이 경우 어떤 팀이 모든 다른 팀과 한 경기씩을 치르기 위해서는 45회의 경기수가 필요하다. 이처럼 n개의 속성을 평가하고자 할 때, n(n−1)/2개의 항목이 필요하므로 속성의 수가 많을 때에는 항목수가 너무 많아져 사용이 곤란하다.

조합비교형식의 예

귀하가 블라우스나 스커트를 구입할 때 우선적으로 중요하게 생각하는 점은 무엇입니까? 아래의 두 개씩 짝지워진 내용들 중에서 좀 더 귀하에게 중요하다고 생각되는 곳에 V 표시해 주시기 바랍니다.

1. 옷의 아름다움 ( ) 나에게 어울림 ( )	2. 주위 사람들의 칭찬 ( ) 입어서 편안함 ( )
3. 옷의 아름다움 ( ) 입어서 편안함 ( )	4. 입어서 편안함 ( ) 손질과 관리가 간편함 ( )
5. 옷의 아름다움 ( ) 손질과 관리가 간편함 ( )	6. 입어서 편안함 ( ) 값싸고 오래 입을 수 있음 ( )
7. 주위 사람들의 칭찬 ( ) 옷의 아름다움 ( )	8. 손질과 관리가 간편함 ( ) 주위 사람들의 칭찬 ( )
9. 값싸고 오래 입을 수 있음 ( ) 옷의 아름다움 ( )	10. 나에게 어울림 ( ) 값싸고 오래 입을 수 있음 ( )
11. 손질과 관리가 간편함 ( ) 나에게 어울림 ( )	12. 값싸고 오래 입을 수 있음 ( ) 손질과 관리가 간편함 ( )
13. 주위 사람들의 칭찬 ( ) 나에게 어울림 ( )	14. 나에게 어울림 ( ) 입어서 편안함 ( )
15. 주위 사람들의 칭찬 ( ) 값싸고 오래 입을 수 있음 ( )	

※ 여섯 가지 속성을 둘 씩 조합비교하여 15개 문항으로 구성한 후, 속성당 선택된 빈도수를 중요성의 점수로 삼는다. 각 속성은 0점에서 5점 사이의 값을 가질 수 있다.

자료: 민동원 (1986). 기성복의 구매 및 사용 시 불만족요인에 관한 연구. p. 102.

거트만 척도(Guttman scale)

그 밖에 활용 가능한 누적척도로 거트만 척도가 있다. 거트만 척도는 어떤 논제에 대한 태도를 나타내는 진술들이 있고 이 진술들의 강도가 완벽하게 서열화될 수 있는 경우, 즉 강한 태도를 표명한 진술에 긍정적인 반응을 한 사람은 약한 태도를 표명한 진술에도 긍정적인 반응을 할 것이 기대되는 경우에 사용할 수 있는 척도이다. 강도별로 서열화시킬 수 있는 진술들에 대해 응답자들이 어느 수준의 강도까지 찬성하는가를 밝힘으로써 응답자의 태도유형을 구분하게 된다. 거트만 척도는 자료수집이 끝난 후에 척도의 적합성을 확인할 수 있다. 예컨대 거트만 척도가 될 수 있는 네 개 진술과 거트만 척도에 대한 응답 유형 다섯 가지는 다음과 같다. 응답 유형 A의 경우가 가장 강한 찬성의 태도를 보인다고 할 수 있다. 응답결과 A, B, C, D, E 유형에 속하지 않는 예측치 못한 반응이 나타날 수도 있는데, 이 경우 오차율을 계산하여 척도의 내적 일관성을 확인해야 한다.

강도별로 서열화시킨 네 가지 진술

1. 낙태를 원하는 모든 임산부들에게 낙태는 법적으로 허용되어야 한다.
2. 임신상태를 유지하는 것이 임산부에게 사회심리적 손상을 가져올 경우 낙태는 법적으로 허용되어야 한다.
3. 임신으로 인해 임산부의 생명이 위협을 받는 경우 낙태는 법적으로 허용되어야 한다.
4. 태아가 심각한 선천적 기형을 가지고 있는 경우 낙태는 법적으로 허용되어야 한다.

응답유형

+: 찬성 −: 반대

응답유형	진술			
	1	2	3	4
A	+	+	+	+
B	−	+	+	+
C	−	−	+	+
D	−	−	−	+
E	−	−	−	−

자료: Lin, N. (1976). Foundations of social research. pp. 185–9.

2 척도의 구성

변수에 대한 자료를 수집하기 위해서 척도를 사용한다. 척도는 이미 표준화되어 있는 것을 사용하기도 하지만 연구에 따라 적절한 척도를 구성하여 사용하는 경우도 많다. 척도를 구성하려면 우선 무엇을, 어떤 방법으로 측정할 것인가를 결정하여야 하며, 타당한 측정을 위해서 최적의 문항을 선정하여야 한다.

| 적절한 척도유형의 선택 |

앞에서 제시한 바와 같이 척도에는 묻는 방법과 응답하는 방법에 따라 여러 가지 유형이 있다. 여러 유형 중에서 어떤 유형을 선택할 것인가를 먼저 결정하여야 하는데, 다음과 같은 사항을 고려하여 결정하도록 한다.

첫째, 연구하고자 하는 변수에 따라 이를 측정하는 데 가장 적절한 유형을 선택한다. 예를 들어 예비조사단계에서는 자유기술형을 선택하여 폭넓은 반응이 가능하도록 하고, 종교나 결혼상태와 같이 단답으로 응답할 수 있는 문항은 다지선다형으로하여 응답이나 통계처리가 쉽도록 하며, 태도나 느낌과 같이 유목화가 곤란한 내용은 평정척도를 사용하여 긍정 정도로 응답하도록 한다.

둘째, 통계분석을 예상하여 이에 적합한 유형을 선택한다. 특히 척도의 수준에 따라 적용할 수 있는 통계방법이 다르므로, 되도록 높은 수준의 자료를 얻도록 한다. 예컨대 교육수준을 측정하기 위해서 교육정도를 단계별로 제시할 때 단계별 간격이 동등하도록 함으로써 문항이 등간척도로 분석될 수 있게 한다. 또한, 상표에 대하여 평가하고자 하는 연구의 예에서도 상표별로 좋아하는 정도를 평정척도로 측정하면 등간척도로 분석될 수 있으나, 여러 상표에 대하여 좋아하는 순서로 응답하게 하면 서열척도가 되기 때문에 분석에 제한을 받게 된다.

셋째, 설문지의 전반적인 구성을 고려하여 척도의 유형을 선택한다. 되도록 같은 유형으로 질문하는 것이 응답자가 응답하기 수월하다.

이와 같은 여러 가지 사항들을 고려하여 어떤 변수를 어떤 유형의 척도로 측정할 것인지 우선 결정하도록 한다.

| 척도에 포함될 내용의 결정 |

척도에 포함될 내용을 결정하기 위해서는 무엇보다도 충분한 문헌조사가 필요하다. 문헌조사를 통하여 척도에 포함될 내용을 잘 결정하여야 측정의 타당성을 높일 수 있다. 타당성 중에서도 특히 구성체 타당성과 내용 타당성이 중요한데, 측정하고자 하는 개념의 이론적 구성체와 맞는 문항들을 척도에 포함시킴으로써 척도의 구성체 타당성을 높일 수 있으며, 전반적 내용을 모두 포함시킴으로써 척도의 내용 타당성을 높일 수 있다. 예를 들어 소비자들이 의복을 구매할 때 어떤 평가기준을 사용하는지 측정하고자 할 때, 의복평가기준의 다양한 측면들이 모두 제시되어야 한다.

| 측정문항의 선정 |

우선은 척도에 포함될 내용을 포괄적으로 수집하는 것이 필요하지만 이러한 문항들을 모두 최종 설문지에 사용하는 것은 아니다. 설문지의 길이를 적절하게 유지하고 효율적인 연구진행을 하기 위해서는 문항수를 필요한 최소의 수로 줄여야 한다. 이때 다음과 같은 방법을 사용하여 문항을 선정하면 적은 수의 문항으로 타당성 있는 측정치를 얻을 수 있다.

개별문항과 척도치 간의 상관분석

측정하고자 하는 하나의 개념에 대하여 여러 개의 문항이 있을 때, 이들 개별 문항 점수와 전체 점수인 척도치 사이의 상관관계를 분석하여 상관이 높은 문항을 선택한다. 척도의 전체 점수와 상관이 높은 문항은 측정하고자 하는 개념을 잘 반영하는 문항이라고 볼 수 있으며, 따라서 이런 문항들을 선택하면 적은 수의 문항으로도 많은 수의 문항으로 측정한 점수와 유사한 점수를 얻을 수 있다.

전체 문항에 대한 요인분석

전체 문항에 대한 요인분석(要因分析, factor analysis)을 실시하여 문항을 선정하는

방법은 측정하고자 하는 개념의 하위차원이 어떻게 구성되어 있는가에 따라 다음과
같은 두 가지 경우가 있다.

첫째는 개념이 단일차원(uni-dimension)인 경우이다. 개념이 단일차원일 때에 요
인분석을 실시하면 하나의 큰 요인이 추출되는데, 이 요인에 대한 각 문항의 요인부하
량(factor loading)을 보아 결정한다. 요인부하량이 큰 문항은 그 개념을 잘 측정하는
문항이므로 선정하고, 요인부하량이 낮은 문항은 삭제한다. 이 방법은 앞에서 설명한
상관관계를 이용한 문항선정과 유사한 개념이다.

둘째는 개념이 다차원(multi-dimension)인 경우이다. 개념이 다차원일 때에 요인
분석을 실시하면 몇 개의 주성분 요인이 추출된다. 각 요인이 하위차원을 구성하는
것이므로 요인분석 결과로 측정하고자 하는 개념의 하위구성을 알 수 있을 뿐 아니

상관관계를 이용한 문항선정의 예   참고

제3장에서 활용했던 부록 A의 '감각추구성향에 대한 모의척도'에서 재검사 시의 감각추구성향 전체
문항에 대한 응답 평균으로 척도치를 구하고, 이 척도치와 각 문항 응답값 간의 상관관계를 피어슨
의 상관계수로 구한 결과는 다음과 같다. 만약 열 개 문항으로만 감각추구성향 척도를 구성하고자
한다면, 척도치와 상관관계가 비교적 낮은 6번 문항과 3번 문항을 제외할 수 있으며, 8개 문항의 척
도를 구성하고자 한다면 6번, 3번과 더불어 10번과 12번을 제외할 수 있다.

문항		상관계수
1	나는 자주 새로운 장소(음식점, 상점 등)를 찾아다닌다	.749
2	나는 지속적으로 새로운 아이디어와 경험을 찾는다	.760
3	나에게 새로운 생각을 제시해 주는 사람을 만나는 것을 즐긴다	.691
4	나는 새롭고 다양한 분야에 관심이 있다	.886
5	때때로 나는 정말 흥분할 때가 있다	.863
6	조각품을 볼 때는 만지며 느끼고 싶다	.678
7	나는 계속적으로 변화하는 활동이 좋다	.909
8	나는 안정되고 단조로운 삶보다 변화로 가득찬 삶을 선호한다	.914
9	나는 남을 조금 놀라게 하는 일을 하기 좋아한다	.882
10	새로운 음악 조류에 관심이 많다	.704
11	나는 예기치 않은 일을 좋아한다	.754
12	나는 집을 떠나 세계 여러 곳을 여행하는 상상을 하곤 한다	.703

요인분석을 이용한 문항선정의 예: 개념이 단일차원인 경우

앞의 감각추구성향 12문항을 단일요인으로 보고 요인분석을 실시한 결과 각 문항별로 다음과 같은 요인부하량을 얻었다. 척도치와의 상관관계가 낮았던 문항이 단일차원에 대한 요인부하량 역시 낮게 나오는 것을 확인할 수 있다. 요인부하량을 고려하여 척도를 확정하는 문항을 결정한다.

문항		요인부하량
7	나는 계속적으로 변화하는 활동이 좋다	.920
8	나는 안정되고 단조로운 삶보다 변화로 가득찬 삶을 선호한다	.910
4	나는 새롭고 다양한 분야에 관심이 있다	.898
9	나는 남을 조금 놀라게 하는 일을 하기 좋아한다	.874
5	때때로 나는 정말 흥분할 때가 있다	.873
2	나는 지속적으로 새로운 아이디어와 경험을 찾는다	.781
1	나는 자주 새로운 장소(음식점, 상점 등)를 찾아다닌다	.755
11	나는 예기치 않은 일을 좋아한다	.724
3	나에게 새로운 생각을 제시해 주는 사람을 만나는 것을 즐긴다	.702
12	나는 집을 떠나 세계 여러 곳을 여행하는 상상을 하곤 한다	.693
10	새로운 음악 조류에 관심이 많다	.690
6	조각품을 볼 때는 만지며 느끼고 싶다	.680

라 각 하위차원을 측정할 수 있는 문항들도 선정할 수 있다. 이때도 각 요인별 문항의 요인부하량이 큰 것이 그 차원을 잘 측정하는 문항이므로 이것을 참조하여 문항을 선정하면 된다.

척도치에 대한 각 문항의 회귀분석

연구의 효율적인 진행을 위해서 문항수를 줄이기는 하지만 전체 문항으로 측정한 결과가 진실값에 근접할 가능성이 높은 것이 사실이다. 따라서 전체 문항에 대한 측정 결과와 유사한 값을 낼 문항들을 선정하는 것이 연구자가 원하는 것이다. 전체 문항에 대한 측정치를 종속변수로, 각 문항을 독립변수로 하여 단계적 회귀분석을 실시하면 전체 측정치의 분산을 가장 잘 설명하는 문항부터 차례대로 도출되게 된다. 이 결과를 가지고 적정수의 문항을 선정하면 된다.

요인분석을 이용한 문항선정의 예: 개념이 다차원인 경우

의복동조가 규범적 의복동조, 정보적 의복동조, 동일시적 의복동조로 구분된다고 생각하고 각각 문항을 선정한 후 요인분석을 한 결과 두 개의 요인이 도출됨으로써 정보적 의복동조와 동일시적 의복동조는 하나의 유형인 것으로 판단하여 조사결과를 분석하였다.

문항내용		요인부하량	
		요인 1	요인 2
규범적 의복동조	내가 속한 집단원들의 옷입는 기준에 맞추어 입는다.	.153	**.486**
	옷을 입을 때 다른 사람들의 비난을 받지 않도록 주의한다.	.061	**.397**
	출근할 때는 직장복으로 적절한 옷을 입는다.	.069	**.470**
정보적 의복동조	다른 사람들로부터 얻게 되는 정보에 따라 옷을 산다.	**.470**	.265
	다른 사람들이 어떤 스타일이나 상표의 옷을 입었는지 관찰한다.	**.476**	.065
	새 옷을 사기 전에 다른 사람들의 의견을 듣기를 원한다.	**.376**	.226
동일시적 의복동조	내가 이상적이라고 생각하는 사람의 옷과 유사한 옷을 입고 싶다.	**.640**	.035
	내가 좋아하는 사람의 옷과 유사한 옷을 구입한다.	**.606**	.030
	내가 매력적이라고 생각하는 사람의 옷을 모방한다.	**.744**	.084
고유치		2.648	1.434
전체변량의 %		29.4	15.9
누적변량의 %		29.4	45.3

자료: 박혜선 (1991). 의복동조에 관한 연구−의복동조동기의 유형, 관련변인 및 준거집단을 중심으로−. p. 59.

척도 개발

심수인, 이유리 (2017). 패션 브랜드의 브랜드 이미지 측정 도구 개발 −속성 상징성을 중심으로−. **한국의류학회지, 41**(6), 977−993.

이 논문은 패션 브랜드 이미지의 속성 상징성을 측정하는 척도를 개발하기 위해 척도 개발의 구조적 과정을 따라 연구를 진행하였다. 1단계로 브랜드 이미지의 속성 상징성이라는 개념을 이론적으로 살펴보았고, 2단계는 최초 문항 세트를 개발하였으며, 3단계에서는 질적 연구를 통해 문항을 정제하였다. 4단계에서는 정제된 측정 문항 세트에 대한 전문가 설문자료 수집과 양적 분석이 이루어졌으며, 최종 단계에서는 소비자 설문 자료를 양적으로 분석하여 척도의 수렴 타당성, 판별 타당성, 신뢰성, 교차 타당성을 입증하였다.

회귀분석을 이용한 문항선정의 예

앞의 감각추구성향 모의척도의 예를 계속 들어보자. 전체 문항의 합계인 척도치를 종속변수로 하고 각 문항을 독립변수로 하여 선형회귀분석을 한 결과 8번, 4번, 6번, 11번, 2번, 1번, 3번 문항의 순서로 회귀식에 포함되었다. 이로써 전체 분산에 기여하면서도 회귀식에 먼저 포함된 문항을 보완해 주는 문항들을 일곱 개까지 순서대로 추출할 수 있다. 또한 설명하는 분산의 크기에 근거하여 적정수의 문항을 선정한 후 다른 변수들과의 관계를 보는 데 활용할 수 있다. 일곱 개 문항의 추출 단계별 R^2은 다음과 같다. 여기에서 6번 문항이 앞의 다른 결과들과 비교하여 높은 우선순위에 놓인 것은 6번 문항의 내용이 다른 문항들과의 공변이가 적고 독립적인 경향이 있음을 나타낸다.

문항		회귀식에 추가된 후의 R^2	R^2 증가분
8	나는 안정되고 단조로운 삶보다 변화로 가득찬 삶을 선호한다	.835	–
4	나는 새롭고 다양한 분야에 관심이 있다	.932	.097
6	조각품을 볼 때는 만지며 느끼고 싶다	.957	.025
11	나는 예기치 않은 일을 좋아한다	.974	.017
2	나는 지속적으로 새로운 아이디어와 경험을 찾는다	.985	.011
1	나는 자주 새로운 장소(음식점, 상점 등)를 찾아다닌다	.992	.007
3	나에게 새로운 생각을 제시해 주는 사람을 만나는 것을 즐긴다	.994	.002

연구예 **척도 개발**

Richins, M. L., & Dawson, S. (1992). A consumer values orientation for materialism and its measurement: Scale development and validation. **Journal of Consumer Research, 19**(12), 303–316.

이 논문은 개인의 물질주의 성향을 측정하는 척도를 구성하고 타당성을 검증하는 과정을 보여준다. 먼저 11명의 소비자에게 물질주의적인 태도와 가치를 자유기술하게 한 결과 많이 언급된 것과 문헌이나 사회비평 자료에 등장한 물질주의 특성을 채택하여 내용을 구성한 후 리커트 형식의 문항을 만들었다. 문항별 신뢰도, 사회적 바람직함, 타당성을 확인하여 48문항이 선택되었으며, 척도 정제화 작업을 통해 18문항의 척도가 만들어졌다. 요인분석에서 규명한 세 요인은 '재산획득과 소유의 중요성', '소유를 통한 행복 추구', '성공의 지표로서의 소유'였다. 최종 척도에 대한 신뢰도 분석을 위해 크론바하의 알파와 재검사법에 의한 신뢰도계수를 구하였으며, 가치척도인 LOV, 자기중심성을 측정하는 세 가지 척도인 만족, 질투, 자기존중 척도와의 수렴 및 판별 타당도로 타당성을 입증하였다.

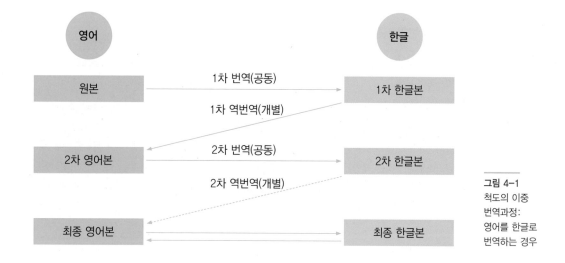

그림 4-1
척도의 이중
번역과정:
영어를 한글로
번역하는 경우

| 척도의 번역 사용 |

외국어로 된 척도를 연구에 사용하고자 할 때나 또는 동일한 내용을 두 개 이상의 언어로 측정하여 비교문화적 연구를 수행하고자 할 때에는 척도를 번역하여 사용하여야 한다. 이때 그림 4-1과 같은 이중 번역기법(double-translation technique)을 사용하여 척도를 번역하면 언어에 의한 문제를 최소화시킬 수 있다.

영어로 된 원본 척도를 한글로 번역하여 우리나라에서 연구를 진행하는 경우나 영어로 된 척도와 한글로 된 척도를 동시에 이용하여 양국에서 연구를 진행하는 비교연구의 경우에 활용하는 이중 번역과정을 예로 설명하면 다음과 같다.

첫째 단계인 1차 번역은 두 언어에 모두 익숙한 두세 명이 영어 원본을 한글로 번역하는 것이다. 이때 원본의 문항과 응답지를 동일한 내용으로 번역하도록 하며, 참여자들이 함께 의논해서 의견의 일치를 보아가며 집단으로 진행하도록 한다.

일단 1차 한글본이 나오면 첫 단계에 참여하지 않은 새로운 참여자 두세 명이 1차 한글본을 다시 영어로 역번역하여 2차 영어본을 만드는데, 이때는 각자 개별적으로 번역하도록 한다. 연구자는 원본과 2차 영어본을 비교하여 차이 나는 부분을 1차 번역집단과 함께 논의하면서 원본의 의미에 맞도록 수정하여 2차 한글본을 만든다.

다음에는 2차 한글본을 또 다른 참여자들에게 영어로 역번역하도록 하는데, 이번에도 각자 개별적으로 작업하도록 한다. 영어로 역번역된 것이 영어 원본과 거의 같

연구예 **척도의 번역 사용**

조윤진 (2007). **한국 방문 외국인의 패션문화상품에 대한 태도와 관련 변인 연구.** 서울대학교 대학원 박사학위 논문.

한국을 방문한 미국, 중국, 일본 관광객의 한국 패션 문화상품에 대한 태도 및 관련 변인에 대한 이 연구에서는 먼저 한국어로 설문지를 완성한 후 각 국가 언어와 한국어에 모두 익숙한 이중 언어 가능자에게 번역을 의뢰하였다. 각 국가 언어로 번역된 설문지를 또 다른 이중 언어 가능자에게 다시 한국어로 번역하는 작업을 의뢰하여 처음 만들어진 한국어 설문과 비교해 보는 역번역 과정을 거쳤다. 이 과정에서 모호한 문항을 삭제 또는 수정하는 과정을 거쳤으며, 최종적으로 해당 국가별 외국인 3명, 총 9명에게 완성된 설문을 확인하였다.

연구예 **척도의 번역 사용**

이진화 (2001). 의류소비행동에 대한 민족적 하위문화집단의 영향에 관한 연구(제1보)−의류 쇼핑 성향에 대한 영향을 중심으로−. **한국의류학회지, 25**(2), 401−411.

미국에 거주하는 미국여성과 한국여성에 대한 비교연구를 수행한 이 연구에서는 번역−역번역법 (translation−back translation method)을 사용하여 설문지를 작성하였다. 먼저 영어로 된 설문 문항을 한국인이 한국어로 번역하였고, 영어 문항에 노출되지 않은 세 명의 전문가로 하여금 다시 영어로 역번역하게 하였다. 이 과정에서 두 언어로 작성된 설문 내용이 대부분 동일함을 확인하였으며, 최초의 영어 설문 문항과 한국어 설문 문항에 기초하여 약간의 수정을 거쳐 설문지를 확정하였다.

아질 때까지 반복한 후 최종본을 확정한다.

척도를 번역하는 참여자들은 두 개 언어에 모두 익숙하고, 되도록 연구대상과 비슷한 배경을 가진 사람들로 구성하는 것이 바람직하다.

5
CHAPTER

자료의 수집

1 자료수집 방법

연구과정은 자료를 수집하고, 이를 분석하여 결과를 얻고, 결과로부터 결론을 내리는 단계로 이루어진다. 연구에서 분석의 대상이 되는 자료는 크게 1차 자료(primary data)와 2차 자료(secondary data)로 나뉜다. 1차 자료는 연구자가 연구목적을 위해서 새롭게 얻은 자료이며, 2차 자료는 다른 목적으로 이미 만들어진 것을 본 연구에 활용하는 자료이다. 일반적으로 2차 자료의 수집은 문헌조사에 해당하므로, 이 장에서는 1차 자료의 수집방법을 중심으로 설명한다.

연구에서 필요한 자료를 수집하는 방법은 연구의 목적, 연구의 내용 등에 따라 다양하다. 자료수집방법은 크게 나누어 관찰(observation)에 의한 방법과 의사소통(communication)에 의한 방법이 있으며, 의사소통에 의한 방법은 설문지(questionnaire)를 이용하는 방법과 면접(interview)을 이용하는 방법으로 나뉜다.

| 관찰법 |

관찰법은 연구의 대상이 되는 현상을 그것이 일어나는 현장에서 관찰하여 자료화하는 방법이다. 관찰은 인류학적 연구의 경우와 같이 개방된 상태에서 이루어지기도 하고, 실험실이나 통제된 상황 하에서 구조화된 관찰(structured observation)이 이루어지기도 한다. 의류학 연구에서는 주로 구조화된 관찰이 이루어지기 때문에 이를 중심으로 설명하고자 한다.

관찰의 대상

의류학 연구에서 관찰법을 이용하는 경우는 인간행동을 대상으로 이를 관찰하는 연구, 의복을 관찰하여 이를 평가하는 연구, 그리고 과학기재를 이용하여 관찰하는 연구 등이 있다.

인간행동에 대한 관찰은 현장에서 일어나는 상태를 연구자가 그대로 자료화하기 때문에 응답자를 거치지 않는다는 특징을 갖는다. 따라서 응답자의 응답능력이나 연구에 대한 태도 등에 영향을 받지 않으므로 응답자를 통하는 과정에서 발생할 수 있는 오차가 줄어들어 더 정확한 자료를 얻을 수 있다. 예를 들어 청소년의 유행추종행동을 연구하고자 할 때, 실제로 청소년들의 외모를 관찰하여 자료를 얻는 것이 청소년들에게 얼마나 유행을 추종하는지를 물어서 자료를 얻는 것보다 더 정확한 자료가 된다.

의복을 관찰하여 평가하는 연구는 주로 의복구성학에서 사용되는 방법으로, 관찰평가자인 패널(panel)이 의복의 맞음새(fit)를 관찰하여 평가하는 방법이다. 패널이 평가기재의 역할을 담당하는 것이기 때문에 패널의 구성이 중요하다.

과학기재를 이용한 측정은 일반적으로 기재를 제대로 다루기만 하면 측정치가 그대로 나타나므로, 연구자가 주관적 해석을 할 필요가 없으며 관찰자의 관찰능력이 크게 중요시되지 않는다. 예를 들어 직물의 인장강도를 측정하고자 할 때 인스트론을 이용하여 직물을 끊어 보고 이때 나타나는 수치를 관찰하여 기록하면 된다.

과학적 관찰의 요건

관찰을 통하여 수집된 자료가 과학적 연구자료로 평가받기 위해서는 다음과 같은 요건을 충족시켜야 한다.

첫째, 관찰법이 연구목적에 합당한 방법이어야 한다. 연구문제에 대한 해답을 구하는 데 있어 관찰법이 가장 적합한 방법일 때 관찰법을 사용하여야 한다.

둘째, 관찰대상과 관찰방법을 체계적으로 계획하여야 한다. 관찰의 첫 단계는 무엇을 관찰할 것인가와 어떻게 관찰할 것인가를 결정하는 것이다. 이 단계에서 관찰대상과 관찰방법을 구체적, 객관적, 체계적으로 계획하여야 한다.

셋째, 관찰내용이 체계적으로 기록되어야 한다. 관찰자의 주관적인 판단을 최소화하고 정확한 기록이 이루어지도록 한다.

넷째, 기록기구의 타당성과 신뢰성을 확인하여야 한다. 관찰결과를 기록하는 방법에는 유목관찰 시스템(category observation system), 평정척도, 일지기록(anecdotal records) 등이 있다. 유목관찰 시스템과 평정척도는 응답을 기록할 척도들을 미리 구성해 놓고 관찰결과에 따라 문항에 표시하는 방법이며, 일지기록은 관찰내용을 그대

로 서술 기록하는 방법이다. 사용하는 기구의 타당성과 신뢰성이 높아야 자료의 타당
성과 신뢰성이 높아진다.

관찰법을 이용한 연구 연구예

박재경 (1994). **슬랙스 원형의 밑위앞뒤길이 여유분에 관한 연구.** 서울대학교 대학원 석사학위논문.

이 논문에서는 슬랙스의 여유분 설정량을 달리한 일곱 종류의 실험복을 제작한 후 착의실험을 통
해 외관에 대한 관능검사를 실시하였다. 일곱 종류의 실험복을 무작위로 착용한 세 명의 피험자를
일곱 명의 검사자가 평가하도록 하였는데, 평가항목은 다음의 11가지였고, 5점 리커트형 평정척도를
사용하게 하였다.

〈전면〉 1. 전체적으로 적당한 여유분을 가져 보기 좋은 외관을 지니는가?
　　　 2. 배부분이 끼거나 군주름은 없는가?
　　　 3. 밑위곡선은 당기거나 처지는 감이 없이 편안한가?
〈후면〉 4. 전체적으로 적당한 여유분을 가져 보기 좋은 외관을 지니는가?
　　　 5. 뒤허리 바로 밑부분이 적당하며 주름이 없는가?
　　　 6. 엉덩이 부분에서의 군주름은 없는가?
　　　 7. 밑위곡선은 당기거나 처지는 감이 없이 편안한가?
　　　 8. 허리선의 위치는 정상인가?
　　　 9. 엉덩이둘레선은 수평인가?
　　　 10. 밑위둘레선은 수평인가?
　　　 11. 앉을 때 뒤허리선이 내려가지 않는가?

관찰 연구 연구예

정은숙, 김지선 (2001). 20~30대 여성 소비자들의 착장 동향에 대한 연구 –스트리트 패션 조사법을
이용하여 관찰한 2001년 2월~8월의 착장 실태를 중심으로–. **한국패션디자인학회지, 1**(1), 105–126.

이 논문에서는 20~30대 여성을 대상으로 강남역, 압구정, 동대문, 명동의 네 지역에서 2001년 2
월에서 8월까지 착장 실태를 카메라로 촬영하여 스트리트 패션 조사를 실시하였다. 수집된 자료를
월별로 스타일, 실루엣, 아이템, 컬러, 패턴에 따라 유목화하여 기록한 후 분석하였다.

참고

유목관찰 시스템의 예

패션 카운트는 소비자의 의복착용 실태를 거리에서 직접 관찰하여 분석하는 기법이다. 패션 카운트에서는 패션 분석의 단위를 결정하고 사전에 조사기구를 작성하는 일이 매우 중요하다. 예를 들어 특정 시점에서 20~30대 여성의 스커트 패션 분석을 위한 조사양식을 다음과 같이 작성할 수 있다.

조사일자 및 시간:　　　　　조사장소:　　　　　조사자:

스커트길이 / 스커트형태	무릎위	무릎선	무릎~종아리	종아리중간	종아리중간~발목	발목선	발목아래
타이트	(출현빈도)						
A-라인							
플리츠							
개더							
기타							

관찰법의 제한점

관찰법은 많은 장점이 있으나 반면에 몇 가지 제한점도 갖고 있다. 관찰법의 제한점과 이를 극복하기 위한 방안은 다음과 같다.

첫째, 사전에 치밀한 계획이 필요하다. 관찰장에서 관찰기록이 이루어지기 전에 예비조사 등을 통하여 관찰하고자 하는 내용, 나타나는 현상에 대한 평가기준, 관찰결과의 기록방법 등에 대하여 치밀한 계획을 세워야 한다. 이에 대한 치밀한 계획이 없으면 현장에서 정확한 자료를 수집할 수 없다.

둘째, 가설에 의한 관찰자의 편파적 평가가 가능하다. 관찰자가 연구의 가설에 대하여 사전지식을 가질 경우 이에 따라 부정확한 평가를 할 가능성이 있다. 예를 들어 연구자가 개발한 원형과 기존의 원형을 비교 평가하고자 할 때, 어느 것이 연구자의 원형이고 어느 것이 기존원형인지 패널이 알고 있다면 연구자의 원형을 좀 더 좋게 평가하는 편파적 평가를 할 가능성이 있다. 그러므로 관찰자는 이러한 내용에 대한 사전지식 없이 평가에 임하도록 하여야 한다.

셋째, 관찰내용에 대한 주관적인 해석이 가능하다. 관찰이 이루어지기 전에 관찰내용에 대하여 구체적인 기준을 마련하고 객관성을 높이려는 노력을 함에도 불구하고 관찰법은 관찰자를 통하여 자료를 얻는 방법이기 때문에 관찰자의 주관적 해석이 가능하다. 이러한 문제는 관찰자를 복수로 사용하여 개인별 주관적 해석이 상쇄될 수 있게 함으로써 해결할 수 있다.

넷째, 경제적 부담이 크다. 관찰법은 관찰자가 자료수집 현장에 항상 있어야 하기 때문에 경제적 부담이 크다.

| 설문지법 |

설문지법은 일단 설문지가 개발된 후에는 동일한 조건에서 동시에 다수의 응답자에게 사용할 수 있고, 또한 반복적 조사가 가능하기 때문에 대량조사를 필요로 하는 연구에서 흔히 사용된다.

문항의 종류

설문지에 포함되는 문항의 종류는 묻는 내용에 따라 사실에 대한 문항, 의견 및 태도에 대한 문항, 정보확인 문항, 자각(self-perception)측정 문항으로 나뉜다.

사실에 대한 문항은 응답자에 대한 실제 사실, 상황, 행동 등에 대하여 질문하는 것이다. 대표적인 것으로 인구통계적 내용을 묻는 문항이나 자신의 실제 구매행동을 묻는 문항 등이 있다. 사실에 대한 대답을 요구하는 문항이기 때문에 문항의 구성이 단순하고 질문이 직접적이어서 문항의 타당성에 대한 문제가 별로 없다. 선다형식의 문항이 주로 사용되며, 문항을 구성할 때에 응답으로 나올 수 있는 모든 사례가 포함되도록 포괄성과 상호배제성에 유의하여야 한다.

의견 및 태도에 대한 문항은 특정한 대상에 대하여 응답자가 가지고 있는 생각이나 느낌을 묻는 문항이다. 특정한 사회적 이슈에 대하여 응답자가 가지고 있는 의견, 특정 상표에 대하여 응답자가 가지고 있는 태도 등이 이러한 문항을 통하여 측정된다. 의견이나 태도를 측정하는 문항은 질문에 대한 응답이 진실로 측정하고자 하는 내용에 대한 응답이 되도록 신중하게 판단하여 구성하여야 한다. 따라서 의견이나 태도에 관한 측정문항들은 직접 문항을 개발해서 사용하는 것보다는 개발된 것을 연구에 맞도록 수정하여 사용하는 것이 안전하다. 또한 의견이나 태도는 긍정 또는 부

정으로 양분되기보다는 어느 정도 긍정하는지 또는 어느 정도 부정하는지의 정도
(degree)로 구분되는 경우가 많기 때문에 평정척도가 적절하다.

정보확인 문항은 특정한 대상에 대하여 응답자가 가지고 있는 지식이나 정보의 수
준을 측정하는 것이다. 예컨대 소비자가 특정 상표에 대하여 얼마나 알고 있는지, 응
답자가 사회적 이슈에 대하여 얼마나 알고 있는지 등을 측정하는 것이다.

자각(自覺, self-perception)측정 문항은 자기개념(self-concept) 등과 같이 자신
에 대해 스스로 지각하는 상태나 정도를 측정하는 것이다. 측정하고자 하는 내용이

참고 **사실에 대한 문항의 예**

• 귀하의 경우 한 번 백화점을 방문하면 대체로 쇼핑하는 시간이 얼마나 걸리십니까?

  ① 30분 미만   ② 30분 이상 1시간 미만

  ③ 1시간 이상 1시간 30분 미만   ④ 1시간 30분 이상 2시간 미만

  ⑤ 2시간 이상

• 귀하가 지난 한 달 동안 백화점에서 구입하신 의류제품은 모두 몇 벌입니까?

  ① 구입하지 않았다   ② 1벌   ③ 2~3벌

  ④ 4~6벌   ⑤ 7벌 이상

자료: 박지수 (1997). 백화점 고객의 점포 내 행동유형과 의복구매행동. p. 74

참고 **의견 및 태도에 대한 문항의 예**

다음 질문에 대한 귀하의 의견과 일치하는 곳에 표시해 주십시오.

문항	매우 그렇다	그렇다	보통이다	그렇지 않다	전혀 그렇지 않다
1. 사람들은 옷으로 타인을 판단하는 경향이 있다.					
2. 옷은 그 사람의 신분을 나타낸다.					
3. 옷은 사람을 달라 보이게 할 수 있다.					
4. 사람의 인상은 옷에 따라 좌우된다.					

정보확인 문항의 예

• 다음 중 청바지 디자인에서 벨 버텀(bell bottom)을 설명한 것은 무엇인가?

① 허벅지는 넓고 바지 아랫단은 좁은 형태를 말한다.

② 엉덩이와 넓적다리 부분이 헐렁하고 다리 전체가 발목까지 폭이 넓게 재단된 형태를 말한다.

③ 바지 아랫단이 나팔모양으로 된 형태를 말한다.

④ 타이트(tight)하게 몸에 붙는 형태를 말한다.

⑤ 모름

• 어떠한 염료에 의해 청바지의 가장 근원적인 푸른 색상이 만들어지는가?

① 인디고 블루(Indigo blue)　　　　② 프러시안 블루(Prussian blue)

③ 스카이 블루(Sky blue)　　　　　④ 마린 블루(Marine blue)

⑤ 모름

자료: 박찬욱, 문병준 (2000). 관여도와 제품지식의 상관관계에 관한 연구. pp. 93-94

자각측정 문항의 사용

김제숙, 이미숙 (2001). TV 미디어가 청소년이 신체 이미지에 미치는 영향. **한국의류학회지, 25**(5), 957-968.

이 논문에서는 다차원적인 신체 이미지 측정도구인 MBSRQ(Multi-dimensional Body-Self Relations Questionnaire)의 신체외모 평가척도(Global Appearance Evaluation Subscale)를 수정·보완한 5점 척도의 12개 문항으로 자신의 신체 이미지에 대한 태도를 측정하였다. 문항의 구성 내용은 다음과 같다.

〈외모 평가〉 나는 다른 사람들에게 호감을 주는 외모를 가지고 있다.

나의 외모는 매력적이다.

대부분의 사람들은 나보다 좋은 외모를 가지고 있다(-).

나는 외모 때문에 이성친구들 앞에 나서기가 두렵다(-).

〈외모 관심〉 나는 자주 거울을 보며 내 모습을 살펴본다.

나는 항상 외모를 돋보이게 하려고 노력한다.

아침에 옷차림이나 머리모양이 뜻대로 나오지 않으면 하루종일 신경이 쓰인다.

나는 나의 외모가 다른 사람에게 어떻게 보이는지에 대해 관심이 없다(-).

〈체중 관심〉 나는 항상 비만에 대하여 걱정하고 있다.

나는 절식 및 단식 등으로 다이어트를 시도한 적이 있다.

다른 사람들이 살쪘다는 소리를 하면 내 몸무게가 늘지 않았어도 신경이 쓰인다.

추상적인 경우가 많기 때문에 타당성이 중요시되며, 대부분의 경우 타당도와 신뢰도 확인 절차를 거쳐 개발된 것을 사용한다.

문항의 구성

문항을 구성할 때에는 다음과 같은 내용에 유의하여 구성하도록 한다.

첫째, 문장의 간결성을 높인다. 문장을 간결하게 구성하여 질문 내용이 쉽게 이해되도록 한다. 그러나 질문을 불완전한 문장으로 하여서는 안 되며 반드시 완전한 문장으로 구성한다. 예를 들어 출생지를 묻는 문항에서 '출생지는?'이라고 묻지 말고 '출생지는 어디입니까?'와 같이 간결하면서도 완전한 문장으로 물어야 한다.

둘째, 질문의 명확성을 높인다. 응답자에 따라 질문의 내용이 다르게 이해되는 일이 없도록 명확히 묻는다. 예를 들어 나이를 물을 때 만 나이인지 세는 나이인지를 명확히 해주고, 고향을 물을 때 출생한 곳을 묻는지 성장한 곳을 묻는지 등록기준지를 묻는지 등을 명확히 해 주도록 한다.

셋째, 적절한 어휘를 선택한다. 응답자의 연령, 배경, 수준 등에 맞추어 적절한 어휘를 선택한다. 특히 일반인들이 별로 사용하지 않는 학술용어를 그대로 사용하지 않도록 주의한다.

넷째, 질문의 단순성을 높인다. 질문을 단순하게 하고 두 가지 이상을 동시에 묻지

참고 **잘못된 문항 구성의 예**

- 외출복 구매 시 브랜드를 매우 중요하게 생각하며, 옷은 주로 백화점이나 유명 브랜드 전문매장에서 산다.
  : 브랜드 태도와 주된 구매 장소를 동시에 질문하는 오류를 범하고 있다.

- 나는 옷을 구입할 때 가격을 중요하게 생각한다.
  : 가격을 중요하게 생각한다고 응답하는 경우에 가격이 얼마나 싼가, 가격을 얼마나 싸게 살 수 있는가, 가격이 비싸서 희귀성이 있는가 등 응답자에 따라 생각하고 있는 내용이 달라질 수 있다. 많은 연구에서 소비자는 가격이 싼 것을 선호한다는 편견 아래 이러한 문항을 구성하고 있으므로, 이러한 전제를 할 때에는 '가격이 얼마나 싼가를 중요하게 생각한다.'와 같이 구체적으로 문항을 제시해야 오류를 피할 수 있다.

않도록 한다.

다섯째, 응답의 가치중립성을 높인다. 사회적 규범이나 가치에 맞는 것에 국한하지 말고 가능한 모든 응답을 제시함으로써 응답의 가치중립성을 높이도록 한다. 예를 들어 결혼상태를 묻는 문항에서 혼전동거 등을 포함시킨다. 그 밖에도 응답자에게 질문에는 정답이 없음을 명시함으로써 사회적 규범에 따라 응답하지 않고 자기 생각에 따라 응답하게 유도하여야 한다.

설문지의 구성

설문지를 구성할 때에는 무엇보다도 설문지 전체의 문항수에 유의하여야 한다. 문항수가 너무 많아지면 성실한 응답을 기대하기 어려우므로 연구에서 필요로 하는 최소한의 문항으로 구성하도록 한다. 일반적으로 80문항 이내로 구성하는 것이 응답자의 성실한 답변을 얻을 수 있어 좋으며, 100문항이 넘어가지 않도록 한다. 응답시간도 5~10분 정도로 하는 것이 좋다. 따라서 연구목적을 위하여 꼭 필요한 내용인지를 확인하고 필요한 최소한의 문항으로 구성하도록 한다.

특정한 대상에 대한 태도를 물을 때에는 대상에 대한 지식 여부를 먼저 확인하는 것이 필요하다. 예를 들어 특정한 상표들에 대한 소비자 태도를 조사할 때, 소비자가 그 상표들에 대하여 알지 못하면 태도가 형성되어 있지 않기 때문에 응답할 수 없다. 따라서 이러한 경우에는 예비조사를 통하여 소비자가 잘 알고 있는 상표들을 미리 선정하여 조사를 하거나, 아니면 알 경우만 응답하게 하여 부정확한 응답을 강요하지 않도록 유의하여야 한다.

전반적인 구성은 응답자로부터 되도록 성실하고 정확한 응답을 얻어낼 수 있도록 응답하기 편하게 구성한다. 우선 설문지의 취지를 앞에서 밝히고 협조를 구하며, 척도의 유형이 같은 것끼리 모아서 구성함으로써 혼란스럽지 않게 한다. 설문지의 앞부분에는 응답하기 쉬운 내용을 배치하여 설문지에 대한 심리적 저항이 없도록 유의하고, 개인의 신상에 대한 문항은 제일 마지막 부분에 배치하여 자신을 밝힘으로써 발생하는 저항감 없이 응답할 수 있도록 배려한다.

설문지법의 장단점

설문지법은 몇 가지 뚜렷한 장점을 가지고 있기 때문에 연구에서 흔히 사용된다. 설문지법의 가장 큰 장점은 경제적이라는 것이다. 비용의 측면에서도 물론 경제적이지만, 시간과 기술의 측면에서도 경제적이다. 면접법이나 관찰법이 매 자료수집 현장에서 훈련된 연구원을 필요로 하는 반면에 설문지법은 일단 설문지가 잘 개발되고 나면 조사에는 특별한 기술이 필요치 않다. 또한 응답자가 충분한 시간적 여유를 가지고 응답할 수 있으며, 신념이나 이상 등과 같이 개인적인 질문도 가능하다. 특히 조사가 대부분 익명으로 이루어지기 때문에 솔직한 대답을 기대할 수 있는 것도 설문지법의 장점이다.

반면에 설문지법은 단점도 가지고 있는데, 무엇보다 응답자가 질문에 대한 독해능력을 가지고 있어야 한다는 점이다. 따라서 독해능력이 없는 대상을 상대로 연구할 때에는 설문지법을 사용할 수 없다. 또한 응답자가 질문내용에 대하여 확인할 기회가 없다는 것도 문제점으로 지적된다. 이것은 예비조사 과정을 거쳐 질문내용에 의문이 생기지 않도록 명확히 함으로써 어느 정도 극복될 수 있다. 설문지에 대한 응답률을 예측하기 어렵고, 응답과정에서 타인의 의견이 개입될 가능성이 있다는 점도 설문지법의 문제점으로 지적된다.

| 면접법 |

면접법은 연구자나 연구보조자가 응답자를 대면하여 질문하고 반응을 기록하는 방법이다. 질문방법, 기록방법 등에 따라 여러 가지 형태가 있으며, 연구에서 가장 흔히 사용되는 면접법의 종류로는 면접조사법(interview survey), 심층면접법(depth interview), 표적집단면접법(focus group interview) 등이 있다.

면접조사법

면접조사법은 척도를 미리 구성한 후 이에 따라 면접자가 질문하고 응답자의 반응을 면접자가 기록하는 방법이다. 즉, 설문조사를 일대일 개별 면접으로 진행하는 것이다.

면접조사법은 설문지법과 같이 질문을 미리 구성하고 이에 따라 표준화된 면접을 시행하므로 면접기술이 가장 적게 요구되며 면접자에 따른 편파의 가능성이 낮다. 따라서 조사연구와 같이 대량의 자료를 필요로 하는 연구에서도 사용될 수 있는 면접법이다.

면접자는 질문의 내용을 정해진 순서에 따라 동일한 문장으로 질문하며, 피면접자의 반응을 그대로 기록한다. 척도의 유형도 다양하게 사용되는데, 질문만 미리 정해지고 응답은 자유롭게 하는 개방형 질문도 사용되고 응답양식까지 미리 결정한 상태에서 이루어지는 선다형이나 평정척도 등도 사용된다.

심층면접법

심층면접법은 특정한 주제에 대하여 면접자가 묻고 피면접자는 질문에 대하여 자유롭게 자신의 생각, 의견, 사실 등을 이야기하는 방법으로 진행된다. 면접자는 심도 있는 응답을 얻어낼 수 있도록 피면접자의 반응에 따라 질문내용을 조정하고 이야기를 이끌어 나간다. 따라서 면접자의 면접능력이 중요시되며, 또한 면접자와 피면접자 사이의 친밀감(rapport) 형성도 중요하다.

심층면접은 전반적인 구성이 상당히 유동적인데, 유동성이 아주 큰 경우에는 중요한 주제만 결정하고 나머지는 면접상황에서 자연스럽게 결정해 나간다. 반면에 유동성이 비교적 적은 경우에는 사전에 질문내용을 개략적으로 정해놓고 질문의 순서나 표현 등을 면접상황에 따라 자유롭게 변화시키며 진행한다. 심층면접은 보통 30분 이상 소요되며, 경우에 따라서는 보충 질문을 위하여 다시 면접을 시행하기도 한다.

기록방식으로는 주로 피면접자의 반응을 그대로 녹음한 후 이를 분석하는 방법이 사용되며, 자료정리 시 면접상황에 대한 기억을 돕기 위해서 피면접자의 사진을 촬영하거나 동영상으로 녹화해두기도 한다. 녹음한 내용은 후에 글자로 옮겨 적게 되는데, 이를 바탕으로 분석 및 해석 작업을 하게 된다.

심층면접은 시간과 비용이 많이 들고, 면접자의 면접능력과 분석능력에 따라 결과에 상당한 차이를 가져온다. 연구자의 편견이나 오류가 개입될 여지가 많고 자료의 신뢰도나 타당도에 의구심이 제기될 수도 있다. 그러한 반면에 응답자에 대하여 깊이 있는 이해를 할 수 있고 겉으로 잘 드러나지 않는 행동의 원인도 파악할 수 있으므로, 잘 진행될 경우 대량조사방법이 제공하지 못하는 정보를 얻을 수 있다. 새로운 주제의 연구에서는 설문지 구성을 위한 탐색적 조사단계에서 심층면접이 활용될 수 있다.

표적집단면접법

표적집단면접법은 면접자가 여러 명으로 구성된 응답자 집단(focus group)을 대상으로 실시하는 면접법이다. 면접자와 응답자가 일대일로 면접을 하는 것이 아니라 면접자는 토론을 이끌어 나가고 응답자들은 주어진 질문에 대하여 서로 의견을 교환하고 토론을 벌인다.

표적집단면접은 연구의 본조사보다는 연구의 가설을 설정하는 단계나 설문지를 구성하는 단계에서 깊이 있는 정보를 얻기 위하여 주로 사용된다. 실무현장에서는 신제품의 아이디어를 얻거나 제품에 대한 평가를 위하여 효과적으로 사용된다.

응답자 집단은 여덟 명 내외가 적당하며 특성이 비슷한 사람들로 구성하는 것이 좋다. 연구의 모집단 특성과 같게 구성하며, 실무에서 사용할 때에는 표적집단(target group)과 일치하는 집단이나 또는 이들에게 영향을 미치는 선도집단으로 구성한다.

면접자는 얻고자 하는 정보내용을 개략적으로 미리 정하여 적절한 질문으로 토론을 이끌어 나가되 응답자들이 편안한 분위기에서 골고루 의견을 이야기할 수 있도록 한다. 토론과정을 녹음한 후 나중에 이를 분석하는 방법이 주로 사용되며, 응답자들의 동의를 얻어 녹화하는 것도 좋다. 녹화할 경우에는 한 사람이 의견을 제시할 때 그 의견에 대하여 다른 사람들이 어떤 반응을 보이는지를 제스처 등으로 파악할 수 있다.

표적집단면접법은 개별적인 면접에 비하여 폭넓고 깊이 있는 정보를 얻을 수 있다는 장점이 있다. 예컨대 세탁기의 문제점을 알기 위하여 면접을 실시할 때, 일대일 면접을 실시하면 같은 문제점들이 계속 반복해서 거론되지만 집단으로 면접을 실시하면 일단 거론된 문제점은 반복해서 나오지 않고 그 문제점에 대하여 좀 더 깊이 있는 의견이 제시되거나 다른 문제점들이 다양하게 나올 수 있다.

심층면접연구

정인희 (1998). **의복착용동기와 유행현상의 상호작용에 관한 질적 연구.** 서울대학교 대학원 박사학위 논문.

이 연구에서는 사전에 개략적으로 주제나 논점을 구체화시켜 놓고 면접 시 질문의 순서와 용어 표현을 면접자가 자유롭게 구사하는 면접지침법 형태의 심층면접법을 이용하여 개인들의 의복착용동기를 탐색하고, 의복착용동기 요인 중 차별성에 기초하여 집단을 유형화한 후 집단별 특성을 제시하였다.
목적표본추출법과 연쇄표본추출법 방법을 따라 42명을 최종 면접하였으며, 면접 대상자의 일상 속에서 면접을 진행하였다. 면접시점에서는 날씨나 일상에 관련된 가벼운 대화를 나누며 면접 대상자와의 친밀감을 형성하였고, 연구의 목적을 충분히 설명해주고 편안한 상태로 응답할 수 있게 하였다. 가능한 한 쉬운 일상용어를 사용하였으며, 면접 대상자가 잘 이해하지 못하는 용어나 문제들은 다른 말로 바꾸어 다시 설명해주었다. 그리고 가급적 간단하게 질문하여 면접 대상자가 자신의 경험을 많이 얘기할 수 있게 하였다.
면접 중의 대화내용은 면접 대상자에게 미리 양해를 구한 후 휴대용 녹음기로 녹음하여 자료의 내용을 보존하였다. 면접 끝에는 간단한 인적사항 기록양식을 준비하여 그에 대한 내용을 기록으로 남겼으며, 자료정리 시 연구자의 기억회상을 쉽게 하기 위해 사진을 촬영하였다. 또한, 간단한 사례를 한 후 사후 질문에 대한 협조를 약속받았다.
면접에 소요된 시간은 1∼2시간이었으며, 면접 대상자의 의복에 대한 관심 정도에 따라 실제 주제에 대한 질문과 응답을 녹음한 시간은 20∼60분으로 차이가 났다.
개별 면접 사이에 그 시점까지의 면접내용을 간단한 작업기록으로 작성하였으며, 이것이 다음 면접을 준비하는 새로운 자료로 첨가되었다. 면접 대상자의 응답을 통해 새롭게 떠오른 의문점들은 다음 면접 시에 질문하여 다른 사람들에게서도 동일한 반응이 나타나는지 확인하였으며, 이미 면접을 마친 사람들에게도 전화연락을 통해 새로 나타난 문제를 보충하여 질문하였다.

탐색적 조사를 위한 심층면접의 활용

이기준 외 6인 (1997). 남북한 생활문화의 이질화와 통합(I)−북한 가정의 생활 실태를 중심으로−. **대한가정학회지, 35**(6), 289−315.

이 논문에서는 북한의 생활문화에서 나타나는 이질화 현상을 구체적인 생활문화 영역으로 나누어 파악함으로써 남한과 북한의 생활문화에 나타나는 공통점과 차이점을 분명히 하고, 이를 토대로 하여 동질화 방안을 모색하고자 하였다. 탐색적 성격을 갖는 제1보에서는 우선 열 명의 제한된 표본인 탈북자를 대상으로 하여 심층면접을 통해 북한사회에서 드러나는 생활문화의 이질성을 검토하였다. 의생활 영역의 면접결과는 의생활 실태와 공급체계, 옷차림에서 나타나는 상징성을 중심으로 하여 분석되었다.

표적집단면접법 활용의 예

패션 유통에서 새로운 업태가 많이 등장하고 있던 1999년 1월에 신유통업태로 패션소매업에 진출하고자 하던 A사는 각 신유통업태에 대한 소비자들의 태도를 평가하고 소비자들의 욕구를 반영함으로써 경쟁력을 제고하기 위해 표적집단면접을 실시하기로 하였다. 조사대상은 패션 제품에 관심이 많은 대학생과 미혼 직장인, 그리고 주부로 하였으며, 실제 면접은 ① 19~27세의 남자 대학생, ② 27~32세의 미혼 남자 직장인, ③ 19~23세의 여자 대학생, ④ 24~30세의 미혼 여자 직장인, ⑤ 27~35세의 전업주부의 5개 집단 각각에 대해 행하였다.

조사결과를 통해, 상품복합점은 너무 산만하지 않고 테마가 있으며, 이전에 느끼지 못한 신선한 분위기를 유지한다면 이용하겠다는 긍정적인 평가를 받았으며, SPA형 매장은 매장을 구성하는 제품들의 브랜드력이나 제품력이 떨어지는 이유로 인해 그다지 매력적으로 평가되지 않았다. 또한 아울렛 몰은 교통편이 문제시되나 할인율, 서비스 측면에서 이점이 있으면 이용가능하다는 평가였으며, 무점포판매는 지명도와 신뢰성을 유지시키는 것이 중요하다고 평가되었다.

한편 고객이 미래형 점포로 바라는 이미지는 매장 규모가 크고, 여러 가지 부대시설을 갖추고 있으며, 부담 없이 쇼핑할 수 있는 분위기에, 쾌적하고 주차편의 등이 좋아야 한다는 것이었다. 따라서 A사는 쾌적함과 편의성을 강조한 상품복합점을 개설할 것을 염두에 두고, 더 많은 소비자들의 의견으로 이러한 방향 설정을 재확인하기 위해 설문조사를 기획하였다.

자료: 삼성패션연구소 제공 자료를 수정.

2 표본 추출

연구에서 정확한 결론을 얻어내는 것은 모든 연구자들이 바라는 것이다. 그러나 정확한 결론을 위한 양질의 자료는 많은 비용과 시간을 필요로 하며, 비용과 시간을 절약하면 자료의 양과 질이 떨어지게 된다. 따라서 연구자는 자료의 질과 비용을 고려하여 가장 효율적인 연구설계를 하여야 한다.

모집단 전체를 대상으로 하는 전수조사(全數調査)는 많은 비용과 시간을 필요로 하기 때문에 모집단의 일부를 선정하여 이들을 대상으로 자료를 수집하고 이 자료에 근거하여 모집단에 대한 결론을 내리는 과정이 일반적으로 사용된다. 이때 모집단

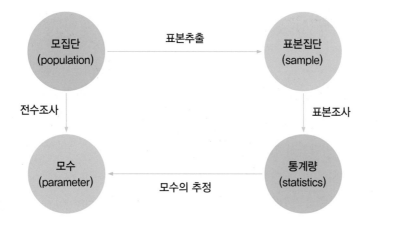

그림 5-1
전수조사와
표본조사

참고

IRB 심의

2013년 생명윤리 및 안전에 관한 법률 개정 발효에 따라 인간대상연구, 인체유래물 연구 등을 수행하는 기관에는 반드시 생명윤리위원회를 설치하도록 되어 있다. IRB(Institutional Review Board)는 각 기관에서 수행할 연구의 윤리적, 과학적 타당성을 검토하여 연구 수행을 승인하고 이후 연구의 진행 과정 및 결과에 대한 조사, 감독을 실시한다. 인간대상연구 중 사람을 대상으로 한 침습적 행위나 환경을 조작하는 연구 외에도 대면을 통한 설문조사나 행동관찰 연구, 연구 대상자를 직·간접적으로 식별할 수 있는 정보를 수집하는 연구들이 심의 대상에 포함된다. 따라서 의류학 분야의 연구 중에서도 인간을 대상으로 하는 연구의 경우 자료수집방법과 표본추출방법 설계 시 연구의 윤리적 타당성 및 연구대상자의 안전에 관한 사항 등이 고려되어야 한다.

자료: 서울대학교 생명윤리위원회, 이화여자대학교 연구윤리센터 자료를 수정.

의 일부를 선정하는 작업을 표본추출(sampling)이라 하고, 추출된 대상을 표본(標本, sample)이라 한다. 따라서 표본설계는 비용을 줄이면서도 자료의 질을 훼손하지 않도록 신중하게 이루어져야 한다.

| 표본설계 |

사회조사연구에서 모집단 전체를 대상으로 하는 전수조사는 거의 불가능하기 때문에 표본을 추출하여 이들을 대상으로 자료를 수집하게 된다. 따라서 어떻게 표본을 선정할 것인가에 대한 설계를 하여야 한다.

표본설계는 우선 그림 5-2와 같이 모집단을 규정하고, 표본추출법을 결정한 후, 표본의 크기를 결정하는 과정으로 이루어진다.

모집단의 규정

모집단(母集團, population; universe; target group)은 연구의 대상이 되는 집단으로 연구하려는 전체사례의 집합을 말한다. 모집단은 표본추출의 경계선이면서 동시에 연구의 결과를 일반화시킬 수 있는 한계이기도 하다. 모집단은 연구의 목적과 상황에 적합하게 규정되어야 하는데, 너무 크거나 너무 작게 규정하지 않도록 한다.

모집단은 표본추출단위(sampling unit), 범위(extent), 시간(time)의 개념을 모두 포함하여 규정해야 한다. 표본추출단위는 표본으로 추출될 수 있는 단위를 말하며(예: 18세부터 25세의 미혼여성), 범위는 공간적 경계선(예: 서울시내 거주)을 말한다. 시간은 시간적 경계선(예: 2019년 1월 1일~1월 31일)을 말하는데 일반적으로 자료의 수집기간에 해당된다.

실제로 연구를 수행할 때에는 모집단에 속한 모든 연구대상의 목록을 가지고 이로부터 표본을 추출하는데, 이러한 목록을 샘플링 틀(sampling frame)이라고 한다. 예를 들어 어느 대학교 학생들을 모집단으로 표본조사를 하고자 할 때 학생들의 이름이나 학번을 적어 놓은 명단이 샘플링 틀이다. 샘플링 틀은 모집단과 일치되어야 하는데, 경우에 따라서는 현실적인 이유에서 이 둘이 완벽하게 일치하지 못할 때도 있다. 예를 들어 설문조사를 위한 개인정보활용에 동의하지 않은 학생들은 샘플링 틀에서 제외된다. 이러한 오차를 샘플링 틀 오차라 하는데 연구자는 모든 종류의 샘플링 틀 오차를 줄이도록 노력하여야 한다.

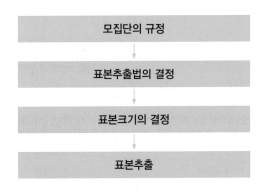

그림 5-2
표본설계 과정

표본추출법 결정

어떤 방법으로 표본을 추출할 것인가에 대한 결정은 여러 가지 요인을 고려하여 이루어져야 하는데, 가장 중요하고 근본적인 요인은 연구의 목적이다. 연구의 목적에 따라서 표본이 모집단을 얼마나, 어떻게 대표하여야 하는지가 달라지게 된다. 예를 들어 우리나라 성인남성의 체형을 연구하고자 할 때에는 모집단인 우리나라 성인남성의 체형분포를 그대로 대표할 수 있는 표본을 추출하는 것이 중요하다. 따라서 체형과 관련이 있을 어떤 변수가 한쪽으로 치우침으로써(예: 대도시 중심의 샘플링) 체형에 대한 결론이 부정확하게 내려지지 않도록 모집단에 대한 표본의 대표성을 높여야 한다. 반면에 의복구매 시 평가기준에 대한 연구에서는 구매력이 없는 집단의 경우 평가기준 자체가 형성되지 못하므로 구매력 있는 집단을 대상으로 자료를 수집해야 하며 이때 표본의 대표성에 대한 중요성은 상대적으로 덜해진다.

또한 표본추출법에 따라 필요한 경비가 크게 다르므로 가능한 연구비용을 고려하여 표본추출법을 결정하여야 한다.

표본크기의 결정

표본크기(sample size)는 표본의 수를 의미한다. 표본의 수가 커질수록 표본의 통계치와 모수(母數, parameter; 모평균과 같이 모집단의 특성을 나타내는 양적인 측도)가 유사해져서 여러 가지 장점을 갖는다. 즉, 표본의 수가 많아지면 가외변수가 무작위로 작용하여 가외분산이 작아지게 되며 표본오차도 줄어들게 된다. 그러나 표본의 수가 많아지면 연구경비가 증가하기 때문에 연구에서는 여러 가지 요인을 고려하여 최적의 표본크기를 결정하게 된다.

표본크기를 결정할 때에는 다음과 같은 요인들을 고려하여야 한다.

첫째, 연구자가 원하는 자료의 정확도(degree of precision)를 고려한다. 자료의 정확도는 모수에 가까운 정도를 의미하며, 원하는 자료의 정확도가 높을수록 필요로 하는 표본크기는 커지게 된다. 예를 들어 체형연구에서 신체계측을 할 때에, 표본으로부터 얻은 통계치가 모수와 cm단위까지 정확하기를 원하면 적은 수의 사람을 계측하여도 되지만 mm단위까지 정확하기를 원하면 많은 수의 사람을 계측하여야 한다.

둘째, 모집단의 동질성을 고려한다. 동일한 수준의 정확도에서 모집단이 동질적 집단(homogeneous group)일 때에는 적은 수의 표본이, 모집단이 이질적 집단 (heterogeneous group)일 때에는 많은 수의 표본이 필요하다. 극단적인 예로 의복재료학이나 의복환경학과 같은 자연과학적 실험에서는 동일한 조건에서 반복되는 실험결과의 차이가 적기 때문에 필요한 표본크기가 작다. 그러나 패션마케팅이나 복식사회심리 연구에서 흔히 사용되는 조사연구는 표본오차가 크기 때문에, 즉 누가 표본이 되는가에 따라 결과가 달라지는 정도가 크기 때문에 대량의 자료를 필요로 하며, 따라서 필요한 표본크기가 크다.

셋째, 표본추출법을 고려한다. 표본추출법에 따라 표본오차에 차이가 있으므로 연구에서 사용하고자 하는 표본추출법이 표본오차가 큰 방법이면 많은 수의 표본을, 표본오차가 작은 방법이면 적은 수의 표본을 사용한다. 무작위추출법을 기준으로 보았을 때 층화표본추출법은 표본오차가 작으며, 반면에 군집추출법은 표본오차가 크다. 따라서 층화표본추출법을 사용할 때 필요한 표본크기가 가장 작으며, 군집표본추출법을 사용할 때 필요한 표본크기가 가장 크다.

넷째, 분석과정을 고려한다. 분석과정에서 표본을 여러 요인에 의한 여러 집단으로 나누어 분석하고자 할 때에는 집단을 나눈 후에 각 집단마다 충분한 표본이 있도록 많은 수의 표본을 사용하여야 한다.

마지막으로 모집단의 크기를 고려한다. 일반적으로 모집단 크기가 작은 경우에는 모집단 크기에 비례하여 표본크기도 증가하여야 하나, 모집단이 충분히 큰 경우에는 모집단 크기가 표본크기에 미치는 영향이 미미하다. 즉, 표본크기가 더 증가하여도 자료의 정확도가 함께 증가하는 것은 아니다. 모집단 크기가 만 명을 넘어서면 표본크기는 더 이상 모집단 크기의 영향을 크게 받지 않으며, 대개의 경우 모집단 크기가 백만 명일 때 적합한 표본크기는 수백 명으로 추정된다(Lin, 1976: 160).

이상의 여러 가지 요인을 고려하고, 연구경비를 감안하여 최적의 표본 크기를 결정하도록 한다.

| 표본추출법 |

모집단으로부터 표본을 추출해내는 방법에는 다음과 같은 종류가 있다. 각 방법이 장단점을 가지고 있으므로 연구목적, 연구조건 등에 따라 적합한 방법을 선택하여 사용하도록 한다.

표본추출법의 종류

표본추출법은 크게 확률적 표본추출법(probability sampling)과 비확률적 표본추출법(nonprobability sampling)으로 나뉜다. 확률적 표본추출법은 모집단에 있는 모든 연구대상이 표본으로 추출될 확률이 동일하게 되도록 무작위로 추출하는 방법으로서 각 연구대상이 표본으로 추출될 확률이 알려져 있다. 반면에 비확률적 표본추출법은 연구자의 판단이나 편의에 따라 연구대상을 표본에 포함시키거나 제외시킬 수 있어 각 연구대상이 표본으로 추출될 확률이 알려져 있지 않다.

통계적으로 보면 확률적 표본추출법에 따라 추출된 확률표본의 경우에는 표본오차를 추정할 수 있어 표본으로부터 얻은 통계치에 대하여 정확도를 평가할 수 있다. 많은 통계기법들이 이러한 평가에 근거하여 이루어지기 때문에 확률적 표본추출법에

그림 5-3
표본추출법의
종류

의한 연구의 결과는 정확도에 따라 모집단에 일반화시킬 수 있다는 장점을 갖는다. 반면에 비확률적 표본추출법으로 추출된 비확률표본은 이러한 장점을 가지지 못한다.

그러나 확률적 표본추출법은 많은 시간과 비용을 필요로 하며, 시행상 여러 가지 어려운 점이 있다. 이러한 문제점 때문에 비확률적 표본추출법이 조사연구에서 흔히 사용된다.

확률적 표본추출법

확률적 표본추출법은 모집단 내의 모든 연구대상이 표본으로 추출될 수 있는 '동등한 기회'를 가지고 있으며, 표본추출이 '무작위'로 이루어지는 방법이다. 대표적인 것으로 단순무작위표본추출법, 계통표본추출법, 층화표본추출법, 군집표본추출법 등이 있다.

단순무작위표본추출법

단순무작위표본추출법(simple random sampling; 단순랜덤표본추출법; 단순확률표본추출법)은 모집단 내의 모든 대상이 표본이 될 수 있는 가능성을 동등하고 독립적으로 갖고 있도록 추출하는 방법이며, 이렇게 추출된 표본을 단순무작위표본(simple random sample)이라 한다. 예를 들면, 1만 명의 모집단으로부터 100명의 표본을 추출하고자 할 때, 1만 명 개개인 모두가 표본이 될 동일한 확률을 가지고 있으며, 또한 누가 먼저 표본으로 추출되든 나머지 사람들이 영향을 받지 않는 독립적인 기회를 갖도록 표본을 추출하는 방법이다. 구체적으로는 샘플링 틀인 1만 명의 명단을 가지고 난수표(random number table)를 이용하여 해당되는 번호의 사람을 표본으로 추출하거나, 1만 명의 명단을 모두 하나의 통 속에 넣고 무작위로 추첨하는 등의 방법을 사용한다.

이 방법은 이론적으로 가외분산이 상쇄되고 모집단의 분포가 재현된다는 장점이 있으며, 방법상으로 매우 단순하다. 그러나 실제로 시행할 때에는 많은 어려움이 따른다. 우선 샘플링 틀이 되는 대상자 전체 명단을 작성하여 각각의 대상에 고유번호를 부여하여야 하며, 표본을 추출하는 과정이 번거롭고, 추출된 표본이 지역적으로 랜덤하게 분포되어 있어 이들을 개별적으로 찾아내야 하는 어려움이 있다. 그러므로 실제로 진정한 의미의 단순무작위표본추출법이 사용되는 경우는 거의 없다.

계통표본추출법

계통표본추출법(systematic sampling)은 모집단에서 많은 수의 표본을 손쉽게 확률적으로 추출하는 방법이다. 우선 최초의 표본을 무작위로 추출한 다음 k번째마다의 대상을 표본으로 선정한다. 예를 들어 모집단 N=2000에서 표본 n=50을 추출하고자 하면, 모집단수를 표본수로 나눈 표본간격(sampling interval)인 k를 40으로 계산한다. 샘플링 틀에서 대상에 일렬번호를 붙인 후 1에서 40 사이에서 하나를 무작위로 추출하는데, 10번이 추출되었다고 가정한다면, 추출된 번호인 10에 표본간격 40을 계속 더해 나감으로써 이어서 50, 90, 130, 170, 210 … 1970을 표본으로 선정하게 된다. 이 방법은 샘플링 틀이 진정한 무작위로 배열되어 있다면 단순무작위표본추출법과 같은 것으로 생각할 수 있다.

층화표본추출법

층화표본추출법(stratified random sampling; 층화랜덤추출법)은 표본오차를 최소화함으로써 표본의 대표성을 높이기 위하여 사용되는 방법이다. 이 방법은 모집단이 동질적(homogeneous)인 경우가 모집단이 이질적(heterogeneous)인 경우보다 표본오차가 작다는 것에 근거하여, 모집단을 동질적인 소집단(strata)으로 층화(stratification)시킨 후 각 소집단에서 표본을 무작위로 추출하는 방법이다.

이 방법으로 표본을 추출하려면 우선 모집단을 상호배제적이고 포괄적인, 즉 각 대상이 독립적으로 분류되며 모든 대상이 소속할 곳이 있도록 하는 소집단으로 나누어야 한다. 소집단으로 나눈 후 각 소집단별로 필요한 표본의 수를 결정한다. 이때 각 소집단 크기에 따라 표본의 크기를 비례적으로 결정할 수도 있고, 또는 소집단의 크기에 상관없이 집단별 표본의 수를 결정할 수도 있다. 전자를 비례층화표본추출법(proportional stratified random sampling)이라 하고 후자를 불비례층화표본추출법(disproportional stratified random sampling)이라고 하는데, 후자의 경우에는 각 집단의 분산을 고려하여 표본크기를 결정한다.

모집단을 소집단으로 분류할 때에 두 가지 이상의 기준을 사용하여 분류할 수 있

층화표본추출의 예

학생수가 1만 명인 어떤 남녀공학대학교의 남학생과 여학생 수는 7:3의 비율로 구성되어 있다. 이 학교에서 학생들의 의복에 대한 의식을 조사하고자 하여 총 표본을 400명으로 했을 때, 비례층화 표본추출법을 따르면 남학생 수와 여학생 수를 각각 280명과 120명으로 해야 하고, 불비례층화표 본추출법을 따르면 모집단의 남녀 비율에 상관없이 동일하게 200명씩으로 할 수 있다. 층화표본 내 추출은 무작위로 이루어진다.

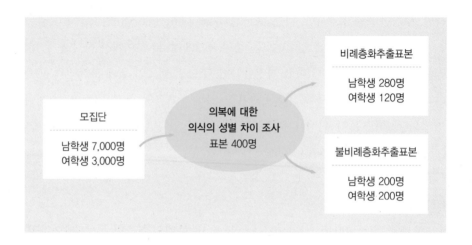

는데 이를 층화다단추출법(stratified multi-stage sampling)이라 한다. 층화다단추출 법으로 소집단을 나누면 층화1단추출법으로 소집단을 나눈 경우보다 소집단 내의 대 상들은 더욱 동질적으로 되므로 표본오차는 더욱 줄어들게 된다. 따라서 똑같은 크 기로써 비층화추출표본보다 정확한 추정량을 얻을 수 있으며, 필요로 하는 표본크기 도 작아진다.

군집표본추출법

위에서 설명한 표본추출법들은 각 대상들을 개별적으로 추출하는 방법인데 반하여 군집표본추출법(cluster sampling)은 소집단으로 묶여 있는 군집(群集, cluster)을 단 위로 하여 추출하는 방법이다.

군집표본추출을 하고자 할 때에는 우선 모집단을 상호배제적인 소집단으로 분류하 여야 하는데, 이때 이미 소집단으로 나누어진 경우에는 그대로 사용한다. 예를 들어

층화다단추출법의 예

앞의 예와 같은 학교에서 성별과 함께 전공에 따른 의복 의식 차이를 보려고 한다. 전공을 인문계열, 자연계열, 공학계열, 예능계열로 구분하였을 때, 이들의 비율은 3:2:3:2이고, 각 계열 내 남녀 비율은 전체 남녀 비율과 같다. 비례층화추출법을 따르면 남학생 280명을 인문 84명, 자연 56명, 공학 84명, 예능 56명으로 하고, 여학생 120명을 인문 36명, 자연 24명, 공학 36명, 예능 24명으로 해야 한다. 불비례층화추출법을 따르면 성별과 전공에 따른 여덟 집단 모두 각 50명씩의 표본으로 구성할 수 있다. 역시 층화표본 내 추출은 무작위로 이루어진다.

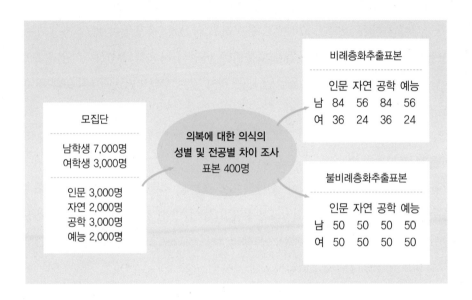

서울시내에 거주하는 고등학생을 모집단으로 이들의 의복구매행태를 연구하고자 할 때 학급 단위의 소집단을 샘플링 단위로 사용할 수 있다.

소집단으로 분류한 후에는 이들을 단위로 하여 무작위로 표본군집을 추출한다. 이 때 추출된 표본군집 내에 있는 대상을 모두 표본으로 이용하는 경우가 있고 각 군집 내에서 다시 무작위로 표본을 선정하는 경우가 있다. 전자를 1단계 군집표본추출법(one-stage cluster sampling), 후자를 2단계 군집표본추출법(two-stage cluster sampling)이라 한다.

군집표본추출법과 층화표본추출법은 소집단 분류를 이용한다는 점에서는 유사하지만 소집단의 성격은 전혀 다르다. 층화표본추출법은 소집단 내의 대상들이 동질적이 되도록 집단을 나누고 모든 집단에서 표본을 추출하는 데 반하여, 군집표본추출 법에서는 각 소집단이 모집단의 특성을 반영한다는 가정하에 전체 소집단 중 일부 소집단만이 표본으로 사용된다. 따라서 군집표본추출에서는 소집단이 가지고 있는 특성의 분포가 모집단이 가지고 있는 특성의 분포와 같고 소집단 내의 분포가 모집 단만큼 많은 차이를 갖는 것이 바람직하다.

군집표본추출법은 앞의 방법들에 비하여 표본오차가 크다. 즉, 군집표본을 이용하 여 추정하였을 때 연구자가 조사하고자 하는 모집단의 특성이 정확하게 반영되지 않 을 가능성이 높다는 것이다. 그럼에도 불구하고 군집표본추출법이 많이 사용되는 것 은 표본당 비용과 노력이 적게 들기 때문이다. 따라서 사용할 수 있는 비용과 노력이 일정할 때, 많은 수의 군집표본을 이용하는 것이 적은 수의 다른 확률적 표본을 이용 하는 것보다 유리하다.

비확률적 표본추출법

비확률적 표본추출법은 연구자가 주관적으로 표본을 추출하는 방법을 말하며 편의 표본추출법, 판단표본추출법, 할당표본추출법 등이 이에 해당된다. 이러한 방법으로 추출된 비확률적 표본의 경우, 표본으로부터 얻은 자료로 표본오차를 추정할 수 없으

참고 **군집표본추출법을 이용한 지역표본추출**

서울 지역에서 어떤 신제품의 사용률을 알아보는 조사를 실시하고자 한다면, 서울에 있는 모든 가 구들의 목록을 작성할 필요 없이 지역표본추출을 할 수 있다.

① 서울에 있는 모든 동(洞)의 목록(N)을 작성한다.
② 단순무작위추출법이나 체계적 표본추출법(계통표본추출법)에 의해 n개의 동을 선정한다.
③ 선정된 n개 동의 모든 가구에 대해 신제품 사용 여부를 조사한다.

이 방법은 각 가구가 선정될 확률이 표본비율(n/N)과 일치하므로 확률표본추출법이다. 만약 250개 동에서 10개 동을 선정한다면 표본비율 및 각 세대가 선정될 확률은 10/250=0.04이다. 이 방법은 확률적 표본추출법이면서도 자료수집 비용을 상당히 절감할 수 있다.

자료: 채서일 (1993). 마케팅조사론(2판). p. 304

며, 따라서 분석의 결과를 일반화하는 데 문제가 있다. 그러나 비용과 노력이 적게 들기 때문에 이러한 문제점을 보완하려는 노력과 함께 널리 사용되고 있다.

편의표본추출법

편의표본추출법(convenience sampling)은 연구자가 접근하기 쉬운 대상을 표본으로 하여 자료를 수집하는 방법이다. 표본선정이 편의성에 따라 이루어지기 때문에 표본이 모집단을 제대로 대표할 수 있는지에 대한 확신이 없으며, 표본의 편중현상이 발생하기 쉽다. 예를 들어 우연히 만나게 되는 사람들이나 아는 사람 등을 표본으로 이용하는 것이며, 이런 경우에 표본크기를 증가시킨다 하여도 대표성을 높이지 못한다. 따라서 편의표본추출법은 탐색연구나 예비조사에서는 사용할 수 있지만 기술조사나 인과조사 등을 위하여 정확한 자료를 필요로 할 때에는 부적당한 방법이다.

판단표본추출법

판단표본추출법(judgment sampling)은 연구자가 전문적 판단에 따라 또는 연구목적에 따라 적절한 대상을 표본으로 선정하는 방법으로 목적표본추출법(purposive sampling)이라고도 한다. 이 방법은 연구자가 모집단의 특성에 대하여 잘 파악하고 있을 때 유용하게 사용될 수 있다. 예를 들어 소비자들이 지각하는 의류상표 포지셔닝을 밝히고자 할 때, 상표에 대한 변별력이나 평가능력이 있는 소비자들을 대상으로 조사하는 것이 전체로부터 무작위로 선정된 소비자들을 대상으로 조사하는 것보다 유용한 정보를 얻을 수 있다. 그러나 이런 경우에도 결과의 일반화에 문제가 있으며, 또한 연구자가 모집단에 대하여 얼마나 정확히 파악하고 있는지가 문제가 된다.

할당표본추출법

할당표본추출법(quota sampling)은 특정한 특성을 가지고 있는 표본의 구성 비율을 모집단의 구성 비율과 같게 함으로써 모집단을 대표할 수 있는 표본구성을 얻고자 하는 방법이다. 확률적 표본추출법 중 층화표본추출법과 같은 개념이지만 각 소집단 내의 표본선정이 무작위로 이루어지지 않고 주로 편의표본추출법이나 판단표본추출법으로 이루어진다는 차이점이 있다. 연구자가 모집단에 대하여 충분한 지식을 가지

　　할당표본추출의 예

어떤 신사복 기업에서 자사 브랜드 이미지에 대한 소비자 조사를 실시하고자 한다. 자사 제품의 구매 경험 여부 및 성별을 각 1:1로 하여 500명의 표본을 얻고자 한다면 다음과 같은 할당표를 구성할 수 있다.

범주	남	여
구매	125	125
비구매	125	125

고 있을 경우에 적은 비용과 노력으로 비교적 정확한 자료를 얻을 수 있기 때문에 사회조사연구에서 널리 사용된다.

　할당표본추출을 할 때에는 먼저 연구대상의 범주(category)를 찾아내고, 범주별로 할당량(quota)을 결정하여 할당표(quota matrix)를 구성한다. 일단 할당표가 구성되면 각 범주에 맞는 대상을 할당량만큼 추출하는데, 이때 표본의 선정은 연구자의 판단에 따라 이루어진다. 할당표본추출법을 사용하면 특정한 속성을 가지고 있는 표본의 구성비율을 모집단의 구성비율과 같게 할 수 있기 때문에 모집단에 대한 표본의 대표성을 향상시킬 수 있다.

| 표본오차 |

연구의 과정에서 표본을 추출하고 이들을 통하여 자료를 수집하지만 연구자가 궁극적으로 갖는 관심은 모집단의 특성이다. 그러나 대부분의 경우에 표본으로부터 얻은 통계치는 모집단의 모수와 정확하게 일치하지 않는다. 표본오차(sampling error)란 이와 같이 통계치가 모수와 정확하게 일치하지 않고 그 주위에 분산되어 있는 정도를 말한다.

　일반적으로 표본크기가 클수록 그리고 모집단이 동질적일수록 표본오차는 작아지며, 표본오차가 작을수록 표본으로부터 얻은 통계치를 통한 모집단의 추정이 정확해진다. 또한 표본추출방법에 따라서도 표본오차에 차이가 있는데, 표본크기가 동일할 때 단순무작위표본추출법에 비해 층화표본추출법은 표본오차가 더 작고 군집표본추

비표본오차

표본조사에서 발생하는 오차는 표본추출로 인한 확률적 오차인 표본오차뿐 아니라 다른 요인들에 의하여 발생하는 비표본오차(non-sampling error)도 있다. 표본오차는 표본설계과정에서 이론적으로 예측되며 눈에 보이는 오차인 데 비해 비표본오차는 표본설계 시 잘못된 편파(bias)로 인하여 발생하는 눈에 보이지 않는 오차이다. 비표본오차가 발생하는 원인으로는 자료의 측정·수집·처리과정에서 생기는 실수, 불합리한 층화, 응답자의 잘못된 응답, 표본의 불완전한 선정 등이 있으며, 이러한 비표본오차는 측정되거나 통제될 수 없기 때문에 각별한 주의가 필요하다.

출법은 표본오차가 더 크다.

결국 표본오차는 표본의 크기, 분산의 정도, 표본추출방법 등에 따라 달라지며, 확률적 표본추출의 경우에는 확률이론에 근거하여 표본오차를 추정할 수 있다.

6

CHAPTER

실험설계

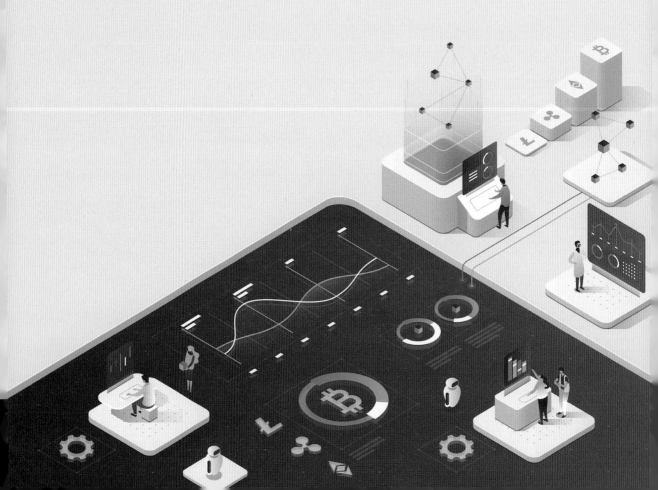

1 완전무작위 설계

완전무작위설계(completely randomized design)는 실험설계에서 가장 단순한 형태로, 한 개의 종속변수와 한 개의 독립변수로 구성된 것이다. 인간의 행동이나 사회 현상은 하나의 변수로 설명할 수 있는 경우가 별로 없기 때문에 사회과학 연구에서는 이러한 설계가 흔히 사용되지 않는다. 그러나 나머지 변수의 통제가 가능한 자연과학의 실험연구에서는 완전무작위설계가 유용하게 사용될 수 있다.

완전무작위설계는 독립변수의 조작가능성 여부에 따라 실험연구와 사후실증연구로 나뉜다.

| 실험연구 |

실험연구는 그림 6 1과 같이 하나의 모집단으로부터 추출된 표본에게 실험처치(treatment)를 가하여 실험처치의 차이에 따른 종속변수(Y)의 차이를 비교함으로써 실험처치의 효과를 증명하는 연구이다. 따라서 실험처치가 독립변수가 된다. 예를 들어 원형에 따른 외관의 차이를 보고자 할 때, 세 가지 다른 방식으로 제도된 원형들(원형 A=실험처치 1, 원형 B=실험처치 2, 원형 C=실험처치 3)을 사용하여 실험복을 구성한 후 착의평가를 통하여 각각의 외관을 평가하였다면(원형 A 평가결과=Y_1, 원형 B 평가결과=Y_2, 원형 C 평가결과=Y_3), 원형구성법이 독립변수, 외관평가결과가

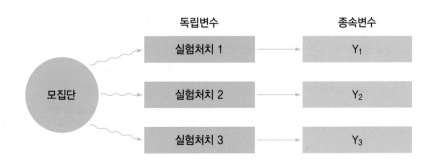

그림 6-1
완전무작위설계의
기본형태

종속변수가 된다. 또, 세제의 조성에 따른 세탁효과의 차이를 보기 위하여 세 종류의 다른 세제로 세탁한 후 세척률을 평가하였다면 세제종류가 독립변수, 세척률이 종속변수가 된다. 이때 실험처치집단의 수는 여러 개라 할지라도 독립변수는 하나이다.

완전무작위설계 실험연구에서는 실험의 타당성을 높이기 위하여, 즉 종속변수의 차이가 오로지 독립변수인 실험처치의 차이에 의해서만 나타나도록 하기 위하여 다음과 같은 다양한 설계방법을 사용한다. 연구의 내용에 따라 적합한 설계방법을 선택한다.

실험-통제집단 설계

실험-통제집단 설계(experimental-control group design)는 무작위(random; 'R'로 표시)로 배치된 두 집단 중 한 집단에 실험처치를 가하는 방법이다. 실험처치를 가한 집단을 실험집단(experimental group)이라 부르고, 실험처치를 가하지 않은 집단을 통제집단(control group)이라 부른다. 독립변수의 영향력인 실험처치의 효과는 실험집단의 종속변수 측정치(Y_1)와 통제집단의 종속변수 측정치(Y_2)를 비교하여 평가한다.

예를 들어 세탁 시 섬유유연제의 첨가가 직물의 흡습성에 어떤 영향을 미치는지 밝

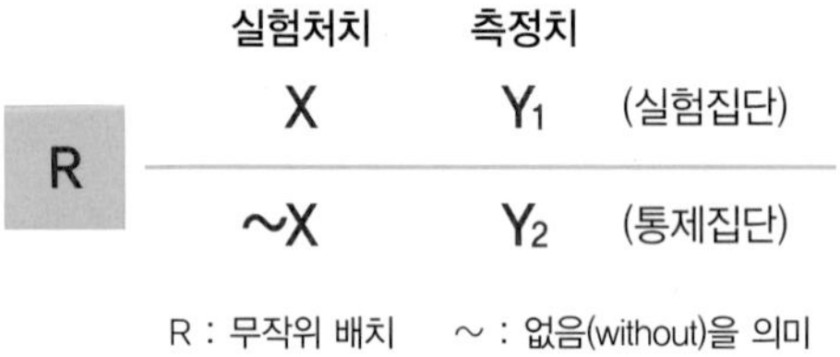

그림 6-2
실험-통제집단 설계

	실험처치	측정치	
R	X	Y_1	(실험집단)
	~X	Y_2	(통제집단)

R : 무작위 배치   ~ : 없음(without)을 의미

참고   **용어설명**

- **실험단위**(experimental unit ; experimental plot) : 동일한 실험처치가 가해진 단위를 말한다. 예컨대 직물가공방식이 독립변수일 때, 동일한 가공을 한 시험포가 실험단위가 된다.
- **샘플링 단위**(sampling unit) : 실험단위의 일부로 실험처치의 효과를 보기 위하여 사용되는 부분을 말한다. 예컨대 위의 시험포 중 실험을 위하여 잘라낸 부분이 샘플링 단위가 된다.
- **실험오차**(experimental error) : 동일한 실험단위에서 측정된 자료 사이의 차이를 말한다. 오차의 원인은 샘플링 단위의 차이 때문이거나 또는 실험 자체의 부정확성 때문이다.

히기 위하여 실험을 할 때, 섬유유연제를 넣고 세탁한 직물(실험집단)과 섬유유연제를 넣지 않고 세탁한 직물(통제집단)의 흡습성을 비교함으로써 해답을 얻을 수 있다. 이때 섬유유연제를 두 종류 이상 사용하여 연구하고자 하면 실험집단의 수는 여러 개가 될 수 있다. 즉, 섬유유연제 A, B, C의 세 종류를 각각의 실험집단으로 하여 세 개의 실험집단과 한 개의 통제집단으로 실험설계를 한다.

사전-사후 통제집단 설계

사전-사후 통제집단 설계(before-after control group design)는 실험처치 이전에 먼저 실험을 실시하고(사전실험 또는 사전검사), 실험처치를 가한 후 다시 실험을 실시하여(사후실험 또는 사후검사), 사전실험결과와 사후실험결과의 차이로 실험처치 효과를 측정하는 방법이다. 예를 들어 세탁이 직물의 인장강도에 미치는 영향을 보기 위하여 실험을 실시할 때, 세탁 이전에 먼저 인장강도를 측정하고(Y_{b1}), 세탁 이후에 인장강도를 측정하여(Y_{a1}) 이 둘 사이의 변화량을 세탁이 인장강도에 미치는 효과(종속변수)로 보는 것이다.

또한 운동이 피부온 변화에 미치는 영향을 보고자 할 때에는, 운동 전에 먼저 피부온을 측정하고 운동 후에 다시 피부온을 측정하여 이 둘 사이의 변화량을 종속변수로 삼는다. 이때 통제집단은 실제로 운동을 하지 않기 때문에(실험처치가 없기 때문에) 시차를 두고 두 번 측정한다.

이 설계에서 가장 이상적인 결과는 Y_{b1}, Y_{b2}, Y_{a2}가 모두 동일한 측정치를 보이는 것이다. Y_{b1}와 Y_{b2}가 같은 것은 실험집단과 통제집단이 동일한 실험단위이며 만약 사람을 대상으로 하는 연구라면 두 집단이 무작위로 잘 배정되었음을, Y_{b2}와 Y_{a2}가 같은 것은 시차가 영향을 미치지 않았음을 확인시켜 주는 것이다. 따라서 이 세 개의 수치가 모두 같다면 Y_{b1}과 Y_{a1}의 차이는 순수하게 실험처치 X에 의한 효과가 된다. 만일

	사전실험	실험처치	사후실험	
R	Y_{b1}	X	Y_{a1}	(실험집단)
	Y_{b2}	~X	Y_{a2}	(통제집단)

b : 실험처치 전(before)　　a : 실험치치 후(after)

그림 6-3
사전-사후
통제집단 설계

Y_{b2}와 Y_{a2} 사이에 차이가 있다면 이는 실험처치를 가하지 않았어도 변화가 있다는 것을 의미하므로 Y_{b1}과 Y_{a1}의 차이가 순수하게 X의 효과가 아닌 것이다. 따라서 $Y_{a2}-Y_{b2}$ 값을 고려하여 종속변수 측정치를 계산하여야 한다.

이 설계방법에서도 실험처치방법을 여러 가지로 하면 두 개 이상의 실험집단을 가진 설계를 할 수 있다. 즉, 몇 가지 세탁방법 또는 몇 가지 운동방법을 실험처치로 사

연구예 **사전-사후 설계를 이용한 연구**

Joel, J., & Holbrook, M. B. (1980). The use of real versus artificial stimuli in research on visual esthetic judgement. In E. C. Hirshman, & M. B. Holbrook (Eds.), **Symbolic consumer behavior** (Proceedings of the conference on consumer esthetics and symbolic comsumption), 60–68.

이 연구는 예술대상에 대한 관찰자의 미적 판단을 연구할 때 실물사진과 추상화된 자극을 사용하는 것 사이에 어떤 차이가 있는지 밝히고자 한 연구이다. 연구과정에서 15명의 응답자들은 먼저 16개의 건축 슬라이드를 보고 미적 판단을 응답한 후 같은 척도로 16개의 추상화된 선화(line drawing)에 대하여 응답하였다. 그 후 건축유형에 대한 강의를 듣고, 10일 후 처음 과정을 다시 반복하여 응답하였다. 결과에 의하면 관찰자들의 지각은 강의를 듣기 전과 후에 안정적이며, 선호의 변화도 개인차에 비하면 크지 않았다.

이 연구는 자극특성을 주된 관심으로 본 것이기 때문에 사전-사후 차이에 의한 독립변수의 효과는 덜 중요시되었으며, 또한 통제집단도 사용되지 않았다.

연구예 **사전-사후 설계를 이용한 연구**

Chung, M. K. (2001). The effects of creative problem–solving instruction model on the development of creativity in clothing education. **Journal of the Korean Society of Clothing and Textiles, 25**(9), 1563–1570.

이 연구는 중학교 1학년 2개 학급의 남녀 81명의 학생을 대상으로 실험집단에는 창의적 문제해결 수업모형을 적용하고, 통제집단에는 전통적 수업모형을 적용하여 창의성 증진효과를 검증하였다. 창의성검사는 사전검사와 사후검사가 동일한 검사지로 이루어졌다. 사전검사 결과에서 실험집단과 통제집단 사이의 유의한 차이가 나타나 최종 분석에서는 사전검사의 영향력을 배제하기 위해 ANCOVA 분석을 실시하였다. 연구결과로는 창의적 문제해결 수업모형을 적용한 실험집단의 창의성과 유창성, 융통성, 독창성이 통제집단에 비해 유의하게 높게 나타났다.

용할 수 있는데 이를 실험처치수준(treatment levels)이라 한다.

모의 사전-사후 설계

모의 사전-사후 설계(simulated before-after design)는 사전실험이 사후실험에 영향을 미치는 부작용을 통제하기 위한 설계이다.

사전실험의 부작용은 사람을 대상으로 하는 연구에서 주로 나타난다. 예를 들어 소비자의 유행 스타일에 대한 평가가 패션 잡지의 영향을 받는지 알아보기 위하여 유행 스타일에 대한 평가를 묻는 설문지에 응답하게 한 다음(사전실험), 패션 잡지를 보여주어 읽게 하고(실험처치), 다시 동일한 설문지에 응답하게 하였다고(사후검사) 하자. 이때 사전실험에서 설문지에 응답한 경험은 패션 잡지를 읽을 때 어떤 내용을 관심 있게 읽는가 하는 것과 같은 실험처치에 영향을 미치거나 사후실험에서 응답하는 내용에 영향을 미칠 수 있다. 이러한 부작용을 없애기 위한 방법이 모의 사전-사후 설계이다.

모의 사전-사후 설계에서는 두 집단을 사용하되, 실험처치를 받지 않는 통제집단(패션 잡지를 보지 않는 집단)에만 사전실험을 실시하고, 실험집단(패션 잡지를 보는 집단)에게는 사후실험만 실시한다. 종속변수(패션 잡지의 영향력)는 Y_{b2}와 Y_{a1}의 차이로 측정한다.

이러한 설계는 사전실험이 실험처치나 사후실험에 영향을 미친다고 생각될 때 사용하여야 하며, 두 집단의 동일성이 가정되어야 한다. 이 설계방법에서도 몇 개 종류의 다른 패션 잡지를 보여주는 것 등과 같이 여러 개의 실험처치수준을 사용할 수 있다.

사전-사후 세 집단 설계

사전-사후 세 집단 설계(before-after three group design)는 두 개의 통제집단을 갖는 방법이다. 실험집단 수는 다른 설계와 마찬가지로 실험처치수준에 따라 결정된다.

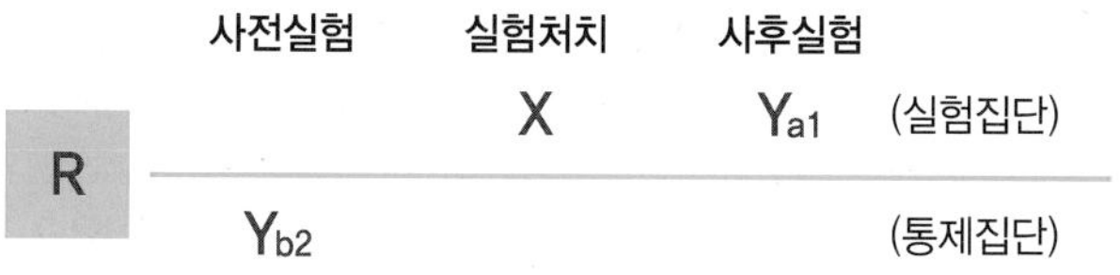

그림 6-4
모의 사전-사후 설계

통제집단 1은 사전실험과 사후실험을 모두 실시하되 실험처치만 받지 않는 집단으로서 사전-사후 통제집단설계에서와 마찬가지로 실험처치의 효과를 비교하는 근거로 사용된다. 즉, $Y_{a1}-Y_{b1}$과 $Y_{a2}-Y_{b2}$의 비교를 통하여 실험처치의 효과를 평가할 수 있다.

통제집단 2는 실험처치는 받되 사전실험을 하지 않는 집단으로, 이 집단을 통하여 사전검사의 효과를 확인할 수 있다. 즉, Y_{a1}과 Y_{a3}를 비교하여 이 둘 사이에 차이가 없다면 사전실험의 부작용이 없음을 확인할 수 있으며, 만일 차이가 있다면 이 차이를 종속변수 측정치에 반영해야 한다.

사전-사후 네 집단 설계

사전-사후 네 집단 설계(before-after four group design)는 세 개의 통제집단을 갖는 설계방법이다. 이 방법에서도 실험집단의 수는 실험처치수준의 수에 따라 결정된다.

앞의 사전-사후 세 집단설계와 마찬가지로 통제집단 1은 실험처치효과를 보는 데 사용되며, 통제집단 2는 사전검사효과를 보는 데 사용된다. 이 설계에서 새롭게 추가된 통제집단 3은 성숙효과를 보기 위한 것이다. 성숙의 효과란 사전검사를 실시하는 시점과 사후검사를 실시하는 시점 사이에 실제로 종속변수에 발생한 변화를 말한다.

	사전실험	실험처치	사후실험	
	Y_{b1}	X	Y_{a1}	(실험집단)
R	Y_{b2}	~X	Y_{a2}	(통제집단 1)
		X	Y_{a3}	(통제집단 2)

그림 6-5
사전-사후
세 집단 설계

	사전실험	실험처치	사후실험	
	Y_{b1}	X	Y_{a1}	(실험집단)
R	Y_{b2}	~X	Y_{a2}	(통제집단 1)
		X	Y_{a3}	(통제집단 2)
		~X	Y_{a4}	(통제집단 3)

그림 6-6
사전-사후
네 집단 설계

예컨대 대학교 신입생을 대상으로 신입생 오리엔테이션이 가치관 변화에 얼마나 영향을 미치는지 알아보기 위한 연구를 수행하고자 할 때, 사전실험(가치관검사, Y_b)을 실시하고 난 후, 신입생 오리엔테이션을 하고(실험처치, X), 사후실험(동일한 가치관 검사, Y_a)을 실시하게 된다. 이때 Y_{a4}가 Y_{b1}, Y_{b2}와 동일하게 나오면 성숙의 효과가 없는 것이다. 그러나 Y_{a4}가 Y_{b1}, Y_{b2}와 차이가 있다면 이것은 실험처치(신입생 오리엔테이션)와 상관없이 신입생이 대학에 입학한 후 경험한 사회화 과정이 가치관에 영향을 미친 것이라고 할 수 있다. 따라서 성숙의 효과가 있을 때에는 이것 역시 종속변수 측정치에 반영하여야 한다. 사전-사후 네 집단설계는 가외분산을 가져올 가능성이 있는 부분을 여러 개의 통제집단을 사용하여 최대한 없애 준 방법이며, 이러한 설계방법을 '솔로몬(Solomon)'이라 부른다.

이와 같이 다양한 실험설계법을 적절히 사용함으로써 실험처치효과로 보이는 부분들 중에서 다른 요인에 의하여 일어났을 변화를 모두 제거하고 순수한 실험처치효과만을 추출할 수 있다.

| 사후실증연구 |

사후실증연구(ex-post facto research)는 독립변수에 따라 이미 모집단이 나뉘어져 있고, 연구자에 의한 독립변수 조작이 불가능한 상황에서 이루어지는 연구이다. 즉, 독립변수의 특성에 따라 이미 집단이 나뉘어져 있으므로 집단간의 차이가 바로 독립변수의 효과가 되는 것이다.

성장지역별 체형의 차이를 보고자 할 때 모집단은 성장지역별로 이미 나뉘어져 있으며, 이때 성장지역 구분(예: 대도시, 중소도시, 읍면 이하)이 독립변수가 되고 체형이 종속변수가 된다. 대학유형에 따른 의복흥미도의 차이를 보고자 할 때에도 대학유형별(예: 남녀공학, 여자대학)로 이미 모집단이 나누어져 있으며, 대학유형이 독립변수, 의복흥미도가 종속변수가 된다.

또 다른 예로 흡연이 폐암유발에 미치는 영향을 보고자 할 때, 이미 폐암이 발병한 사람들과 그렇지 않은 사람들로 나누어 각 집단의 흡연상태를 비교함으로써 이 둘 사이의 관련성을 밝힌다. 이 경우에도 연구자는 독립변수를 조작할 수 없다. 만일, 동일한 건강상태의 표본집단을 대상으로 하여 한 집단에게는 흡연하도록 하고 다른 집

독립변수   종속변수

모집단 1 Y_1

모집단 2 Y_2

모집단 3 Y_3

그림 6-7
사후실증연구를 위한
완전무작위설계의
기본 형태

단에게는 흡연을 하지 않도록 하여 여러 해 후에 두 집단에서 폐암발병률이 어느 정
도인가 연구하였다면 이것은 순수한 실험연구이다. 그러나 이런 연구는 현실적으로
불가능하며, 이미 폐암이 발생한 후에 집단의 특성을 분석하여 영향을 미쳤을 변수
를 추적하는 것이므로 이를 사후실증 또는 의사실험(疑似實驗, quasi-experiment)
이라 한다.

 사후실증에 의한 연구결과에서 독립변수와 종속변수 사이의 상관관계는 밝힐 수
있으나, 독립변수를 조작하지 못하기 때문에 독립변수가 종속변수의 원인이 된다는
인과관계(因果關係, causal relation)까지 밝히기는 부족하다.

| 완전무작위설계 연구결과의 통계적 분석 |

완전무작위설계는 하나의 독립변수(명명척도)와 하나의 종속변수(등간/비율척도)로
이루어져 있다. 따라서 전형적인 연구결과는 표 6-1과 같다. 독립변수의 유목은 실험
연구의 경우 통제집단과 실험집단이 되며 사후실증연구의 경우 각 모집단이 된다.

 표 6-1의 결과를 통계분석할 때는 각 집단별 평균, 표준편차, 분산 등을 계산할 수

표 6-1
완전무작위설계에
의한 연구 자료

독립변수				
집단 1	집단 2	집단 3	...	집단 k
Y_{11}	Y_{21}	Y_{31}		Y_{k1}
Y_{12}	Y_{22}	Y_{32}		Y_{k2}
Y_{13}	Y_{23}	Y_{33}		Y_{k3}
Y_{14}	Y_{24}	Y_{34}		Y_{k4}
⋮	⋮	⋮		⋮
Y_{1n}	Y_{2n}	Y_{3n}		Y_{kn}

있으며, 집단 간 유의한 차이가 있는지 여부는 모수적 추리통계인 t-검정 또는 일원분산분석으로 확인할 수 있다.

2 요인 설계

요인설계(要因設計, factorial design)는 두 개 이상의 독립변수가 병치(竝置, juxtapose)되어 있는 설계이며, 종속변수는 앞과 같이 하나이다. 요인설계는 종속변수에 대한 각 독립변수의 효과를 밝힐 수 있을 뿐 아니라 두 독립변수가 종속변수에 대하여 갖는 상호작용효과(interaction effect)를 밝힐 수 있다는 큰 강점을 갖는다. 구체적인 분석과정은 제15장에 나와 있다.

| 이원요인설계 |

독립변수가 두 개인 이원요인설계의 전형적인 형태는 표 6-2와 같다. 독립변수는 명명척도로 측정되었거나 등간변수의 경우 크기에 따라 유목화되었으므로 각 독립변수는 유목으로 나뉜다. 이렇게 나뉜 각 유목을 집단 또는 수준(level)이라고 부른다. 요인설계에서는 변수 A와 변수 B가 서로 병치됨으로써 변수 A의 각 집단(수준)에 변수 B의 모든 집단(수준)이 포함된다.

예를 들어 표 6-3과 같이 세 종류의 세제를 두 개 수준의 온도에서 세탁한 후 세척률을 측정하였다면 3×2 요인설계가 된다. 요인설계로 측정된 자료를 분산분석을 통하여 분석하면 종속변수에 대한 각 독립변수의 효과와 종속변수에 대한 두 독립변수의 상호작용효과를 판정해 낼 수 있다. 즉, 측정된 세척률의 전체분산 중 얼마만큼이 세제에 의한 효과이며, 얼마만큼이 세탁온도에 의한 효과인지 알 수 있을 뿐 아니라, 세제와 세탁온도 사이의 상호작용효과(특정세제를 특정온도에서 세탁함으로써 나타나는 효과)를 분리해 낼 수도 있다.

표 6-2
이원요인설계의
전형적인 형태

변수 B \ 변수 A	1	2	...	a
1	(종속변수 측정치)			
2				
⋮				
b				

※ a : 변수 A의 집단(수준) 수
　b : 변수 B의 집단(수준) 수

표 6-3
3×2
요인설계의 예

온도 \ 세제	A	B	C
20℃	(세척률 측정치)		
50℃			

| 삼원요인설계 |

독립변수가 세 개 이상인 삼원요인설계(three-way factorial design)도 기본적인 틀은 독립변수가 두 개인 요인설계와 같다. 명명변수로 측정된 독립변수와 등간/비율척도로 측정된 종속변수로 구성되며, 독립변수가 종속변수에 미치는 영향을 분석한다. 변수 A, 변수 B, 변수 C의 세 개의 독립변수를 갖는 삼원요인설계의 형태는 표 6-4와 같으며, 요인설계에서 실험단위의 수는 a×b×c가 된다. 표 6-3의 예와 같이 세척률 실험에서 세 종류의 세제로, 두 단계의 세탁온도에서 실험하면서, 세액농도를 두 단계로 실험설계를 한다면 실험단위의 수는 3×2×2의 12개가 된다. 즉, 12개의 다른 조건에서 실험이 이루어지게 된다.

이러한 실험설계 결과는 삼원분산분석을 통하여 종속변수에 대한 독립변수의 효과를 분석하여 얻어지는데, 분석의 내용은 크게 두 가지로 나뉜다. 하나는 독립변수가 종속변수에 대하여 얼마나 영향력이 있는지를 각 독립변수별로 판정하는 것이며, 다른 하나는 독립변수들끼리 서로 상호작용을 일으키는지 여부를 확인하는 것이다.

독립변수의 수가 네 개인 사원요인설계도 사용되며 그 이상도 가능하다. 그러나 독립변수의 수가 그 이상이 되면 분석대상이 되는 내용이 많아지고 상호작용이 유의할

변수 A				1			2			...	a		
변수 B / 변수 C	1	2	...	b	1	2	...	b	...	1	2	...	b
1													
2													
⋮													
c							...						

표 6-4
aXbXc의
삼원요인설계

※ a : 변수 A의 집단(수준) 수
   b : 변수 B의 집단(수준) 수
   c : 변수 C의 집단(수준) 수

독립변수가 네 개인 요인설계

연구예

Heisey, F. L. (1990). Perceived quality and predicted price: Use of the minimum information environment in evaluating apparel. **Clothing and Textiles Research Journal, 8**(4), 22-28.

이 논문에서는 네 가지의 최소 정보, 즉 판매업자, 원산지, 섬유성분, 관리방법만이 주어진 환경에서 소비자가 의류제품의 가격과 품질을 예측하는 데 사용하는 단서들의 영향력을 확인하였다. 판매업자는 전문점과 대중판매점, 원산지는 미국과 홍콩, 섬유성분은 100% 면과 아크릴 55%/면 45% 혼방, 관리방법은 기계세탁과 손세탁으로 각각 두 가지 수준을 제시하여 2X2X2X2로 실험설계를 하였다. 분석 결과, 품질과 가격을 예측하는 단서는 판매업자와 섬유성분이었으며 요인들의 상호작용 효과는 확인되지 않았다.

독립변수가 네 개인 요인설계

연구예

이은미, 강혜원 (1992). 남성 정장착용자의 연령 및 의복단서가 인상형성에 미치는 영향. **한국의류학회 1992년도 추계학술발표회 논문집**, p. 66.

이 논문에서는 남성 정장착용자의 연령 및 의복단서가 인상형성에 미치는 영향을 밝히기 위하여 2^4의 요인설계로 의사실험을 실시하였다. 자극물은 남성정장을 착용한 남자모습의 사진으로 착용자의 연령(청년과 중년), 정장색(감색과 베이지색), 정장 스타일(싱글과 더블), 넥타이색(유사색과 대비색)을 각각 두 개 수준씩으로 한 16장이 사용되었다. 중년의 남성에서 의복단서에 의한 인상형성이 더 많이 일어났으며, 의복단서 중에서는 정장 스타일의 영향력이 가장 크고, 넥타이 색이 가장 약한 것으로 나타났다.

경우의 해석에 어려움이 있기 때문에 많이 사용되지는 않는다.

| 무작위블록설계(난괴설계) |

무작위블록설계(randomized block design: RBD)는 한 개의 독립변수에 의한 한 개의 종속변수 효과를 보고자 하나 실험단위들에 외생적 이질성이 있어서 이로 인하여 생기는 오차를 제거해 주기 위해 고안된 실험설계 방법이다. 즉, 한 개의 독립변수 효과에 더불어 한 개의 외생변수 효과가 발생하는 경우, 외생변수에 대해 동질적인 집단을 블록으로 묶어 줌으로써 외생변수의 효과를 분리한 후 순수한 실험처치에 의한 독립변수 효과를 측정하는 것이 무작위블록설계의 목적이다. 의류학에서는 의복체형학, 의복구성학, 의복환경학 연구 및 패션마케팅의 실험설계에서 유용하게 활용될 수 있다.

예를 들어 세 종류의 패턴(독립변수)으로 만든 원피스드레스의 동작용이성(종속변수)을 평가하기 위하여 각 패턴당 세 번씩의 착의실험을 계획할 경우, 완벽하게 동일한 체형(외생변수)을 가진 피험자를 아홉 명 구하여 완전무작위설계를 통한 실험을 하는 것은 불가능하다. 따라서 세 사람의 피험자가 세 종류의 패턴으로 만든 옷을 모두 입어 패턴의 차이에 따른 동작용이성을 측정하되 피험자에 따른 차이를 오차로부터 분리해 줄 수 있다. 이때 피험자는 블록이 된다. 또한 판매촉진 방법(독립변수)이 매출액(종속변수)에 미치는 영향을 평가하고자 할 때에도 점포유형(외생변수)에 따라 영향력의 크기에 차이가 있을 수 있다. 이때 점포유형별로 블록화를 한 후 판매촉진

표 6-5
무작위블록설계의
형태

외생변수 \ 독립변수 (실험처치)	1	2	…	t
1		(종속변수 측정치)		
2				
⋮				
b				

※ t : 독립변수의 집단(수준) 수
　 b : 외생변수의 집단(수준) 수

방법이 매출액에 미치는 순수한 영향을 측정할 수 있게 된다.

무작위블록설계의 형태는 표 6-5와 같다. 분석은 이원요인설계의 방법을 따르는데, 이에 대한 구체적인 설명은 제15장에서 다룬다.

| 라틴스퀘어설계 |

라틴스퀘어설계(Latin Square Design: LSD)는 독립변수인 실험처치와 무관한 외생변수가 두 개 있을 때 적용하는 실험설계 방법이다. 결국 삼원요인설계와 같은 설계형태를 가지게 된다. 예컨대 티셔츠의 색상이 의복선호도나 매출에 주는 영향을 분석하는 데 있어 소재의 두께에 따른 차이와 소매길이에 따른 차이를 분리해 내는 데 적용할 수 있다.

보통의 블록설계에서는 모든 블록에 모든 독립변수의 실험처치수준이 배정되는 것을 원칙으로 하지만, 경우에 따라서는 그렇지 않을 수도 있다. 이를 불완전블록설계(incomplete block design)라고 하는데 라틴스퀘어도 이 설계방법에 속한다. 즉, 두 개의 외생변수에 의해 설정된 블록별로 실험처치수준이 하나만 배정된 형태가 바로 라딘스퀘어설계이다. 이때 스퀘어라는 말에서 알 수 있듯이 두 외생변수의 집단(수준)수는 동일하여야 한다. 이 경우 각 실험처치수준이 행에서도 단 한 번만, 열에서도 단 한 번만 나타나게 하여 필요한 실험의 수를 줄여 줄 수 있게 되며, 이것이 바로 라틴스퀘어의 특징이다. 표 6-6과 표 6-7에 라틴스퀘어설계의 예를 제시하였다. 외생변수의 집단(수준)수를 t라고 할 때, t=3일 경우에는 표준형이 하나이고, t=4일 경우에는 4개, t=5일 경우에는 576개에 이르게 되며, 하나의 표준형에서도 행과 열의 순서를 바꾸면 다른 라틴스퀘어설계 형태를 얻을 수 있다. 따라서 모든 가능한 설계 형태

외생변수 2 \ 외생변수 1	1	2	3
1	A	B	C
2	B	C	A
3	C	A	B

표 6-6
라틴스퀘어설계의 형태-외생변수 수준이 3인 경우

※ A, B, C: 실험처치수준

표 6–7
라틴스퀘어설계의
형태–외생변수
수준이 4인 경우

외생변수 2 \ 외생변수 1	1	2	3	4
1	A	D	C	B
2	B	A	D	C
3	C	B	A	D
4	D	C	B	A

※ A, B, C, D : 실험처치수준

참고

t=3, 4인 라틴스퀘어설계의 표준형

t=3	A B C B C A C A B			
t=4	ABCD BADC CDBA DCAB	ABCD BCDA CDAB DABC	ABCD BDAC CADB DCBA	ABCD BADC CDAB DCBA

의 수는 (표준형의 수)×t!×(t-1)!이 된다. 그래서 3×3 라틴스퀘어설계의 경우 1×(3×2)×2=12, 총 12개의 형태가 가능하다. 가능한 형태의 수가 매우 많으므로 어떤 형태를 취할 것인가에 대한 결정은 모두 무작위로 결정해야 한다.

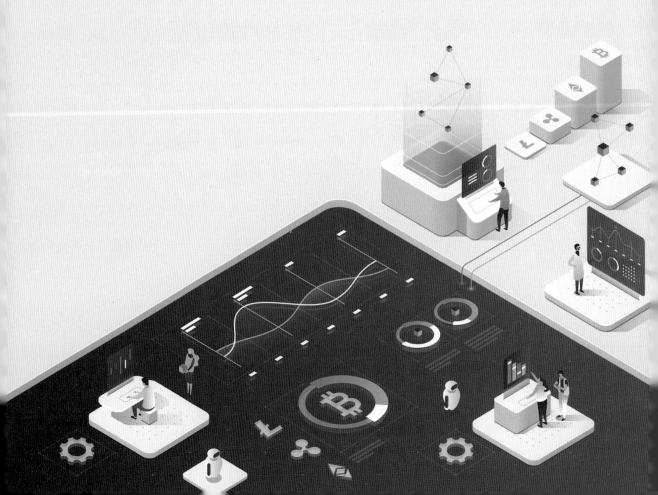

7
CHAPTER

자료의 분석계획

1 통계의 기능과 유형

대부분의 양적 연구에서 변수들은 측정을 통하여 수치로 표현된다. 연구과정에서 얻게 되는 수많은 수치들을 의미 있는 결과물로 만들어내기 위하여 통계(statistics)가 사용된다. 통계는 분석되는 측정치의 특성에 따라서 여러 가지 유형으로 나뉜다.

| 통계의 기능 |

연구에서 실험이나 조사를 통하여 얻은 자료를 원자료(raw data)라 한다. 원자료는 수치가 방대할 뿐 아니라 수치가 내포하고 있는 의미를 직접 알 수 없기 때문에 통계기법을 사용하여 의미 있는 수치로 만들어준다. 통계의 기능은 크게 다음의 세 가지로 요약된다.

첫째, 현상에 대한 일반적 법칙을 밝혀준다. 연구가 현상을 설명하는 방법을 찾아내는 과정이라는 사실을 상기하여 볼 때, 통계는 현상을 측정하여 얻은 수많은 자료들로부터 현상을 설명할 수 있는 법칙을 찾아주는 기능을 한다. 예를 들면, 면과 폴리에스테르 혼방직물의 내구성에 관심을 가진 연구자가 직물의 내구성은 섬유조성비율의 영향을 받을 것이라는 판단 아래 면/폴리에스테르의 조성비율을 50/50, 60/40, 70/30의 세 단계로 달리하여 섬유조성에 따른 직물의 인장강도를 실험하였다고 가정하자. 실험결과 나온 수치들을 통계적으로 분석하여 섬유조성비율에 따라 내구성이 어떻게 변화하는지에 대한 일반적 법칙을 발견할 수 있다.

둘째, 현상에 대한 개별 변수의 중요성을 밝혀준다. 우리의 주변에서 일어나는 많은 현상들의 경우 하나의 요인으로만 결정되는 일은 거의 없다. 예컨대 어떤 사람이 의복비를 얼마나 사용하는지 알고자 할 때, 의복비에 영향을 미치는 요인은 성별, 연령, 소득, 직업, 의복에 대한 관심, 주거지역 등 수없이 많다. 세척률도 세제, 세액의 온도, 세제의 농도, 힘의 양, 오염의 종류와 정도 등 수많은 요인의 영향을 받는다. 이와 같이 많은 요인이 영향을 주어 어떤 현상을 가져올 때, 어느 요인이 얼마나 중요하게 영향을 미치고 어느 요인은 영향을 덜 미치는지 등의 내용을 통계분석으로 밝혀낼 수 있다.

셋째, 자료축소(data reduction)의 기능을 한다. 실험이나 조사를 통하여 얻은 원자료는 양이 방대하다. 통계는 이러한 많은 수치들을 대표성 있는 소수의 수치로 줄여주는 일을 한다. 예컨대 인체를 계측하였을 때 개인별 측정항목이 많이 있고, 게다가 많은 피험자를 계측하면 측정치가 매우 많아진다. 이러한 측정치들을 쉽게는 평균을 계산하거나 또는 요인분석을 실시하여 원자료의 특성을 유지하면서도 알기 쉬운 소수의 수치로 축소시켜 준다.

원자료의 성격과 원하는 분석내용에 따라 여러 가지 유형의 통계기법이 활용된다.

| 통계의 유형 |

통계의 유형은 그림 7-1에서처럼 기술통계(記述統計, descriptive statistics)와 추리통계(推理統計, inductive statistics; inferential statistics)로 구분된다.

기술통계는 모집단을 대상으로 한 전수조사(全數調査)나 또는 표본집단을 대상으로 한 표본조사로부터 얻은 자료를 분석하여 그 집단의 특성을 기술하거나 변수들 사이의 관련성을 측정하는 통계기법이다. 빈도분포, 평균, 분산 등이 집단의 특성을 묘사하기 위한 자료가 되며, 상관관계분석은 변수들 사이의 관계측정(measure of association)에 사용되는 기술통계기법이다.

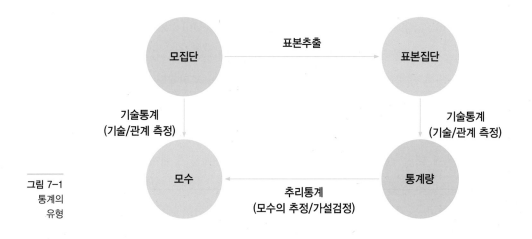

그림 7-1
통계의
유형

표본조사의 경우 연구의 목적이 표본집단의 특성을 알고자 하는 것이 아니라 표본을 통하여 모집단 특성을 알고자 하는 것이기 때문에 표본으로부터 얻은 통계량을 통하여 모집단의 모수(母數, parameter)를 추정하게 되는데, 이 과정에서 사용되는 통계기법이 추리통계이다. 추리통계에서는 모수를 추정함으로써 표본집단에서 나타나는 관계나 차이가 모집단에서도 실제로 나타날 것인지에 대한 확률적 검정을 하게 된다.

통계기법을 구체적으로 구분하면 그림 7-2와 같다. 통계기법 중에서 상관관계분석 결과는 기술통계량으로 사용될 수도 있고 추리통계를 적용할 수도 있다. 즉, 표본집단

그림 7-2
통계기법의
분류

에서 변수 A와 변수 B의 상관계수가 0.5라고 나왔을 때 이 통계치를 통하여 두 변수 사이의 관련성 정도를 묘사할 수 있으며, 또한 추리통계기법을 사용하여 두 변수 사이의 관련성이 모집단에서도 진실인가의 여부를 판정할 수 있다.

분석의 성격을 보았을 때는 종속관계에 관한 분석기법과 상호관계에 관한 분석기법이 있다. 종속관계에 관한 분석기법에서는 영향을 미치는 독립변수와 영향을 받는 종속변수가 구분되어, 독립변수의 변화가 종속변수의 변화에 어떻게 영향을 미치는지 분석한다. 종속변수와 독립변수의 측정수준에 따라 적용기법이 결정되는데, 대표적인 기법으로는 종속변수가 등간척도이며 독립변수가 명명척도일 때 사용되는 분산분석, 종속변수와 독립변수가 모두 등간척도일 때 사용되는 회귀분석, 그리고 종속변수가 명명척도이며 독립변수가 등간척도일 때 사용되는 판별분석이 있다.

반면에 상호관계에 관한 분석기법들은 변수들 사이에 종속적 관계가 없어 독립변수와 종속변수의 구분이 없으며, 분석의 목표도 상호관련성을 밝히는 것이다. 변수들 사이의 상호관련성을 밝히는 상관관계분석, 변수들 사이의 관련성에 근거한 요인분석, 대상을 변수 특성에 따라 동질적 집단으로 분류하는 군집분석 등이 이에 속한다.

통계기법들은 변수의 수에 따라서도 구분되는데, 변수가 하나인 경우 단일분산통계분석(univariate analysis), 고려하는 변수가 두 개인 경우 이원분산통계분석(bivariate analysis), 두 개 이상인 경우를 통칭하여 다원분산통계분석(multivariate analysis)이라고 한다. Z-검정이나 t-검정의 일부가 단일분산통계분석에 속할 뿐 나머지 대부분의 분석기법들은 모두 다원분산통계분석에 속한다.

2 추리 통계

대부분의 연구가 전수조사보다는 표본조사로 이루어지며, 표본집단의 특성을 통하여 모집단의 특성을 알고자 하는 연구목적을 가지기 때문에 추리통계는 매우 유용하게 사용된다. 추리통계는 표본조사에서 나타난 변수들간의 관련성이 모집단에서도 진실인가에 대한 판정을 가설검정으로써 확인해 준다.

| 가설의 검정 |

연구문제에 대한 예측적 해답을 변수들 사이의 관계나 차이를 나타내는 가정적 서술문으로 작성한 것을 가설(假說, hypothesis)이라 한다. 가설검정의 기본원리는 주어진 연구문제에 대한 예측적 해답을 가설로 설정하고, 연구결과에 따라 가설의 내용을 긍정 또는 부정함으로써 결론에 이르는 것이다.

가설은 변수들 사이의 관계나 차이가 뚜렷이 명시되도록 간단명료하게 서술되어야 하며, 서술되는 형식에 따라 귀무가설(歸無假說, null hypothesis)과 대립가설(對立假說, alternative hypothesis)로 나뉜다.

귀무가설은 변수들 사이의 관련성이나 변수에 따른 차이를 부정하는 서술문이며, 변수들 사이의 관련성이나 차이가 없다는 가설의 내용을 연구결과에 따라 부정함으로써, 즉 가설을 기각(reject)함으로써 변수들 사이의 관련성이나 차이를 증명한다. 반면에 대립가설은 이론적으로 예측되는 변수들 사이의 관련성이나 차이를 예측되는 대로 서술하고, 연구결과에 따라 이를 긍정(accept)함으로써 변수들 사이의 관련성이나 차이를 증명한다.

| 가설검정의 오류 |

연구에서 가설을 세우고 이것을 긍정 또는 부정함으로써 결론에 이를 때는 오류를 범할 가능성이 있다. 오류를 범한다는 것은 진실과 다른 결론을 내리는 것을 말한다. 가설검정을 통하여 결론에 도달할 때 저지를 수 있는 오류에는 흔히 α(알파)로 불리는 제1종 오류(type I error)와 β(베타)로 불리는 제2종 오류(type II error)가 있다.

제1종 오류는 귀무가설이 진실일 때, 즉 두 변수 사이에 진실로 관련성이 없을 때, 귀무가설을 기각하고 두 변수 사이에 관련성이 있다는 결론을 내리는 오류이다. 추리통계에서는 귀무가설을 기각하고 두 변수 사이의 관련성이 있다는 통계적 결론을 내릴 때 유의수준(有意水準, level of significance)을 밝히게 되는데 이것이 제1종 오류인 알파(α)수준이다. 즉, 두 변수 사이에 유의한 관련성이 있다는 통계적 결론이 진실

표 7-1 가설검정의 오류	진실여부 결론	모집단에서 귀무가설이 진실일 때 (변수간 관련/차이 없음)	모집단에서 귀무가설이 거짓일 때 (변수간 관련/차이 있음)
	귀무가설의 긍정 (변수간 관련/차이 없다는 결론 내림)	정확한 결론 (1−α)	제2종 오류 범함 (β)
	귀무가설의 기각 (변수간 관련/차이 있다는 결론 내림)	제1종 오류 범함 (α)	정확한 결론 (1−β)

과 다를 수 있는 가능성을 확률적으로 표현한 것이다. 따라서 추리통계에서 두 변수 사이에 관련성이 있음을 결론지을 때에는 이러한 결론이 저지를지도 모르는 제1종 오류를 반드시 밝혀야 한다. 알파값이 작다는 것은 실제로 두 변수 사이의 관련성이 없음에도 불구하고 관련성이 있다는 잘못된 결론을 내릴 확률이 매우 낮다는 것이므로 결과의 유의수준이 높은 것을 의미한다.

제2종 오류는 귀무가설이 거짓일 때, 즉 두 변수 사이에 진실로 관련성이 있을 때, 귀무가설을 긍정하고 두 변수 사이에 관련성이 없다는 결론을 내리는 오류이다. 제2종 오류인 베타값은 연구에서 밝히지 않는데 그 이유는 변수들 사이에 관련성이 없다는 통계적 결론은 별 의미를 갖지 못하기 때문이다.

표본수가 동일할 때, 알파값을 작게 하면 베타값이 커지고, 반대로 알파값을 크게 하면 베타값이 작아진다. 알파값을 작게 잡는 것은 귀무가설 내용이 진실인데 진실과 달리 두 변수 사이에 관련이 있다는 통계적 결론을 냄으로써 오류를 범할 가능성을 매우 낮게 잡는 것이며, 이러한 상황은 두 변수 사이에 관련이 있다는 증거가 매우 강할 때에 비로소 관련성이 있다고 결론을 내리게 되는 상황이다. 바꾸어 말하면 두 변수 사이에 관련이 있다는 증거가 강하지 않으면 관련이 없다는 결론을 내리겠다는 것이다. 증거가 명확할 때에만 관련성을 인정하면 사실 관련성이 있음에도 불구하고 관련성이 없다는 결론을 내릴 가능성은 그만큼 커지는 것이다. 즉 제2종 오류를 범할 확률이 높아지는 것이다. 마치 암 진단을 할 때 간단한 검사결과만을 가지고 암이라고 판정하면 암이 아닌데 암이라고 진단할 오류가 커지는 반면에, 매우 정밀한 검사결과가 있을 때만 암이라고 판정하면 암이 걸린 사람을 암환자가 아니라고 진단할 오류가 커지는 것과 같다.

| 유의수준 |

통계학의 가설검정에 사용되는 유의수준(有意水準, level of significance)이라는 용어는 표본으로부터 얻은 결과(변수 간 관련성 또는 집단 간 차이)가 우연히 표본오차에 의하여 나타났을 확률을 의미한다. 예를 들어 미혼여성 100명과 기혼여성 100명의 월의복비를 조사한 결과 미혼여성이 기혼여성보다 평균 5만원을 더 지출하는 것으로 나타났을 때, 5만원의 차이가 표본에 포함된 사람들의 특성상 우연히 나타났을 가능성이 얼마인가 하는 것이다. 우연히 나타났을 확률이 높으면 표본에서는 차이 있는 것으로 보이지만 실제 모집단 전체를 놓고 보면 그렇지 않을 가능성이 높다는 뜻이고, 우연히 나타났을 확률이 낮으면 실제 모집단에서 그런 차이가 나기 때문에 표본조사에서 차이 나는 결과가 나왔다는 뜻이다. 이와 같이 표본으로부터 얻은 통계량에 대하여 그것이 갖는 의미를 수치로 표시한 것이 유의수준이다.

유의수준은 백분율로 표시하는데, 일반적으로 우연히 나타났을 확률이 5%보다 낮을 때 의미 있는 차이로 본다. 유의수준을 나타내는 수치가 1%, 또는 0.1%로 더 작아질수록 결과(관련 또는 차이)에 대한 확신을 가질 수 있다. 간혹 10% 유의수준을 적용하는 경우도 있는데, 이것은 탐색적 연구이거나 약간의 관련성을 찾아내는 것만으로도 중요한 결과일 때 사용하며 일반적으로는 사용하지 않는다. 유의수준을 나타내는 수치가 작아질수록 통계량이 갖는 의미가 큰 것이기 때문에 백분율의 크기가 작아질수록 '유의수준이 높다'고 표현한다.

다음의 예를 통하여 유의수준의 의미를 설명해 보자. 전화번호의 형식에 따라 전화번호를 기억하는 데 의미 있는 차이가 있는지를 알아보기 위하여 전화번호 형식을 독립변수로, 기억을 종속변수로 하는 다음과 같은 실험을 실시하였다. 전화번호의 형식을 둘로 나누었는데 하나는 숫자와 문자를 섞은 숫자-문자 전화번호이고, 다른 하나는 모두 숫자로만 된 숫자 전화번호이다. 피험자에게 숫자-문자 전화번호와 숫자 전화번호 각 열 개씩을 주고 3분간 외우도록 한 뒤 바르게 기억한 전화번호의 수를 측정하였다. 이때 숫자-문자 전화번호를 더 많이 기억하면 '+'로, 숫자 전화번호를 더 많이 기억하면 '-'로 표시하였다.

첫 번째 피험자를 대상으로 실험을 하였을 때 우연에 의해 +가 나올 확률과 우연에 의해 -가 나롤 확률은 각각 50%이다. 두 번째 피험자를 대상으로 실험을 반복하였을 때 두 피험자 모두가 우연에 의해 +가 나올 확률이 25%, 첫 번째는 + 두 번째는 −가 나올 확률이 25%, 첫 번째는 − 두 번째는 +가 나올 확률이 25%, 그리고 두 피험자 모두가 −가 나올 확률이 25%이다. 이러한 확률은 전화번호 형식이 기억과 아무 상관도 없을 때 우연에 의하여 각각의 결과가 나올 확률인 것이다. 이러한 실험을 피험자 네 명을 대상으로 계속하였을 때 우연에 의하여 나올 각 결과의 확률은 다음과 같다.

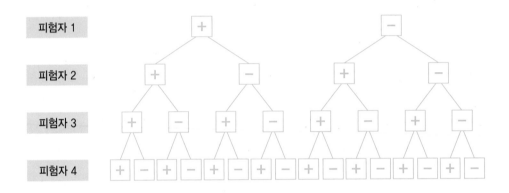

이것을 표로 정리하면 다음과 같다.

+의 수	우연에 의해 나타날 확률
4	1/16=0.0625
3	4/16=0.2500
2	6/16=0.3750
1	4/16=0.2500
0	1/16=0.0625

　　이러한 실험을 피험자 8명을 대상으로 반복하였을 때 얻어지는 결과는 다음과 같다.

+의 수	우연에 의해 나타날 확률
8	1/256=0.004
7	8/256=0.031
6	28/256=0.110
5	56/256=0.220
4	70/256=0.270
3	56/256=0.220
2	28/256=0.110
1	8/256=0.031
0	1/256=0.004

표에서 보면 우연, 즉 순수한 표본오차에 의하여 8번 모두 +가 나올 확률은 0.4%이다. 바꾸어 말하면 8번 모두 +가 나왔다면 이것은 99.6%가 우연이 아니라 분명히 숫자-문자 전화번호가 더 기억하기 쉽기 때문이다. 즉, 독립변수의 효과에 의하여 종속변수의 현상이 나타난 것이므로 독립변수의 효과가 유의하다고 판정할 수 있다. 일반적으로 사용되는 유의수준 5%는 위의 예에서 8명중 7명이 +가 나왔을 때 (또는 -가 나왔을 때) 전화번호의 형식이 기억에 유의한 효과를 미친다고 판정하는 것이며, 6개부터 2개 사이는 우연에 의해서 나올 수 있는 수준이기 때문에 의미가 없다고 통계적 결론을 내리는 것이다.

| 추리통계의 종류 |

추리통계에는 모수적 추리통계(parametric statistics)와 비모수적 추리통계(non-parametric statistics)가 있다.

모수적 추리통계는 측정치의 연속성 및 등간성, 분포의 정규성 그리고 분산의 동질성이라는 기본가정을 충족시킬 때 사용할 수 있는 기법이다. 측정치의 연속성 및 등간성은 연구설계 시 결정되어야 하는 부분이며, 분포의 정규성과 분산의 동질성은 측정된 자료로부터 확인되어야 하는 부분이다. 특히 변수가 등간/비율척도로 측정되는 것은 모수적 추리통계를 사용하기 위하여 기본적으로 필요한 사항이기 때문에 유의하여야 한다.

변수가 명명척도 또는 서열척도로 측정된 경우에는 비모수적 추리통계를 사용하게 된다. 비모수적 추리통계는 적용기법이 제한되기 때문에 모수적 추리통계보다 훨씬 적게 사용되며, 분석결과가 제공하는 정보의 양과 질도 떨어진다.

분포의 정규성 확인

정규분포의 특징은 분포곡선이 종 모양을 하고 있으며, 평균을 중심으로 하여 대칭 형태를 이룬다는 것이다. 우리 주변에서 흔히 발견할 수 있는 여러 자연현상들은 대체로 정규분포를 따르고 있다. 일반적으로 모집단은 분포의 정규성을 가진다고 간주하므로 추리통계에서는 모집단으로부터 추출된 표본집단이 분포의 정규성을 가지는지 확인할 필요가 있다. SPSS에서는 기술통계량의 기술통계 메뉴에서 왜도와 첨도를 확인할 수 있으며, 기술통계량의 데이터 탐색 메뉴에서 정규성 검정을 할 수 있다. 정규성 검정에서는 Kolmogorov-Smirnov 통계량을 출력해 주며, 사례수가 50 이하일 경우에는 Shapiro-Wilk 통계량을 함께 보여준다.

분산의 동질성 확인

동일한 종속변수가 분석 대상이 되는 복수의 집단에서 같은 정도의 분산을 가지는지의 여부에 따라 종속변수의 집단 간 차이를 밝히는 계산 과정에는 차이가 난다. 즉, 등분산을 가정하는 경우와 가정하지 않는 경우의 통계량은 다르게 나타난다. SPSS에서는 분산의 동질성 확인을 위해 Levene 검정을 제공한다. 독립표본 t-검정에서는 자동적으로 등분산 검정이 되며, 일원배치 분산분석과 일반 선형모형(GLM)에서는 등분산 검정을 지정하여 결과를 얻을 수 있다.

SPSS를 이용한 정규성 확인

1. 분석(Analyze) 메뉴에서 기술통계량(Descriptive Statistics)에 커서를 가져가면 데이터 탐색 (Explore)을 선택할 수 있다.

   ▷분석(Analyze) ▶기술통계량(Descriptive Statistics) ▶▶데이터 탐색(Explore)

2. 데이터 탐색 대화상자가 나타나면 왼쪽 창에서 분석할 변수를 선택하여 종속변수(Dependent List)에 옮긴 후 도표(Plots)를 선택한다.

3. 도표(Plots)의 대화상자에서 검정과 함께 정규성도표(Normality plots with test)를 선택하고, 분포 에 대한 시각적 확인을 하고자 한다면 히스토그램(Histogram)도 선택한다. 확인(OK)을 누르면 왜 도와 첨도, Komogorov–Smirnov 검정, Sapiro–Wilks 검정의 결과를 확인할 수 있다.

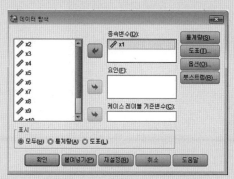 

자료의 정규성을 확인하기 위해서는 탐색적으로 자료의 분포 형태를 파악하고, 평균과 중앙값의 차 이가 크지 않은지, 왜도와 첨도값이 −2~2 사이에 위치하는지 등을 우선적으로 확인한다.

SPSS의 정규성 검정에서는 정규성을 만족하는 것이 귀무가설로 설정되므로, K–S, S–W 검정의 유 의확률이 0.05보다 작은 경우 귀무가설을 기각하여 정규성이 만족되지 않는다고 판단할 수 있다. 그러나 자료의 수가 10개 미만으로 아주 적은 경우에는 정규성에 대한 검정 자체가 의미를 갖지 못 하므로 연구설계단계에서 적절한 수의 표본을 확보하는 것이 무엇보다 중요하다.

2
PART

자료의
분석

일원적 기술통계

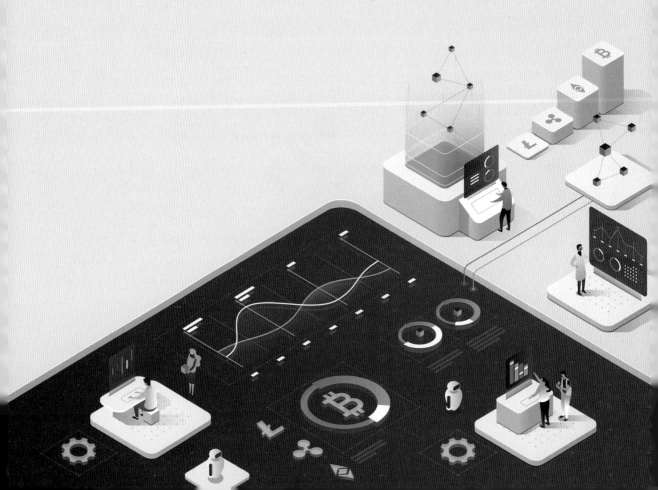

1 비율, 백분율, 비

비율, 백분율, 비는 모두 명명척도로 측정한 유목별 빈도(度數, frequency)를 분석할 때 사용하는 방법이다. 개념은 단순하지만 전체자료를 일목요연하게 보여주는 데 매우 유용한 방법이다.

| 비율 |

비율(比率, proportion)은 전체응답에 대한 각 유목(類目, category)별 응답을 말한다. 예를 들어, 500명의 표본에게 가장 많이 이용하는 점포유형을 유목으로 제시하고 물었을 때 '백화점'이라는 유목에 응답한 응답자가 200명이었다면 200/500＝0.4가 비율이 된다. 비율은 전체표본수를 분모로 하여 계산하며, 전체표본수의 크기에 상관 없이 각 유목의 상대적 크기를 표현한 것으로서 백분율의 기초가 된다.

| 백분율 |

백분율(百分率, percentage)은 비율에 100을 곱하여 100을 전체로 했을 때의 각 유목별 상대적 크기를 나타내는 것으로 '%'를 붙여 표시한다. 백분율은 계산이 간단하며 요약기능이 좋기 때문에 널리 사용된다. 그러나 백분율을 사용할 때에는 다음과 같은 사항에 유의할 필요가 있다.

첫째, 소수점 아래 몇 자리까지 제시할 것인지 유효숫자를 고려하여 결정하도록 한다. 예를 들어, 1,000명의 응답자 중 270명이 그 유목에 응답하였다면 유효숫자가 세 자리이므로 백분율은 27.0%이며, 100명의 응답자중 27명이 응답하였다면 유효숫자가 두 자리이므로 백분율은 27%가 된다. 27.0%는 소수점 아래 첫째자리가 0부터 9 중에서 0인 경우이지만 27%는 소수점 아래가 없거나 고려하지 않은 경우이다. 이와 같이 유효숫자를 고려하여 소수점 아래 자릿수를 결정하는 것이 원칙이나 숫자가 별 의미 없이 복잡해지는 것을 피하기 위하여 유효숫자가 네 자리를 넘을 때에는 소수점 아래 첫째자리까지만 표시하는 것이 일반적이다.

둘째, 각 유목별 백분율의 합이 100.0이 되도록 한다. 각 유목별 백분율을 계산할 때 소수점 아래 둘째자리에서 반올림을 하다 보면 전체가 99.9나 100.1과 같이 100.0이 되지 못하는 경우가 발생한다. 이때는 빈도수가 가장 높은 유목의 백분율을 조정하여 전체가 100.0이 되도록 한다.

셋째, 전체사례수가 충분히 클 때에 사용한다. 전체사례수가 적을 때 백분율을 사용하면 실제를 오도할 가능성이 있다. 예를 들어 10명 중 2명이 응답하였을 때 20%가 응답하였다고 하는 것은 실제를 과장하여 설명하는 것이 된다. 왜냐하면 10명 중 2명이 응답하였다 하여도 100명 중 20명이 응답할 것을 보장하지는 못하기 때문이다. 일반적으로 전체사례수(분모)가 50 이하일 때는 백분율을 사용하지 말고 그대로 빈도자료를 보여주는 것이 옳다. 백분율을 보여줄 때에는 전체사례수(N)를 함께 제시하도록 한다.

| 비 |

비(比, ratio)는 한 유목에 대한 다른 유목의 상대적 크기를 보여준다. B/A, 또는 B:A로 A에 대한 B의 비를 나타낸다. 예를 들어 가장 많이 이용하는 점포유형으로 500명 중 200명이 백화점, 100명이 재래시장이라고 응답하였을 때 백화점 소비자에 대한 재래시장 소비자의 비는 100/200=0.5가 된다.

2 빈도분포, 백분위, 백분점수

빈도분포는 명명척도 또는 등간/비율척도로 측정된 자료를 유목별로 정리하는 데 유용하며, 백분위와 백분점수는 등간/비율척도로 측정된 자료를 백분율의 개념을 사용하여 제시하는 데 유용하다.

| 빈도분포 |

빈도분포(frequency distribution)는 각 유목별 사례수를 말한다. 명명척도로 측정된 질적 유목(質的類目)의 경우 각 유목별로 해당 빈도를 정리하여 분포를 보여주며, 등간/비율척도로 측정된 경우에는 양적 유목(量的類目)으로 분류하여 각 유목별 빈도를 정리하여 분포를 보여준다. 예를 들어, 피험자들의 키를 측정하고(등간/비율척도) 5cm 간격으로 분류한 후 각 유목별 빈도분포를 정리하면 양적 유목이 된다.

등간/비율척도를 양적 유목으로 나누어 빈도분포를 정리할 때는 급간(級間, interval)의 설정이 중요한데, 다음과 같은 사항에 유의하여 설정하도록 한다.

첫째, 각 유목이 상호배제적이며 연속적이어야 한다. 이는 서로 겹치는 부분이 없을 뿐 아니라 끊어진 부분도 없어야 한다는 뜻이다. 키를 측정한 경우 '145~150cm, 151~155cm, 156~160cm … 175~180cm'로 급간을 설정하였다면 150.5cm인 피험자는 속할 유목이 없게 된다. 따라서 '145cm 이상 150cm 미만', '150cm 이상 155cm 미만', '155cm 이상 160cm 미만'과 같은 방법으로 급간을 표현해 줌으로써 서로 겹치거나 끊기는 부분이 없게 하고, 양쪽 끝에는 '145cm 미만'과 '180cm 이상'을 두어 모든 대상이 포함될 유목이 있도록 한다.

둘째, 급간의 크기가 같도록 한다. 대부분의 자료가 정규분포를 이루기 때문에 중앙의 급간에서는 빈도가 높고 양극에 있는 급간에서는 빈도가 낮은 것이 일반적이다. 빈도가 높은 부분을 상세히 분석하기 위하여 중앙부분의 급간을 세분한다거나 빈도가 낮은 부분을 합쳐서 급간을 크게 만들면 전반적인 분포를 잘못 이해하게 만들 수 있다. 따라서 급간의 크기는 동일하게 만드는 것이 원칙이다.

셋째, 원점수의 정확도를 살리면서 요약성이 극대화되도록 유목의 수를 결정한다. 유목의 수를 너무 적게 하여 급간의 크기가 커지면 요약성은 증대되지만 원점수의 정확도는 잃게 된다. 앞의 예에서 급간의 크기를 10cm로 한다면 요약성은 커지지만 각 개인별 키의 정보는 크게 손실된다. 반면에 급간의 크기를 2cm로 한다면 키의 정보는 살릴 수 있지만 요약성은 떨어지게 된다. 따라서 유목의 수는 원점수의 정확도와 요약성을 함께 고려하여 결정하도록 한다.

| 상대빈도와 누적빈도 |

빈도분포를 좀 더 이해하기 쉽게 보여주기 위하여 상대빈도(relative frequency)나 누적빈도(cumulative frequency)를 사용하기도 한다.

상대빈도는 각 유목별 빈도를 절대값으로 보여주지 않고 전체 중의 백분율로 표시하는 것이다. 일반적으로 빈도분포와 함께 괄호 안에 상대빈도를 %로 제시한다. 그림으로 보여줄 때에는 Y축을 %로 표시하여 상대빈도를 나타낸다.

누적빈도는 유목별 빈도를 누적하여 마지막 유목에서 전체사례수 또는 100%가 되게 하는 것이다. 누적빈도를 제시하면 특정 유목 이하에 얼마만큼의 사례가 포함되는지 쉽게 알 수 있다. 누적빈도 역시 실제 사례의 수로 제시할 수도 있고 백분율로 제시할 수도 있다. 후자의 경우를 누적상대빈도(cumulative relative frequency)라 한다.

| 백분위와 백분점수 |

백분위(百分位, percentile rank)는 그 점수 이하에 있는 사례수의 전체사례수에 대한 백분율을 말한다. 이는 특정한 점수가 전체분포에서 차지하는 누적상대빈도와 같은 개념이다. 예를 들어 키를 측정하였을 때 162.0cm 이하인 사례가 전체의 70%였다면 162.0cm의 백분위는 70%가 되며, '$P_{162.0} = 70\%$'로 표기한다. 이런 방법으로 IQ나 수학능력시험 등의 점수를 백분위로 표현하면 전체분포에서 점수의 위치를 이해하는 데 도움이 된다.

백분점수(percentile score)는 백분위 점수를 표현한 것이다. 즉, 특정 백분율에 해당하는 사례의 점수를 말한다. 예를 들어 우리나라 성인여성 키의 70%에 해당하는 백분점수가 162.0cm라면 전체사례의 70%가 162cm 이하라는 것이며, '$Y_{0.70} = 162.0$'으로 표기한다.

빈도분포의 그래프

빈도분포를 시각적으로 일목요연하게 보여주기 위하여 그래프를 많이 사용한다. 그래프의 종류에는 파이그래프(pie graph), 막대그래프, 꺾은선그래프(polygon) 등이 있으며, 자료의 성격에 따라 적절한 것을 사용한다.

파이그래프는 전체를 의미하는 원을 그린 후 각 유목이 전체에서 차지하는 비율에 따라 면적을 차지하도록 그리는데, 주로 명명변수의 자료에 사용된다.

막대그래프는 좀 더 세분하여 막대그림표(bar chart)와 기둥그림표(histogram)로 나누기도 한다. 막대그림표는 각 유목별 빈도를 막대로 나타내는데, 이때 막대가 서로 떨어지도록 그리며, 역시 명명변수의 자료에 주로 사용된다. 기둥그림표는 막대그림표와 같으나 막대들 사이를 붙여서 그리는 그림표이다. 기둥그림표는 서열변수의 각 범주별 빈도를 나타내거나, 또는 등간변수를 급간으로 나누어 그림표로 나타낼 때 사용된다. 막대그래프에서 Y축은 빈도로 나타낼 수도 있고 상대빈도인 %로 나타낼 수도 있다.

꺾은선그래프는 각 유목별로 빈도, 혹은 상대빈도의 높이로 하나의 점을 찍은 다음 이 점들을 이어서 완성하며, 등간변수를 급간으로 나누어 나타낼 때 사용된다.

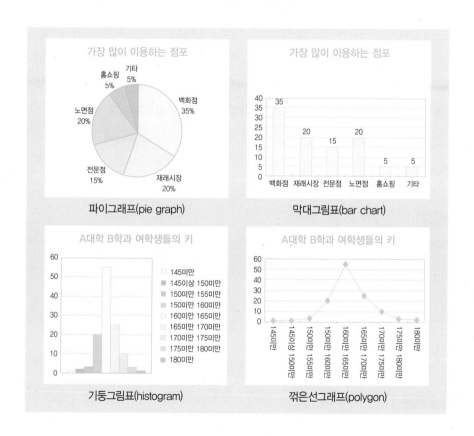

파이그래프(pie graph)

막대그림표(bar chart)

기둥그림표(histogram)

꺾은선그래프(polygon)

3 집중 경향치

집중경향치(central tendency)는 자료가 어느 부분에 집중해 있는지를 알려주는 통계량으로, 자료를 요약하는 대표값으로 많이 사용된다. 집중경향치에는 최빈치, 중앙치, 산술평균이 있는데, 명명척도로 측정된 자료의 경우 최빈치가 사용 가능하고, 서열척도로 측정된 자료의 경우 최빈치와 중앙치가 사용 가능하며, 등간 이상으로 측정된 자료의 경우 세 가지 모두를 사용할 수 있다.

| 최빈치 |

최빈치(mode)는 자료의 분포에서 가장 자주 나타나는 수치, 즉 빈도가 가장 높은 수치로 명명척도, 서열척도, 등간척도로 측정된 자료의 집중경향치로 사용된다. 예를 들어 명명척도의 경우, 색채를 몇 개 제시하고 이중에서 가장 좋아하는 색채를 선택하도록 하였을 때 응답자가 가장 많이 선택한 색채가 최빈치이다. 등간척도의 경우, 성인여성의 키를 계측하였을 때 158cm인 여성수가 가장 많았다면 이것이 최빈치가 된다.

| 중앙치 |

중앙치(median)는 모든 사례(N)를 양분하는 점에 해당하는 수치로, $Y_{0.50}$에 해당하는 백분점수이기도 하다. 중앙치는 극단치의 영향을 배제할 수 있다는 장점을 가지며, 서열척도에서 가장 적절하게 사용되지만 등간척도에서도 사용된다. 예를 들어 소득에서 중앙치를 제시하면 이보다 소득이 높은 사람이 전체의 반, 낮은 사람이 전체의 반이 되는 소득의 대표값이 된다.

| 산술평균 |

산술평균(mean, $\overline{Y}$, μ)은 등간/비율척도로 측정된 자료에서 사용이 가능하며 흔히

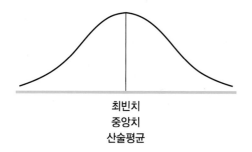

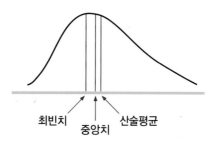

최빈치
중앙치
산술평균

최빈치 중앙치 산술평균

그림 8-1
자료의 분포와
집중경향치

'평균'이라고 한다. 산술평균은 $\Sigma Y/N$으로 계산되며, 집중경향치 중 표본오차가 가장 낮아 안정성이 높다. 그러나 극단치에 민감하여 표본 중 극단치가 섞여 있을 때 이의 영향을 크게 받는다는 취약점이 있다.

산술평균이 극단치의 영향을 크게 받는 단점을 보완하기 위하여 트림평균 (trimmed mean)을 사용하기도 하는데, 이것은 양극의 25%씩을 제외하고 중간에 있는 50%인 $Y_{0.25}$와 $Y_{0.75}$ 사이의 사례만으로 평균을 계산하는 것이다.

자료가 정규분포를 이룰 때에는 그림 8-1과 같이 평균, 최빈치, 중앙치가 동일하지만, 자료가 편포를 이루고 있을 때에는 이들이 각각 다른 수치가 된다.

왜도와 첨도   참고

왜도는 분포가 왼쪽 혹은 오른쪽으로 얼마나 기울어져 있는가를 나타내는 정도이다. 정규분포는 왜도가 0이며, 음수이면 부적 분포 혹은 왼쪽 편포, 양수이면 정적 분포 혹은 오른쪽 편포이다. 부적 분포는 가늘고 긴 꼬리 부분이 왼쪽으로 뻗어 있어 붙은 이름으로, 왼쪽에서부터 산술평균, 중앙치, 최빈치가 순서대로 위치해 분포의 정점이 정규분포보다 오른쪽에 있다. 정적 분포는 가늘고 긴 꼬리 부분이 양의 방향인 오른쪽으로 뻗어 있으며, 분포의 정점이 정규분포보다 왼쪽에 있어 왼쪽에서부터 최빈치, 중앙치, 산술평균의 순서대로 위치한다. 절대값이 클수록 많이 기울어져 있음을 의미한다.

첨도는 분포가 뾰족한 정도이다. 정규분포의 첨도는 0이며, 첨도가 양수이면 정규분포보다 더 뾰족하고 음수이면 정규분포보다 더 완만하다. 절대값이 클수록 더 뾰족하거나 더 완만함을 의미한다.

4 산포

산포(散布, dispersion; variability)는 측정치의 퍼짐을 뜻한다. 즉, 측정치들이 집중경향치를 중심으로 얼마나 퍼져 있는가를 나타내며, 산포에 따라 그림 8-2와 같이 다른 분포를 갖는다. 따라서 평균을 제시할 때에는 산포도 함께 밝혀야 자료의 분포를 제대로 알 수 있다. 자료의 산포도를 알기 위하여 사용되는 산포의 측도에는 다음과 같은 것이 있다.

| 범위 |

범위(range)는 측정치 중 최고값과 최저값 사이의 폭을 말한다. 예를 들어, 성인여성의 키를 측정하였을 때 최고값이 178cm, 최저값이 145cm였다면 범위는 178-145+1인 34cm가 된다. 자료를 기술하면서 평균이 158cm, 범위가 34cm라고 하면 표본전체의 키 분포를 어느 정도 짐작할 수 있다.

　범위는 계산이 매우 간단하지만 몇 가지 문제점을 갖는다. 우선 극단치의 영향을 매우 강하게 받는다. 극단치가 하나라도 나타나면 이것으로 인하여 범위가 매우 넓어지게 되는 것이다. 즉 표본에 따라 쉽게 변화하므로 신뢰성과 안정성이 낮다. 또한 사례수가 증가하면 범위도 함께 증가하는 경향이 있다. 그러므로 사례수가 현저히 다른 집단에 대해 범위로써 산포도를 비교하는 것은 피하여야 한다.

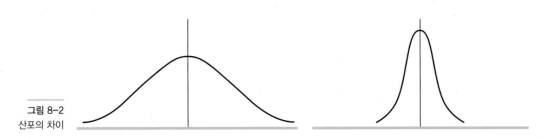

그림 8-2
산포의 차이

| 평균편차 |

평균편차(mean deviation)는 각 측정치가 평균으로부터 떨어져 있는 거리의 평균치를 말한다. 평균편차의 계산방식은 다음과 같다.

$$M.D. = \frac{\Sigma(\,|\,Y_i - \overline{Y}\,|\,)}{N}$$

평균편차는 각 측정치의 평균적 영향이 반영된다는 장점이 있지만, 분포 내 각 점수의 정확한 위치가 반영되지 못한다는 단점을 갖는다. 예를 들어, '8, 6, 5, 4, 2'의 자료와 '7, 7, 5, 3, 3'의 자료는 실제 분포에 차이가 있음에도 불구하고 평균편차를 계산하면 1.6이라는 같은 수치가 나온다.

| 분산 |

분산(分散, variance; mean of the squared deviations)은 평균과 각 측정치와의 거리인 편차(偏差)를 제곱하여 평균을 구함으로써 각 측정치의 영향력이 그대로 반영되도록 한 방법이다. 표본의 분산은 'S²'으로, 모집단의 분산은 'σ²'으로 나타내며 다음과 같은 방법으로 계산한다.

$$S^2 = \Sigma\,\frac{(Y_i - \overline{Y})^2}{(N-1)} = \Sigma\,\frac{y^2}{(N-1)}$$

N : 사례수
Y_i : 각 측정치
$\overline{Y}$: 평균
y : 각 측정치와 평균의 차이

각 측정치의 편차를 제곱함으로써 편차의 합이 '0'이 되는 것을 막고, 합한 항의 수로 나누어 표준화한 값이 분산이다. 모집단을 대상으로 분산을 계산할 때는 N으로 나누기도 하지만 표본집단을 대상으로 하는 경우에는 (N-1)로 나누는 것이 더 일반

자유도 N-1

분산의 계산에서 N이 아닌 N-1로 나누어주는 것은 자유도(degree of freedom)의 개념 때문이다. 자유도란 주어진 조건에서 자유롭게 변화할 수 있는 값의 개수이다. 만약 아무런 제약 조건 없이 다섯 개의 값을 선택할 수 있다면 자유도는 5가 된다. 그러나 평균이 100이라는 조건이 주어져 있는 경우 네 개의 값은 자유롭게 선택될 수 있지만 나머지 하나의 값은 다른 네 개의 값에 영향을 받아 고정될 수밖에 없다. 이 경우 자유도는 4가 된다. 즉, 분산의 계산에서 편차는 이미 평균을 알고 있다는 전제 하에 계산되는 값이기 때문에 N-1의 자유도를 적용하게 되는 것이다.

분산의 간단한 계산식

분산은 다음의 식으로 더 간단히 계산할 수 있다.

$$S^2 = \frac{\sum Y^2 - [(\sum Y)^2/N]}{(N-1)}$$

다음과 같은 자료를 생각해 보자.

30 18 22 32 24

본문 중의 식에 따르면, 평균($\overline{Y}$)은 (30+18+22+32+24)/5=25.2이고, 분산의 계산식에 의해 분산은 33.2이다.

$$S^2 = \sum \frac{(Y_i - \overline{Y})^2}{(N-1)} = \frac{(25.2-30)^2 + (25.2-18)^2 + (25.2-22)^2 + (25.2-32)^2 + (25.2-24)^2}{5-1}$$

$$= \frac{23.04 + 51.84 + 10.24 + 46.24 + 1.44}{4} = \frac{132.8}{4} = 33.2$$

간단한 계산식에 의해서도 다음 계산에 의해 같은 분산값이 나오지만, 평균에서 각 측정치를 빼는 과정이 생략되어 계산 과정이 더 간단하다.

$$S^2 = \frac{\sum Y^2 - [(\sum Y)^2/N]}{(N-1)} = \frac{(30^2 + 18^2 + 22^2 + 32^2 + 24^2) - [(30+18+22+32+24)^2/5]}{5-1}$$

$$= \frac{3308 - 3175.2}{4} = \frac{132.8}{4} = 33.2$$

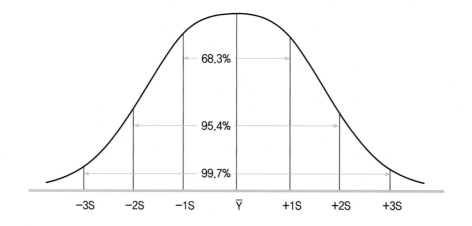

그림 8-3
정규분포의
표준편차

적이다.

　분산은 산포의 정도를 비교적 정확하게 나타낼 뿐 아니라 안정성이 매우 높다. 안정성이 높다는 것은 표본오차가 작아서 표본을 다시 추출하여 측정하여도 비슷한 수치가 나온다는 것을 의미한다. 분산은 많은 모수적 추리통계의 기초가 된다.

　그러나 집단 간 산포의 차이를 분산으로 비교하는 것은 분포가 정규분포를 이루고 있을 때 가능하며, 만일 분포가 편포를 이루고 있으면 집단 간 분산을 비교할 수 없다.

| 표준편차 |

분산의 제곱근이 곧 표준편차(standard deviation)이며 'S'로 표시한다. 분산을 계산할 때 편차를 제곱하였기 때문에, 표준편차는 분산의 제곱근을 구함으로써 산포를 원점수의 간격으로 표시한 것이다.

$$S=\sqrt{S^2}=\sqrt{\Sigma(Y_i-\overline{Y})^2/(N-1)}$$

　정규분포의 경우 그림 8-3과 같이 평균으로부터 ±1S 사이에 전체 사례의 약 68.3%가, ±2S 사이에 약 95.4%가, ±3S 사이에 약 99.7%가 포함된다.

| 변이계수 |

분포가 정규성을 보이고 측정치의 크기가 비슷한 경우에는 표준편차로 두 분포의 산포도를 비교할 수 있다. 그러나 표준편차는 원점수를 그대로 가지고 계산하기 때문에 측정치의 크기 규모에 따라서 의미가 달라진다. 예를 들어 키 측정치의 평균이 158cm, 표준편차가 2cm이고, 등길이 측정치의 평균이 60cm, 표준편차가 2cm일 때, 이 두 분포를 표준편차로 비교하는 것은 부적당하다.

변이계수(變異係數, coefficient of variation)는 평균 크기의 영향을 통제한 표준편차로, 표준편차를 평균으로 나눈 수치이다. 이 변이계수를 이용하면 평균의 크기가 다른 분포의 산포도를 비교할 수 있다.

$$C.V. = \frac{S}{\overline{Y}}$$

5 표준점수

평균이 0, 표준편차가 1인 분포를 단위정규분포라고 하는데, 어떤 자료의 측정치를 단위정규분포에서의 점수로 표시한 것이 바로 표준점수이다. 표준점수는 Z-점수라고도 하며, 이는 평균과 측정치와의 거리를 표준편차단위로 나타낸 것이다.

$$Z = \frac{Y_i - \overline{Y}}{S} = \frac{y}{S}$$

Z-점수는 평균이나 표준편차의 크기에 상관없이 정규분포 안에서의 각 점수의 상대적 위치를 알려준다. 따라서 평균과 표준편차가 다른 두 분포 안에서 각 점수의 상대적 위치도 비교할 수 있다. 예를 들면 평균이 70점, 표준편차가 5점인 영어시험에서 80점을 받고(Z=2.0), 평균이 68점, 표준편차가 10점인 수학시험에서 82점을 받았을 때(Z=1.4), Z-점수의 비교를 통하여 전체분포에서 영어가 더 상위임을 알 수 있다.

Z-분포에 대한 이해

표본수 1,000명인 집단의 수학점수가 $\bar{Y}$=57, S=12의 분포를 보이고 있다. 부록 B의 정규분포표를 참고로 하여 다음 문제를 풀어보시오.

• 원점수를 알고 이에 해당하는 백분위 구하기
  ① 60점의 백분위는?
  ② 70점의 백분위는?
  ③ 50점의 백분위는?
  ④ 40점의 백분위는?

• 두 원점수를 알고 이들 사이에 있는 사례수 구하기
  ⑤ 55점과 60점 사이에는 몇 명이 있는가?
  ⑥ 30점과 40점 사이에는 몇 명이 있는가?
  ⑦ 80점과 90점 사이에는 몇 명이 있는가?

• 백분위를 알고 이에 해당하는 점수 구하기
  ⑧ Y_{90}에 해당하는 점수는?
  ⑨ Y_{30}에 해당하는 점수는?

6 SPSS를 이용한 일원적 기술통계분석

컴퓨터를 이용한 통계 패키지(statistical package)의 개발로 통계분석에 필요한 계산과정을 미리 프로그래밍하여 제공함으로써 통계적 산술과정에 익숙하지 않은 연구자들도 쉽게 자료에 대한 분석 결과를 얻을 수 있게 되었다. 보편적으로 사용되는 범용 소프트웨어로 SPSS(Statistical Package for Social Science)와 SAS(Statistical Analysis System) 등이 있는데, 본 교재에서는 SPSS를 활용하여 통계적 분석의 사례를 제시한다. 메뉴 화면의 보기는 SPSS 25 한글판을 예로 드나 영문판을 사용하는 독자를 위해서 한글 메뉴명과 더불어 영문 메뉴명을 괄호 속에 제시하여 이해에 불편함이 없도록 했다. 본 버전에서는 메뉴의 편집(edit)-옵션(options)-언어(language)를 선택하면 출력(output)과 사용자 인터페이스(user interface)의 언어를 설정하고 변경할 수 있다.

SPSS는 상위 버전이 계속 출시되고 있으나, 기본 메뉴에는 큰 변동이 없으므로 다른 버전 사용자들도 본편의 활용에 문제가 없을 것이다. 그리고 SPSS 분석 부분에서는 실제 활용에 중심을 두므로, 본문 중에 사용한 통계용어와 차이가 나는 경우 SPSS 한글판에서 채택하고 있는 용어를 그대로 따랐다.

SPSS에서 일원적 기술통계에 적용되는 분석 메뉴는 기술통계량(descriptive statistics)이며 빈도분석과 기술통계를 중심으로 설명한다.

| 빈도분석 |

빈도분석(frequencies)에서는 빈도표(frequency table)와 백분위수 값(percentile value), 중심경향(central tendency), 산포도와 분포(dispersion & distribution) 및 도표(chart)를 얻을 수 있다.

빈도표는 각 응답 유목별로 출현한 빈도를 모두 보여주는 것으로 명명척도, 서열척도, 등간척도, 비율척도에 모두 적용 가능한 것이다.

백분위수 값은 자료의 사분위수(quartiles)인 25%, 50%, 75%에 해당하는 값을 나타내 주는 선택 옵션과 임의의 N분위수(예를 들어 10등분으로 지정하면 10%, 20%, 30%, 40%, 50%, 60%, 70%, 80%, 90%, 100%에 해당하는 값을 나타내 주는)를 선택하는 절단점 옵션, 그리고 사용자가 지정한 백분위수를 나타내 주는 옵션으로 구성된다. 이 세 가지 옵션은 모두 선택할 수도 있고 하나도 선택하지 않아도 되는 임의 선택 옵션이다. 등간척도 이상에서 사용한다.

중심경향은 평균(mean), 중위수(median), 최빈값(mode)으로 구성되며, 이 값들은 전술한 바의 의미를 가진다. 또한 합계(sum)가 있어 하나의 변수에 해당하는 모든 사례들의 점수에 대한 총점을 확인할 수 있다. 역시 임의 선택 옵션들이다.

자료의 산포도는 표준편차(standard deviation), 분산(variance), 범위(range), 최소값(minimum), 최대값(maximum), 평균의 표준오차(standard error of the mean)로

되어 있으며, 왜도(skewness)와 첨도(kurtosis) 또한 보여준다. 최소값과 최대값은 범위의 양쪽 끝값이다. 평균의 표준오차는 모집단으로부터 같은 크기의 표본을 무한정의 횟수로 추출하였다고 가정했을 때 각 표본들이 갖는 평균값들의 표준편차를 말하며, 표준편차를 표본 크기의 제곱근으로 나눈 값이다. 표준오차는 신뢰구간을 구성하는 데 사용되는데, 95% 신뢰구간의 경우라면 평균±(2×표준오차)의 범위가 된다.

도표는 지정않음(none), 막대도표(bar charts), 원도표(pie charts), 히스토그램(histogram) 중 하나에 대한 강제선택 옵션으로 제공되고 있다. 도표가 필요하지 않을 때는 '지정 않음'을 선택해 놓으면 된다.

형식(format)에서는 출력순서(order by)와 다중변수(multiple variables)인 경우의 결과표 제시방법을 지정할 수 있다. 출력순서는 변수값을 기준으로 해서 오름차순(ascending values)과 내림차순(descending values), 변수값별 출현 빈도수를 기준으로 오름차순(ascending counts)과 내림차순(descending counts) 중 하나를 지정한다. 최빈값부터 빈도값이 높은 순서대로 결과를 보고 싶을 경우는 빈도값 내림차순을 지정해 준다. 다중변수인 경우 변수들을 비교(compare variables)하는 방식으로 혹은 각 변수별로(organize output by variables) 결과를 얻을 수 있다.

SPSS를 이용한 빈도분석

1. 분석(Analyze) 메뉴에서 기술통계량(Descriptive Statistics)에 커서를 가져가면 빈도분석(Frequencies)을 선택할 수 있다.
   ▷분석(Analyze) ▶기술통계량(Descriptive Statistics) ▶▶빈도분석(Frequencies)

2. 빈도분석의 대화상자가 나타나면 왼쪽 창에서 빈도분석할 변수를 오른쪽 창으로 옮긴다.

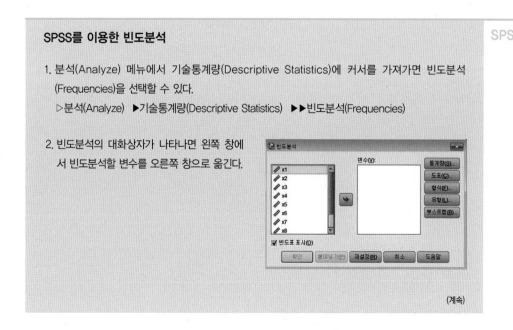

(계속)

3. 통계량(Statistics)을 클릭하면 백분위수 값(Percentile Value), 중심경향(Central Tendency), 자료의 산포도(Dispersion)와 분포(Characterize Posterior Distribution)를 선택하는 대화상자가 나오며, 자료의 적합성에 맞추어 분석하고자 하는 옵션을 선택한다.

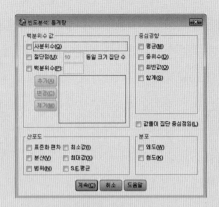

4. 도표(Chart)를 클릭하여 나타나는 대화상자에서 옵션 하나를 선택한다.

5. 형식(Format)을 클릭하여 나타나는 대화상자에서 결과의 제시 형식을 변경할 수 있다.

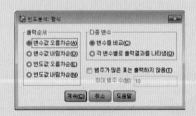

6. 각 하위 대화상자에서 계속(Continue) 버튼을 클릭하고 주 대화상자에서 확인(OK) 버튼을 클릭하면 결과를 얻을 수 있다.

질적 자료의 빈도분석

자료: 농약 살포 시 착용할 기능복을 개발하면서 최종 디자인의 확정을 위해 20명의 예비착용자들에게 다섯 가지의 실험복을 제시한 후 가장 마음에 드는 것을 하나씩 고르게 하였다. 다섯 가지 실험복에 편의상 1, 2, 3, 4, 5로 디자인 번호를 붙였을 때 20명이 선택한 디자인 번호는 다음과 같았다.

2 5 4 3 2 1 3 3 4 4 3 2 3 3 2 1 5 1 3 3

자료입력:

	🔒착용자	🔒디자인	변수	변수	변수	변수	변수	변수	변수	변수	변수
1	1	2									
2	2	5									
3	3	4									
4	4	3									
5	5	2									
6	6	1									
7	7	3									
8	8	3									
9	9	4									
10	10	4									
11	11	3									
12	12	2									
13	13	3									
14	14	3									
15	15	2									
16	16	1									
17	17	5									
18	18	1									
19	19	3									
20	20	3									
21											

분석: 빈도분석 ▷▷ 대화상자에서 빈도표 표시 선택 확인

▷▷ 통계량 선택창에서 중심경향 중 최빈값 선택

▷▷ 형식 선택창에서 빈도값 내림차순 선택

결과:

1. 전체 유효 사례수는 20이며, 결측치는 없다.

2. 최빈값은 변수값 3인 3번 디자인에서 나타났다.

3. 빈도가 많은 것부터 내림차순으로 정리되어 3번이 8명에게, 2번이 4명에게, 1번과 4번이 3명에게, 5번이 2명에게 선택되었다는 결과와 백분율, (결측치가 있을 경우는 결측치를 제외한) 유효백분율, 그리고 누적백분율이 제시되었다.

통계량

디자인

N	유효	20
	결측	0
최빈값		3

디자인

		빈도	퍼센트	유효 퍼센트	누적 퍼센트
유효	3	8	40.0	40.0	40.0
	2	4	20.0	20.0	60.0
	1	3	15.0	15.0	75.0
	4	3	15.0	15.0	90.0
	5	2	10.0	10.0	100.0
	전체	20	100.0	100.0	

양적 자료의 빈도분석

자료: A사는 자사 고객의 제품 만족도를 조사하여, 30명으로부터 100점을 만점으로 한 자료를 얻었다.

85 90 70 50 60 40 60 80 90 95 50 80 75 65 80

90 85 80 90 75 90 80 70 80 90 95 80 90 85 90

자료입력:

	🎱 고객	✏ 제품만족도	변수	변수	변수	변수	변수	변수
1	1	85						
2	2	90						
3	3	70						
4	4	50						
5	5	60						
6	6	40						
7	7	60						
8	8	80						
9	9	90						
10	10	95						
11	11	50						
12	12	80						
13	13	75						
14	14	65						
15	15	80						
16	16	90						
17	17	85						
18	18	80						
19	19	90						
20	20	75						
21	21	90						
22	22	80						
23	23	70						
24	24	80						
25	25	90						
26	26	95						
27	27	80						
28	28	90						
29	29	85						
30	30	90						

분석: 빈도분석 ▷▷ 대화상자에서 빈도표 표시 선택 확인

▷▷ 통계량 선택창에서 사분위수, 평균, 최빈값, 표준화편차 선택

▷▷ 형식 선택창에서 변수값 오름차순 선택

(계속)

결과:

1. 전체사례수는 30이며, 결측치는 없다.

2. 평균은 78점이며, 최빈값은 90점에서 나타났다.

3. 최소값으로부터의 사분위수는 70점, 80점, 90점에 해당한다.

4. 만족도는 40점에서부터 95점에 걸쳐 나타났으며, 각 빈도, 백분율, 유효백분율, 누적백분율이 함께 제시되었다.

통계량

제품만족도

N	유효	30
	결측	0
평균		78.00
최빈값		90
표준편차		14.239
백분위수	25	70.00
	50	80.00
	75	90.00

제품만족도

		빈도	퍼센트	유효 퍼센트	누적 퍼센트
유효	40	1	3.3	3.3	3.3
	50	2	6.7	6.7	10.0
	60	2	6.7	6.7	16.7
	65	1	3.3	3.3	20.0
	70	2	6.7	6.7	26.7
	75	2	6.7	6.7	33.3
	80	7	23.3	23.3	56.7
	85	3	10.0	10.0	66.7
	90	8	26.7	26.7	93.3
	95	2	6.7	6.7	100.0
	전체	30	100.0	100.0	

| 기술통계 |

기술통계(descriptives) 메뉴에서는 옵션 창을 통해 역시 빈도분석에서 제공하는 것과 마찬가지의 평균, 합계, 표준편차, 분산, 범위, 최소값, 최대값, 평균의 표준오차, 첨도, 왜도 분석결과를 얻을 수 있다. 그러나 기술통계는 등간척도 이상으로 측정된 양적 변수에만 적용 가능한 메뉴로, 빈도표와 최빈값 등을 제공하지 않는 대신 동일한 평정 수준으로 측정된 여러 변수들의 평균값을 한꺼번에 비교해 볼 수 있는 장점이 있다.

SPSS를 이용한 기술통계분석

1. 분석(Analyze) 메뉴에서 기술통계량(Descriptive Statistics)에 커서를 가져가면 기술통계 (Descriptives)를 선택할 수 있다.

   ▷분석(Analyze) ▶기술통계량(Descriptive Statistics) ▶▶기술통계(Descriptives)

2. 기술통계의 대화상자가 나타나면 왼쪽 창에 서 분석할 변수를 선택하여 오른쪽 변수창 으로 옮긴다.

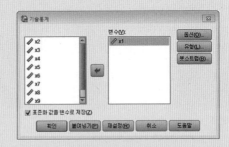

3. 표준화 값을 변수로 저장(Save standardized values as variables)을 지정하고 분석하면 각 사 례들의 변수값에 대한 표준점수가 추가 데이터로 저장된다.

	x1	Zx1	변수	변수	변수	변수	변수	변수
1	85	.49160						
2	90	.84274						
3	70	-.56182						
4	50	-1.96638						
5	60	-1.26410						
6	40	-2.66866						
7	60	-1.26410						
8	80	.14046						
9	90	.84274						

4. 옵션(Options)을 클릭하면 구하고자 하는 통 계량을 선택하고 표시 순서를 설정할 수 있 다.

5. 계속(Continue) 버튼을 클릭하고 대화상자에서 확인(OK) 버튼을 누르면 결과를 얻을 수 있다.

기술통계분석

자료: 열 명의 응답자에게 다섯 개 브랜드에 대한 선호 정도를 디자인, 색상, 소재, 브랜드명, 브랜드 로고, 광고의 여섯 가지 측면에서 전혀 좋아하지 않는다(1점)에서 매우 좋아한다(5점)에 이르는 5점 평정척도로 평가하게 한 후 여섯 개 응답점수를 합한 자료는 다음과 같다. 각 응답자별 브랜드에 대한 점수는 6점에서 30점 사이에 분포한다.

응답자 \ 브랜드	A	B	C	D	E
1	28	26	18	17	19
2	27	28	19	23	20
3	25	24	22	18	16
4	26	28	27	23	22
5	24	23	22	24	16
6	20	19	20	18	24
7	24	18	24	23	19
8	28	17	10	24	17
9	28	27	24	23	24
10	23	28	22	23	25

자료입력:

	응답자	A브랜드	B브랜드	C브랜드	D브랜드	E브랜드	변수
1	1	28	26	18	17	19	
2	2	27	28	19	23	20	
3	3	25	24	22	18	16	
4	4	26	28	27	23	22	
5	5	24	23	22	24	16	
6	6	20	19	20	18	24	
7	7	24	18	24	23	19	
8	8	28	17	10	24	17	
9	9	28	27	24	23	24	
10	10	23	28	22	23	25	

분석: 기술통계 ▷▷ 5개 브랜드 선호 변수를 변수창으로 이동
　　　　　　　　 ▷▷ 옵션 선택창에서 평균, 표준화편차를 선택
　　　　　　　　 ▷▷ 표시 순서를 평균값 내림차순으로 설정

결과:

1. 각 변수(브랜드 유형)별 응답수는 10이다.
2. 출력형식으로 평균값 내림차순을 설정하였으므로 평균값이 높은 변수부터 차례로 결과가 제시되었다. A 브랜드에 대한 선호도가 평균 25.30으로 가장 높으며, 다음은 B, D, C, E 순서이다.
3. 표준편차로 응답값의 산포를 알 수 있다.

기술통계량

	N	평균	표준편차
A브랜드	10	25.30	2.627
B브랜드	10	23.80	4.367
D브랜드	10	21.60	2.757
C브랜드	10	20.80	4.614
E브랜드	10	20.20	3.393
유효 N(목록별)	10		

9
CHAPTER

상관관계분석

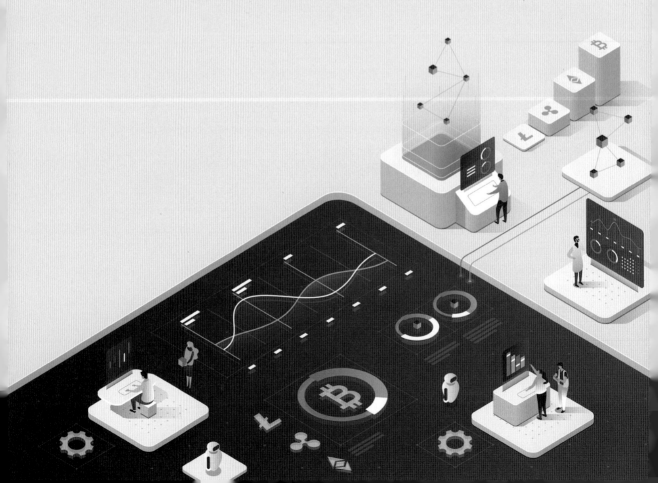

1 상관관계 분석의 개념

상관관계분석(correlation analysis)은 연구하는 변수들 간의 관련성을 밝히기 위하여 사용되는 분석기법이다. 분석하고자 하는 변수들의 수와 측정수준에 따라 다양한 기법들이 사용된다.

| 상관계수 |

변수들 간에 상관관계가 있다는 것은 이들이 공변이(共變異)를 일으킨다는 것이다. 즉, 한 변수가 변화할 때 다른 변수가 따라서 변화를 일으키는 것이다. 이러한 변수들 간의 상호의존적인 양상을 계수로 표현한 것이 상관계수(correlation coefficient)이며, 보통 'r'로 표시한다.

상관계수는 +1부터 −1 사이의 숫자로 표시되는데, 상관계수를 통하여 두 변수 사이의 상관 정도와 방향을 알 수 있다. 상관의 정도는 상관계수의 절대값으로 알 수 있는데, 절대값이 1에 가까울수록 상관이 높은 것이고, 0에 가까울수록 상관이 낮은 것을 의미한다. 또한 상관의 방향은 부호로 나타내는데, +값은 한 변수가 증가할 때 다른 변수가 함께 증가하는 정적 상관(positive correlation)을, −값은 한 변수가 증가할 때 다른 변수가 감소하는 부적 상관(negative correlation)을 나타낸다.

그림 9-1
상관관계와
산포도

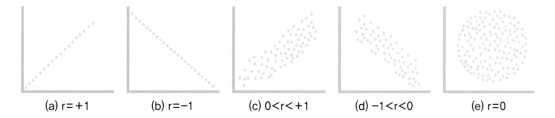

(a) r=+1　　(b) r=−1　　(c) 0<r<+1　　(d) −1<r<0　　(e) r=0

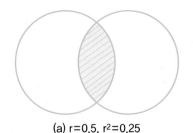
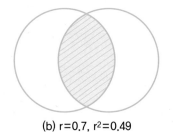

그림 9-2
상관계수와
결정계수

(a) r=0.5, r²=0.25   (b) r=0.7, r²=0.49

두 변수를 평면 상에 산포도로 그렸을 때, 상관관계에 따른 산포도의 모양은 그림 9-1과 같다. 상관계수가 ±1일 때에는 (a), (b)와 같이 좌표점들이 직선을 이루게 되지만 이런 경우는 거의 없다. (c), (d)와 같이 직선을 기준으로 하여 위아래로 좌표점들이 산포되는 경우가 대부분인데 좌표점들이 직선에 가깝게 산포될수록 상관관계는 높은 것이고, 따라서 상관계수의 절대값은 커지게 된다. 이때 산포도의 기울기는 별다른 의미를 갖지 않는데, 그 이유는 Y축의 스케일에 따라서 각도는 얼마든지 달라질 수 있기 때문이다. 산포도가 직선의 형태를 완전히 떠나 원의 형태가 된 (e)의 경우는 두 변수 사이에 전혀 상관이 없는 것이다.

| 결정계수 |

결정계수(coefficient of determination)는 두 변수 사이의 공분산의 비율을 나타내는 수치이다. 즉, 변수 X와 Y가 서로 상관이 있을 때 Y의 분산 중 X의 변화에 의하여 결정되는 공분산 부분을 백분율로 표시한 것이 결정계수이다. 결정계수는 상관계수의 제곱으로 얻어지며 r²으로 표시한다. 예를 들어 키와 몸무게의 상관관계가 0.7일 때, 이 둘 사이의 결정계수는 0.49가 된다. 결정계수가 0.49라는 것은 몸무게 분산의 반 정도가 키에 의하여 결정된다는 것이다. 어떤 사람의 몸무게가 70kg이고 평균이 60kg일 때 10kg 더 나가는 부분의 49%는 키에 의하여 결정된 것으로 이를 몸무게에 대한 키의 설명력(explanatory power)이라고도 한다.

결정계수는 분산의 비율이기 때문에 계수의 크기가 관계의 크기를 그대로 나타낸다. 즉, 결정계수 0.6은 결정계수 0.3의 2배에 해당하는 설명력을 갖는다.

| 상관관계 분석기법의 종류 |

변수들 사이의 상관관계를 분석하는 방법은 변수의 수와 측정수준에 따라 여러 가지 종류가 있다. 변수의 수에 따라서는 단순상관(單純相關, simple correlation)과 중다상관(重多相關, multiple correlation)으로 나뉜다. 단순상관은 두 변수 사이의 상관관계를 분석하는 것으로, 이원상관(二元相關, bivariate correlation)이라고도 한다. 등간/비율척도로 측정된 두 변수 사이의 상관관계를 분석하는 피어슨의 적률상관이 가장 대표적인 이원상관이다. 중다상관은 세 개 이상의 변수들 사이의 상관관계를 분석하는 것으로 부분상관, 다중회귀 등이 이에 속한다.

측정치의 등간성과 정상분포의 가정이 불가능할 때 사용되는 분석기법들을 특수상관으로 분류하며, 이들은 비모수적 추리통계기법에 속한다. 특수상관은 두 개의 변수 중 하나가 등간이고 다른 하나가 명명척도나 서열척도일 때, 또는 두 개의 변수가 모두 명명척도나 서열척도일 때 사용되며, 변수의 측정수준에 따라 상관비, 스피어만의 순위차 상관계수, 거트만의 람다 등 몇 가지 분석기법이 있다.

2 이원 상관

두 변수 사이의 상관성을 분석하는 이원상관분석에는 피어슨의 적률상관분석과 특수상관분석이 있으며, 변수의 측정수준에 따라 적합한 기법이 사용된다.

| 피어슨의 적률상관분석 |

흔히 상관관계라고 하면 피어슨의 적률(積率)상관분석(Pearson's product-moment correlation analysis)을 말할 만큼 널리 사용된다. 피어슨의 적률상관분석은 다음과 같은 두 가지 조건 하에서 이루어진다. 첫째, 두 변수가 모두 등간/비율척도로 측정된 것이어야 하며, 둘째, 두 변수 사이의 직선적(直線的, linear) 상관관계를 분석하고자

그림 9-3
피어슨의
적률상관분석에
부적합한 자료

할 때 사용되어야 한다. 피어슨의 적률상관관계는 직선으로 된 회귀선을 기준으로 하여 산포된 정도로 상관도를 계산하기 때문에 그림 9-3과 같이 곡선적 관계를 갖는 변수들 사이의 관련성을 피어슨의 적률상관으로 분석하면 상관이 매우 낮은 결과를 나타내게 된다.

피어슨의 적률상관계수

피어슨의 적률상관계수(積率相關係數, Pearson's product-moment correlation coefficient)는 두 변수 사이의 상관 정도와 방향을 나타낸다.

기본원리

피어슨의 적률상관계수를 산출하는 기본원리는 다음과 같다. 두 변수 X, Y의 측정치인 원점수 좌표점이 그림 9-4와 같을 때 회귀선은 Y'가 된다. (회귀선은 원점수와 예측치 사이의 오차합이 최소가 되도록 그어진 직선으로, 제10장에서 자세히 다룬다.)

이때 각 원점수 좌표점과 전체평균 $\overline{Y}$와의 거리의 제곱합이 총분산이 된다. 총분산은 회귀선에 의하여 설명될 수 있는 부분과 설명되지 못하는 부분으로 나뉘는데, 전체 평균인 $\overline{Y}$와 회귀선상의 좌표인 Y' 사이 거리는 회귀식에 의하여 설명되는 부분이며, Y'와 원점수 좌표 사이의 거리(d)는 회귀식으로 설명되지 못하는 오차 부분이다. 총분산 중 설명될 수 있는 부분이 바로 결정계수로 나타내는 수치이므로, 설명될 수 있는 비율의 제곱근을 구하면 상관계수가 산출된다. 이 과정을 수식으로 표현하면 다음과 같다.

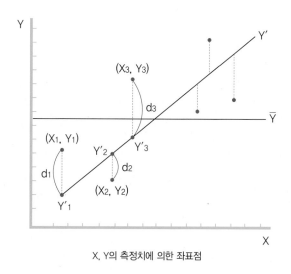

X, Y의 측정치에 의한 좌표점

그림 9-4
피어슨의
적률상관계수의
기본원리

$$\sum_{i=1}^{n}(Y_i-\overline{Y})^2 = \sum_{i=1}^{n}(Y_i'-\overline{Y})^2 + \sum_{i=1}^{n}(Y_i-Y_i')^2$$

총분산＝설명되는 분산＋설명되지 않는 분산

$$r^2 = \frac{\text{설명되는 분산}}{\text{총분산}} = \frac{\sum_{i=1}^{n}(Y_i'-\overline{Y})^2}{\sum_{i=1}^{n}(Y_i-\overline{Y})^2}$$

$$r = \sqrt{\frac{\sum_{i=1}^{n}(Y_i'-\overline{Y})^2}{\sum_{i=1}^{n}(Y_i-\overline{Y})^2}}$$

예를 들어 어머니의 키와 딸의 키 사이의 상관관계를 보고자 할 때 어머니 키를 X, 딸의 키를 Y라고 하면 각 모녀의 키에 따라 원점수 좌표점 (X_1, Y_1), (X_2, Y_2), (X_3, Y_3) … 이 만들어진다. 회귀선은 Σd^2이 최소가 되도록 구한 일차방정식으로, 각 X 값에 대한 Y의 예측치인 Y′로 구성된다. 딸 표본전체의 평균키가 158cm라고 가정할 때, 특정한 딸의 키가 170cm이었다면 평균과 원점수는 12cm만큼의 차이가 난다. 이

12cm의 차이 중에서 평균과 회귀식에 의한 예측치인 Y′ 사이의 거리가 어머니 키에 의하여 설명되는 부분이다. Y′가 165cm라면, 이 딸의 키가 평균보다 더 큰 12cm 중 7cm는 어머니 키 때문이고 나머지 5cm는 어머니 키로 설명되지 못하는 다른 요인에 의한 것이다. 따라서 이러한 자료의 적률상관계수는 각 딸의 키와 전체평균 키 사이의 거리의 제곱합 중 각 딸의 키의 예측치와 평균치 사이의 거리의 제곱합이 차지하는 비율의 제곱근이 된다. 어머니의 키로부터 계산된 예측치가 실제 딸의 키와 비슷할수록 설명되는 부분이 커지며, 결과적으로 높은 상관계수를 나타내게 된다.

계산방식

상관계수를 산출하기 위해서는 회귀식이 먼저 구성되어야 하므로 상당히 복잡한 계산과정이 필요하다. 회귀식을 구하지 않고 원점수로부터 상관계수를 산출하는 방식에는 다음과 같은 것이 있다.

$$
\text{원점수 공식} : r = \frac{N\sum_{i=1}^{n} X_i Y_i - (\sum_{i=1}^{n} X_i)(\sum_{i=1}^{n} Y_i)}{\sqrt{[N\sum_{i=1}^{n} X_i^2 - (\sum_{i=1}^{n} X_i)^2][N\sum_{i=1}^{n} Y_i^2 - (\sum_{i=1}^{n} Y_i)^2]}}
$$

$$
\text{평균편차 공식} : r = \frac{\sum_{i=1}^{n} x_i y_i}{\sqrt{\sum_{i=1}^{n} x_i^2 \sum_{i=1}^{n} y_i^2}} \quad (x_i = X_i - \overline{X}, \ y_i = Y_i - \overline{Y})
$$

$$
\text{표준점수 공식} : r = \frac{\sum_{i=1}^{n} Zx_i \cdot Zy_i}{N} \quad (Zx_i = X_i \text{의 표준점수}, \ Zy_i = Y_i \text{의 표준점수})
$$

상관계수의 해석

상관계수는 기술통계로 사용될 수도 있고, 또는 추리통계로 사용될 수도 있다.

피어슨의 적률상관계수의 계산 예

두 변수 X와 Y의 자료값이 다음과 같을 때 X와 Y 사이의 상관관계를 피어슨의 적률상관계수로 구해보자.

X	3.5	4.4	3.8	4.0	4.5	3.8	4.5	4.5
Y	4.2	5.4	4.5	5.0	5.5	4.2	6.0	6.2

평균편차 공식을 사용해 보자. X의 평균은 4.125이고, Y의 평균은 5.125이다. 이때 X의 각 자료값들과 $\overline{X}$의 차이인 x_i와, Y의 각 자료값들과 $\overline{Y}$의 차이인 y_i 및 x_i^2, y_i^2, $x_i y_i$의 값은 다음과 같다.

x_i	−0.63	0.28	−0.33	−0.13	0.38	−0.33	0.38	0.38
y_i	−0.93	0.28	−0.63	−0.13	0.38	−0.92	0.88	1.08
x_i^2	0.39	0.08	0.11	0.02	0.14	0.11	0.14	0.14
y_i^2	0.86	0.08	0.39	0.02	0.14	0.86	0.77	1.16
$x_i y_i$	0.58	0.08	0.20	0.02	0.14	0.30	0.33	0.40

$\sum_{i=1}^{8} x_i^2$, $\sum_{i=1}^{8} y_i^2$, $\sum_{i=1}^{8} x_i y_i$은 각각 1.12, 4.26, 2.05가 된다. 공식에 의해 피어슨의 상관계수 r은 0.94이다.

$$r = \frac{\sum_{i=1}^{n} x_i y_i}{\sqrt{\sum_{i=1}^{n} x_i^2 \sum_{i=1}^{n} y_i^2}} = \frac{2.05}{\sqrt{1.12 \times 4.26}} = 0.94$$

기술적 해석

상관계수를 두 변수 사이의 상관정도를 기술(description)하는 수치로 사용하고자 할 때에 적용할 수 있는 기준을 Guilford(1956: 145)는 다음과 같이 제시하였다.

- ±1.00   완전한 정적(또는 부적) 상관관계
- ±0.90∼0.99   극히 높은 정적(또는 부적) 상관관계
- ±0.70∼0.90   높은 정적(또는 부적) 상관관계
- ±0.40∼0.70   중간 정도의 정적(또는 부적) 상관관계
- ±0.20∼0.40   낮은 정적(또는 부적) 상관관계

- ±0.01∼0.20   극히 낮은 정적(또는 부적) 상관관계
- 0.00   상관관계 없음

또한 결정계수를 이용하여 설명력을 나타낼 수도 있다. 그러나 비록 위에서 제시한 내용이 개략적으로 상관의 정도를 묘사하기는 하지만, 상관계수의 의미는 학문분야에 따라서 큰 차이가 있다. 예컨대 체형연구에서 사용되는 신체치수들 간의 상관계수는 매우 높은 반면에, 복식사회심리나 패션마케팅에서 사용되는 변수들 간의 상관계수는 상대적으로 낮다. 또한 계산된 상관계수가 몇 개의 원점수로부터 계산되었는지도 상관계수의 의미를 해석하는 데 중요한 부분이다. 따라서 상관계수는 기술통계로 사용되기보다는 추리통계로 더 많이 사용된다.

유의도 검정

상관계수가 얼마나 유의한지를 통계적으로 검정함으로써 두 변수 사이의 관련성에 대한 통계적 결론을 내릴 수 있다. 상관계수의 유의도 검정은 세 가지 방법으로 이루어진다.

첫째, 부록 B에 제시된 상관계수 검정용 통계표를 이용하는 방법이다. 이 표에서 자유도로는 N−1을 사용하며, 계산된 상관계수와 표에 나와 있는 임계치(critical value)를 비교하여 상관계수가 임계치보다 크면 통계적으로 유의한 것이다. 5% 수준에서 유의도를 확인한 후 다시 1% 수준에서 유의도를 확인하는 방법으로 검정하며, 가장 높은 수준의 유의도(가장 작은 백분율)를 보고한다. 예를 들어 N이 30인 경우에 상관계수가 0.40이었다면 자유도는 29이며, 5% 유의수준의 임계치 0.355와 비교하여 상관계수가 더 크므로 통계적으로 유의하다. 이어서 1% 유의수준의 임계치 0.456과 비교해 보면 상관계수가 더 작으므로 유의하지 않다. 따라서 5% 수준에서 유의한 상관관계가 있다는 통계적 결론을 내리면 된다. 만일 상관계수가 5% 수준의 임계치보다도 작다면 이 정도의 상관관계는 얼마든지 우연에 의하여 나타날 수 있는 정도이기 때문에 의미가 없는 관계라고 보아야 하며, 따라서 유의수준을 쓰지 않고 그대로 통계적으로 유의한 상관관계가 없다고 결론내리면 된다.

상관계수표에서 표본크기가 비교적 작을 때에는 자유도가 1씩 증가하며, 자유도의

증가에 따라 임계치의 변화가 큰 것을 볼 수 있다. 그러나 표본크기가 증가하면서는 자유도가 10 또는 100씩 증가하며 임계치의 변화가 작아진다. 이것은 표본크기가 작을 때에는 상당히 높은 상관계수를 보여야 실제로 모집단에서도 그런 경향이 있다는 결론을 내릴 수 있지만, 표본크기가 커지면 상관계수가 작아도 모집단에서 그런 경향이 있다는 결론을 내릴 수 있음을 의미한다. 또한 표본크기가 작을 때에는 표본크기의 증감이 중요하지만 표본크기가 어느 정도 이상이 되고 나면 덜 중요하다는 사실도 알 수 있다.

둘째, t-분포를 이용하여 유의도를 검정하는 방법이다. 아래의 수식에 계산된 상관계수를 대입하여 t-값을 구한 후, t-검정용 통계표를 이용하여 검정한다.

$$t = \frac{r\sqrt{N-2}}{\sqrt{1-r^2}}$$

셋째, 통계 패키지를 이용하는 방법이다. 통계 패키지를 이용하여 상관관계를 분석하면 분석결과에서 통계적 유의도가 산출되어 출력되므로 그 수치를 그대로 이용하면 된다.

| 특수상관 |

특수상관은 자료가 명명척도나 서열척도로 측정되어 측정치의 연속성 및 등간성을 가정할 수 없는 경우나, 또는 등간척도로 측정되었지만 결과가 한 부분에 편포되거나 집중되어 분산의 정상성을 가정할 수 없는 경우에 사용된다.

상관비

상관비(相關比, correlation ratio)는 명명척도로 측정된 독립변수(X)와 등간/비율척도로 측정된 종속변수(Y) 사이의 상관정도를 분석하는 데 사용되는 기법이다. 상관비는 η(eta)로 표시하며, 다음과 같은 수식으로 산출한다.

$$\eta = \sqrt{\frac{\sum n_i (\overline{Y_i} - \overline{Y})^2}{\sum \sum (Y_{ij} - \overline{Y})^2}}$$

n_i : 변수 X의 i번째 유목의 사례수

$\overline{Y_i}$: 변수 X의 i번째 유목의 Y값 평균치

$\overline{Y}$: 변수 Y 측정치의 전체평균

Y_{ij} : 변수 X의 i번째 유목 j번째 표본의 Y값 측정치

η값은 0에서 1 사이로 표시되며, 0에 가까울수록 상관도가 낮고 1에 가까울수록 상관도가 높은 것이다. 상관비를 계산하는 수식을 보면, 분모는 종속변수 총분산, 분자는 독립변수에 의한 분산임을 알 수 있다. 즉, 총분산 중에서 독립변수에 의하여 설명되는 부분을 수치화한 것이다. 따라서 결정계수와 같이 값을 제곱하여(η^2) 기여율 또는 설명력을 나타내는 지수로 사용한다.

표 9-1은 30대 전업주부와 직장여성을 대상으로 유행관여도를 측정한 결과이다. 전업주부와 직장여성은 명명척도로 구분되었고, 유행관여도는 5점짜리 평정척도 10문항으로 구성된 등간척도로 측정되었다. 이 자료로부터 30대 여성의 역할과 유행관여 사이에 얼마나 상관이 있는지 상관비를 통하여 알아볼 수 있다.

위의 자료를 공식에 대입하여 상관비를 구하면, $\overline{Y_1}$=40, $\overline{Y_2}$=38, $\overline{Y}$=39이며, 다음 계산에 의해 η는 0.395가 된다. η^2은 0.156으로 주부의 역할 차이는 유행관여의 차이를 15.6% 설명한다고 할 수 있다.

표 9-1
자료예:
30대 전업주부와
직장여성의
유행관여도 점수

전업주부	직장여성
40	38
38	34
40	42
43	36
39	40

※ 유행관여도 점수는 총 50점으로 측정되었으며, 점수가 높을수록 유행관여도가 높은 것을 의미한다.

$$\eta = \sqrt{\frac{(5 \times 1) + (5 \times 1)}{1 + 1 + 1 + 16 + 0 + 1 + 25 + 9 + 9 + 1}} = \sqrt{\frac{10}{64}} = 0.395$$

스피어만의 순위차 상관계수

스피어만의 순위차 상관계수(Spearman's rank order correlation coefficient)는 서열척도로 측정된 두 개의 변수 X1과 X2 사이의 상관도를 나타내며 로(ρ)로 표시한다.

상관비를 사용한 연구

연구예

Johnson, B. H., Nagasawa, R. H., & Peters, K. (1977). Clothing style differences: Their effect on the impression of sociability. **Home Economics Research Journal, 6**(1), 58–63.

여대생을 대상으로 그들이 착용한 의복 스타일이 사회성에 대한 인상형성에 어떤 영향을 미치는지 연구하였다. 의복 스타일은 유행하는 스타일(팬츠와 미니 스커트)과 유행이 지난 스타일(앙상블과 시프트)의 두 종류로 하였고, 관찰자는 남녀 대학생으로 하였다. 인상평가는 사회성을 평가하는 의미미분척도 문항으로 이루어졌다. 분석에서 상관비로 각 변수의 종속변수에 대한 기여율을 나타냈는데 관찰자의 성에 의한 기여율은 0.5%에 불과한 데 비하여, 의복 스타일의 차이에 의한 기여율은 전체 분산의 51.4%를 차지하는 것으로 나타났다. 즉, 사회성에 대한 인상형성에서 관찰자의 성별은 0.5%만 영향을 미친 데 반하여 의복 스타일이 유행에 맞는지 아닌지의 차이는 전체 분산의 51.4%를 설명한다는 것이다.

상표번호	매출액 순서	매장면적 순서	순위차(d)	d²
1	3	2	1	1
2	4	4	0	0
3	8	10	−2	4
4	5	7	−2	4
5	1	3	−2	4
6	6	6	0	0
7	9	9	0	0
8	2	1	1	1
9	10	8	2	4
10	7	5	2	4

표 9-2
자료 예:
백화점의 상표별
매출액과 매장면적

분석은 두 세트의 순위를 각 사례별로 비교하여 순위차(d)를 산출한 후 이를 근거로 계산이 이루어진다.

예를 들어 한 백화점에서 매출액(X1)과 매장면적(X2)의 상관을 알아보기 위하여 열 개 상표의 매출액과 매장면적의 순위를 구한 결과 표 9-2와 같은 자료를 얻었다고 하자. 이 자료로부터 각 상표의 두 변수 간 순위차를 구한다.

두 변수의 순위가 완전히 일치하면 순위차는 0이 될 것이며, 일치도가 떨어질수록 순위차는 커지게 된다. 부호의 효과를 없애기 위하여 순위차를 제곱하며, 아래의 공식으로 순위차 상관계수를 산출한다.

$$\rho = 1 - \frac{6 \sum_{i=1}^{n} d_i{}^2}{N(N^2-1)}$$

d_i : 상표 i의 순위차

N : 표본수(상표수)

계산된 순위차 상관계수가 얼마나 의미 있는 수치인지 판정하기 위하여 유의도를 검정한다. 유의도 검정은 t-분포를 이용하여 실시하며 자유도는 N-2를 사용한다.

$$t = \rho \sqrt{\frac{N-2}{1-\rho^2}}$$

위의 예를 공식에 의해 계산하면 ρ는 0.867이며 t-값은 4.92가 된다. 매장면적과 매출액과는 서로 상관이 없다는 귀무가설을 5% 유의수준에서 검정하기 위하여 t-분포에서 자유도 8의 임계치를 찾는다. 양쪽검정(p.295 참조)을 위해서 $a=0.025$에 해당하는 값을 택하면 2.306이다. 계산된 t-값 4.92와 임계치 2.306을 비교하였을 때 계산된 t-값이 더 크므로, 귀무가설을 기각하고 매장면적과 매출액과는 서로 상관이 있다는 결론을 내릴 수 있다.

스피어만의 순위차 상관계수를 이용한 연구 연구예

김성복 (1985). **여성 기성복 상표 이미지와 구매행동에 관한 연구.** 서울대학교 석사학위논문.

이 논문에서는 상표에 대한 태도 점수와 구매의도와의 상관관계를 순위차 상관계수로 살펴보았다.

구분	전반적 이미지 순위	구매의도 순위	d	d²
반도	2	1	1	1
논노	5	6	−1	1
이원재	1	4	−3	9
쁘랭땅	4	3	1	1
골덴니트	3	2	1	1
데코	7	7	0	0
라보떼	6	5	1	1

ρ는 0.75였고 5% 수준에서 유의한 정적 상관관계를 보였으므로, 성인여성들의 기성복 상표에 대한 전반적 이미지 지각은 구매의도를 예견하는 좋은 지표로 사용될 수 있음을 알 수 있다.

3 중다상관과 부분상관

연구의 변수가 세 개 이상이라 하여도 두 변수들끼리의 상관을 보고자 한다면 이원 상관으로 분석하면 된다. 그러나 모두 등간/비율척도로 측정된 세 개 이상의 변수를 동시에 투입하여 상호 관련성을 분석하고자 할 때에는 중다상관분석 또는 부분상관 분석을 하게 된다.

| 중다상관 |

중다상관(multiple correlations)은 등간/비율척도로 측정된 세 개 이상의 변수들 사

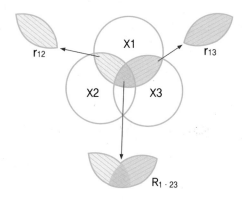

그림 9-5
중다상관과
이원상관

이의 관련성을 분석하되, 특히 하나의 변수(피설명변수)에 대한 다른 변수(설명변수)들의 영향력을 알고자 할 때 사용된다. 앞서 피어슨의 적률상관에서의 예에서 어머니 키와 딸 키의 상호관련성을 분석할 때에는 어머니 키로부터 예측된 딸 키의 예측치를 기준으로 하여, 예측치와 평균치의 차이가 큰 동시에 예측치와 측정치의 차이가 작을수록 어머니 키는 딸 키에 영향이 큰 것으로 설명하였다. 그러나 어머니 키 하나로써 딸 키를 예측하지 않고 아버지 키까지 동시에 고려하여 딸 키를 예측한다면 예측치와 측정치는 더욱 가까워질 것이다. 이와 같이 중다상관에서는 하나의 피설명변수와 여러 개의 설명변수 사이의 관련성을 분석한다.

중다상관계수는 'R'로 표시하며 그 밑에 변수들을 써서 분석된 변수를 나타내는데, 피설명변수를 앞에 쓰고 설명변수는 점 뒤에 써서 이들을 구분한다. 예를 들어 X1(딸 키), X2(어머니 키), X3(아버지 키) 사이의 중다상관을 구하고자 할 때 $R_{1·23}$로 표시하며, 이를 그림으로 알기 쉽게 설명하면 그림 9-5와 같다.

그림에서 보듯이 X1과 X2 사이의 상관관계를 나타내는 r_{12}, X1과 X3의 상관관계를 나타내는 r_{13}이 있을 때, $R_{1·23}$은 이들 각각보다 크게 나온다. 즉, 어머니키 만으로, 또는 아버지 키만으로 딸의 키를 예측하는 것보다 둘을 함께 고려할 때 더 정확히 예측할 수 있다는 것이다. 이러한 중다상관의 개념은 회귀분석의 기본이 되며, 제10장에서 상세히 설명하도록 한다.

중다상관계수는 다음의 공식으로 계산된다.

$$R_{1 \cdot 23} = \frac{\sqrt{r_{12}^2 + r_{13}^2 - (2r_{12} \cdot r_{13} \cdot r_{23})}}{1 - r_{23}^2}$$

| 부분상관 |

소비자의 의복비 지출과 의복에 대한 흥미와의 관련성을 밝히기 위하여 의복비(X1)와 의복흥미(X2) 사이의 상관관계를 알고자 한다. 그런데, 소득이 많으면 의복비 지출도 많아지고 의복에 대한 흥미도 높아지므로 의복비와 의복흥미와의 관련성은 소득에 의한 공통적인 영향에 따라 실제보다 과장되어 나타날 가능성이 높다. 따라서 소득의 영향을 통제한 상태에서 순수하게 의복비와 의복흥미와의 관련성만 밝히고자 할 때 사용되는 분석기법이 부분상관(partial correlations)이다. 즉, 부분상관은 X3이 X1과 X2에 모두 영향을 미칠 때 X3의 영향을 통제한 상태에서 본 X1과 X2 사이의 상관관계를 말한다.

부분상관은 $r_{12 \cdot 3}$으로 표시하며, 점 앞에 있는 두 개의 숫자가 상관관계를 산출한 변수들이며, 점 뒤에 있는 숫자가 통제된 변수를 나타낸다. 부분상관과 이원상관의 차이를 나타내면 그림 9-6과 같다.

그림에서 보듯이 $r_{12 \cdot 3}$은 r_{12}보다 작다. $r_{12 \cdot 3}$과 r_{12}와 차이나는 부분은 X1과 X2가 X3으로부터 영향을 받음으로 인해서 나타난 상관의 부분이다. 즉, 앞의 예에서 보면 소득이 증가함으로써 의복비가 많아지고, 소득이 증가함으로써 의복흥미가 높아진 부

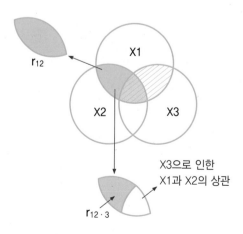

X3으로 인한
X1과 X2의 상관

그림 9-6
부분상관과
이원상관

상관관계분석 | CHAPTER 9 213

분인 것이다. 이 부분이 상대적으로 클수록 X1과 X2와의 관련성은 X3에 의하여 결정된 것이며 순수한 둘 사이의 관련성은 낮다는 것을 의미한다. 이는 뒤에 나오는 회귀분석과 경로분석에서 중요한 개념이 된다.

X3을 '통제'한다는 것은 그 영향을 제거하거나 동일한 조건으로 고정화시키는 것을 의미한다. 즉, 앞의 예에서 소득의 영향을 통제한다는 것은 소득이 동일한 사람들만을 모아서 의복비와 의복흥미의 관련성을 본다는 것이다. 개념적으로는 이렇지만 실제 계산과정에서는 X1과 X2의 각 분산 중 X3에 의해 설명되는 부분을 단순회귀분석으로 제거한 후 나머지 분산(residual)만을 이용하여 상관관계를 산출하는 것이다. 부분상관계수 산출의 공식은 다음과 같다.

$$r_{12 \cdot 3} = \frac{r_{12} - r_{13} \cdot r_{23}}{\sqrt{(1 - r_{13}^2)(1 - r_{23}^2)}}$$

참고 **부분상관계수 산출의 예**

가슴둘레(X1)와 몸무게(X2)의 관련성을 알고자 한다. 키(X3)가 가슴둘레와 몸무게에 공통적으로 영향을 미칠 것이므로 키의 영향을 통제한 상태에서 이 두 변수 사이의 상관을 보고자 하였다. 가슴둘레, 몸무게, 키 사이의 이원상관계수가 아래와 같을 때 부분상관계수를 산출하면 다음과 같다.

	X1	X2	X3
X1(가슴둘레)		0.85	0.55
X2(몸무게)			0.69
X3(키)			

$$r_{12 \cdot 3} = \frac{0.85 - 0.55 \times 0.69}{\sqrt{(1 - 0.55^2)(1 - 0.69^2)}} = 0.78$$

키(X3)를 통제하지 않은 상태에서 가슴둘레(X1)와 몸무게(X2)의 상관관계는 0.85이나 키를 통제하면 0.78로 감소한다. 즉, X1과 X2 사이의 순수한 상관관계는 0.78이다.

참고

부분상관을 나타내는 Venn 도형

부분상관에는 다음과 같은 세 가지 경우가 있다.

첫째, X3이 X1과 X2 중 하나와 상관을 갖는 경우

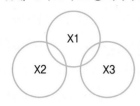

X3이 X1과는 상관이 있지만 X2와는 상관이 없는 경우이다. 이때 r_{12}와 $r_{12 \cdot 3}$은 동일하다.

$$r_{12} = r_{12 \cdot 3}$$

둘째, X1과 X2의 상관이 모두 X3의 영향에 의한 경우

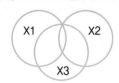

X1과 X2의 상관이 모두 X3의 영향 때문에 나타난 것이므로 X3의 영향을 통제하면 X1과 X2와는 상관이 없어진다.

$$r_{12 \cdot 3} = 0$$

셋째, X1과 X2의 상관의 일부가 X3에 의하여 결정되는 경우

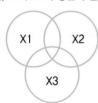

대부분의 경우가 여기에 해당되며, X1과 X2의 상관의 일부가 X3에 의하여 결정되지만 전부는 아니다.

$$0 \neq r_{12 \cdot 3} < r_{12}$$

4 SPSS를 이용한 상관관계분석

SPSS에서의 상관분석 메뉴에서는 이변량상관계수(bivariate correlations)와 편상관계수(partial correlation)를 제공하고 있다.

| 이변량상관계수 |

이변량상관계수를 통해 피어슨의 적률상관계수와 스피어만의 순위차상관계수 및 본 교재에서 다루지 않은 켄달의 타우(Kendall's tau-b) 값을 얻을 수 있다. 분석하고자 하는 변수의 측정수준에 따라 적합한 방법을 선택해야 하며, 여러 변수를 함께 지정하여 분석하더라도 각 두 변수 조합 사이의 모든 상관계수들이 산출되어 나온다.

이변량상관관계 대화상자에서 추리통계용으로 상관계수를 얻고자 할 때, 유의성 검정은 양측(two-tailed) 혹은 단측(one-tailed)으로 지정해야 하는데, 자료가 탐색적 성격인 것이어서 관계의 방향이 미리 정해지지 않은 경우에는 양측을 선택하며, 상관관계를 분석하는 두 변수 간 관계의 방향이 미리 명시될 수 있을 때는 단측을 선택한다. 양측이 디폴트이며 대개의 경우 양측 검정을 한다. 또한 유의한 상관계수 플래그(flag significant correlations) 옵션을 설정해 두면, 5% 수준에서 유의한 상관계수인 경우 별표 하나(*)를, 1% 수준에서 유의한 상관계수인 경우 별표 두 개(**)를 결과에 표시해주므로 상관의 정도를 쉽게 판별할 수 있다.

옵션 대화상자에서는 상관계수 외에 얻기를 원하는 통계량과 결측값의 처리를 결정할 수 있다. 평균과 표준편차(means and standard deviations), 교차곱 편차와 공분산(cross-product deviation and covariance)을 추가로 얻을 수 있는데, 교차곱 편차는 상관계수 산출공식 중 평균편차 공식에서의 분자와 같은 값(Σxy)이며, 공분산은 이 값을 N-1로 나눈 것이다. 결측값에 대한 처리는 짝을 이루는 변수들 중 하나 이상이 무응답치를 가진 사례에 대하여 해당 분석에서만 제외시키는 대응별 결측값 제외(exclude cases pairwise)와 하나라도 무응답치가 있는 사례를 모든 분석에서 제외하는 목록별 결측값 제외(exclude cases listwise)로 할 수 있다. 디폴트는 대응별 결측값 제외이다.

SPSS를 이용한 이변량상관계수 분석

1. 분석(Analyze) 메뉴에서 상관분석(Correlate)에 커서를 가져가면 이변량상관계수(Bivariate)를 선택할 수 있다.

  ▷분석(Analyze) ▶상관분석(Correlate) ▶▶이변량상관계수(Bivariate)

2. 이변량상관계수 분석 대화상자가 나타나면 왼쪽 창에서 분석할 변수를 선택하여 오른쪽 변수(Variables) 창으로 옮기고, 상관계수(Correlatiion Coefficients) 분석기법을 지정하고 유의성 검정(Test of Significance)방법 및 플래그(Flag significant correlations) 여부를 선택한다.

3. 옵션(Options)을 클릭하여 추가로 구하고자 하는 통계량(Statistics) 및 결측값(Missing Values) 처리방법을 선택한다.

5. 계속(Continue) 버튼을 클릭하고 대화상자에서 확인(OK) 버튼을 누르면 결과를 얻을 수 있다.

이변량상관계수 분석: 피어슨의 적률상관계수

자료: 동일한 환경조건에서 열 명의 피험자에 대해 착의량과 주관적 온열감을 측정한 결과는 다음과 같다.

착의량(g)	1407	1300	1350	1210	1020	958	1315	1135	1200	1150
주관적 온열감(1~10점)	8	7	9	6	5	5	8	6	7	7

(계속)

자료입력:

	🔵 피험자	✏️ 착의량	✏️ 온열감	var	var	var	var	var
1	1	1407	8					
2	2	1300	7					
3	3	1350	9					
4	4	1210	6					
5	5	1020	5					
6	6	958	5					
7	7	1315	8					
8	8	1135	6					
9	9	1200	7					
10	10	1150	7					

분석: 이변량상관계수 ▷▷ 피어슨 선택, 양측 검정 및 유의한 상관계수 플래그 선택

▷▷ 옵션창에서 대응별 결측값 제외 확인

결과:

1. 상관계수 분석에 사용된 표본수는 10이다.
2. 두 변수간 상관계수는 0.898이다.
3. 유의확률은 0.000으로 두 변수는 0.1% 수준에서 정적 상관관계가 있다.

상관관계

		착의량	온열감
착의량	Pearson 상관	1	.898**
	유의확률 (양측)		.000
	N	10	10
온열감	Pearson 상관	.898**	1
	유의확률 (양측)	.000	
	N	10	10

**. 상관관계가 0.01 수준에서 유의합니다(양측).

예제

이변량상관계수 분석: 스피어만의 순위차상관계수

자료: 다음은 P사에서 다음해 F/W용으로 기획한 15개 스타일에 대해 경영자와 디자이너의 선호순위를 조사한 결과이다.

스타일	1	2	3	4	5	6	7	8	9	10	11	12	13	14	15
경영자	10	5	14	2	1	6	15	4	13	3	9	12	8	11	7
디자이너	8	3	9	1	5	11	12	2	13	6	14	15	7	10	4

(계속)

자료입력:

	🎱 스타일	✏ 경영자	✏ 디자이너	변수	변수	변수	변수	변수
1	1	10	8					
2	2	5	3					
3	3	14	9					
4	4	2	1					
5	5	1	5					
6	6	6	11					
7	7	15	12					
8	8	4	2					
9	9	13	13					
10	10	3	6					
11	11	9	14					
12	12	12	15					
13	13	8	7					
14	14	11	10					
15	15	7	4					

분석: 이변량상관계수 ▷▷ 스피어만 선택, 양측 검정 및 유의한 상관계수 플래그 선택

▷▷ 옵션창에서 대응별 결측값 제외 확인

결과:

1. 분석사례수는 15이다.
2. 경영자와 디자이너의 스타일 선호에 대한 순위차 상관계수 ρ는 0.746이다.
3. 유의확률은 0.001로 0.1% 수준에서 유의한 상관관계가 있다.

상관관계

			경영자	디자이너
Spearman의 rho	경영자	상관계수	1.000	.746**
		유의확률 (양측)		.001
		N	15	15
	디자이너	상관계수	.746**	1.000
		유의확률 (양측)	.001	.
		N	15	15

**. 상관관계가 0.01 수준에서 유의합니다(양측).

| 편상관계수 |[1]

편상관계수 대화상자에서는 상관관계를 보고자 하는 변수와 공통된 영향력을 제거하고 싶은 제어변수(controlling variables)를 지정하여 분석할 수 있다. 제어변수는 여러 개가 될 수 있으며, 분석 대상으로 지정된 변수들에 걸쳐 공통으로 작용한다. 역시 양측과 단측으로 유의성 검정을 할 수 있으며, 관측 유의수준 표시(display actual significance level)를 원할 경우 계수별로 별표로써 표시되는 유의수준과 자유도를

---

1 편상관계수는 부분상관계수(partial correlation)에 대한 SPSS 한글판 용어임

볼 수 있다.

옵션 대화상자에서는 평균과 표준편차 및 0차 상관(zero-order correlations)의 통계치를 추가로 지정하여 구할 수 있는데, 0차 상관이란 제어변수를 포함한 모든 변수들 간의 단순상관관계(이원상관관계) 행렬을 말한다. 그 밖에 이변량상관계수 분석에서와 마찬가지로 결측값 처리방법을 결정할 수 있다.

SPSS

SPSS를 이용한 편상관계수 분석

1. 분석(Analyze) 메뉴에서 상관분석(Correlate)에 커서를 가져가면 편상관계수(Partial)를 선택할 수 있다.
   ▷분석(Analyze) ▶상관분석(Correlate) ▶▶편상관계수(Partial)

2. 편상관계수 분석 대화상자가 나타나면 왼쪽 창에서 분석할 변수 및 제어할 변수를 선택하여 오른쪽 변수(Variables) 창으로 옮기고, 유의성 검정(Test of Significance) 방법 및 관측 유의수준 표시(Display actual significance level) 여부를 지정한다.

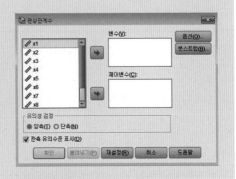

3. 옵션(Options)을 클릭하여 추가로 구하고자 하는 통계량(Statistics) 및 결측값 처리(Missing Valves) 방법을 선택한다.

4. 계속(Continue) 버튼을 클릭하고 대화상자에서 확인(OK) 버튼을 누르면 결과를 얻을 수 있다.

편상관계수 분석

자료: 응답자 12명으로부터 연간 총의복비와 외의류 구입비와 내의류 구입비를 조사한 자료이다.

(단위: 만 원)

총의복비	180	400	120	150	300	200	85	53	43	110	270	200
외의류	120	250	85	100	200	150	75	45	37	80	205	170
내의류	30	50	15	25	50	30	5	5	3	20	30	10

자료입력:

	🎱 응답자	📏 총의복비	📏 외의류	📏 내의류	변수	변수	변수	변수
1	1	180	120	30				
2	2	400	250	50				
3	3	120	85	15				
4	4	150	100	25				
5	5	300	200	50				
6	6	200	150	30				
7	7	85	75	5				
8	8	53	45	5				
9	9	43	37	3				
10	10	110	80	20				
11	11	270	205	30				
12	12	200	170	10				

분석: 편상관계수 ▷▷ 변수로 외의류와 내의류를 지정하고 제어변수로 총의복비 지정
　　　　　　　 ▷▷ 양측 검증 및 관측 유의수준 표시 선택
　　　　　　　 ▷▷ 옵션창에서 0차 상관 지정

결과:

1. 0차 상관에서의 자유도는 10이고, 외의류와 내의류의 상관계수는 0.823, 외의류과 총의복비의 상관계수는 0.981, 내의류와 총의복비의 상관계수는 0.896으로, 이 값들은 모두 0.1% 유의수준에서 정적인 상관관계가 있다.

2. 총의복비의 영향을 제거했을 때, 외의류와 내의류의 상관계수는 −0.657로 5% 수준에서 유의하였으므로, 두 변수는 유의한 부적 상관관계를 보인다. 단순상관에서 정적인 관계로 나타난 것은 총의복비 지출이 많은 경우 모든 품목에 대한 지출이 많기 때문이다. 이때의 자유도는 9이다.

상관관계

대조변수			외의류	내의류	총의복비
-지정않음-[a]	외의류	상관관계	1.000	.823	.981
		유의확률(양측)	.	.001	.000
		자유도	0	10	10
	내의류	상관관계	.823	1.000	.896
		유의확률(양측)	.001	.	.000
		자유도	10	0	10
	총의복비	상관관계	.981	.896	1.000
		유의확률(양측)	.000	.000	.
		자유도	10	10	0
총의복비	외의류	상관관계	1.000	-.657	
		유의확률(양측)	.	.028	
		자유도	0	9	
	내의류	상관관계	-.657	1.000	
		유의확률(양측)	.028	.	
		자유도	9	0	

a. 셀에 0차 (Pearson) 상관이 있습니다.

회귀분석

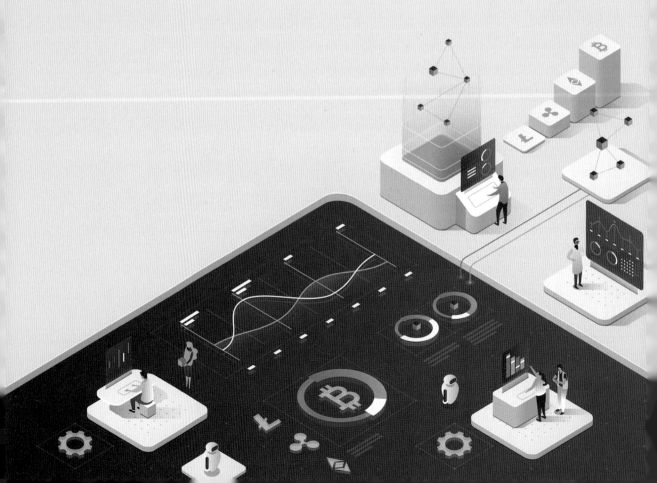

단순회귀
분석

회귀분석(回歸分析, regression)은 하나의 종속변수에 대한 독립변수(들)의 영향을 상관관계와 회귀의 원리를 이용하여 설명하는 통계기법이다. 변수들이 등간/비율 척도로 측정되어야 적용할 수 있으며, 종속변수와 독립변수 사이의 선형관계(linear relationship)를 가정하여 분석한다.

독립변수(설명변수)의 수가 하나일 때는 단순회귀분석(simple regression)을, 둘 이상일 때는 중회귀분석(multiple regression)을 사용한다.

| 최소자승의 원리 |

회귀분석은 최소자승의 원리(the least squares principle)에 따라 회귀선을 구성함으로써 이루어진다. 회귀선은 실제 연구에서 측정한 각 측정치(observed; Y_i)와 회귀선상의 예측치(predicted; Y_i') 사이의 거리인 예측오차의 합(TPE; total predicted error)이 최소가 되도록 그어져야 한다. 부호에 따라 예측오차가 상쇄되어 합이 0이

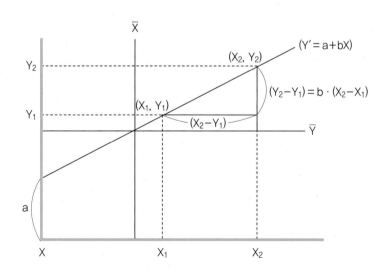

그림 10-1
회귀선의
구성

되는 것을 피하기 위하여 예측오차의 제곱합(Σ(Yi−Yi′)^2; sum of the squares of errors; SSE)을 사용하는데, 이 제곱합이 최소가 되도록 회귀선의 상수(a)와 기울기(b)를 결정하는 것을 최소자승의 원리라 한다.

'a'로 나타내는 상수(constant; intercept)는 X=0일 때 Y의 값을 말한다. 'b'로 나타내는 기울기(slope)는 X가 한 단위 변화할 때 변화하는 Y의 크기, 즉 X와 Y가 함께 일으키는 공변이의 양을 말하며, 회귀계수(regression coefficient)라고 부른다.

$$a = \frac{\Sigma Y_i - b \Sigma X_i}{N} = \overline{Y} - b\overline{X}$$

$$b = \frac{N\Sigma X_i Y_i - (\Sigma X_i)(\Sigma Y_i)}{N\Sigma X_i^2 - (\Sigma X_i)^2}$$

$$\text{또는} \quad b = \frac{\Sigma(X_i - \overline{X})(Y_i - \overline{Y})}{\Sigma(X_i - \overline{X})^2} = \frac{\Sigma x_i y_i}{\Sigma x_i^2}$$

위의 공식에 따라 a와 b를 산출하면 회귀식이 구성된다.

(단위: 천 원)

표 10-1
월평균 의복비를 종속변수로, 소득을 독립변수로 하는 단순회귀분석 자료의 예

응답자	의복비	소득				의복비 예측치	잔차
	Y_i	X_i	y_i	x_i	$x_i \times y_i$	Y'	$Y_i - Y'$
1	42	1800	−70.6	−24	1694.4	111.16	−69.16
2	106	1700	−6.6	−124	818.4	105.16	.84
3	54	1200	−58.6	−624	36566.4	75.16	−21.16
4	80	1940	−32.6	116	−3781.6	119.56	−39.56
5	170	2800	57.4	976	56022.4	171.16	−1.16
6	206	2400	93.4	576	53798.4	147.16	58.84
7	124	1900	11.4	76	866.4	117.16	6.84
8	102	1600	−10.6	−224	2374.4	99.16	2.84
9	96	1700	−16.6	−124	2058.4	105.16	−9.16
10	146	1200	33.4	−624	−20841.6	75.16	70.84
	ΣY_i=1126	ΣX_i=18240				a=3.16	
	$\overline{Y}$=112.6	$\overline{X}$=1824				b=0.06	

$$Y' = a + bX$$

소득이 의복비 지출에 어떤 영향을 미치는지 알기 위하여 의복비를 종속변수로, 소득을 독립변수로 하는 단순회귀분석을 실시한 예를 보면 다음과 같다.

표 10-1의 월평균 의복비와 소득자료를 이용하여 단순회귀분석을 실시해 보자.

$$b = \frac{\sum x_i y_i}{\sum x_i^2} = \frac{129676}{2163840} = 0.06$$

이때 X와 Y 사이에 정적 상관이 있으면 x_i와 y_i의 부호가 같아 분자가 +값을 가진다. 따라서 회귀계수인 b가 양의 값이 되며, 부적 상관이 있으면 반대로 x_i와 y_i의 부호가 반대로 나와 음의 값이 된다. 또한 상관이 높을 때에는 평균편차를 곱한 부호가 일관성 있게 나와 회귀계수가 커지는 반면에 상관이 낮을 때에는 부호가 섞여서 나와 작아지게 된다. a와 회귀식 Y'를 공식에 의해 구해보면 다음과 같다.

$$a = \overline{Y} - b\overline{X} = 112.6 - 0.06 \times 1824 = 3.16$$
$$Y' = 3.16 + 0.06X$$

또한 회귀식에 따라 X값을 대입하여 Y'를 계산하면 표 10-1의 의복비 예측치가 계

회귀계수 b값과 적률상관계수 r_{XY}의 관계

참고

종속변수와 독립변수가 하나씩인 단순회귀분석에서의 회귀계수는 두 변수 사이의 적률상관계수와 직접적인 관계를 갖는다.

$$r_{XY} = b \times \frac{S_X}{S_Y} \qquad\qquad b = r_{XY} \times \frac{S_Y}{S_X}$$

따라서 독립변수 X와 종속변수 Y의 분산이 같으면 회귀계수와 적률상관계수는 같아진다. 독립변수의 분산이 종속변수의 분산에 비하여 크면 회귀계수가 작아지고, 작으면 회귀계수가 커진다.

산되어 나온다. 즉, 소득이 1,000원 증가할 때마다 의복비는 60원씩 증가한다고 볼 수 있다.

| 잔차 |

측정치 Y는 다음과 같은 수식으로 표현된다.

$$Y=Y'+e=a+bX+e$$

즉, 측정치(Y)는 예측치(Y)에 예측오차(e)가 합쳐진 수치이다. 이때 예측오차를 잔차(residual)라고도 부르는데, 이것은 종속변수가 독립변수에 의하여 설명되고 남는 부분이라는 의미이다. 각 X값이 갖는 Y값의 분포를 보면 그림 10-2와 같이 표현할 수 있다.

그림 10-2(a)에서 X_1, X_2, X_3의 각 X값에 대한 Y값의 예측치는 Y_1', Y_2', Y_3'가 된다. 그러나 측정치들은 정확하게 예측치에 일치하는 것이 아니라 예측치를 중심으로 하여 위아래로 분포되는데, 이것이 바로 잔차의 분포이다. 앞의 예에서 소득이 240만원인 소비자의 월의복비 예측치가 14만 7천여 원이므로 실제로 소득이 240만원이라고 응답한 소비자들의 월의복비는 14만 7천원을 중심으로 하여 위아래로 분포될 것이다. 이와 같이 X값에 대한 Y값의 잔차는 예측치를 중심으로 정상분포를 이루게 된다.

이 잔차의 분포와 회귀선을 X축과 평행으로 이동하여 그려보면 그림 10-2(b)와 같

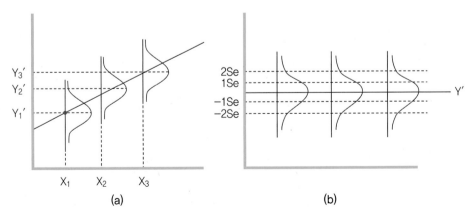

그림 10-2
잔차의
분포

아지는데, 이들 잔차의 표준편차를 표준오차(Se; standard error)라고 부르며 다음과 같은 공식으로 계산된다.

$$Se = \sqrt{\frac{\sum (Y_i - Y_i')^2}{n-2}}$$

표준오차의 크기는 회귀계수의 통계적 유의성을 검정하는 데 중요한 개념으로 사용된다. 즉, 표준오차가 크면 그만큼 독립변수로 설명되지 않는 부분이 큰 것이므로, 앞의 예와 같은 경우라면 소득이 같더라도 의복비 지출의 개인차가 심하게 나타날 것이다.

| 결정계수(R^2) |

회귀식의 결정계수는 적률상관관계의 결정계수와 같은 개념으로 독립변수에 의하여 설명되는 종속변수의 비율을 의미하며 R^2으로 나타낸다. 회귀식의 설명력(explanatory power) 또는 예측력(prediction power)이라고 불리는 결정계수는 $0 \sim +1$ 사이의 숫자로 표시된다.

독립변수(X) 없이 종속변수(Y)만을 알 경우에 최선의 예측치는 평균($\overline{Y}$)이 된다. 이를테면, 특정인의 의복비를 가장 잘 예측할 수 있는 값은 전체표본의 월의복비 평균이다.

X와 Y가 상관이 있다면 X를 앎으로써 Y를 좀더 정확히 예측할 수 있게 되므로, 이 관계를 회귀식으로 구성하고 회귀식에 따라 Y'를 추정한다. 따라서 X를 모르는 상태에서 최선의 예측치인 $\overline{Y}$와, X를 알 때의 예측치인 Y'의 차이가 X를 독립변수로 하는 회귀식의 예측력이 된다. 이 관계를 수식으로 나타내면 다음과 같다.

$$\sum (Y_i - \overline{Y})^2 = \sum (Y_i' - \overline{Y})^2 + \sum (Y_i - Y_i')^2$$

$\sum (Y_i - \overline{Y})^2$: 총제곱합 (total sum of squared deviations; SST)

$\sum (Y_i' - \overline{Y})^2$: 회귀제곱합(regression sum of squared deviations; SSreg)

$\sum (Y_i - Y_i')^2$: 오차제곱합(error sum of squared deviations; SSres 또는 SSE)

이 식을 개념상으로는 아래와 같이 표현한다.

$$SS_T = SS_{reg} + SS_{res}$$

결정계수는 전체분산 중 회귀식에 의하여 증가한 설명력의 비율로서 다음과 같이 나타낸다.

$$R^2 = \frac{SS_{reg}}{SS_T}$$

| 회귀식의 검정 |

단순회귀분석은 독립변수가 하나여서 회귀식에 대한 검정이 곧 회귀계수에 대한 검정이 되므로 통계적 검정은 회귀식에 대해서만 이루어진다. 회귀식에 대한 검정을 위해서는 다음의 수식에 따라 F-비를 구한 후 이 숫자를 F-분포상의 임계치와 비교하여 유의성 여부를 판정하게 된다.

$$F = \frac{SS_{reg}/df1}{SS_{res}/df2} \qquad \begin{array}{l}(df1=k)\\(df2=N-k-1)\end{array}$$

이 수식에 2개의 자유도(df; degrees of freedom)가 사용되는데 제1자유도(df1)는

참고 　**단순회귀분석에서의 수정결정계수(adjusted R^2)**

단순회귀분석을 할 때 표본의 자료에서 얻어진 결정계수의 값은 모집단을 대상으로 한 모결정계수보다 약간 커지는 경향이 있으므로 회귀모형의 모집단에 대한 적합도를 고려하여 자유도를 반영함으로써 보다 정확한 추정값을 얻을 수 있는데 이를 수정결정계수라 한다.

$$\text{adjusted } R^2 = R^2 - \frac{1-R^2}{n-2} \quad \text{또는} \quad 1 - \frac{SS_{res}/(n-2)}{SS_T/(n-1)}$$

독립변수의 수(k), 제2자유도(df2)는 표본수에서 독립변수의 수와 1을 뺀 것(N-k-1)이다.

계산된 F-비를 5% 유의수준의 F-분포표에서 제1자유도(분자자유도)와 제2자유도(분모자유도)가 만나는 위치의 임계치와 비교했을 때, 계산된 F-비가 더 크면 귀무가설을 기각하고 회귀식이 의미 있다는, 즉 독립변수가 종속변수에 유의한 영향을 미친다는 통계적 결론에 이른다.

예컨대 열 개의 표본수로부터 계산된 F-비가 8.20이라면, 독립변수의 수가 하나이므로 제1자유도(분자의 자유도)는 1이고 제2자유도(분모의 자유도)는 8이 된다. 부록 B의 5% 유의수준 F-분포표로부터 자유도 1과 8이 만나는 위치의 임계치를 찾으면 5.32이다. 계산된 F-비 8.20은 임계치인 5.32보다 크기 때문에 이 회귀식은 5% 수준에서 통계적으로 유의하다는 결론을 내리게 된다.

단순회귀분석의 이해 문제

다음의 자료를 이용하여 (1) 회귀식을 구성하고 (2) 결정계수를 구한 후 (3) 회귀식의 유의성을 검정해 보시오.

변수 X	변수 Y
2	1
4	2
3	3
5	4
6	5

2 중선형 회귀분석

중선형회귀분석(重線型回歸分析, multiple linear regression)은 줄여서 중회귀분석이라고도 부르며, 독립변수가 두 개 이상인 회귀분석을 말한다. 단순회귀분석과 마찬가지로 선형관계를 가정하여 분석하며, 변수들이 모두 등간/비율척도로 측정된 경우에 사용할 수 있다.

| 중선형회귀식의 구성 |

독립변수의 수가 k개일 때 중회귀분석의 수학적 모델은 다음과 같다.

$$Y' = a + b_1 X1 + b_2 X2 + \cdots + b_k Xk$$

여기에서 a는 단순회귀분석에서와 마찬가지로 상수(constant)로서 개념상으로는 모평균(μ)으로 이해하면 되는데, 그 이유는 분석이 분산을 중심으로 이루어지기 때문이다. 중회귀식에서는 각 독립변수별로 회귀계수가 산출되므로 k개의 회귀계수가 존재한다. 회귀계수는 부분상관으로 분석된다. 즉, 해당변수를 제외한 나머지 변수들을 통제한 상태에서 종속변수와 해당 독립변수와의 부분상관으로 회귀계수가 산출된다. 예를 들어 3개의 독립변수가 있을 때 X1의 회귀계수인 b_1은 X2와 X3의 영향을 통제한 상태에서 X1과 Y의 부분상관이며, 마찬가지로 X2의 회귀계수인 b_2는 X1과 X3의 영향을 통제한 상태에서 X2와 Y의 부분상관이다.

회귀식이 구성된 후 각 독립변수의 측정치를 대입하면 종속변수의 예측치가 산출된다. 예를 들어 딸 키(Y)를 예측할 때 어머니 키(X1), 아버지 키(X2), 영양상태(X3)를 독립변수로 한 중회귀분석을 실시하였다면, 회귀식의 b_1은 아버지 키와 영양상태가 동일할 때 어머니 키의 영향력을, b_2는 어머니 키와 영양상태가 동일할 때 아버지 키의 영향력을, b_3는 어머니 키와 아버지 키가 동일할 때 영양상태의 영향력을 나타낸다. 따라서 특정인의 어머니, 아버지 그리고 영양상태를 알면 이를 산출된 회귀식에 대입하여 그 사람의 키를 예측할 수 있다.

| 결정계수(R^2) |

단순회귀분석의 관계식은 중회귀분석에서도 마찬가지로 적용된다.

$$\Sigma (Y_i - \overline{Y})^2 = \Sigma (Y_i' - \overline{Y})^2 + \Sigma (Y_i - Y_i')^2$$

$$SS_T = SS_{reg} + SS_{res}$$

다만 중회귀분석에서는 하나의 독립변수가 아닌 여러 독립변수의 영향력이 합해져서 Y_i'가 계산된다는 점이 다르다.

중회귀분석의 결정계수는 구성된 회귀식에 따라 계산된 예측치 Y_i'와 측정치 Y_i 사이의 적률상관계수를 제곱한 것이다. 이는 Y의 전체분산 중 Y'에 의하여 설명되는 부분의 비율을 말하며, Y'는 독립변수들의 영향력이 합해져서 예측된 값이다. 따라서 결정계수는 종속변수 전체분산 중 독립변수들이 합쳐서 설명하는 부분의 비율이 된다.

$$R^2 = \frac{SS_{reg}}{SS_T}$$

중회귀분석에서의 수정결정계수(adjusted R^2)

참고

중회귀분석에서 결정계수는 독립변수의 수가 증가하면 따라서 증가하는 경향이 있다. 여러 개의 변수를 가지고 종속변수를 예측하면 자연히 예측력이 증가하는 것이다. 이러한 현상을 보완하기 위하여 독립변수의 수를 고려하여 결정계수를 조절하는 경우가 있는데, 이것이 컴퓨터 출력에 나타나는 adjusted R^2이며, 다음과 같은 공식으로 계산된다.

$$\text{adjusted } R^2 = R^2 - \frac{k(1 - R^2)}{n - k - 1} \quad \text{또는} \quad 1 - \frac{SS_{res}/(n - k - 1)}{SS_T/(n - 1)}$$

| 회귀식의 검정 |

중회귀분석에서는 회귀식 전체에 대한 유의성 검정과 각 독립변수에 대한 유의성 검정이 이루어진다.

회귀식에 대한 검정

회귀식에 대한 유의성 검정은 분산을 이용하거나 회귀식의 설명력을 나타내는 결정계수를 이용하여 실시한다. 분산을 이용하여 F-비를 계산하는 공식은 단순회귀분석에서와 마찬가지로 다음과 같다.

$$F = \frac{SS_{reg}/df1}{SS_{res}/df2}$$

또는 결정계수를 이용하여 다음의 공식으로 F-비를 계산한다.

참고 **다중공선성**

중회귀분석에서는 독립변수들 사이에 상관관계가 높을 경우에 결정계수가 작아지는, 즉 설명력이 낮아지는 현상이 나타나는데, 이것을 다중공선성(多重共線性, multicolinearity)이라고 한다. 아래의 그림에서 보는 바와 같이 독립변수들 사이에 상관이 높으면 설명하는 부분이 서로 겹치게 되어 총설명력이 덜 증가하며, 반면에 독립변수들 사이에 상관이 낮으면 서로 설명하는 부분이 달라 총설명력이 크게 증가하기 때문이다. 따라서 가장 바람직한 독립변수는 종속변수와 상관이 높으나 독립변수들끼리는 상관이 낮은 것이다.

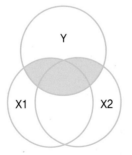

독립변수들 사이의 상관이 높은 경우

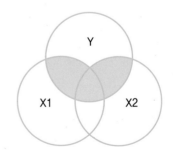

독립변수들 사이의 상관이 낮은 경우

$$F = \frac{R^2/df1}{(1-R^2)/df2} \qquad \begin{array}{l}(df1=k)\\(df2=N-k-1)\end{array}$$

어느 방식을 택하든 F-비는 마찬가지이며, F-분포표의 분자자유도와 분모자유도가 만나는 위치의 임계치를 이용하여 유의성을 판정한다.

회귀계수에 대한 검정

중회귀분석에서는 각 독립변수에 대하여 독립적으로 검정이 이루어진다. 즉 전체 회귀식이 유의하다 하더라도 각 독립변수별로 보면 유의한 영향을 미치는 독립변수가 있는 반면 그렇지 못한 것도 있다는 것이다. 따라서 각 회귀계수를 다음의 공식에 대입하여 t-값을 계산한 후 이 수치를 t-분포상의 임계치와 비교하여 통계적 결론을 내려준다. 이때 사용되는 자유도는 잔차자유도를 사용한다.

$$t = \frac{b_j - 0}{S_{bj}}$$

여기서 S_{bj}는 회귀계수의 표준오차를 말한다. 즉 회귀계수를 표준오차의 단위로 표현한 것이 t-값이다.

표준화된 회귀계수(β)

회귀계수는 종속변수의 예측치를 계산하기 위하여 산출된 것이므로 회귀계수에는 각 변수별 분산의 크기가 반영되어 있다. 따라서 회귀계수로는 분산의 크기가 서로 다른 독립변수들의 영향력을 비교하는 것이 불가능하다.

각 독립변수의 영향력을 서로 비교할 수 있도록 분산을 같게 해 준 것이 바로 표준화된 회귀계수인 베타(β)값이다. 베타값은 다음의 공식에서 보는 바와 같이 종속변수와 독립변수의 표준편차의 비를 회귀계수에 곱하여 줌으로써 분산의 크기에 따른 영향을 제거한 것이다.

$$\beta_j = \frac{S_j}{S_Y} \times b_j$$

여기에서 β_j는 j번째 독립변수의 표준화된 회귀계수이며, S_j는 j번째 독립변수의 표준편차, S_Y는 종속변수의 표준편차, 그리고 b_j는 j번째 독립변수의 회귀계수를 말한다.

예를 들어 의복비(Y)에 대한 소득(X1)과 교육연한(X2)의 영향력을 보고자 할 때 의복비와 소득은 몇 십 만 또는 몇 백 만으로 측정되므로 표준편차의 크기도 매우 크다. 그에 비하여 교육연한은 십여 년이 최대한이므로 표준편차의 크기가 매우 작다. 따라서 영향력의 크기가 같을 때(표준화된 회귀계수가 같을 때), 교육연한의 경우에는 S_Y/S_2의 큰 값을 베타값에 곱해주어야 회귀계수가 되므로 회귀계수가 매우 커지게 된다.

참고 **회귀계수와 표준화된 회귀계수의 비교**

노인들의 자신감을 종속변수로 하고 의복관심, 용돈, 연령, 학력을 독립변수로 하여 회귀분석을 실시한 결과 회귀계수 b와 표준화된 회귀계수 β를 얻었다. 계수별 유의도 검정을 위한 t-값과 결정계수까지 포함된 결과는 아래 표와 같다. 용돈의 b값이 가장 컸으나, 종속변수인 자신감에 미치는 영향의 크기를 나타내 주는 β를 보면 의복관심의 영향력이 가장 큰 것을 알 수 있다. 다음이 용돈, 연령, 학력의 순서이며, 연령은 부적인 영향을 미친다. 이 경우의 회귀식을 구성해 보면 다음과 같다.

(자신감)=(10.480)+(0.287)×(의복관심)+(0.426)×(용돈)+(−0.078)×(연령)+(0.190)×(학력)

변인	b	β	t	R^2
의복관심	0.287	0.401	6.472	
용돈	0.426	0.182	2.921	0.271
연령	−0.078	−0.103	−1.637	
학력	0.190	0.082	1.226	
constant	10.480			

자료: 이명희, 이은실 (1997). 인구통계적 변인에 따른 노년 여성의 외모관심과 자신감에 관한 연구. p. 1077

중회귀분석을 사용한 연구

김성희 (2001). 패션 점포 유형별 소비자 만족과 재구매의도-의류 제품품질 및 서비스 품질의 영향을 중심으로-. **복식, 51**(1), 61-74.

이 논문에서는 패션 점포 유형별로 소비자 만족과 재구매의도 각각에 영향을 미치는 변인들의 영향력을 확인하기 위해 독립변수로 물리적 속성, 물리적 기능, 도구적 성과, 표현적 성과, 판매원, VMD, 점포의 정책, 고객의 편의를 설정하여 단계적 회귀분석을 실시하였다.

| 가변수 |

회귀분석에서 독립변수는 등간척도로 측정된 것이어야 한다. 그러나 연구를 수행하다 보면 명명척도로 측정될 수밖에 없는 경우들이 있다. 예컨대 성별, 결혼상태, 출신지역 등은 흔히 쓰이는 인구통계적 변수로서 명명척도로 측정할 수밖에 없다. 이와 같이 명명변수로 측정된 독립변수를 회귀분석에 포함시키고자 할 때에는 가변수(假變數, dummy variable)를 사용한다. 가변수는 어떤 속성의 존재를 '1'로, 부재를 '0'으로 하여 이진법으로 표시한 것이며 모조변수(模造變數)라고도 한다.

코딩

명명변수를 가변수로 회귀분석에 포함시키기 위해서는 이진법으로 코딩하여야 한다. 이때 필요한 항의 수는 명명변수의 유목(category) 수에서 하나를 뺀 숫자(k-1)이며, 가변수의 항은 일반적으로 'D'로 나타낸다. 예를 들어 성별을 가변수로 사용하려면 성별에 남녀의 두 개 유목이 있으므로 한 개의 항만 있으면 된다. 이 항을 남성 또는 여성으로 지정할 수 있는데, 남성으로 지정한 경우 남성표본에는 이 항에 '1'을, 여성 표본에는 이 항에 '0'을 변수값으로 주면 된다. 이와 마찬가지로, 사는 지역에 따라 의복비에 차이가 있는지 알아보기 위하여 A, B, C 세 개의 지역을 비교하였다면 이 변수의 영향을 분석하기 위해서 k-1=2개의 항이 필요하다.

의복비(Y)에 대한 소득(X)과 지역(A, B, C 지역)의 영향을 중회귀분석으로 분석하면 다음과 같은 수학적 모델이 된다.

$$Y_i' = a + b_1 X + b_2 D1 + b_3 D2$$

이와 같이 가변수의 각 항은 D1과 D2로 표시하며, 각각의 회귀계수를 갖는다. D1을 A지역, D2를 B지역으로 지정하면 각 지역은 각 항에 대하여 다음과 같이 코딩된다.

지역 \ 가변수	D1 (A지역)	D2 (B지역)
A지역	1	0
B지역	0	1
C지역	0	0

따라서 각 지역별 수학적 모델은 다음과 같다.

- A지역 $Y' = a + b_1 X + b_2 \times 1 + b_3 \times 0 = a + b_1 X + b_2$
- B지역 $Y' = a + b_1 X + b_2 \times 0 + b_3 \times 1 = a + b_1 X + b_3$
- C지역 $Y' = a + b_1 X + b_2 \times 0 + b_3 \times 0 = a + b_1 X$

각 수학적 모델을 그림으로 나타내면 그림 10-3과 같다.

아래 그림에서 보는 바와 같이 코딩할 때 항을 지정하지 않은 C지역이 기준이 되어 A지역은 이와 b_2만큼 차이가 나며, B지역은 b_3만큼 차이가 난다. 이때 b_2나 b_3가 음의 부호를 가지면 C지역보다 아래에 회귀선이 그려진다. 이와 같이 기준이 되는 C지역과 같은 유목을 준거유목(reference category)이라고 한다.

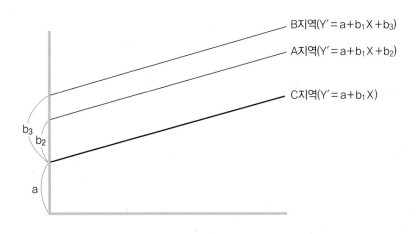

그림 10-3
지역별
회귀선

통계적 결론

가변수에 대한 통계적 결론은 각 항에 대한 검정을 통하여 내려질 수도 있고 또는 변수 자체에 대한 검정을 통하여 내려질 수도 있다. 앞의 예에서 각 지역에 대한 통계적 결론은 가변수의 각 항에 대한 회귀계수의 검정을 통하여 내려진다. 즉, b_2와 b_3에 대하여 각각 유의성을 검정하여 회귀계수가 유의할 경우 그 항이 준거유목에 비하여 유의하게 차이가 난다는 결론을 내린다. 만일 b_3가 통계적으로 유의하고 b_2는 유의하지 않다면, B지역 사람들의 의복비는 C지역에 비하여 유의하게 차이가 나며, A지역 사람들의 의복비는 C지역과 의미 있는 차이가 없다는 결론을 내린다.

'지역'이라는 변수의 영향력에 대하여 통계적 결론을 내리고자 할 때는 준거유목의 모델과 가변수의 항이 모두 포함된 모델을 비교하여 결정계수의 변화량의 차이를 가지고 유의성을 검정한다.

준거유목의 모델 $\qquad\qquad Y_i' = a + b_1 X$

가변수의 모든 항이 포함된 모델 $\quad Y_i' = a + b_1 X + b_2 D_1 + b_3 D_2$

위의 두 식에 따른 결정계수 변화량의 유의성은 다음 공식에 따라 F−비를 계산하여 검정한다.

$$F = \frac{(R^2_{Y \cdot 123} - R^2_{Y \cdot 1})/M}{(1 - R^2_{Y \cdot 123})/(N - k - 1)}$$

M : 가변수 항의 수

위의 식에서 분자$(R^2_{Y \cdot 123} - R^2_{Y \cdot 1})$는 독립변수가 X 하나일 때의 결정계수와 X, D1, D2를 모두 가질 때의 결정계수의 차이로, 이는 D1과 D2에 의한 설명력의 증가분을 의미한다. 위의 식에 따라 계산된 F−비를 F−분포표의 분자자유도(M)와 분모자유도 $(N-k-1)$가 만나는 위치의 임계치와 비교하여 계산된 F−비가 더 크면 가변수의 효과가 통계적으로 유의하다는 결론을 내리게 된다.

연구예 **가변수가 포함된 중회귀분석을 사용한 연구**

이윤정, Salusso, C. J., Lee, J. (2016). 의류학 전공 대학생들의 패션디자인 독창성에 대한 자기효능
감 연구. **한국패션디자인학회지, 16**(1), 117–132.

이 연구는 의류학 전공 대학생들의 패션디자인 독창성에 대한 자기효능감 수준을 알아보고자 단계적
회귀분석을 실시하였다. 1단계에서는 독립변수로 과거 성과, 대리 경험, 언어적 설득, 생리적 피드백을
투입했으며, 2단계에서는 성별, 거주지 등의 명명척도로 측정된 가변수를 독립변수로 투입하였다.

3 SPSS를 이용한 회귀분석

SPSS의 회귀분석 메뉴에서는 선형(linear), 곡선추정(curve estimation), 이분형 로
지스틱(binary logistic), 다항 로지스틱(multinominal logistic), 순서(ordinal), 프로빗
(probit), 비선형(nonlinear), 가중추정(weight estimation), 2단계 최소제곱(2-stage
least squares), 범주형 회귀(optimal scaling)의 여러 가지 기법을 제공하고 있으나,
이 절에서는 선형회귀분석기법만을 다룬다. 또한 선형회귀분석에서의 단순회귀분석
은 독립변수가 하나라는 점만 제외하면 분석과정 및 프로그램 활용법이 중회귀분석
과 동일하므로, 두 기법을 나누어 설명하기보다는 그 활용기능 중심으로 설명한다.

| 선형회귀분석에서의 변수 지정 |

기본 대화상자에서 종속변수와 독립변수를 지정한다. 변수목록 중 해당 변수를 선택
하여 화살표 버튼을 이용해서 종속변수 및 독립변수 항목으로 옮겨준다. 종속변수는
반드시 하나만을 지정해야 하고, 독립변수는 하나를 지정했을 때 단순회귀분석이 실
행되고 두 개 이상을 지정했을 때 중회귀분석이 실행된다.

한편 독립변수 블록(block)은 변수조합 및 입력방법을 달리하면서 아홉 개까지 지
정할 수 있는데, 독립변수 입력창 상단의 다음(next) 버튼을 클릭하면 새로운 독립변

수 블록 지정이 가능하다. 이전(previous) 버튼으로 앞서 설정한 블록을 선택한 후 변경할 수도 있다.

선택변수(selection variable)는 특정한 변수값을 갖거나 갖지 않는 표본에 대한 분석으로 한정하고 싶은 경우 독립변수나 종속변수에 포함되지 않은 변수 중에서 변수항목을 하나 선택하는 것이다. 예를 들어 의복비에 대한 소득의 영향력을 보고자 할 때 연령집단을 20세 이상으로 제한하고 싶을 경우 의복비를 종속변수로, 소득을 독립변수로 설정한 후 연령을 선택변수로 선택하고, 규칙(rule)에서 20세 이상을 적용시켜주면 된다.

케이스 레이블(case label)은 도표(plots) 결과의 각 포인트를 구별하는 데 사용할 변수값을 지정하는 옵션이다. WLS 가중값(WLS Weight; weighted least-squares) 분석 버튼을 클릭하면 가중치를 부여한 변수를 이동시킬 수 있는데, 이는 다른 변수항목에 포함되지 않은 변수에만 해당하는 옵션이다.

| 선형회귀분석 모델 |

회귀분석 모델은 독립변수가 투입되는 방법에 따라 입력(enter), 단계선택(stepwise), 제거(remove), 후진(backward), 전진(forward) 중에서 하나로 지정할 수 있다. 디폴트는 입력법이다.

입력법에서는 블록 내 모든 독립변수가 한 번에 강제 입력된다. 제거법에서는 반대로 블록 내 모든 변수가 한 번에 제거된다. 전진법에서는 변수 등록 순서에 따라 블록 내 독립변수가 한 번에 하나씩 입력된다. 후진법에서는 한 번에 블록 내 모든 변수를 입력한 후 제거순서에 따라 하나씩 차례로 제거한다. 단계선택법에서는 블록 내 변수에 대해 차례로 입력과 제거를 검토하게 되는데, 이는 곧 전진 단계적 선택과정이다.

그러나 어떤 모델을 사용하는가에 상관없이 모든 변수들은 회귀식에 포함되기 위해서 허용기준(tolerance criterion)을 통과해야 하는데, 그 기본값은 0.0001이다. 또한 어떤 변수가 이미 모델에 포함된 다른 변수의 오차수준을 기본값 이하로 떨어트리려야 식에 포함될 수 있다면 그 변수는 입력되지 못한다.

동일한 독립변수군이라 하더라도 블록에 따라 다른 분석모델을 지정해 놓으면 회귀분석 결과에서는 여러 가지 유형에 따른 결과를 한 번에 얻어 유의도와 결정계수를

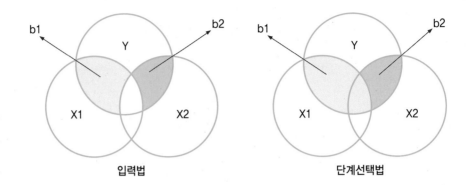

그림 10-4
입력법과
단계선택법에서의
설명력과 결정계수

입력법

단계선택법

비교해 볼 수 있다.

일반적으로 가장 많이 사용하는 모델인 입력법과 단계선택법에서의 독립변수별 설명력과 결정계수 크기는 그림 10-4의 벤도형으로 설명할 수 있다. 즉, 입력법은 해당 독립변수를 마지막으로 투입시켰을 때 증가된 설명력을 회귀계수로 가지며, 총설명분산은 개별 설명분산의 합이 된다. 그러나 단계선택법에서는 먼저 가장 설명력이 큰 독립변수가 투입된 후 남은 변수들 중 남은 분산에서의 설명력이 큰 변수가 그 다음 순서로 투입된다.

| 선형회귀분석에서의 하위 대화상자 |

통계량

통계량(statistics) 대화상자에서는 회귀계수에서 추정값(estimates), 신뢰구간(confidence intervals), 공분산 행렬(covariance matrix)을 선택하여 결과를 얻을 수 있고, 모형적합(model fit), R 제곱 변화량(R squared change), 기술통계(descriptives), 부분상관 및 편상관계수(part and partial correlations)[2], 공선성 진단(collinearity diagnostics)을 선택할 수 있다. 또한 잔차 검정을 위해 더빈-왓슨(Durbin-Watson)

---

2 SPSS 한글판에서는 편상관계수가 앞에서 설명한 부분상관계수(partial correlation)이며, 여기서의 부분상관계수(part correlation)는 독립변수에서만 통제변수의 영향을 제거하는 준부분 상관계수를 말한다.

값과 케이스별 진단(casewise diagnostics)을 지정할 수 있다.

추정값은 분석결과에서 회귀계수 b, 회귀계수의 표준오차, 표준화된 회귀계수 베타(β), b에 대한 t-값과 양측검정에 따른 유의수준으로 표시된다. 신뢰구간은 각각의 회귀계수에 대한 95% 구간을 보여준다. 공분산 행렬은 회귀계수에 대한 분산과 공분산 행렬을 표시하는 것이다. 대각선 위아래값은 공분산이고, 대각선상의 값은 분산이며, 상관계수도 함께 출력된다.

모형적합은 모델에 입력되고 제거된 변수들을 나열한 후 다중상관계수 R, 결정계수 R^2, 수정결정계수, 추정값의 표준오차와 더불어 분산분석표를 보여준다. R제곱 변화량은 R^2의 변화량, F값의 변화량, 유의수준을 보여준다. 기술통계는 유효 표본수와 각 변수별 평균 및 표준편차와 더불어 단측 유의수준의 상관행렬표를 보여준다. 부분상관 및 편상관계수는 0차 상관과 부분상관, 편상관계수를 보여준다.

공선성 진단은 분산팽창계수(VIF; variance inflation factor) 및 허용값(tolerance)과 함께 고유근(eigen value), 교차곱행렬(cross-product matrix), 상태지수(condition index), 분산분해비율(variance-decomposition proportion)을 표시한다. 공선성진단 결과 분산팽창계수가 10 이상인 경우와 상태지수값이 30 이상인 고유근의 분산분해비율이 0.50 이상인 변수들 사이에는 공선성이 있다고 할 수 있다.

더빈-왓슨은 잔차의 계열 상관을 검정해 주고, 케이스별 진단은 명시값을 설정한 경우 밖으로 나타나는 이상값을 갖는 케이스에 대해서 혹은 모든 케이스에 대해서 실행할 수 있다.

도표

도표(plots)에서의 산점도(scatter)는 분산의 정규성, 선형성, 동질성에 관한 추정의 타당성 입증을 돕는 역할을 하며, 케이스들의 윤곽과 이상값들을 발견하는 데도 활용된다. X축과 Y축으로 선택 가능한 항목은 종속변수(DEPENDENT; dependent variable), 표준된 예측치(ZPRED; standardized predicted values), 표준화된 잔차(ZRESID; standardized residuals), 삭제 잔차(DRESID; deleted residuals), 수정된 예측치(ADJPRED; adjusted predicted values), 스튜던트화된 잔차(SRESID; Studentized residuals), 스튜던트화된 삭제 잔차(SDRESID; Studentized deleted residuals)이다.

분산의 선형성과 동질성을 확인하고 싶으면 표준화된 잔차와 표준화된 예측치를 설정하면 된다. 독립변수 조합을 아홉 개까지 설정할 수 있었던 것처럼 여기에서도 다음(next) 버튼을 사용하면 여러 개의 산점도를 한 번에 얻을 수 있다.

표준화 잔차도표(standardized residual plots)는 히스토그램(histogram) 혹은 정규분포곡선과 비교한 표준잔차 분포를 보여주는 정규확률도표(normal probability plot)로 얻을 수 있다.

편회귀잔차도표 모두 출력(produce all partial plots)이라는 옵션을 선택하면 독립변수들이 나머지 독립변수들과 분리되어 회귀되었을 때 각 독립변수 및 종속변수의 잔차를 보여준다. 이 옵션은 적어도 두 개의 독립변수가 회귀식에 들어 있을 때 쓸 수 있다.

저장

저장(save) 옵션은 임의로 선택한 회귀분석 결과 값들을 자료 내의 새로운 변수로 저장시키는 기능을 한다. 회귀모델에서 얻을 수 있는 예측값(predicted values)으로는 표준화하지 않은 비표준예측치(unstandardized), 표준화한 표준예측치(standardized), 수정된 수정예측치(adjusted), 평균 예측치의 표준오차(S. E. of mean predictions)를 선택할 수 있다.

회귀모델에 큰 영향을 주는 값인 거리(distances)로는 마라하노비스의 거리(Mahalanobis), 쿡의 거리(Cook's), 레버리지 값(Leverage values)을 선택할 수 있다. 예측구간(prediction intervals)은 평균과 개별 관찰값에 대한 신뢰구간을 설정하여 구할 수 있다.

잔차(residuals)는 종속변수의 실제값에서 회귀식을 통해 예측한 값을 뺀 것으로 표준화되지 않은 비표준잔차(unstandardized), 표준화된 표준잔차(standardized), 스튜던트화된 잔차(Studentized), 제외 잔차(deleted), 삭제된 스튜던트화 잔차(Studentized deleted)가 있다.

선택할 수 있는 영향력 통계량은 특정 사례의 제외로 발생할 수 있는 회귀계수의 변화량인 DFBETA(DfBeta)와 표준화 DFBETA(standardized DfBeta), 특정사례가 제외될 때의 예측치 변화인 DFFIT(DfFit)와 표준화 DFFIT(Standardized DfFit), 그리고 특정 사례의 제외 시 공분산행렬식과 비제외 시 공분산행렬식의 비율인 공분산 비율(covariance ratio)이다.

또한 새로운 파일 이름을 지정하여 계수 통계량을 저장할 수 있고, 모형정보를 내보내기 하여 XML 파일로도 저장할 수 있다.

옵션

옵션(option) 대화상자에서는 회귀모델에서 변수를 등록, 제거, 선택하는 기준을 설정하고 결측값 처리를 지정할 수 있다.

단계선택법, 전진법, 후진법에서 변수를 등록하고 제거하는 기준으로 F-확률(F-유의도; F-probability)과 F-값(F-value)의 둘 중 하나를 지정해야 하고, 선택한 경우에 대해 진입(entry)과 제거(removal)의 기준을 입력해야 한다. 기본값은 F-확률에서의 진입이 0.05, 제거가 0.10이다.

결측값(missing values) 처리에 대해서는 목록별 결측값 제외(exclude cases listwise), 대응별 결측값 제외(exclude cases pairwise), 평균으로 바꾸기(replace with mean) 중 하나를 지정해야 한다.

방정식에 상수항 포함(include constant in equation)은 기본으로 설정되어 있는데, 회귀모델에서 상수항을 포함한 회귀식을 구성한다는 옵션이다. 만약 상수항을 제거하고 싶다면 설정된 상태를 해제해 주면 된다.

이상 각 대화상자의 여러 가지 기능을 간략하게 설명하였으나, 실제로 회귀분석을 할 때 모든 기능을 다 검토, 지정하여 사용할 필요는 없다. 다음 예제를 통해 SPSS를 이용한 회귀분석의 필수적인 과정을 확인하기 바란다. 또한 본문 중에 자세하게 언급하지 못한 통계량의 개념에 관련된 구체적인 설명은 이 책의 범위를 넘어가는 것이므로 필요한 경우 회귀분석 관련 전문서적을 참조하기 바란다.

SPSS를 이용한 회귀분석

1. 분석(Analyze) 메뉴에서 회귀분석(Regression)에 커서를 가져가면 선형(Linear)을 선택할 수 있다.
   ▷분석(Analyze)　▶회귀분석(Regression)　▶▶선형(Linear)

2. 선형 분석 대화상자가 나타나면 왼쪽 창에서 분석할 변수를 종속변수(Dependent)와 독립변수(Independent, Block)를 구분하여 오른쪽 창으로 옮기고, 방법(Method)을 선택한다.

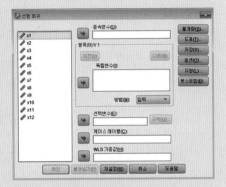

3. 통계량(Statistics)을 클릭하여 기본 설정값 외에 추가로 구하고자 하는 통계량을 선택한다.

4. 도표(Plots)를 클릭하여 X축과 Y축에 원하는 항목을 선택하거나 기타 옵션을 지정할 수 있다.

(계속)

5. 저장이 필요한 경우에는 저장(Save) 대화상
   자를 이용한다.

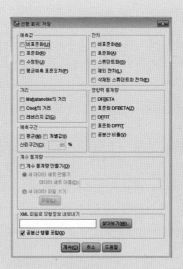

6. 옵션(Options) 대화상자에서 선택법 기준과
   결측값 처리법 등을 변경할 수 있다.

7. 하위 대화상자에서 계속(Continue) 버튼을 누르고 주대화상자에서 확인(OK) 버튼을 누르면 결과
   를 얻을 수 있다.

회귀분석

자료: 면직물의 두께와 자외선 흡수제 처리 여부에 따른 자외선 차단율 실험값 10쌍은 다음과 같다. 자외선 흡수제 처리 여부는 모조변수화하여 미처리는 0, 처리는 1로 코딩하였다.

두께(mm)	0.20	0.20	0.25	0.25	0.30	0.30	0.35	0.35	0.40	0.40
처리	0	1	0	1	0	1	0	1	0	1
차단율(%)	10	18	12	25	18	32	22	44	30	50

분석: 선형 ▷▷ 종속변수로 차단율, 독립변수로 두께와 처리 지정, 입력법 선택

▷▷ 하위 대화상자는 디폴트로 둠

자료입력:

	♣직물	✎두께	✎처리	✎차단율	변수	변수	변수
1	1	.20	0	10			
2	2	.20	1	18			
3	3	.25	0	12			
4	4	.25	1	25			
5	5	.30	0	18			
6	6	.30	1	32			
7	7	.35	0	22			
8	8	.35	1	44			
9	9	.40	0	30			
10	10	.40	1	50			

결과:

1. 입력된 변수는 '처리'와 '두께'이며 회귀 모델은 입력법(Enter)이고 종속변수는 '차단율'이다.

2. 상수와 두 개의 독립 변수를 포함한 R은 0.977이고 결정계수 R^2은 0.9540이며, 수정 결정계수는 0.941, 추정치의 표준오차는 3.197이다.

3. 회귀모형의 F-값은 72.267이며, 유의확률은 0.000으로서 0.1% 수준보다 훨씬 작으므로 두 개의 독립변수로 종속변수를 설명하는 회귀식은 매우 유의하다.

4. 독립변수인 '처리'와 '두께'는 모두 통계적으로 유의하다.

5. 회귀식에서의 상수값은 −21.500이고 '두께'의 회귀계수는 133.000, '처리'의 회귀계수는 15.400이다. 직물의 두께가 1mm 증가하면 차단율이 133% 증가하며, 처리한 직물은 처리하지 않은 직물보다 차단율이 15.4% 높다. 본 예에서는 두께가 0.20~0.40이므로 0.1mm 증가하면 차단율 13.3%가 증가할 것으로 예측된다.

6. 두 독립변수의 표준화된 회귀계수 베타값은 각각 0.756과 0.619이며, 두 변수 모두 종속변수에 유의한 영향을 미친다.

(계속)

7. 최종 회귀식을 구성해 보면, '차단율=−21.50 +133.0×(두께)+15.40×(처리)'이다. 예컨대 두께가 0.50mm이고 처리를 하지 않은 면 직물의 차단율을 '−21.50+133.0×0.50+ 15.40×0'으로 구해보면 45%라는 값을 얻게 되는 것이다.

8. 결정계수가 0.954였으므로, 두 개의 독립변수에 의해 종속변수는 95.4%만큼 설명된다.

입력/제거된 변수ª

모형	입력된 변수	제거된 변수	방법
1	처리, 두께ᵇ	.	입력

a. 종속변수: 차단율
b. 요청된 모든 변수가 입력되었습니다.

모형 요약

모형	R	R 제곱	수정된 R 제곱	추정값의 표준 오차
1	.977ª	.954	.941	3.197

a. 예측자: (상수), 처리, 두께

ANOVAª

모형		제곱합	자유도	평균제곱	F	유의확률
1	회귀	1477.350	2	738.675	72.267	.000ᵇ
	잔차	71.550	7	10.221		
	전체	1548.900	9			

a. 종속변수: 차단율
b. 예측자: (상수), 처리, 두께

계수ª

모형		비표준화 계수		표준화 계수	t	유의확률
		B	표준화 오류	베타		
1	(상수)	-21.500	4.521		-4.755	.002
	두께	133.000	14.298	.756	9.302	.000
	처리	15.400	2.022	.619	7.616	.000

a. 종속변수: 차단율

경로분석

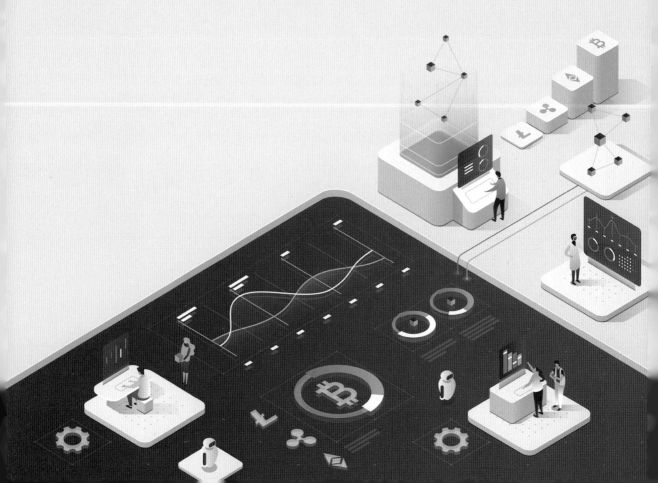

1 경로모형의 구성

경로분석(經路分析, path analysis)은 회귀분석의 원리를 이용하여 등간/비율척도로 측정된 양적 변수들 사이의 인과적 관계(因果的關係, causal relationship)를 분석하는 기법이다. 경로분석을 하기 위해서는 우선 인과관계를 가정한 경로모형을 구성하여야 하며 이 경로모형에 따라 인과적 영향력의 흐름을 분석한다.

| 인과적 가정 |

경로분석에서는 통계적 분석과정 못지않게 타당한 경로모형의 구성이 중요하다. 타당한 경로모형을 구성하기 위해서는 변수들 사이의 인과관계를 뒷받침해주는 이론적 구성이 탄탄해야 한다.

인과관계

인과관계(causation)는 상관의 한 유형이라고 볼 수 있다. 상관은 한 변수(X)의 변화가 다른 변수(Y)의 변화와 체계적으로 관련되어 있어 두 변수가 공변이(共變異, covariation)를 일으키는 것을 말하며 'X가 증가하면 Y가 감소한다.' 하는 식으로 서술될 수 있다. 두 변수 사이의 인과관계는 'X의 증가가 Y의 감소를 가져온다.'는 식으로, X가 Y의 변화의 원인이며 Y의 변화는 X의 변화에 의해서만 일어날 때 성립된다.

인과관계 가정의 조건

변수들 사이의 인과관계를 가정하려면 다음과 같은 조건을 충족시켜야 한다. 따라서 경로모형을 구성할 때는 변수들 사이의 관련이 이러한 조건을 충족시키는지 확인해 보아야 한다.

공변이

두 변수가 인과관계를 가지려면 우선 공변이를 일으켜야 한다. 즉, 서로 상관관계가 있어야 한다는 것이다. 공변이는 인과관계를 위하여 필요한 조건이지만 충분한 조건은 되지 못한다.

시간적 순서

시간적 순서(time order)는 X의 변화가 Y의 변화보다 시간적으로 앞서야 인과관계가 성립된다는 것이다. 즉, 시간적으로 Y가 X의 영향을 받는 것은 가능하지만 X가 Y의 영향을 받는 것은 불가능한 것으로, 이것을 비대칭성이라고 한다.

예를 들어 부모의 키와 자녀의 키가 상관이 있을 때, 부모의 존재가 자녀보다 시간적으로 앞서기 때문에 부모 키가 자녀 키에 영향을 미치는 것은 가능하지만, 자녀 키가 부모 키에 영향을 미치는 것은 불가능하다.

이러한 비대칭성은 소비자행동을 경로모형으로 설명하는 데 유용하다. 그 이유는 응답자의 인구통계적 특성들이 연구에서 측정하는 행동변수보다 시간적으로 앞서 형성된 것이므로 행동의 원인으로 가정할 수 있기 때문이다.

비허구성

인과관계를 가정하기 위해서는 공변이와 시간적 순서가 만족되는 것 이외에 X와 Y의 관련성이 다른 공통적 원인(Z)의 영향으로 나타나는 것이 아니어야 한다는 조건을 충족시켜야 한다. 이를 인과관계의 비허구성(非虛構性, nonspuriousness)이라 한다. X와 Y의 관련성이 Z로부터의 공통적 영향에 의하여 나타나는 것이라면 이러한 관련성은 '허구적 관계'로서 만약 Z의 영향을 통제하면 X와 Y의 관련성은 사라지게 된다.

예를 들어 거주하는 주택의 규모(X)와 구매하는 의복의 가격대(Y)가 서로 상관이

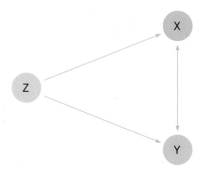

있다는 결과가 나왔다 하더라도, 개인의 소득수준이 이 두 가지에 공통적으로 영향을 미쳤기 때문이어서 소득을 통제했을 때 두 변수 사이의 관련성이 사라져 버린다면 거주하는 주택의 규모와 구매하는 의복의 가격대가 보였던 관련성은 허구적인 관계인 것이다.

| 경로모형의 구성 |

변수들 사이의 가설적 인과관계를 인과적 도형(causal diagram)으로 도식화한 것을 경로모형이라고 한다. 인과적 도형을 그릴 때에는 다음과 같은 몇 가지 규칙을 따라야 한다.

- 변수의 명칭은 변수의 내용을 의미하는 약식문자로 나타낸다. 예를 들어 유행선도력(Fashion Leadership) 변수는 'FL', 의복흥미(Clothing Interest) 변수는 'CI', 교육수준(Education) 변수는 'ED' 등과 같이 영문 머리글자를 사용하기도 하고, 변수명이 간단할 때에는 그대로 사용하기도 한다. 모형이 복잡해지지 않도록 간단하게 표시하되, 변수내용을 짐작하기 쉽도록 한다.
- 왼쪽에서 오른쪽으로 경로가 흐르도록 인과적으로 앞선 원인변수를 왼쪽에, 결과변수를 오른쪽에 놓고, 인과관계를 한쪽 방향의 직선화살표로 표시한다. 가설적 관계에 따라 화살표에 '+' 또는 'V'를 붙여준다.
- 상관관계는 있으나 인과적으로 관련되어 있지 않다고 가정된 변수들은 수평축 상의 같은 위치에 놓고, 양방향 곡선 화살표로 표시한다.
- 결과변수의 분산 중 원인변수에 의하여 설명되지 못하는 잔여분산은 오른쪽 위에서부터 오는 화살표에 'V'자로 표시한다.

표 11-1 인과적 도형의 예	기초적 인과도형	도형의 의미
	A ──────→ B	A의 증가는 B의 증가를 가져오는 직접적인 원인이다.
	A + B − C	A는 C에 대하여 B를 통한 간접효과를 갖는다. A와 C의 관계는 두 경로부호를 곱한 '−'관계이다.
	A ──→ C, A ──→ B ──→ C	A와 C 사이의 인과관계에는 직접효과와 B를 통한 간접효과의 두 가지 경로가 있다.
	A ──→ B, A ──→ C	A가 B와 C의 공통원인이 되므로 B와 C는 허구적 관계를 가질 수 있다.
	A ──────→ B ↖V	B의 분산이 A에 의하여 완전히 설명되지 못하고 잔여분산이 있다.
	A ⤸ B	A와 B는 공변이를 갖지만 인과관계를 갖지는 않는다.

표 11-1에는 기초적 인과도형의 형태와 의미가 설명되어 있다.

2 경로분석의 과정

경로분석은 가설적 경로모형의 구성, 모형이 제시하는 인과관계에 따른 일련의 회귀분석 실시, 그리고 경로계수의 추정과 경로모형의 수정이라는 과정으로 진행된다. 경로분석의 과정을 독립변수가 하나이거나 또는 독립변수가 두 개 이상이라도 서로 상관관계가 없는 단순한 경로모형의 예와, 독립변수들이 두 개 이상이고 이들이 서로 상관을 갖는 예를 통하여 설명하고자 한다.

| 경로분석 과정의 예 (I) |

경로모형의 첫 원인변수가 하나이거나, 또는 두 개 이상이더라도 독립변수들 사이에 서로 상관관계가 없는 경우이다.

가설적 경로모형의 구성

이론적 배경에 근거하여 다음과 같은 가설적 경로모형을 구성한다. 여기에서 '가설적'이라고 부르는 이유는 경로모형의 각 경로들이 경로분석 결과에 따라 유의한 것과 그렇지 못한 것으로 판정되며, 이 결과에 따라 모형이 수정될 가능성이 있기 때문이다. 그림 11-1은 소득, 신용카드 소지, 충동구매의 관계를 가설적 경로모형으로 구성한 것이다.

아래 모형에서 제시하고 있는 가설의 내용을 살펴보자. 먼저 소비자의 충동구매는 소득의 직접적인 영향을 받아 소득이 많을수록 충동구매를 많이 할 것이다. 또한 소득이 많으면 신용카드를 여러 개 갖게 되며, 소지한 신용카드수가 많을수록 충동구매

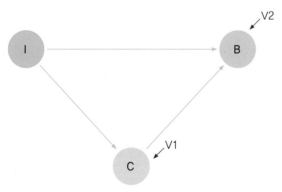

I　：소득(Income)
B　：충동구매(Impulse Buying)
C　：소지한 신용카드수(Number of Credit Cards)
V1：소지한 신용카드수의 분산 중 소득에 의하여 설명되지 못하는 잔여분산
V2：충동구매의 분산 중 소득과 신용카드수에 의하여 설명되지 못하는 잔여분산

그림 11-1
가설적
경로모형의 예 (I)

표 11-2
소득, 신용카드수,
충동구매 정도에
대한 조사자료의 예

표본번호	월 가계소득 (단위: 만원)	소지한 신용카드수	충동구매점수*
1	250	3	32
2	380	5	48
3	320	4	40
4	250	2	22
5	280	3	30
6	300	3	32
7	220	2	19
8	200	1	21
9	180	1	16
10	400	3	42
11	320	3	31
12	350	3	38

* 충동구매 정도는 5점 리커트형 척도 10문항에 대한 응답으로 측정하여 그 합을 제시하였으며, 점수가 높을수록 충동구매 정도가 높은 것이다.

를 많이 할 것이다. 따라서 소득은 충동구매에 직접적으로 영향을 미칠 뿐 아니라 신용카드수를 통하여 간접적인 영향도 미칠 것이다.

이러한 경로모형을 검정하기 위하여 수집한 자료의 예는 표 11-2와 같다.

경로계수의 추정과 모형의 수정

변수 간의 가설적 인과관계를 통계적으로 검정하기 위하여서는 각 경로의 경로계수(path coefficient; P)를 추정하여야 한다. 경로계수 추정치는 회귀분석을 통하여 얻게 되는데, 이때 회귀분석 모델은 입력법(enter)을 사용하며, 회귀분석 결과에서의 표준화된 회귀계수(β)가 바로 경로계수가 된다.

경로계수를 얻기 위해서는 경로모형의 왼쪽에서부터 출발하여 인과관계의 결과변수(화살표의 화살이 가리키는 변수)를 종속변수로, 원인변수(화살표가 출발한 변수)를 독립변수로 하여 회귀분석을 단계별로 실시한다.

그림 11-1의 예에서는 그 첫 단계로서 카드수를 종속변수로 하고 소득을 독립변수로 하여 단순회귀분석을 실시하게 된다. 이 분석결과 얻어지는 β_{CI}가 카드수와 소득

독립변수 \ 종속변수	소지한 신용카드수	충동구매
소득	0.812**	0.562**
소지한 신용카드수	–	0.455*
결정계수(R^2)	0.659**	0.938**

표 11-3
소득, 신용카드수,
충동구매자료의
회귀분석 결과
(표준화된 회귀계수)

* p<0.05   ** p<0.01

사이의 경로계수인 P_{CI}가 된다. 이때 만일 회귀계수 b_{CI}가 통계적으로 유의하지 않다면 이 경로는 존재하지 않는 것으로 결론 내리고 모형에서 삭제해야 한다.

이어서 충동구매를 종속변수로 하여 회귀분석을 실시하는데, 이때에는 원인변수(충동구매를 향하여 화살표가 출발한 변수)가 소득과 카드수 두 개이므로 중회귀분석을 실시한다. 분석결과 $\beta_{BI \cdot C}$가 충동구매와 소득 사이의 경로계수 $P_{BI \cdot C}$, $\beta_{BC \cdot I}$가 충동구매와 카드수 사이의 경로계수인 $P_{BC \cdot I}$가 된다. 이 경로계수들은 부분상관에서부터 출발한 것이므로, $P_{BI \cdot C}$는 카드수의 영향을 통제한 상태에서 소득이 미치는 영향을, $P_{BC \cdot I}$는 소득의 영향을 통제한 상태에서 카드수가 미치는 영향을 나타낸다.

회귀분석결과 각 회귀계수의 유의도 검정을 통해 통계적으로 유의하지 않은 경로를 삭제하여 모형을 수정한다. 모형이 수정되면 남는 독립변수만으로 다시 회귀분석을 실시하여 경로계수를 조정한다.

표 11-2에 있는 자료를 이용하여 회귀분석을 실시한 결과는 위의 표 11-3과 같다. 이 결과를 원래의 경로모형에 대입하면 아래 그림 11-2와 같다.

신용카드수를 종속변수로 두고 소득을 독립변수로 둔 단순회귀분석 결과 소득의

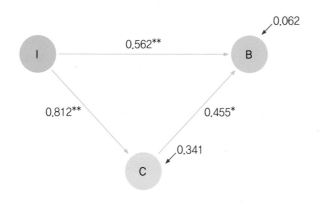

그림 11-2
완성된
경로모형(I)

표준화된 회귀계수, 즉 경로계수가 유의하였으므로, 소득은 신용카드수에 유의한 영향을 미친다. 즉 소득이 많은 사람은 더 많은 신용카드를 소지한다.

충동구매를 종속변수로 하고 소득과 신용카드수를 독립변수로 한 중회귀분석결과 소득 및 신용카드수의 경로계수가 모두 유의하였으므로, 소득이 많을수록 그리고 신용카드를 많이 소지할수록 충동구매를 많이 한다고 할 수 있다. 즉, 소득은 충동구매에 직접적인 영향을 미칠 뿐만 아니라 신용카드 소지를 통한 간접적인 영향도 함께 미친다.

이로써 가설적 경로모형이 확인되었다.

| 경로분석 과정의 예 (II) |

두 번째 예에서는 독립변수들 사이에 상관관계가 있는 경우의 경로분석과정에 대하여 설명한다.

가설적 경로모형의 구성

이론적 배경에 근거하여 그림 11-3과 같은 가설적 경로모형을 구성하였다. 이 경로모형에 의하면, 소비자의 새로운 패션수용정도(F)는 의복구매 시 광고나 디스플레이 등 기업으로부터의 정보를 사용하는 정도(I)의 영향을 받는다. 그런데 기업정보원 사

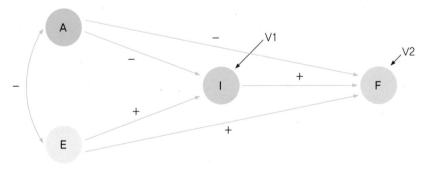

그림 11-3
가설적
경로모형의 예 (II)

A : 연령 (Age)
E : 교육수준(Education)
I : 기업정보원 사용(Information)
F : 패션수용(Fashionability)
V1, V2 : 잔여분산

	연령(A)	교육(E)	기업정보원 사용(I)
교육(E)	−0.310		
기업정보원 사용(I)	−0.340	0.145	
패션수용(F)	−0.283	0.248	0.536

표 11-4
경로모형(II)에
포함된
변수들 사이의
적률상관계수

용정도는 연령(A)과 교육수준(E)의 영향을 받으며, 연령과 교육수준은 서로 부적 상관관계를 갖는다.

그림과 같은 경로모형에서 패션수용에 영향을 미치는 변수들과 경로를 보면, 우선 연령이 패션수용에 직접적인 부적 영향을 미친다. 즉 소비자가 젊을수록 패션수용이 높다. 또한 젊은 소비자들은 기업정보에 많이 노출되므로 기업정보원 사용을 통한 간접경로도 존재한다. 즉, 젊은 소비자는 기업광고를 많이 보게 되고, 기업광고를 많이 보기 때문에 패션수용이 높다. 이와 마찬가지로 교육수준도 패션수용에 직접적인 영향을 미치는 한편 기업정보원 사용을 통한 간접경로로 영향을 미치기도 한다.

또한 이 모형에서는 연령과 교육이 서로 부적 상관을 가지고 있어서 이들의 상관관계를 통한 경로도 존재한다. 연령이 교육을 통하여 기업정보원 사용과 패션수용에 영향을 미치는 것이다. 따라서 연령이 패션수용에 영향을 미치는 경로에는 직접경로, 기업정보원 사용을 통한 간접경로, 교육을 통한 간접경로가 존재한다.

위의 표 11-4는 이 변수들 사이의 상관관계분석 결과이다.

경로계수의 추정과 모형의 수정

경로모형에 포함된 각 경로의 경로계수를 추정하고 경로의 유의성을 검정하기 위하

종속변수 독립변수	기업정보원 사용(I)	패션수용(F)
연령(A)	−0.326 *	−0.068 *
교육(E)	0.044	0.156 *
기업정보원 사용(I)	−	0.490 *
결정계수(R²)	0.116 *	0.320 *

* $p < 0.05$

표 11-5
경로모형(II)에
포함된
변수들 사이의
회귀분석 결과
(표준화된 회귀계수)

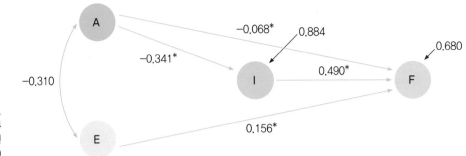

그림 11-4
수정된
경로모형(Ⅱ)

여 다음과 같은 회귀분석을 실시한다. 우선 기업정보원 사용을 종속변수로, 연령과 교육을 독립변수로 하는 중회귀분석을 실시하고, 이어서 패션수용을 종속변수로, 연령, 교육, 기업정보원 사용을 독립변수로 하는 중회귀분석을 실시한다. 회귀분석 결과로부터 얻은 표준화된 회귀계수는 표 11-5와 같다.

표 11-5의 결과에 의하면, 우선 기업정보원 사용을 종속변수로, 연령과 교육수준을 독립변수로 하는 회귀식은 결정계수를 통하여 유의한 것으로 나타났다. 그러나 경로계수에 대한 검정 결과, 기업정보원 사용에 대하여 연령은 부적으로 의미 있는 영향을 미치지만 교육수준은 영향을 미치지 않는 것으로 나타났다. 따라서 교육에서 기업정보원 사용으로 가는 경로는 존재하지 않음을 알 수 있으며, 경로모형은 이 결과에 따라 그림 11-4와 같이 수정되어야 한다. 이 새로운 모형에 따라 연령만을 독립변수로 하는 새로운 회귀분석을 실시하여야 하며, 이 분석결과로 연령으로부터 기업정보원 사용으로 가는 경로계수와 결정계수가 조정된다.

두 번째 중회귀분석의 결과에 의하면, 패션수용을 종속변수로, 연령, 교육, 기업정보원 사용을 독립변수로 하는 회귀식도 결정계수의 검정결과 유의한 것으로 나타났으며, 각 독립변수로부터의 경로계수도 모두 유의한 것으로 나타났다.

수정된 경로모형의 결과를 보면, 연령은 기업정보원 사용을 통하여 패션수용에 영향을 미치는 간접경로가 직접경로보다 더 크며, 반면에 교육은 기업정보원 사용에는 영향을 미치지 않지만 직접경로를 통한 패션수용에의 영향력은 유의한 것으로 나타났다.

이 경로모형에서 연령이 패션 수용에 미치는 총효과를 경로분석 결과에 따라 설명

효과	경로	효과의 크기
총효과(관찰된 상관) (인과적 효과+비인과적 효과)	A ────→ F A ──+→ I ──→ F A ──+→ E ──→ F	−0.283 (−0.235+(−0.048))
인과적 효과 (직접효과+간접효과)	A ────→ F A ──+→ I ──→ F	−0.235 (−0.068+(−0.167))
직접효과	A ────→ F	−0.068
간접효과	A ──→ I ──→ F	−0.167 (−0.341×0.490)
비인과적 효과	A ──→ E ──→ F	−0.048 (−0.310×0.156)

표 11-6
패션수용에 대한 연령의 총효과와 경로별 효과

하여 보면 표 11-6과 같다. 연령과 패션수용 사이의 상관을 그대로 보면 −0.283이지만, 그 상관의 내용을 경로분석으로써 보다 구체적으로 살펴볼 수 있다. 새로운 것을 좋아하는 젊은이의 특성상 새로운 패션을 쉽게 채택하는 부분도 있지만 이러한 영향은 비교적 약하고, 오히려 젊은이들이 기업정보원을 많이 사용하기 때문에 기업정보를 통하여 새로운 패션을 빨리 수용하는 측면이 강하다는 것을 알 수 있다. 또한 사회 전반적으로 교육수준이 이전에 비하여 높아졌기 때문에 젊은층은 교육수준이 높고(r=−0.310), 교육수준이 높은 사람들의 특성상 새로운 것에 대한 탐구나 수용이 높아 결과적으로 젊은층의 패션수용이 높은 것으로 나타났다.

이와 같이 경로분석은 현상의 원인을 규명하고 영향력이 흐르는 경로를 밝혀주기 때문에 복잡한 인간행동을 설명하는 데 매우 유용하다. 그러나 이론적으로 타당한 경로모형을 구성하는 것이 선행되어야 한다.

일반적으로 경로분석을 위해서는 경로분석만을 위한 별도의 분석기법을 사용하는 것이 아니라 본문에서 제시한 바와 같이 상관관계와 회귀분석을 이용하여 경로분석 과정을 거치게 된다. 최근에는 리즈렐(LISREL)이나 아모스(AMOS) 등 구조방정식모델 (Structural Equation Modeling)을 위한 통계 패키지를 이용하여 경로분석을 실행하는 방법이 널리 활용되고 있다.

연구예　**경로분석을 이용한 연구**

Kim, H-S., & Damhorst, M. L. (1998). Environmental concern and apparel consumption. **Clothing and Textiles Research Journal, 16**(3), 126-133.

이 논문에서는 환경의식적인 의복 소비행동(EABEHAVIOR; environmentally responsible apparel consumption behavior)에 영향을 주는 경로를 확인하기 위해 환경의식적인 의복 소비행동에 관한 지식(EAKNOWLEDGE; consumer's knowledge of the environmental impact of apparel products), 일반적인 환경의식적 행동(EGBEHAVIOR; general environmentally responsible behavior), 환경의식척도(NEP; New Environmental Paradigm scale)의 변수를 포함한 가설적 경로모형을 구성하였다. 가설적 모델에 대한 회귀분석 검증 결과 NEP에서 EABEHAVIOR에 이르는 경로의 유의성이 확인되지 않았으므로, 추가 회귀분석을 실시하여 유의성을 확인한 후 아래와 같은 대안적 경로모델을 제시하였다.

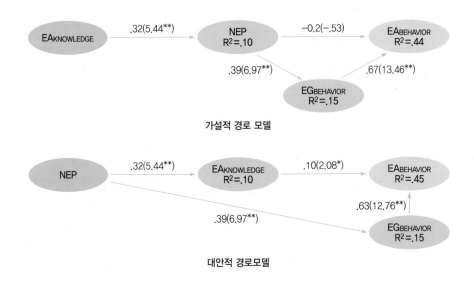

가설적 경로 모델

대안적 경로모델

경로분석을 이용한 연구

김수진, 정명선 (2005). 의류제품 구매시 소비자의 점포충성도에 미치는 점포지각변인의 경로분석.
한국의류학회지, 29(2), 356-366.

이 논문에서는 의류제품 구매시 점포지각변인과 점포충성도의 인과관계를 검증하기 위해 경로모형
을 구성하고 SPSS를 활용하여 다중회귀분석, 경로분석을 실시하였다. 결과적인 인과모형은 아래 그
림과 같다.

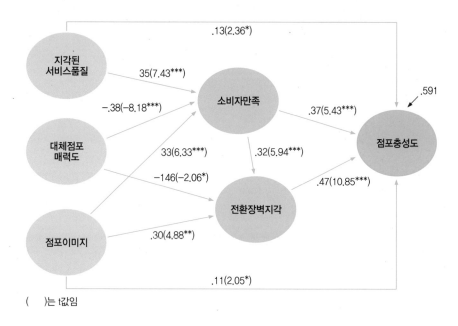

( )는 t값임

요인분석

1 요인분석의 기능과 종류

요인분석(要因分析, factor analysis)은 변수들 사이의 상관관계를 기초로 하여 변수들 안에 내재하는 체계적 구조를 규명하는 것이다. 요인분석에 사용되는 변수들은 모두 등간/비율척도로 측정된 자료들이어야 하며, 표본수가 변수수의 4~5배 이상 되어야 한다. 표본수가 충분하여야 요인이 안정적으로 추출되며, 표본수가 적을 때에는 표본특성에 따라 다른 결과를 보이게 된다.

| 요인분석의 개괄 |

변수들 사이에 상호관련성이 있다는 것은 변수를 구성하는 내용들에 공통성이 있다는 것을 의미하며, 요인분석은 이러한 공통성을 찾아 밝혀내는 분석기법이다.

각 변수들은 여러 가지 요인에 의하여 구성되며, 이러한 구성특성에 따라 변수특성을 갖는다. 그림 12-1을 보면, 각 변수에 공통적으로 존재하는 공통요인(common factor)들이 있고, 특정변수에만 존재하는 특정요인(specific factor, unique factor)이

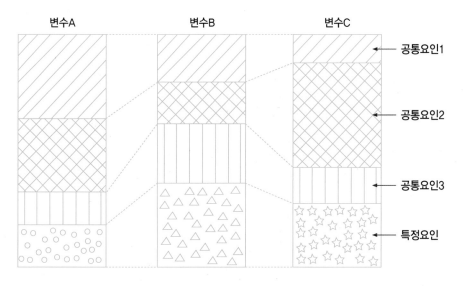

그림 12-1
변수의
구성과 요인

있다. 요인분석에서는 공통요인을 추출하여 이들의 특성이 무엇인지 밝혀내는 것이 주된 목적이며, 흔히 공통요인을 줄여서 '요인'이라고 부른다.

예를 통하여 개괄적으로 요인분석의 개념을 설명하면 다음과 같다. 우리나라 성인여성의 체형을 분석하기 위하여 성인여성 200명을 대상으로 30개의 항목을 계측하였다고 가정해 보자. 이때 측정된 각 항목들이 변수가 된다. 각 항목들은 신체특성을 반영하는데, 그 반영하는 내용이 계측부위에 따라 차이가 있다. 30개 항목들 중에는 서로 높은 상관관계를 갖는 항목들도 있고 다른 항목과 별로 상관이 없는 항목도 있다. 서로 상관이 높은 항목들끼리는 각 항목을 구성하는 요인의 공통부분이 많은 것이다. 공통부분이 많은 항목들끼리 함께 묶어 이들의 공통점을 찾아보면 그것이 바로 공통요인의 특성이 된다. 만일 키, 장골높이, 무릎높이, 등길이가 서로 공통요인을 갖는 것으로 분석결과가 나오면, 연구자는 이들 계측항목들의 공통적 특성을 추리하여 이것으로 요인명칭을 붙여준다. 앞의 내용에는 '길이요인'이라는 명칭이 가능할 것이다. 그러나 요인은 하나만 있는 것이 아니므로 또 다른 서로 상관이 높은 변수군을 찾을 수 있을 것이다. 가슴둘레, 허리둘레, 엉덩이둘레가 서로 공통요인을 가지고 있다면, 이들의 공통적 특성을 추리하여 '둘레요인'이라고 부를 수 있다. 이와 같이 요인분석은 많은 수의 변수들을 적은 수의 요인으로 묶어주는 기능을 한다.

| 요인분석의 기능 |

요인분석의 중요한 기능으로 다음과 같은 것을 들 수 있다.

정보요약 기능

정보의 요약은 대부분의 연구자가 요인분석을 통하여 얻고자 하는 기능이다. 앞의 예와 같이 많은 변수를 많은 피험자로부터 측정하였을 때, 그 자료는 매우 방대해진다. 30개의 계측항목을 모두 사용하여 체형을 나눈다는 것은 거의 불가능한 일이다. 따라서 연구자는 30개 항목의 정보를 모두 활용하되 이보다는 요약된 형태를 원하게 된다. 이때 요인분석을 통하여 변수들을 묶어줌으로써 정보를 요약할 수 있다.

측정도구의 타당성확인 기능

요인분석의 원리를 측정도구의 구성체 타당성(construct validity)을 평가하는 데 사용하는 것이 측정도구의 타당성확인 기능이다. 측정도구의 구성체 타당성은 측정하는 내용이 측정하고자 하는 개념의 구성체와 일치하는지의 여부를 말한다. 따라서 측정도구에 포함된 각 문항을 변수로 하여 요인분석을 하면 측정도구가 측정하고 있는 개념의 하위구조를 확인할 수 있다. 제3장과 제4장에서 관련 내용을 기술하였다.

독립적 요인의 추출

회귀분석에서는 독립변수들이 서로 상관이 있을 때 다중공선성의 문제가 발생한다. 이러한 문제를 해결하기 위하여 연구자는 서로 독립적인 요인을 추출함으로써 추가적인 회귀분석이나 판별분석의 효용을 높일 때가 있다. 이때 요인분석이 사용된다. 예를 들면, 소비자의 라이프스타일에 따른 의복구매량을 파악하고자 할 때 의복구매에 관련된 라이프스타일의 문항은 매우 다양하다. 많은 라이프스타일 변수를 모두 이용하여 의복구매량을 예측하는 것은 비효율적일 뿐 아니라 변수들 사이의 상관이 높아분석이 무의미해질 수 있다. 따라서 라이프스타일 문항들을 요인분석하여 서로 독립적인 몇 개의 요인으로 묶은 후, 각 요인의 요인점수를 구하여 이를 새로운 변수로 투입한 회귀분석을 실시하면 훨씬 의미 있는 결과를 얻을 수 있다. 이와 같이 요인분석은 자료를 요약하면서 동시에 서로 독립적인 요인을 추출하는 데 유용하게 사용된다.

요인분석을 이용한 구성체 타당성 평가

연구예

박혜선 (1991). **의복동조에 관한 연구–의복동조동기의 유형, 관련변인 및 준거집단을 중심으로–**. 서울대학교 대학원 박사학위논문.

이 논문에서는 의복동조 및 비동조의 유형을 규범적 의복동조, 정보적 의복동조, 동일시적 의복동조, 의복반동조, 의복독립으로 구분하고 각 유형별 3문항씩의 4점 평정척도로 측정한 후 개념 확인을 위한 요인분석을 하였다. 그 결과, 의복반동조와 의복독립은 각각 하나의 요인을 구성하여 구성체 타당성을 확인할 수 있었으나 의복동조에 있어 정보적 의복동조는 한 문항이 규범적 의복동조 문항들과, 두 문항이 동일시적 의복동조 문항들과 같은 요인에 묶임으로써 의복동조의 유형은 세 개로 구분되기보다는 두 개로 구분되는 것이 타당한 것으로 나타났다.

| 요인분석의 종류 |

요인분석은 분석대상, 회전방법, 요인추출 모델 등에 따라서 약간씩 다른 방법이 사용된다.

분석대상에 따른 분류

요인분석을 통하여 묶고자 하는 내용이 변수인지 또는 응답자인지에 따라 R-형 요인분석과 Q-형 요인분석으로 나눈다. R-형 요인분석은 앞의 체형연구 예와 같이 변수의 구조파악을 통하여 변수를 몇 개 요인으로 묶는 방법으로서 대부분의 요인분석은 이에 속한다.

Q-형 요인분석은 응답자들 안에 있는 상이한 특성에 따라 응답자들을 몇 개의 동질적인 집단으로 나누는 방법이다. 이 방법은 흔히 사용되지 않는다. 왜냐하면 대부분의 경우에 응답자수가 변수수보다 훨씬 많으므로 이런 상태에서 요인분석을 시행할 경우 요인이 불안정하게 추출되기 때문이다. 개인특성에 따라 응답자를 동질적인 집단으로 묶고자 할 때는 제18장에서 소개할 군집분석(cluster analysis)을 주로 사용한다.

회전방법에 따른 분류

요인분석 과정을 보면 요인분석을 통하여 추출된 요인들과 각 변수들 사이의 관계를

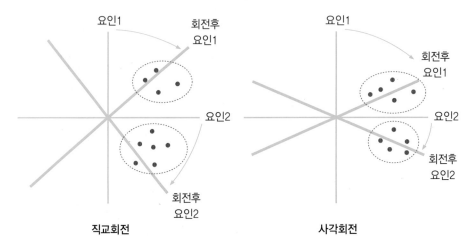

그림 12-2
요인의
직교회전과
사각회전

직교회전   사각회전

해석하기 어려운 경우가 많다. 이때 요인과 변수와의 관계를 해석하기 쉬운 관계로 만들어주기 위하여 기하학적으로 단순한 구조를 만들어 주게 된다. 즉 요인과 각 변수의 상관을 나타내는 요인부하량(factor loading)이 0 또는 1에 가까워지도록 요인을 나타내는 축을 회전시키는 것이다.

이를 요인회전(factor rotation)이라 하며, 요인회전방법에는 직교회전(orthogonal rotation)과 사각회전(oblique rotation)이 있다. 직교회전은 그림 12–2에서 보는 바와 같이 요인 간의 각도를 직각으로 유지하면서 회전시키는 방법으로 요인들이 서로 독립적이다. 반면에 사각회전은 요인 간의 각도가 직각을 유지하지 않고 변수와 가장 가깝게 회전하는 방법으로 요인들끼리 서로 상관이 있는 경우이다. 대부분의 연구에서는 독립적인 요인추출을 원하므로 직교회전이 주로 사용된다.

요인추출 모델에 따른 분류

요인추출에 사용되는 모델에는 여러 가지가 있으나, 가장 일반적으로 사용되는 것은 주성분분석(principal component analysis; PCA)과 공통요인분석(common factor analysis; CFA)이다.

주성분분석은 계산과정에서 자료의 분산 중 변수고유분산(variable specific variance), 공통분산(common variance), 오차분산(error variance)을 모두 사용하기 때문에 정보의 손실이 가장 작으며, 많은 수의 변수를 되도록 적은 수의 요인으로 줄이는 데 목적이 있다. 반면에 공통요인분석은 계산과정에서 자료의 분산 중 공통분산만을 사용하며, 변수들 사이에 존재하는 구조의 체계를 파악하는 데 목적이 있다.

따라서 공통분산의 비율이 높고 변수고유분산이나 오차분산이 적을 때에는 공통요인분석을 사용하고, 변수고유분산이나 오차분산이 크거나 또는 이에 대한 정보가 전혀 없을 때에는 주성분분석을 실시하는 것이 바람직하다.

분석목적에 따른 분류

요인분석은 분석목적에 따라 탐색적 요인분석(exploratory factor analysis)과 확인적 요인분석(confirmatory factor analysis)으로 나뉘며, 일반적으로 탐색적 요인분석이 많이 사용된다. 탐색적 요인분석은 요인에 대한 사전지식이나 결정사항 없이 원자료로부터 가능한 한 적은 수의 요인을 추출해 내는 데 목적이 있다. 이 장에서는 탐색적 요인분석에 대하여 설명한다.

한편, 확인적 요인분석은 요인분석을 통하여 연구자가 가지고 있는 요인구조에 대한 사전정보를 확인하는 것이다. 따라서 확인적 요인분석을 위해서는 문헌자료 등을 통하여 요인구조에 대한 사전지식을 가지고 있어야 한다. 측정도구의 타당성을 확인하는 것이 그 대표적인 이용사례이다. 확인적 요인분석을 위해서는 리즈렐(LISREL)이나 아모스(AMOS) 등 구조방정식모델(structural equation modeling)을 위한 통계 패키지가 이용되기도 한다.

2 요인분석의 주요개념

요인분석에 대한 이해를 높이기 위해서는 요인구조(factor structure)와 요인행렬표 (factor matrix)에 대한 이해가 필요하다.

| 요인구조 |

요인분석의 기본가정은 변수수보다 적은 수의 요인이 변수와 공변이를 갖는다는 것이다. 요인분석에서는 각 변수의 요인구조를 밝힘으로써 같은 요인구조를 갖는 변수들

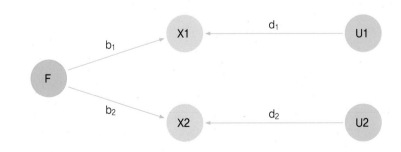

그림 12-3
변수, 공통요인,
특정요인의 관계

을 함께 묶어준다.

그림 12-3의 간단한 예를 보면, 연구에서 측정된 변수 X1과 X2는 공통요인 F를 가지고 있다. 공통요인이 무엇인지 외형적으로 관찰되지는 않지만 X1과 X2가 공변이를 일으키는 원인은 이들이 어떤 공통요인을 가지고 있기 때문이다. 즉 서로 공변이를 일으키는 변수들끼리는 비슷한 요인구조를 가지고 있는 것이다. 공통요인과 각 변수와의 상관도는 각 변수가 그 요인을 포함하는 정도에 따라 차이가 있는데, 이러한 공통요인과 각 변수와의 상관도를 나타내는 지수를 요인부하량(factor loading)이라 부르고 'b'로 표시한다.

그러나 각 변수는 공통요인으로만 구성된 것이 아니라 공통요인으로 설명되지 못하는 요인도 포함하고 있다. 즉 그 변수에만 고유하게 존재하는 요인도 가지고 있는 것이다. 이를 특정요인(unique factor)이라 하며 'U'로 표시한다. 특정요인도 공통요인과 마찬가지로 관찰되지는 않는다. X1에만 고유하게 영향을 미치는 요인을 U1, X2에만 고유하게 영향을 미치는 요인을 U2라고 표시하며, 각 변수와 각 특정요인 사이의 상관도를 'd'로 나타낸다.

그림 12-3에 있는 변수, 공통요인, 특정요인의 관련성으로부터 각 변수의 요인구조를 다음과 같이 나타낼 수 있으며, 요인분석을 통하여 각 변수의 요인구조를 밝혀내게 된다.

- $X1 = b_1 \cdot F + d_1 \cdot U1$
- $X2 = b_2 \cdot F + d_2 \cdot U2$

이러한 개념을 좀 더 발전시키면 공통요인이 여러 개인 경우를 이해할 수 있는데, 변수가 다섯 개, 공통요인이 두 개인 가상적인 예를 그림 12-4에 나타내 보았다.

그림 12-4에 나와 있는 예에서 각 변수의 요인구조는 다음과 같다.

- $X1 = b_{11}F1 + d_1U1$
- $X2 = b_{21}F1 + d_2U2$
- $X3 = b_{31}F1 + b_{32}F2 + d_3U3$

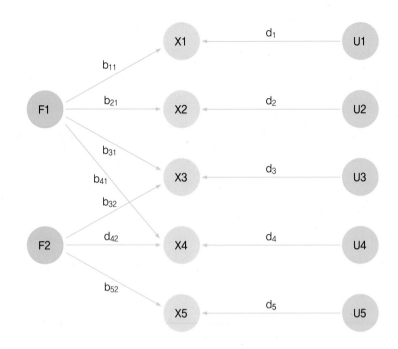

그림 12-4
공통요인이
두 개인 경우의 예

- $X4 = b_{41}F1 + b_{42}F2 + d_4U4$
- $X5 = b_{52}F2 + d_5U5$

위의 요인구조를 보면, X1, X2, X3, X4는 F1을 공통요인으로 갖고 있으며, X3, X4, X5는 F2를 공통요인으로 갖고 있다. X1, X2는 F1과 U로 구성되며, X5는 F2와 U로 구성되는 데 반하여, X3와 X4는 두 개의 공통요인을 모두 가지고 있는 것을 볼 수 있다.

| 요인행렬표 |

그림 12-4의 요인구조 예에 각 변수와 요인부하량을 가상적으로 넣어보면 그림 12-5와 같다. 요인구조와 요인부하량을 표로 구성한 것을 요인행렬표(factor matrix)라 하며, 그림 12-5의 경우 표 12-1과 같이 정리된다.

요인행렬표에는 요인부하량 이외에 공유치, 특정분산, 전체분산 중 비율, 공통분산 중 비율 등이 포함되어 있다. 요인부하량은 +1∼−1의 값으로, 각 변수와 공통요인 사이의 상관 정도와 방향을 나타내는 수치이다.

공유치(communality; h^2)는 '커뮤날리티'라고도 하며 공통요인분산(common

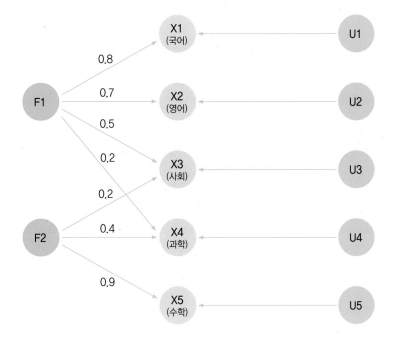

그림 12-5
공통요인이
두 개인 경우의
요인부하량 예

표 12-1
요인행렬표의 예

변수	공통요인		공유치	특정분산
	F1	F2		
X1(국어)	0.8	0.0	0.64	0.36
X2(영어)	0.7	0.0	0.49	0.51
X3(사회)	0.5	0.2	0.29	0.71
X4(과학)	0.2	0.4	0.20	0.80
X5(수학)	0.0	0.9	0.81	0.19
고유치	1.42	1.01	2.43	2.57
전체분산 중 비율	28.4%	20.2%	48.6%	
공통분산 중 비율	58.4%	41.6%		

factor variance)을 말한다. 즉 그 변수의 전체분산 중 공통요인에 의하여 설명되는 부분을 나타내며, 계산상으로는 그 변수의 각 공통요인에 대한 요인부하량의 제곱의 합이다. 예에서 보면 변수 1 국어성적의 공유치는 $0.8^2 + 0^2 = 0.64$가 된다. 각 변수의 전체분산은 1이며, 그중 공통요인에 의하여 설명되는 부분인 공유치는 0에서 1 사이의 수치가 된다. 1에 가까울수록 공통요인에 의하여 설명되는 부분이 많음을 의미하며, 0에 가까울수록 공통요인으로는 설명하지 못함을 의미한다.

특정분산은 그 변수의 전체분산 중 공통요인으로 설명되지 못하고 특정요인에 의하여 설명되는 부분을 말한다. 전체분산 1에서 공통분산을 뺀 나머지 값으로 0에서 1 사이의 수치가 된다. 0에 가까울수록 그 변수의 많은 부분이 공통요인으로 설명되고 있으며 특정요인으로 설명되는 부분은 적다는 것을 의미한다.

고유치(eigenvalue)는 각 공통요인으로 설명되는 부분의 크기를 나타내는 수치로, 각 공통요인마다 하나씩의 고유치를 갖는다. 계산상으로는 그 공통요인과 각 변수 사이의 요인부하량의 제곱의 합이 된다. 예에서 공통요인 F1의 고유치는 $0.8^2 + 0.7^2 + 0.5^2 + 0.2^2 + 0^2 = 1.42$가 된다. 고유치의 크기는 그 공통요인이 하나의 요인으로 보기에 충분히 큰 것인지를 결정하는 데 있어 중요한 근거가 된다.

고유치의 크기를 상대적으로 보여주는 것이 '전체분산 중 비율'이다. 각 변수의 전체분산이 1이므로 전체분산의 합은 변수의 수와 같다. 위의 예에서는 변수가 다섯 개이므로 전체분산의 합은 5가 된다. 5 중에서 1.42의 비율이 전체분산 중 비율의 수치인 28.4%가 된다. 전체분산 중 비율을 합한 수치가 100%에 가까울수록 추출된 공통요인이 변수들의 분산을 잘 설명하는 것이다.

'공통분산 중 비율'은 모든 요인의 고유치를 합한 수치인 공통분산 중에서 각 공통요인의 고유치가 차지하는 비율을 말한다. 따라서 공통분산 중 비율의 합은 100%가 된다.

표 12-1의 예를 보면 추출된 F1, F2의 2개의 공통요인이 전체분산의 48.6%를 설명한다. F1은 국어, 영어와 높은 상관이 있고, 사회와도 어느 정도 관련이 있지만 과학이나 수학과는 관련이 없다. 이러한 내용으로 미루어 보아 요인 1은 '언어능력'이라고 볼 수 있다. F2는 수학과 매우 높은 상관이 있고, 과학과도 어느 정도 관련이 있지만 국어, 영어 사회와는 거의 관련이 없다. 이러한 내용으로 미루어 보아 요인2는 '수리능력'이라고 볼 수 있다. 또한 공유치 항목을 보면 수학의 공유치가 가장 높아 수학의 분산이 추출된 공통요인으로 가장 잘 설명되고 있는 반면에, 사회와 과학 시험성적은 공유치가 낮아 추출된 공통요인으로는 이들 두 과목 성적의 분산을 잘 설명할 수 없다는 것을 알 수 있다. 따라서 이들 두 과목은 각 과목의 특정요인에 의하여 주로 설명된다.

요인부하량과 변수 간 상관계수와의 관계

각 변수 간 이원상관계수와 요인부하량의 관계를 표 12-1의 자료로 설명하면 다음과 같다.

$$r_{12} = b_{11} \cdot b_{21} + b_{12} \cdot b_{22}$$

즉, 상관계수는 각 요인에서 두 변수의 요인부하량을 곱한 값을 합한 값으로, 국어성적과 영어성적의 상관계수를 예로 산출하면 $(0.8 \times 0.7) + (0.0 \times 0.0) = 0.56$ 이다.

이러한 방법으로 산출된 각 변수간 상관행렬표는 다음과 같다.

변수	X1	X2	X3	X4	X5
X1	1.00	0.56	0.40	0.16	0
X2		1.00	0.35	0.14	0
X3			1.00	0.18	0.18
X4				1.00	0.36
X5					1.00

3 요인분석의 과정

요인분석은 일반적으로 그림 12-6과 같은 과정을 거쳐 이루어진다. 다음과 같은 예로 요인분석의 주요 과정을 설명해 보자.

- **연구문제:** 의복 구매 시 소비자들이 중요하게 생각하는 평가기준을 밝힌다.
- **연구절차:** 대학생 400명으로 하여금 평가항목 열 개에 대하여 중요시하는 정도를 5점 평정척도로 평가하게 한 후 요인분석을 통하여 평가요인을 밝힌다.
- **평가항목:** 바느질상태(X1), 단추 등 부속품의 품질(X2), 의복 스타일(X3), 나에게 어울리는 정도(X4), 소재(X5), 상표(X6), 유행(X7), 다른 사람들의 반응(X8), 세탁 및 관리의 편리성(X9), 색상과 무늬(X10)

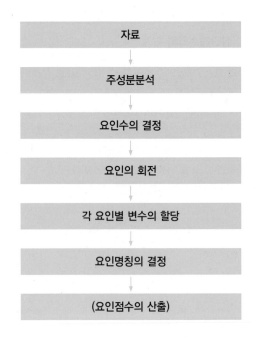

그림 12-6
요인분석의
과정

| 주성분분석 |

주성분분석은 모든 변수의 전체분산에 대하여 공통요인을 추출하는 것으로 주성분분석의 결과는 표 12-2와 같다.

주성분분석을 실시했을 경우 가장 큰 요인으로부터 시작하여 계속 요인이 추출되는데 그 요인수가 변수수만큼 나오는 것을 알 수 있다. 그것은 아주 적은 양의 분산이 남아 있어도 계속 요인을 추출해 나가기 때문이다. 최종적으로는 모든 분산이 요인으로 설명되어 고유치의 합이 변수수와 같아지게 된다.

표 12-2를 보면 본 예에서의 변수수가 10이므로 요인 1에서 요인 10까지의 고유치를 다 합하면 10이 된다. 그리고 전체를 10으로 보았을 때 10에서 각 요인별 고유치가 차지하는 비율에 100을 곱한 값이 백분율(%분산)이며, 분산의 백분율을 차례차례 누적해 간 값이 누적백분율(% 누적)이다. 초기해법에서 누적백분율은 100이다.

그러나 열 개의 요인은 추출되는 순서대로 고유치의 크기에 차이가 나서 처음 추출된 요인의 고유치가 2.712인 반면 열 번째 요인의 고유치는 0.399에 불과하다. 요인분석을 하는 목적은 변수수보다 적은 요인으로 자료를 요약하는 데 있으므로, 열 개의 요인으로부터 보다 설명력이 높은 소수의 요인들을 추출해내야 한다. 이때 요인수

성분	초기 고유값			표 12-2
	전체	% 분산	% 누적	주성분분석 결과 설명된 총분산 (초기해법)
1	2.712	27.124	27.124	
2	1.891	18.905	46.029	
3	1.200	11.995	58.024	
4	.822	8.216	66.240	
5	.729	7.294	73.534	
6	.689	6.891	80.426	
7	.618	6.185	86.610	
8	.512	5.116	91.726	
9	.429	4.286	96.013	
10	.399	3.987	100.000	

가 줄면 총분산의 설명력은 추출되지 못한 요인들의 설명력만큼 감소하므로 요인수를 적게 하면서도 설명력을 많이 떨어트리지 않도록 요인수를 결정하여야 한다. 요인수의 결정은 주성분분석 결과물에 나와 있는 각 요인의 고유치에 의해서 이루어진다.

| 요인수의 결정 |

요인수의 결정은 연구과정에서 매우 중요한 결정이 된다. 요인수를 결정하는 데 사용할 수 있는 기준에는 다음과 같은 몇 가지가 있다.

첫째, 고유치에 의한 결정이다. 고유치 1 이상을 갖는 요인수를 최종요인수로 결정하는 방법으로, 고유치 1은 변수 하나의 전체분산에 해당하므로 하나의 요인이 적어도 하나의 변수에 해당하는 분산보다는 커야 한다는 것이 판단 근거이다. 근거는 미약하지만 실용적이므로 많이 사용된다.

둘째, 각 요인의 중요도에 의한 결정이다. 각 요인의 중요도는 각 요인이 전체분산 중 설명하는 비율로 나타낸다. 따라서 전체분산 중 각 요인이 차지하는 비율(고유치/변수수×100)을 보아 비율이 어느 정도 크기는 되는 수를 최종 요인수로 한다.

셋째, 전체분산 중 연구자가 설명하고자 하는 비율까지로 결정한다. 예컨대 연구자가 적어도 전체분산의 50%는 공통요인으로 설명하기를 원한다면 전체분산 중 각 요

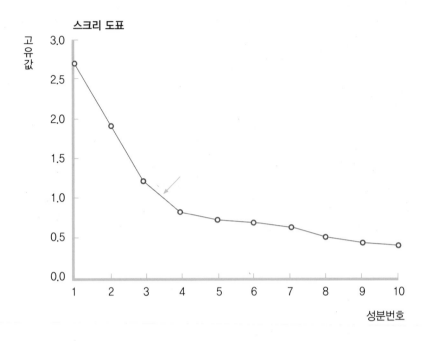

그림 12-7
스크리
테스트의 예

인이 설명하는 비율의 누적비율을 보아 이것이 50% 이상되는 위치의 요인수로 결정하는 것이다.

넷째, 스크리 테스트(scree-test)를 사용한다. 스크리 테스트는 각 요인의 고유치를 그림 12-7과 같이 플로트하여, 그래프상 고유치가 수평으로 변화하기 직전의 수로 결정하는 방법이다. 고유치가 수평으로 변화한다는 것은 고유치의 크기가 비슷해진다는 것을 의미한다. 일반적으로 고유치의 크기는 요인 추출 순서에 따라 처음에는 현격히 차이가 나다가 몇 개 요인이 추출되고 나면 그 차이가 매우 작아지게 된다. 이와 같이 추가된 요인의 고유치가 그 앞 요인의 고유치와 비슷해진다면 비슷해지기 시작한 요인들을 모두 무시하고 어느 정도 차이가 나는 그 앞의 요인, 즉 수평으로 변화하기 직전까지의 요인에 해당하는 요인수로 결정한다.

그림 12-7에서는 요인수를 세 개로 결정하는 것이 적절하다. 여기서 요인수 세 개는 고유치 1 이상을 갖는 요인수 결정방법과도 같은 결과이다.

마지막으로 전문적 판단을 사용할 수 있다. 주성분분석 결과, 연구자가 해당 연구에 적절하다고 판단되는 요인의 수, 그 학문계열에서 통상적으로 사용하는 요인의 수 등 여러 가지를 종합적으로 판단하여 요인수를 결정하는 것이다.

변수	성분		
	1	2	3
바느질 상태	.456	.635	.034
단추 등 부속품의 품질	.550	.577	−.045
의복 스타일	.440	−.349	.535
나에게 어울리는 정도	.485	−.184	.504
소재	.623	.328	−.026
상표	.575	−.294	−.429
유행	.543	−.448	−.486
다른 사람들의 반응	.575	−.364	−.266
세탁 및 관리의 편리성	.378	.604	−.024
색상과 무늬	.535	−.329	.406

표 12-3
요인수 결정 후
변수별
요인부하량
(요인회전 전
성분행렬)

성분	추출 부하량 제곱합		
	전체	% 분산	% 누적
1	2.712	27.124	27.124
2	1.891	18.905	46.029
3	1.200	11.995	58.024

표 12-4
요인수 결정 후
추출된 요인의
설명된 총분산
(요인회전 전)

요인수가 결정되면 변수들은 일차적으로 추출된 각 요인에 대한 부하량을 갖게 된다. 표 12-3과 표 12-4에는 요인회전 이전의 요인부하량(성분행렬)과 추출된 요인에 의해 설명된 총분산 자료를 제시하였다.

| 요인의 회전 |

요인수가 결정되고 나면 각 요인을 축으로 하여 요인회전을 시키게 된다. 요인회전방법에는 직교회전과 사각회전이 있으나, 직교회전이 주로 사용된다. 본 예에서는 베리멕스 직교회전을 하였다. 결과는 표 12-5와 같다.

| 각 요인별 변수의 할당 |

요인을 회전시키고 나면 각 변수와 요인축과의 거리에 따라 새로운 요인부하량이 산출된다. 이 요인행렬표를 이용하여 각 요인별로 변수를 할당하게 된다. 변수할당에 가장 먼저 사용되는 기준은 요인부하량의 크기이다. 변수의 각 요인에 대한 요인부하량들을 보아 요인부하량이 가장 높은 요인에 그 변수를 할당한다. 통상 요인부하량이 0.3을 넘는 요인이 하나도 없을 때 그 변수는 어느 요인에도 속하지 못한다.

이와 같이 요인부하량을 기준으로 변수를 요인에 할당하지만 경우에 따라서 한 변수는 매우 비슷한 크기로 두 개의 요인에 부하되기도 하는데, 이 경우에는 요인과 변수 간의 관계에 대한 이론적 근거를 중요시하여 판단한다. 표 12–5에 요인부하량에 따른 요인별 변수할당의 예를 제시하였다. 가장 먼저 추출된 요인에 다른 요인보다 높

표 12–5
요인부하량에 의한 각 요인별 변수의 할당 예 (요인회전 후 성분행렬)

구분	성분		
	1	2	3
단추 등 부속품의 품질	.792	.092	.044
바느질 상태	.781	−.043	.033
세탁 및 관리의 편리성	.710	−.039	−.040
소재	.635	.241	.187
유행	−.025	.851	.075
상표	.117	.762	.080
다른 사람들의 반응	.056	.691	.231
의복 스타일	−.031	.090	.770
색상과 무늬	.044	.221	.713
나에게 어울리는 정도	.129	.059	.709

표 12–6
요인회전 후 설명된 총분산

성분	회전 부하량 제곱합		
	전체	% 분산	% 누적
1	2.181	21.813	21.813
2	1.912	19.123	40.936
3	1.709	17.088	58.024

은 요인부하량을 가지는 변수를 순서대로 배열한 후, 나머지 요인에 대한 요인부하량이 더 큰 변수들만 남으면 두 번째 요인에 높은 요인부하량을 가지는 변수를 순서대로 배열하는 식으로 정렬된 결과이다.

표 12–6은 요인회전 후 설명된 총분산의 크기이다. 요인회전 전과 요인회전 후의 설명된 총분산은 고유치의 합 5.802, 누적백분율 58.024%로 같지만, 요인별 설명력은 회전에 따라 조정되어 두 번째 요인과 세 번째 요인의 설명력이 요인회전 전보다 상대적으로 증대되었음을 알 수 있다.

| 요인명칭 결정 |

각 요인에 할당된 변수들의 특성을 보아 그 요인의 성격을 추리하고, 논리성을 부여하며, 이에 따라 요인명칭을 결정한다. 요인명칭을 결정할 때에는 그 요인에 속한 변수들의 요인부하량을 보아 요인부하량이 높은 변수의 특성을 많이 반영하도록 한다. 요인명칭까지 결정되면 일단 요인분석은 완성된 것이다.

본 예에서는 표 12–7과 같이 단추 등 부속품의 품질, 바느질 상태, 세탁 및 관리의 편리성, 소재가 포함된 첫 번째 요인을 '물리적 품질', 유행, 상표, 다른 사람들의 반응이 포함된 두 번째 요인을 '상징성', 의복 스타일, 색상과 무늬, 나에게 어울리는 정도가 포함된 세 번째 요인을 '심미성'으로 명명해 보았다.

| 요인점수 산출 |

요인분석 결과를 이용하여 새로운 분석을 계속하고자 할 때에는 각 요인을 대표하는 값으로 요인점수(factor score)를 산출한다. 요인부하량이 큰 변수가 중요시되도록 각 요인에 포함된 변수들의 측정치에 요인부하량 또는 요인점수계수를 곱하여 산출한다.

요인	요인 1	요인 2	요인 3
변수	단추 등 부속품의 품질 바느질 상태 세탁 및 관리의 편리성소재	유행 상표 다른 사람들의 반응	의복 스타일 색상과 무늬 나에게 어울리는 정도
명칭	물리적 품질	상징성	심미성

표 12–7
요인명칭
결정의 예

요인분석을 이용한 연구

김인숙, 석혜정 (2001). 20대 남성 체형 연구(제1보)-정면 체형 분류-. **한국의류학회지, 25**(2), 447-457.

이 논문에서는 1998년 10월 1일부터 11월 27일에 걸쳐 서울과 수도권 대도시에 거주하는 20대 남성 297명의 인체를 계측하여 체형 특징을 연구하였다. 먼저 요인분석을 사용하여 20대 남성 정면 체형 요인을 밝힌 결과 하반신형태, 상반신형태, 상견부형태, 어깨형태, 엉덩이·샅길이의 다섯 개 요인을 규명하였다. 이 요인을 기준으로 정면 체형 유형을 세 가지로 분류하였으며, 체형 판별함수를 도출하였다.

4 SPSS를 이용한 요인분석

SPSS에서는 차원 축소(dimension reduction) 메뉴 속에 요인분석(factor)이 포함되어 있다. SPSS에서 요인분석을 선택하면 요인분석에 투입할 변수를 지정하는 창과 함께 하위 대화상자로 가기 위한 버튼이 제공된다. 하위 대화상자는 기술통계(descriptives), 요인추출(extraction), 요인회전(rotation), 요인점수(scores), 옵션(options)으로 구성된다. 이는 요인분석의 과정을 따른 것으로서, 디폴트 상태로 분석해도 일반화된 양식의 결과를 얻을 수 있는 다른 분석기법들과는 달리 요인분석에서는 이 하위 대화상자 각각에 대해 원하는 내용을 제대로 설정하지 않으면 적합한 결과를 얻을 수 없다.

| 요인분석에서의 변수 지정 |

사용 중인 자료 파일에 있는 변수목록이 왼쪽 상자에 있으므로, 이들 중 요인분석에 투입할 변수를 화살표 버튼을 이용하여 오른쪽 변수(variables) 상자로 옮겨준다. 이때 한 번의 요인분석에서 함께 투입되는 변수들은 반드시 동일한 점수 범위의 척도로 측정된 등간/비율 척도의 변수여야 한다.

오른쪽 변수상자 아래에는 선택변수(selection variable)를 지정할 수 있는 메뉴가 제공되고 있는데, 이는 어떤 변수에서 특정 변수값을 가진 대상들로 자료를 한정하여 요인분석하고 싶을 때 사용하는 옵션이다. 예컨대 남자와 여자의 의복평가문항에 대한 중요도 응답이 혼합되어 있는 자료에서 여자의 응답만 추출하여 의복평가 중요도에 대한 요인분석을 하고 싶을 때, 성별변수를 선택변수창으로 옮기고 아래쪽의 값(value) 버튼에서 여자를 지정해 주면 된다.

| 요인분석에서의 하위 대화상자 |

기술통계

통계량(statistics)에서는 일변량 기술통계(univariate descriptives)와 초기해법(initial solution)을 각각 지정하거나 해제할 수 있다. 일변량 기술통계는 요인분석에 투입된 변수들에 대한 기술통계량을 보여주는 것이다. 초기해법에서는 지정한 요인추출 방법에 따라 모든 변수들의 공유치와 설명분산을 보여준다.

변수들의 상관행렬(correlation matrix)을 보고 싶은 경우라면 상관계수(coefficients), 역 모형(inverse), 유의수준(significance levels), 재연된 상관행렬(reproduced), 행렬식(determinant), 역-이미지(anti-image), KMO와 Bartlett의 구형성 검정(KMO and Bartlett's test of sphericity)을 각각 지정하거나 해제할 수 있다.

요인추출

요인추출(extraction)의 방법(method)에서 주성분(principal components), 가중되지 않은 최소제곱법(unweighted least squares), 일반화 최소제곱법(generalized least squares), 최대우도(maximum likelihood), 주축 요인 추출(principal axis factoring), 알파 요인 추출(alpha factoring), 이미지 요인 추출(image factoring) 중 하나를 선택한다.

의류학 연구에서 일반적으로 가장 널리 쓰이는 것은 변수들과 요인들의 선형결합을 가정하는 주성분분석으로, 이 책에서의 설명도 주성분분석을 중심으로 하였으며 SPSS에서도 디폴트로 지정되어 있다. 다른 방법들에 대해서는 요인분석기법을 자세하게 다룬 전문서적을 참고하기 바란다.

분석(analyze)에서는 요인추출의 기준으로서 변수들의 상관행렬(correlation matrix)

과 공분산행렬(covariance matrix) 중 하나를 선택한다. 디폴트는 상관행렬이다.

표시(display)에서는 회전하지 않은 요인해법(unrotated factor solution)과 스크리 도표(scree plot)를 각각 지정하거나 해제할 수 있다. 초기해법에서는 모든 요인에 대한 설명분산을 보여주지만 회전하지 않은 요인해법에서는 같은 대화상자 내에서 지정해 주게 되는 추출 기준에 따라 추출된 요인수에 대한 설명분산과 이들 요인에 대한 변수들의 부하량을 회전하기 전의 상태로 보여준다.

추출(extract)은 고유값 기준(based on eigenvalue)과 고정된 요인수(fixed number of factors) 중에서 하나를 선택하고 기준을 입력해주게 되는데 디폴트는 고유값 1이상인 요인들을 추출하는 것이다. 그러나 출력에서의 스크리 도표를 보고 스크리 테스트를 하거나 요인의 중요도, 연구 영역의 경향, 연구자의 판단 등에 따라 요인수를 결정할 때는 요인의 수를 선택한 후 오른쪽 상자에 원하는 요인수를 입력해 주면 된다.

요인추출을 위해 지정한 방법에 따라 변수들로 요인을 추출하는 해를 구할 때 사용하는 기준인 수렴을 위한 최대 반복(maximum iterations for convergence)은 기본 25로 설정되어 있다. 보통 반복계산 회수는 10회 전후이므로 디폴트를 유지하면 되지만, 요인분석 실행 중 수렴에 실패하게 되면 이 수를 더 큰 값으로 조정해 준다.

요인회전

요인회전(rotation)에서 방법(method)은 지정 않음(none), 쿼티멕스(quatimax), 베리멕스(varimax), 이쿼멕스(equamax), 직접 오블리민(direct oblimin), 프로멕스(promax) 중 하나를 지정한다. 직교회전 방법으로서 베리멕스는 요인의 해석을 단순화하기 위한 방법으로 가장 많이 사용되며, 쿼티멕스는 변수의 해석을 단순화하기 위한 방법, 이쿼멕스는 요인 및 변수의 해석을 단순화하기 위한 방법이다. 직접 오블리민과 프로멕스는 사각회전 방법으로서 요인과 요인의 상관관계를 어느 수준까지 허용할 것인가에 대해 델타(delta)값과 카파(kappa)값을 결정해 주게 된다. 요인회전은 디폴트가 지정않음(none)이므로 회전을 원할 경우 반드시 변경해 주어야 한다.

요인회전방법을 지정한 경우 표시(display) 메뉴가 활성화되어 회전 해법(rotated solution)과 적재값 도표(loading plots)를 각각 지정하거나 해제하여 얻을 수 있다. 회전 해법은 회전 후의 요인별 설명분산과 각 요인에 대한 변수의 적재값을 출력해주는 메뉴이다. 적재값 도표는 요인별 변수들의 부하량을 보여주는 그래프이다.

회전해를 구하기 위한 기능인 수렴을 위한 최대 반복(maximum iterations for convergence)은 기본 25로 설정되어 있다. 마찬가지로 요인회전 방법을 지정한 경우에 활성화된다.

요인점수

각 변수로부터 요인별 속성값을 추출하여 요인점수를 계산할 수 있으며 이것을 새로운 변수로 저장(save as variables)할 수 있다. 요인점수의 변수 저장을 원하는 경우 요인점수를 계산하는 방법으로 회귀(regression), Bartlett, Anderson-Rubin 방법 중 하나를 지정해 준다. 디폴트는 회귀분석이다.

요인점수 하위대화상자에서는 그 밖에 요인점수 계수행렬 표시(display factor score coefficient matrix)를 선택할 수 있는데, 요인점수를 얻기 위해 각 변수들에 곱해지는 계수 행렬을 보여주는 것이다.

옵션

옵션(options) 대화상자에서는 다른 분석에서와 마찬가지로 결측값(missing values) 처리를 지정해줄 수 있다. 결측값에 대한 처리는 하나라도 무응답치가 있는 사례를 모든 분석에서 제외하는 목록별 결측값 제외(exclude cases listwise), 무응답치를 가진 사례에 대하여 해당 분석에서만 제외시키는 대응별 결측값 제외(exclude cases pairwise) 결측값에 대해 다른 사례들의 평균값을 부여하는 평균으로 바꾸기(replace with mean)로 지정할 수 있다. 디폴트는 대응별 결측값 제외이다.

그 밖에 요인분석에서 사용하는 중요한 옵션으로 계수표시형식(coefficient display format)의 지정이 있다. 크기순 정렬(sorted by size)을 지정하면 회전 후 각 요인에 대한 변수별 요인부하량을 보여주는 행렬에서 변수가 요인 순서별 부하량 순으로 정렬된다. 즉, 이 옵션을 사용하면 각 변수에 대해 모든 요인의 부하량을 일일이 비교하여 요인에 할당시키는 수고를 덜 수 있다. 또한 작은 계수 표시 안 함(suppress small coefficients) 옵션을 지정하면 매우 작아서 소수점자리수로 표시되는 부하량이 출력되지 않아 요인분석의 결과 판독이 훨씬 용이하다. 디폴트 값은 0.10이다.

SPSS를 이용한 요인분석

1. 분석(Analyze) 메뉴에서 차원 축소(Dimension Reduction)에 커서를 가져가면 요인분석(Factor)을 선택할 수 있다.

   ▷분석(Analyze) ▶차원 축소(Dimension Reduction) ▶▶요인분석(Factor)

2. 요인분석 대화상자가 나타나면 왼쪽 창에서 분석할 변수를 오른쪽 변수(Variable)창으로 옮기고, 필요한 경우 선택변수(Selection Variable)를 지정해 준다.

3. 기술통계(Descriptives)를 클릭하여 구하고자 하는 통계량을 선택한다.

4. 요인추출(Extraction)을 클릭하여 요인추출방법을 지정하고 원하는 표시결과를 선택하며 요인추출 기준을 결정한다.

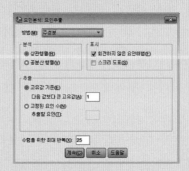

5. 요인회전(Rotation)을 클릭하여 요인회전방법을 지정하고 원하는 출력값을 선택한다.

(계속)

6. 점수(Scores)를 클릭하면 변수로 저장(Save as Variables)을 선택할 수 있다.

7. 옵션(Options) 대화상자에서 결측값(Missing Values) 처리방식과 계수표시형식(Coefficient Display Format)을 지정한다.

8. 하위 대화상자에서 계속(Continue) 버튼을 누르고 주대화상자에서 확인(OK) 버튼을 누르면 결과를 얻을 수 있다.

요인분석

자료: 소비자들의 의복가치관을 알아보기 위해 30명의 피험자로 하여금 총 여덟 개 문항에 대해 7점 척도(1점: 전혀 그렇지 않다, 4점: 보통이다, 7점: 매우 그렇다)로 평가하게 하여 자료를 수집하였다.

문항의 내용

a1. 의복은 나의 품위를 나타낼 수 있다.
a2. 옷을 살 때는 어느 정도 유행을 고려한다.
a3. 사회적 신분이나 직업을 고려해서 그에 맞는 옷을 선택한다.
a4. 나는 옷에 대한 주변 사람들의 평가에 신경을 쓴다.
a5. 나는 비싼 옷 한두 벌보다는 값이 싼 여러 벌의 옷을 산다.
a6. 옷은 주로 세일 기간에 사는 편이다.
a7. 나는 활동하기에 편안한 스타일을 주로 입는다.
a8. 특이하거나 새로운 스타일의 옷을 보면 주로 산다.

	a1	a2	a3	a4	a5	a6	a7	a8
응답 1	5	2	2	2	5	6	4	2
응답 2	4	4	5	4	4	3	5	4
응답 3	6	5	6	3	2	2	1	4
응답 4	4	6	4	4	2	2	5	5
응답 5	3	2	3	2	5	6	5	2
응답 6	3	4	3	3	3	3	5	5
응답 7	4	6	4	4	2	2	2	2
응답 8	3	3	3	3	3	3	5	5
응답 9	7	7	7	7	1	1	1	5
응답 10	5	3	2	3	5	5	5	3
응답 11	4	4	5	5	3	5	4	3
응답 12	6	6	7	6	3	3	1	7
응답 13	6	7	7	7	2	2	4	6
응답 14	6	4	4	4	2	2	2	3
응답 15	5	4	4	3	3	2	2	5
응답 16	4	3	5	3	5	5	5	3
응답 17	6	5	6	6	4	4	4	4
응답 18	4	5	4	4	2	2	2	2
응답 19	6	3	6	3	2	2	2	1
응답 20	3	2	2	2	5	5	2	2
응답 21	4	2	2	2	2	2	2	2
응답 22	5	4	5	5	3	3	2	4
응답 23	7	7	4	7	1	1	1	7
응답 24	6	7	6	5	1	1	4	4

(계속)

응답 25	4	3	5	3	2	2	2	4
응답 26	7	4	4	4	1	1	1	4
응답 27	4	3	3	3	5	5	3	3
응답 28	4	4	5	4	2	5	4	4
응답 29	5	3	3	3	3	5	5	3
응답 30	5	2	5	2	5	6	2	2

분석 1: 요인분석 ▷▷ a1–a8을 분석 변수로 지정

▷▷ 기술통계에서 초기해법 선택

▷▷ 요인추출에서 주성분, 회전하지 않은 요인해법 선택 확인, 스크리도표 선택, 고유값 기준 1 이상 지정

▷▷ 요인회전, 점수와 옵션은 디폴트 상태로 요인을 회전하지 않은 결과를 구함

결과 1:

공동성

	초기	추출
a1	1.000	.613
a2	1.000	.934
a3	1.000	.520
a4	1.000	.850
a5	1.000	.712
a6	1.000	.732
a7	1.000	.790
a8	1.000	.716

추출 방법: 주성분 분석.

설명된 총분산

성분	초기 고유값			추출 제곱합 적재량		
	전체	% 분산	누적 %	전체	% 분산	누적 %
1	4.688	58.599	58.599	4.688	58.599	58.599
2	1.179	14.737	73.336	1.179	14.737	73.336
3	.919	11.493	84.829			
4	.488	6.095	90.924			
5	.385	4.814	95.738			
6	.153	1.907	97.644			
7	.105	1.314	98.958			
8	.083	1.042	100.000			

추출 방법: 주성분 분석.

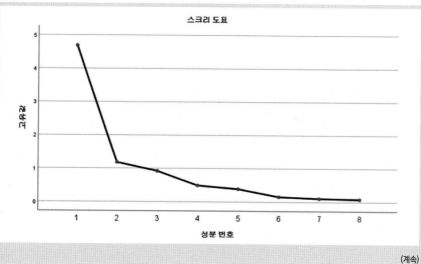

스크리 도표

(계속)

1. 여덟 개 변수의 초기와 요인추출 후 공유치가 제시되었다. 초기 공유치는 변수당 1이다.
2. 요인추출 전 초기에는 변수와 같은 여덟 개 요인이 존재하며 그 설명변량의 누적합계는 100%이다.
3. 고유치 1 이상 기준으로 주성분분석에 의해 요인을 추출하면 두 개 요인이 도출된다. 요인 1의 고유치는 4.688이며 요인 2의 고유치는 1.179로 그 합계는 5.867이며 이는 변수수 8에 기인한 전체 고유치 합 8에 대해 73.336%에 해당하는 분산을 설명하는 것이다.
4. 스크리 테스트에 의하면 요인수 세 개나 다섯 개가 적합해 보인다.
5. 요인추출만 된 상태에서 변수들의 두 요인에 대한 부하량을 알 수 있다.

성분행렬[a]

	성분	
	1	2
a1	.716	-.316
a2	.910	.324
a3	.708	.138
a4	.854	.348
a5	-.811	.233
a6	-.815	.262
a7	-.505	.732
a8	.735	.420

추출 방법: 주성분 분석.
a. 추출된 2 성분

분석 2-1: 요인분석 ▷▷ a1–a8을 분석 변수로 지정
  ▷▷ 요인추출에서 주성분, 고정된 요인수 3 지정
  ▷▷ 요인회전에서 베리멕스 회전 지정, 회전해법 표시 선택
  ▷▷ 옵션에서 크기순 정렬, 0.10보다 작은 계수 표시 안 함 선택

결과 2-1:

설명된 총분산

성분	초기 고유값			추출 제곱합 적재량			회전 제곱합 적재량		
	전체	% 분산	누적 %	전체	% 분산	누적 %	전체	% 분산	누적 %
1	4.688	58.599	58.599	4.688	58.599	58.599	2.734	34.172	34.172
2	1.179	14.737	73.336	1.179	14.737	73.336	2.181	27.261	61.433
3	.919	11.493	84.829	.919	11.493	84.829	1.872	23.396	84.829
4	.488	6.095	90.924						
5	.385	4.814	95.738						
6	.153	1.907	97.644						
7	.105	1.314	98.958						
8	.083	1.042	100.000						

추출 방법: 주성분 분석.

1. 세 개의 요인이 도출되었다. 베리멕스 회전 후 세 개 요인의 고유치는 모두 1 이상이 되었으며 총 설명변량은 84.829%이다.

(계속)

2. 요인 1에는 특이하고 새로운 스타일의 옷을 보면 주로 산다, 옷을 살 때는 어느 정도 유행을 고려한다, 옷은 주로 세일 기간에 사는 편이다(−), 나는 비싼 옷 한두 벌보다는 값이 싼 여러 벌의 옷을 산다(−)의 네 문항이 포함되었고 요인 2에는 사회적 신분이나 직업을 고려해서 그에 맞는 옷을 선택한다, 나는 옷에 대한 주변 사람들의 평가에 신경을 쓴다, 의복은 나의 품위를 나타낼 수 있다의 세 문항이 포함되었으며 요인 3에는 나는 활동하기에 편안한 스타일을 주로 입는다의 한 문항이 포함되었다.

회전된 성분행렬[a]

	성분		
	1	2	3
a8	.865	.262	
a2	.783	.556	-.120
a6	-.704		.629
a5	-.683	-.133	.598
a3	.231	.838	-.151
a4	.591	.739	
a1		.705	-.563
a7		-.181	.872

추출 방법: 주성분 분석.
회전 방법: 카이저 정규화가 있는 베리멕스.
a. 6 반복계산에서 요인회전이 수행되었습니다.

분석 2–2: 요인분석 ▷▷ a1–a8을 분석 변수로 지정

▷▷ 요인추출에서 주성분, 고정된 요인수 5 지정

▷▷ 요인회전에서 베리멕스 회전 지정, 회전해법 표시 선택

▷▷ 옵션에서 크기순 정렬, 0.10보다 작은 계수 표시 안 함 선택

결과 2–2:

설명된 총분산

성분	초기 고유값			추출 제곱합 적재량			회전 제곱합 적재량		
	전체	% 분산	누적 %	전체	% 분산	누적 %	전체	% 분산	누적 %
1	4.688	58.599	58.599	4.688	58.599	58.599	2.170	27.122	27.122
2	1.179	14.737	73.336	1.179	14.737	73.336	1.967	24.584	51.706
3	.919	11.493	84.829	.919	11.493	84.829	1.243	15.536	67.242
4	.488	6.095	90.924	.488	6.095	90.924	1.207	15.093	82.335
5	.385	4.814	95.738	.385	4.814	95.738	1.072	13.403	95.738
6	.153	1.907	97.644						
7	.105	1.314	98.958						
8	.083	1.042	100.000						

추출 방법: 주성분 분석.

1. 다섯 개의 요인이 도출되었다. 베리멕스 회전 후 다섯 개 요인의 고유치는 모두 1 이상이 되었으며 총 설명변량은 95.738%이다.

2. 요인 1에는 특이하거나 새로운 스타일의 옷을 보면 주로 산다, 옷을 살 때는 어느 정도 유행을

(계속)

고려한다, 나는 옷에 대한 주변 사람들의 평가에 신경을 쓴다의 세 문항이 포함되었고 요인 2
에는 나는 비싼 옷 한두 벌보다는 값이 싼 여러 벌의 옷을 산다, 옷은 주로 세일 기간에 사는
편이다의 두 문항이 포함되었고 요인 3에는 사회적 신분이나 직업을 고려해서 그에 맞는 옷을
선택한다, 요인 4에는 의복은 나의 품위를 나타낼 수 있다, 요인 5에는 나는 활동하기에 편안
한 스타일을 주로 입는다가 포함되었다.

회전된 성분행렬[a]

	성분				
	1	2	3	4	5
a8	.936	-.260			-.106
a2	.741	-.425	.345	.300	
a4	.704	-.196	.415	.463	
a5	-.254	.889	-.163	-.189	.153
a6	-.314	.861	-.103	-.145	.253
a3	.253	-.163	.915	.229	-.113
a1	.141	-.241	.251	.867	-.289
a7		.251		-.204	.936

추출 방법: 주성분 분석.
회전 방법: 카이저 정규화가 있는 배리멕스.
a. 6 반복계산에서 요인회전이 수렴되었습니다.

분석 2-3: 요인분석 ▷▷ a1-a8을 분석 변수로 지정

▷▷ 요인추출에서 주성분, 고정된 요인수 4 지정

▷▷ 요인회전에서 베리멕스 회전 지정, 회전해법 표시 선택

▷▷ 옵션에서 크기순 정렬, 0.10보다 작은 계수 표시 안 함 선택

결과 2-3:

설명된 총분산

성분	초기 고유값			추출 제곱합 적재량			회전 제곱합 적재량		
	전체	% 분산	누적 %	전체	% 분산	누적 %	전체	% 분산	누적 %
1	4.688	58.599	58.599	4.688	58.599	58.599	2.096	26.206	26.206
2	1.179	14.737	73.336	1.179	14.737	73.336	2.006	25.076	51.282
3	.919	11.493	84.829	.919	11.493	84.829	1.964	24.544	75.827
4	.488	6.095	90.924	.488	6.095	90.924	1.208	15.097	90.924
5	.385	4.814	95.738						
6	.153	1.907	97.644						
7	.105	1.314	98.958						
8	.083	1.042	100.000						

추출 방법: 주성분 분석.

1. 네 개의 요인이 도출되었다. 베리멕스 회전 후 네 개 요인의 고유치는 모두 1 이상 되었으며

(계속)

총 설명변량은 90. 924%이다.

2. 요인 1에는 사회적 신분이나 직업을 고려해서 그에 맞는 옷을 선택한다, 의복은 나의 품위를 나타낼 수 있다, 나는 옷에 대한 주변사람들의 평가에 신경을 쓴다가 포함되었고 요인 2에는 특이하거나 새로운 스타일의 옷을 보면 주로 산다, 옷을 살 때는 어느 정도 유행을 고려한다가 포함되었으며 요인 3에는 나는 비싼 옷 한두 벌보다는 값이 싼 여러 벌의 옷을 산다, 옷은 주로 세일 기간에 사는 편이다, 요인 4에는 나는 활동하기에 편안한 스타일을 주로 입는다가 포함되었다.

회전된 성분행렬[a]

	성분			
	1	2	3	4
a3	.853	.231	-.153	
a1	.737		-.257	-.459
a4	.665	.647	-.202	
a8	.106	.938	-.255	
a2	.509	.704	-.426	
a5	-.249	-.241	.889	.175
a6	-.173	-.309	.859	.268
a7	-.140		.242	.940

추출 방법: 주성분 분석.
회전 방법: 카이저 정규화가 있는 베리멕스.
a. 6 반복계산에서 요인회전이 수렴되었습니다.

3. 나는 옷에 대한 주변 사람들의 평가에 신경을 쓴다 문항은 요인 1과 요인 2에 비슷한 부하량을 가지므로 내용을 고려하여 요인 2에 포함시킬 수도 있다.

결과 2(종합):

1. 결과 2-1, 2-2, 2-3의 결과를 비교하여 요인별 변수내용이 가장 적절하며 해당 연구 영역의 선행 연구들을 비추어 보아 요인수가 합당하다고 판단되는 결과를 선택한다.
2. 본 결과에서는 요인수 네 개의 결과가 가장 적절한 것으로 판단되었다.
3. 네 개 요인에 대한 요인명을 붙인다. 각 요인별 내용을 고려하여 요인 1은 '사회적 가치', 요인 2는 '유행 가치', 요인 3은 '경제적 가치', 요인 4는 '활동적 가치'로 의복가치를 규명하였다.

13
CHAPTER

t-검정

1 t-검정의 기본개념

t-검정(t-test)은 t-분포를 이용하여 두 집단 간의 유의차를 검정하는 분석기법이다. 독립변수는 명명척도로 측정된 두 개의 유목이며, 종속변수는 등간/비율척도로 측정된 자료에 적용된다.

| 표준오차의 개념 |

t-검정은 표준오차(standard error)의 개념을 활용한 것이다. 표준오차란 모집단에서 추출한 표본으로부터 얻은 표본평균의 표준편차를 말한다. 예를 들어, 서울시내에 거주하는 여대생의 월의복비를 측정하기 위하여 모집단으로부터 100명의 여대생을 추출하였다고 가정하자. 이들로부터 월의복비를 측정하고, 다시 모집단으로부터 새로운 표본 100명을 추출하여 월의복비를 측정하고, 또다시 같은 작업을 반복한다고 가정할 때, 확률적 표본추출을 했음에도 불구하고 표본집단에 따라 약간씩 다른 평균값이 산출될 것이다. 이와 같이 산출된 표본평균들의 표준편차를 표준오차라고 한다.

$$SE = SD / \sqrt{N}$$

t-검정의 자료가 되는 t-값은 집단 간 평균차를 표준오차의 단위로 표시한 것이다.

$$t\text{-값} = 평균차 / 표준오차$$

| t-분포의 속성 |

t-분포는 그림 13-1과 같이 표본크기에 따라 단위정규분포인 Z-분포와 같기도 하고 차이가 나기도 한다. N=∞일 때의 t-분포는 Z-분포와 일치한다. 그러나 N이 작을수록 t-분포는 Z-분포를 이탈하여 정점이 낮아지고 양쪽 끝이 높아진다.

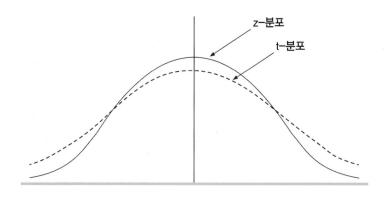

그림 13-1
t-분포와
z-분포

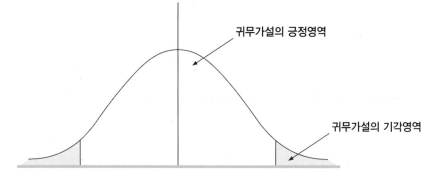

그림 13-2
귀무가설의
긍정영역과
기각영역

t-분포를 이용하여 유의성을 검정하고자 할 때 그림 13-2와 같이 귀무가설의 긍정영역과 기각영역이 있게 된다. 두 집단 간의 평균차를 표준오차의 단위로 산출하여 그 값이 어느 영역에 떨어지는가에 따라 귀무가설을 긍정하거나 또는 기각하는 통계적 결론을 내린다.

'두 집단 간에 유의한 차이가 없다.'는 귀무가설을 긍정한다는 것은 두 집단으로부터 얻은 평균치 사이에 차이가 있더라도 그 정도의 차이는 우연에 의해서 발생한 것일 수 있다고 판단하는 것이다. 즉 독립변수가 종속변수에 의미 있는 영향을 주지 못한다는 것이다.

반면에 귀무가설을 기각한다는 것은 두 집단의 평균차가 커서 이 정도의 차이가 우연히 나타날 확률은 매우 낮으며, 따라서 두 집단 간의 차이는 의미있는 차이, 즉 독립변수의 효과에 의한 차이라고 결론짓는 것이다.

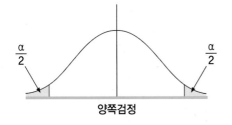

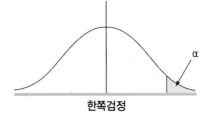

그림 13-3
양쪽검정과
한쪽검정의
기각영역

양쪽검정

한쪽검정

| 양쪽검정과 한쪽검정 |

t-검정에는 양쪽검정(two-tailed test)과 한쪽검정(one-tailed test)이 있다. 양쪽검정은 집단 간 유의차 영역이 양쪽에 나뉘어 있는 검정법이고, 한쪽검정은 집단 간 유의차 영역이 분포의 한쪽에만 있는 검정법이다.

귀무가설을 사용한 연구에서는 두 집단 간 유의차가 없다는 가설을 내세우고, 두 집단 간 차이가 유의하면 가설을 기각하는 형식을 취한다. 가설의 핵심이 두 집단 간 차이이지 두 집단 중 어느 집단이 더 높은가는 상관이 없으므로 기각영역이 양쪽에 모두 존재하며, 따라서 양쪽검정을 사용한다. 양쪽검정에서는 그림 13-3과 같이 기각영역이 양쪽으로 나뉘어지기 때문에 t-분포에서 임계치를 찾을 때에 알파값을 반으로 줄여서 찾아야 한다. 즉, 5% 유의수준에서 귀무가설을 검정하고자 할 때에 2.5%의 임계치를 찾아야 한다.

반면에 대립가설은 두 집단 중 특정 집단(A집단)이 다른 집단(B집단)에 비하여 유의하게 높은 값을 가질 것이라는 내용으로 가설을 구성한다. A집단이 B집단에 비하여 유의하게 높은 값을 가지는 경우에만 대립가설을 긍정하는 결론을 내리게 되므로 한쪽검정을 사용한다. 만일에 B집단의 값이 A집단의 값보다 유의하게 높다면, 귀무가설을 사용한 경우에는 이 차이가 결론으로 도출되지만 대립가설을 사용한 경우에는 가설을 기각하므로 집단 간 유의차가 없는 것이나 마찬가지 결과가 된다.

2 단일평균치에 대한 t-검정

단일평균치에 대한 t-검정은 한 집단의 평균치가 모집단과 차이가 있는지 검정하는 기법이다. 흔히 사용되지는 않지만 의복구성연구나 체형연구에서는 유용하게 사용될 수 있다. 예를 들어 의복원형개발 연구에서 특정한 표본집단을 선발한 후 이들을 대상으로 원형을 개발하고 착의실험을 하였을 때, 과연 이 집단이 전체 국민체형을 대표할 수 있는지는 단일평균치에 대한 t-검정을 통하여 확인할 수 있다.

| t-값의 산출 |

단일평균치에 대한 t-값은 다음의 공식으로 산출된다.

$$t = \frac{\overline{Y} - \mu}{s} \sqrt{n-1}$$

$\overline{Y}$: 표본집단의 평균치

μ : 국민전체의 평균추정치

s : 표본집단의 표준편차

n : 표본의 수

앞의 예에서, 성인여성 중 선발한 표본집단의 키가 과연 전체 성인여성의 키를 대표할 만한지 확인하기 위하여 다음의 자료로부터 t-값을 산출해 볼 수 있다.

자료:	$\overline{Y}$: 160.8 cm	μ : 158.5 cm
	s : 3.7 cm	n : 15명

$$t = \frac{160.8 - 158.5}{3.7} \sqrt{15-1} = 2.33$$

| t-검정의 절차 |

t-검정의 절차는 다음과 같다.

① 가설을 설정한다.

　　귀무가설은 $\mu = \overline{Y}$라는 가설을, 대립가설은 $\mu \langle \overline{Y}$ 또는 $\mu \rangle \overline{Y}$라는 가설을 세운다. 예에서 귀무가설은 '표본집단 평균키는 전체 성인여성 평균키와 유의한 차이가 없다.'로, 대립가설은 '표본집단의 평균키는 전체 성인여성 평균키에 비하여 유의하게 크다.'로 서술된다. 즉, 자료에 의하면 표본집단의 평균키가 2.3cm 더 큰데, 과연 이것이 우연히 나올 수 있는 무시할 만한 수치인지 아니면 의미 있는 수치인지를 판정하고자 하는 것이다.

② t-값을 계산한다.

　　예에서 계산된 t-값은 2.33이다.

③ 자유도(n-1)를 확인한다.

　　예에서 표본집단이 15명이므로 자유도는 14이다.

④ 자유도와 가설형태에 따라 t-분포표(부록 B)에서 임계치를 찾는다.

　　한쪽검정일 경우 자유도 14에서 5% 유의수준의 임계치는 1.761, 1% 유의수준의 임계치는 2.624이다. 양쪽검정일 경우 5% 유의수준에서 검정하고자 할 때에 5%를 양쪽 꼬리로 나누어 2.5%의 임계치를 찾아야 한다. 5% 유의수준에서 검정하

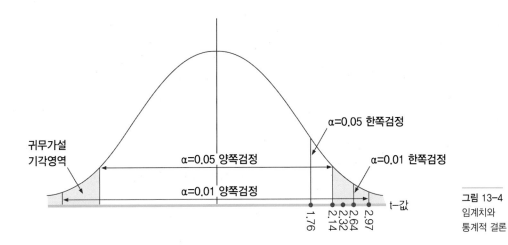

그림 13-4
임계치와
통계적 결론

기 위하여 자유도 14에서 $\alpha = 0.025$의 임계치를 찾으면 2.145, 1% 유의수준에서 검정하기 위하여 $\alpha = 0.005$의 임계치를 찾으면 2.977이다.

⑤ 통계적 결론을 내린다.

임계치와 t-값을 비교하여 t-값이 임계치보다 더 크면 두 집단 간 차이가 유의한 것으로 결론을 내린다. 우선 5% 유의수준에서 확인하여 보고, 유의할 경우 1% 유의수준에서 확인해 본다. 위의 예에서는 한쪽검정과 양쪽검정 모두 5% 수준에서 두 집단 간 유의한 차이가 있다. 따라서 이 연구대상으로 사용된 표본여성의 평균키는 우리나라 전체 여성 평균키와 5% 수준에서 유의한 차이가 난다는 결론을 내리게 된다.

3 독립표본 t-검정

독립표본 t-검정은 가장 일반적으로 사용되는 것으로, 서로 독립적인 두 집단으로부터 표본을 추출하여 표본으로부터 얻은 평균치의 차이에 대한 통계적 검정을 시행하고자 할 때 사용되는 방법이다. 예를 들어 남녀의 의복흥미를 비교하는 연구에서 남녀 각각에 대해 일정수의 표본을 추출하여 이들로부터 의복흥미를 측정한 후 두 집단 간의 차이가 의미 있는 차이인지 확인하고자 할 때 이 기법이 사용된다. 다른 모수적 추리통계들과 마찬가지로 두 집단의 분포가 모두 정규분포를 이루며, 두 집단의 분산이 동질적이라는 가정 위에서 분석이 이루어진다.

| t-값의 산출 |
두 집단의 표본수가 동일할 때는 다음 공식에 따라 t-값을 산출한다.

$$t = \cfrac{\overline{Y_1} - \overline{Y_2}}{\sqrt{\cfrac{\displaystyle\sum_{i=1}^{n} y_{1i}{}^2 + \displaystyle\sum_{i=1}^{n} y_{2i}{}^2}{n(n-1)}}}$$

두 집단의 표본수가 동일하지 않을 때에는 다음의 공식에 따라 t-값을 산출한다.

$$t = \cfrac{\overline{Y_1} - \overline{Y_2}}{\sqrt{\left(\cfrac{\displaystyle\sum_{i=1}^{n} y_{1i}{}^2 + \displaystyle\sum_{i=1}^{n} y_{2i}{}^2}{n_1 + n_2 - 2}\right)\left(\cfrac{1}{n_1} + \cfrac{1}{n_2}\right)}}$$

두 집단의 표본수를 각각 n_1과 n_2라 할 때, 자유도는 다음의 식으로 계산한다.

$$\text{자유도} = (n_1 - 1) + (n_2 - 1) = n_1 + n_2 - 2 = N - 2$$

| t-검정의 절차 |

표 13-1에 나와 있는 예에 대해 t-검정을 실시하면 다음과 같다.

여자 청소년	남자 청소년
41	28
43	31
45	30
43	28
44	33
37	36
44	38
37	29
41	36
38	33

표 13-1
자료예:
남녀 청소년의
의복흥미 점수*

* 5점 평정척도 10문항으로 측정되었으며, 점수가 높을수록 의복흥미가 높음을 나타냄

① 가설을 설정한다.

귀무가설을 설정하고 이에 대한 검정을 실시하고자 한다. '청소년의 의복흥미는 성별에 따라 유의한 차이가 없다.'고 귀무가설을 설정한다.

② t-값을 계산한다.

$$t = \frac{\overline{Y}_1 - \overline{Y}_2}{\sqrt{\dfrac{\sum\limits_{i=1}^{n} y_{1i}{}^2 + \sum\limits_{i=1}^{n} y_{2i}{}^2}{n(n-1)}}}$$

$$t = \frac{41.3 - 32.2}{\sqrt{\dfrac{82 + 115}{90}}} = 6.14$$

③ 자유도를 확인한다.

자유도는 전체 사례수에서 집단수 2를 빼서 구하게 되므로 18이 된다.

④ 자유도에 따라 t-분포표에서 양쪽검정을 위한 임계치를 찾는다.

5% 수준의 양쪽검정을 위해 t-분포표에서 자유도 18의 2.5% 임계치를 확인해 보면 2.101이며, 1% 수준의 임계치를 확인해 보면 2.878이다. 또한 0.1% 수준의 임계

연구예 **t-검정을 이용한 연구**

강경자 (2001). 한복배색의 조화감에 대한 한·미 여대생의 지각반응 연구(제1보)–톤 인 톤 배색을 중심으로–. **한국의류학회지, 25**(4), 731–742.

이 논문에서는 비비드 톤, 라이트 톤, 덜 톤, 다크 톤의 네 가지 톤별로 세 가지 저고리 색(빨강, 노랑, 초록)과 여섯 가지 치마색(빨강, 주황, 노랑, 초록, 파랑, 보라)을 조합한 한복 그림을 자극물로 제시하고 한·미 여대생들로 하여금 조화감을 평가하게 한 후, t-검정으로 각 자극물에 대한 한·미 여대생의 평가 차이를 분석하였다. 네 가지 톤 모두에서 빨강과 빨강, 초록과 초록 배색에 대해 한국과 미국 여대생의 조화감 평가 차이가 나타나, 미국 여대생들이 한국 여대생들보다 더 조화롭다고 지각하였다.

치는 3.922이다.

⑤ 통계적 결론을 내린다.

t-값 6.14는 2.101은 물론 2.878, 3.922보다 크므로 남녀 청소년 두 집단 사이에는 0.1% 수준에서 의복흥미에 대한 유의한 차이가 있다.

4 대응표본 t-검정

대응표본 t-검정(paired t-test)은 한 표본으로부터 두 개의 다른 특성을 측정한 경우에 사용하는 기법이다. 예를 들어 체형연구에서 왼팔과 오른팔의 길이가 같은지 또는 유의하게 차이가 나는지 알아보기 위하여 양팔의 길이를 계측하였을 때, 비교하고자 하는 두 세트의 측정치들은 서로 관련이 되어 있다. 즉, 표 13-2에서 보는 바와 같이 측정치는 표본별로 쌍을 이루게 된다.

대응표본 t-검정시 t-값은 다음공식에 따라 계산한다.

$$t = \frac{\overline{D}}{S_{\overline{D}}}$$

$\overline{D}$: 쌍을 이룬 두 점수 사이의 차이의 평균치

$S_{\overline{D}}$: $\overline{D}$의 표준오차

이제 t-값을 계산해 보자.

$$t = \frac{\overline{D}}{S_{\overline{D}}} = \frac{-2.0833}{1.1245} = 1.853$$

피계측자	왼팔길이(mm)	오른팔길이(mm)	왼팔길이-오른팔길이(D)
1	500	510	−10.00
2	492	491	1.00
3	490	491	−1.00
4	501	498	3.00
5	495	500	−5.00
6	488	493	−5.00
7	470	470	.00
8	480	485	−5.00
9	499	495	4.00
10	472	475	−3.00
11	488	490	−2.00
12	498	500	−2.00

연구예 **대응표본 t-검정을 이용한 연구**

김선아 (2010). 한복 유형에 따른 선호배색 비교연구. **한국패션디자인학회지, 10**(4), 47–58.

이 연구에서는 여자 한복을 전통한복과 생활한복으로 나눈 후 연령대별 동일표본에게 한복 유형에 따른 배색 선호도를 비교하였다. 연구결과 전통한복과 생활한복 두 유형에 적용된 14가지 배색 가운데 7가지 배색에서 유의한 차이가 발견되었다.

참고 **상관계수 r에 대한 t-검정**

제9장에 다루었던 상관계수 r에 대해 t-검정으로 유의도 검정을 하고자 할 때에는 아래 공식에 따라 t-값을 계산하고, 산출된 t-값에 대하여 t-검정을 실시하면 된다. 이때 자유도는 대응표본 t-검정과 같이 n−1이 된다.

$$t = \frac{r\sqrt{n-2}}{\sqrt{1-r^2}}$$

자유도는 n−1, 즉 11이므로 t−분포에서 유의수준 0.05에서 양쪽검정을 하기 위한 임계치를 찾아보면 2.201이다. 계산된 t−값 −1.853의 절대값은 이 임계치보다 작으므로, 왼쪽 팔길이와 오른쪽 팔길이는 유의한 차이가 나지 않는다고 결론내릴 수 있다.

5 SPSS를 이용한 t−검정

SPSS에서는 평균 비교(compare means) 메뉴를 통해 일표본 t−검정(one sample t−test), 독립표본 t−검정(independent samples t−test), 대응표본 t−검정(paired samples t−test)을 제공하고 있다. 일표본 t−검정은 단일 평균치에 대한 t−검정이다.

| 일표본 t−검정 |

단일 변수의 평균값이 기준값과 차이가 나는지 검정할 때 사용한다. 분석할 변수는 등간척도 이상이어야 한다.

자료의 변수목록으로부터 분석할 변수를 선정하여 오른쪽 창의 검정 변수(test variables)로 옮기고 검정 변수 창 아래의 검정값(test value) 상자에 기준값을 입력해 준다. 예를 들어 어떤 집단의 IQ가 IQ의 평균값으로 가정되는 100과 차이가 나는지 보고 싶을 때 IQ 검사값 변수를 검정 변수로, 100을 검정값으로 지정해 준다.

옵션(options) 대화상자에서는 원하는 신뢰구간(confidence interval percentage)과 결측값(missing values) 처리를 지정해 준다.

SPSS를 이용한 일표본 t−검정

1. 분석(Analyze) 메뉴에서 평균 비교(Compare Means)에 커서를 가져가면 일표본 t−검정(One−Sample t−test)을 선택할 수 있다.
   ▷분석(Analyze) ▶평균 비교(Compare Means) ▶▶일표본 t−검정(One−Sample t−test)

2. 일표본 t−검정 대화상자가 나타나면 검정 변수(Test Variables)를 지정하고 검정값(Test Value)을 입력한다.

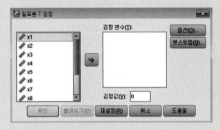

3. 옵션(Options)을 클릭하여 원하는 내용을 수정한다.

4. 계속(Continue) 버튼을 누르고 확인(OK) 버튼을 누르면 결과를 얻을 수 있다.

| 독립표본 t−검정 |

두 집단 간 평균값이 유의하게 차이나는지 검정할 때 사용한다. 차이를 검정하는 종속변수는 등간척도 이상이어야 하고 집단을 구분해 주는 변수는 일반적으로 명명척도를 사용한다.

자료의 변수목록으로부터 분석할 변수를 선정하여 오른쪽 창의 검정 변수(test variables)로 옮기고 검정 변수 창 아래의 집단변수(grouping variable) 상자에 집단을 구분해주는 변수를 옮긴다. 집단변수를 설정해 주면 집단 정의(define group) 버튼이 활성 상태로 되는데, 집단 정의 버튼을 클릭하면 비교하고자 하는 두 집단의 변수값을 집단 1과 집단 2에 입력할 수 있다. 예를 들어 남녀 두 집단의 IQ를 비교한다면 IQ 변수는 검정 변수로, 성별 변수는 집단 변수로 설정하고, 집단 정의에서 집단 1에 남자로 코딩한 변수값(예컨대 1)을, 집단 2에 여자로 코딩한 변수값(예컨대 2)을 입력해 주면 된다.

만약 명명척도로 된 질적 변수가 아니라 등간척도 이상의 양적 변수에 대해 집단을 두 개로 구분하여 집단 차이를 보고 싶은 경우라면 절단점(cut point)을 선택하고 절단점의 값을 기입해 준다. 예를 들어 시험성적이 좋은 학생과 나쁜 학생의 교과목에 대한 만족도를 비교하고자 할 때, 시험성적의 평균점수를 분리점으로 설정하여 그보다 높은 점수를 받은 집단과 나쁜 점수를 받은 집단의 두 집단으로 구분할 수 있을 것이다.

SPSS를 이용한 독립표본 t-검정

1. 분석(Analyze) 메뉴에서 평균 비교(Compare Means)에 커서를 가져가면 독립표본 t-검정 (Independent Samples t-test)을 선택할 수 있다.
   ▷분석(Analyze) ▶평균 비교(Compare Means) ▶▶독립표본 t-검정(Independent Samples t-test)

2. 독립표본 t-검정 대화상자가 나타나면 검정 변수(Test Variables)와 집단변수(Grouping Variables)를 지정한다.

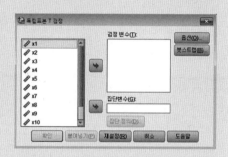

3. 집단변수(Grouping Variables)의 집단 정의 (Define Groups) 버튼을 클릭하여 비교할 두 집단의 변수값을 입력한다.

4. 옵션(Options)을 클릭하여 원하는 내용을 수정한다.

5. 계속(Continue) 버튼을 누르고 확인(OK) 버튼을 누르면 결과를 얻을 수 있다.

옵션(options) 대화상자에서는 원하는 신뢰구간(confidence interval percentage)과 결측값(missing values) 처리를 지정해 준다.

독립표본 t-검정의 결과에서는 각 집단별 종속변수에 대한 기술통계량과 Levene의 등분산 검정(test for equality of variance), 등분산을 가정한 경우와 가정하지 않은 경우의 t-값, 그리고 평균차에 대한 95% 신뢰구간이 제공된다. 신뢰구간 지정은 옵션 대화상자에서 수정할 수 있다.

예제

독립표본 t-검정

자료: 난색과 한색이 지각에 미치는 효과를 알아보기 위해 두 개의 방을 빨간색과 파란색으로 따로따로 꾸민 후 스무 명의 피험자를 두 집단으로 나누어 각각 하나의 방 속에서 시간을 보낸 후 30분이 지났다고 생각되면 나오도록 하였다. 각 피험자들이 두 개의 방에서 보낸 시간은 분을 단위로 하여 다음과 같다.

빨간색 방	25	23	21	28	30	31	22	26	27	20
파란색 방	31	32	28	30	27	30	29	31	35	32

자료입력:

	🎲 피험자	🎲 방유형	✏️ 시간	변수	변수	변수	변수	변수
1	1	1	25					
2	2	1	23					
3	3	1	21					
4	4	1	28					
5	5	1	30					
6	6	1	31					
7	7	1	22					
8	8	1	26					
9	9	1	27					
10	10	1	20					
11	11	2	31					
12	12	2	32					
13	13	2	28					
14	14	2	30					
15	15	2	27					
16	16	2	30					
17	17	2	29					
18	18	2	31					
19	19	2	35					
20	20	2	32					

(계속)

결과:

집단통계량

	방유형	N	평균	표준화 편차	표준오차 평균
시간	빨간색방	10	25.30	3.773	1.193
	파란색방	10	30.50	2.273	.719

독립표본 검정

		Levene의 등분산 검정		평균의 등일성에 대한 T 검정					차이의 95% 신뢰구간	
		F	유의확률	t	자유도	유의확률 (양측)	평균차이	표준오차 차이	하한	상한
시간	등분산을 가정함	3.556	.076	-3.733	18	.002	-5.200	1.393	-8.126	-2.274
	등분산을 가정하지 않음			-3.733	14.773	.002	-5.200	1.393	-8.173	-2.227

1. 시간을 종속변수로, 방 유형을 독립변수로 한 t–검정 결과이다.
2. 각 집단별 사례수는 10이다. 집단별 시간의 평균과 표준편차, 표준오차가 제시되었다. 빨간색
   방에서 보낸 시간의 평균은 25.30분이며 파란색 방에서 보낸 시간의 평균은 30.50분이다.
3. Levene의 등분산 검정 결과 분산은 5% 수준에서 유의한 차이가 나지 않는다.
4. 분산이 차이가 나지 않으므로 등분산을 가정한 경우와 가정하지 않은 경우의 결과는 동일
   하다. 자유도는 전체 집단 사례수에서 집단수를 뺀 18이며 t–값은 −3.733이다. 유의확률이
   0.002이므로 1% 수준에서 유의한 차이가 난다.

| 대응표본 t–검정 |

단일 집단에서 두 변수값 평균의 유의한 차이를 검정할 때 사용한다. 이때 두 변수는
등간 이상의 동일한 척도로 측정되어야 한다.

  자료의 변수목록으로부터 분석할 변수를 선정하여 오른쪽 창의 대응 변수(paired
variables)로 옮기게 되는데, 다른 분석 방법에서의 변수 설정과는 달리 두 변수의 조
합이 하나의 분석 대상이 되므로 쌍을 이룰 두 변수를 모두 지정한 상태에서만 이동
화살표 버튼이 활성화된다. 왼쪽 변수목록창 아래 부분에서 현재 변수 1과 변수 2의
조합으로 어떤 변수가 선택되고 있는지 상태를 확인할 수 있다. 한번에 여러 개의 변
수쌍을 함께 선택하여 분석 가능하다.

  옵션(options) 대화상자에서는 원하는 신뢰구간(confidence interval percentage)

과 결측값(missing values) 처리를 지정해 준다.

분석하고 있는 변수들의 기술통계량과 상관관계, 대응 차이에 대한 기술통계량, t-값, 95% 신뢰구간을 결과로 얻게 된다. 신뢰구간 지정은 옵션 대화상자에서 수정할 수 있다.

SPSS

SPSS를 이용한 대응표본 t-검정

1. 분석(Analyze) 메뉴에서 평균 비교(Compare Means)에 커서를 가져가면 대응표본 t-검정(Paired Samples t-test)을 선택할 수 있다.

   ▷ 분석(Analyze) ▶평균 비교(Compare Means) ▶▶대응표본 t-검정(Paired Samples t-test)

2. 대응표본 t-검정 대화상자가 나타나면 대응 대응변수(Paired Variables)를 지정한다.

3. 옵션(Options)을 클릭하여 원하는 내용을 수정한다.

4. 계속(Continue) 버튼을 누르고 확인(OK) 버튼을 누르면 결과를 얻을 수 있다.

예제

대응표본 t-검정

자료: 섬유제품시험 교육의 효과를 알아보기 위해 16명의 피교육자를 대상으로 교육받기 전에 열 개의 직물 샘플을 판별해 보고 교육받은 후에 열 개의 직물 샘플을 판별해 보는 실험을 하였다. 다음은 열 개에 대해 바르게 판별한 개수를 점수화한 결과이다.

피교육자	1	2	3	4	5	6	7	8	9	10	11	12	13	14	15	16
교육 전	3	2	3	4	5	4	1	0	3	4	5	6	6	3	3	4
교육 후	6	7	8	6	8	6	3	4	5	4	7	8	8	6	5	5

(계속)

자료입력:

	👤 대상	✏️ 교육전	✏️ 교육후	변수	변수	변수	변수	변수
1	1	3	6					
2	2	2	7					
3	3	3	8					
4	4	4	6					
5	5	5	8					
6	6	4	6					
7	7	1	3					
8	8	0	4					
9	9	3	5					
10	10	4	4					
11	11	5	7					
12	12	6	8					
13	13	6	8					
14	14	3	6					
15	15	3	5					
16	16	4	5					

분석: 대응표본 t-검정 ▷▷ 대응변수로 교육전-교육후 지정

결과:

대응표본 통계량

		평균	N	표준화 편차	표준오차 평균
대응 1	교육전	3.50	16	1.633	.408
	교육후	6.00	16	1.592	.398

대응표본 상관계수

		N	상관관계	유의확률
대응 1	교육전 & 교육후	16	.667	.005

대응표본 검정

		대응차					t	자유도	유의확률 (양측)
		평균	표준화 편차	표준오차 평균	차이의 95% 신뢰구간 하한	상한			
대응 1	교육전 - 교육후	-2.500	1.317	.329	-3.202	-1.798	-7.596	15	.000

1. 사례수는 16이고 교육 전 판별 점수의 평균은 3.50, 교육 후 판별 점수의 평균은 6.00이다.

2. 교육 전과 교육 후 판별점수의 상관계수는 0.667로 1% 유의수준에서 상관관계가 있다. 즉, 교육 전에 판별을 잘 한 사람일수록 교육 후에도 판별력이 더 좋았다.

3. 교육 전과 교육 후 판별점수의 평균차이는 -2.500이며 자유도는 사례수(n)-1인 15이고 t-값은 -7.596으로 유의확률은 0.0000이다. 즉 교육 전과 교육 후의 판별점수는 확실하게 차이가 나므로 교육효과가 확인되었다.

14
CHAPTER

일원분산분석

1 일원분산분석 과정

분산분석(分散分析, analysis of variance; ANOVA)은 종속변수의 총분산을 독립변수에 의한 분산부분과 오차에 의한 분산부분으로 나누어 이들 사이의 비(ratio)를 통하여 독립변수 효과의 유의성을 밝히는 분석기법이다. '일원'은 독립변수가 한 개임을 나타내는 것이며, 따라서 일원분산분석(一元分散分析, one-way ANOVA)은 하나의 독립변수와 하나의 종속변수를 갖는 연구설계에 대해 적용하는 것이다. 독립변수는 명명척도이고 종속변수는 등간/비율척도로 측정된 경우에 사용된다. t-검정과 다른 점은 독립변수의 유목수에 제한을 받지 않는다는 것이다. 모수적 추리통계에 속하므로 종속변수의 정규분포, 집단 간 분산의 동질성, 측정의 연속성 등이 기본가정으로 충족되어야 한다.

| 일원분산분석의 기본정리 |

분산분석은 등간/비율척도로 측정된 종속변수에 대하여 실험처치 종류 또는 집단유형 등 명명척도인 독립변수의 효과를 밝히는 분석기법이다. 즉, 종속변수 측정치의 총분산 중 어느 정도가 독립변수의 효과이고 어느 정도가 오차인지를 구별해 냄으로써, 과연 독립변수가 종속변수에 유의한 영향을 미치는지 통계적으로 규명하는 것이다. 예를 들면, 세제조성이 다른 세 종류의 세제(독립변수)를 이용하여 시험포를 세탁한 후 세척률(종속변수)을 측정하였을 때, 세척률의 차이가 과연 세제의 차이에 의한 것인지를 밝히는 것이다.

이와 같이 분산분석의 기본원리는 종속변수에 나타나는 총분산을 독립변수에 의한 분산부분과 오차에 의한 분산부분으로 나누어 이들의 관계를 분석함으로써 독립변수 효과의 유의성을 판정하는 것이다. 통계적 검정에 사용되는 F-비(F-ratio)는 오차에 의한 분산에 대한 독립변수에 의한 분산의 비(ratio)를 나타내는 것이다.

표 14-1
일원분산분석을
위한 연구자료의
전형

1	2	3	...	k
Y_{11}	Y_{21}	Y_{31}		Y_{k1}
Y_{12}	Y_{22}	Y_{32}		Y_{k2}
Y_{13}	Y_{23}	Y_{33}		Y_{k3}
Y_{14}	Y_{24}	Y_{34}		Y_{k4}
⋮	⋮	⋮		⋮
Y_{1n}	Y_{2n}	Y_{3n}		Y_{kn}
$\overline{Y}_1$	$\overline{Y}_2$	$\overline{Y}_3$		$\overline{Y}_k$

※ k : 독립변수의 집단(유목)수

  n : 각 집단의 표본수

  Y_{ij} : i 번째 집단의 j번째 표본

  $\overline{Y}_i$: i 번째 집단의 평균

  $\overline{Y}$: 전체평균

표 14-2
일원분산분석의
총괄표

분산원	제곱합(SS)	자유도(df)	평균제곱(MS)	F-비	유의확률
집단 간	SS_{Tr}	$k-1$	MS_{Tr}	MS_{Tr}/MS_E	
집단 내(오차)	SS_E	$N-k$	MS_E		
전체	SS_T	$N-1$			

연구의 자료가 표 14-1과 같이 구성될 때, 분산분석의 기본정리(theorem)는 다음과 같다.

$$\sum_{i=1}^{k}\sum_{j=1}^{n}(Y_{ij}-\overline{Y})^2 = n\sum_{i=1}^{k}(\overline{Y}_i-\overline{Y})^2 + \sum_{i=1}^{k}\sum_{j=1}^{n}(Y_{ij}-\overline{Y}_i)^2$$

$$SS_{Total} = SS_{Treatment} + SS_{Error}$$

| 분산분석 총괄표의 구성 |

분산분석의 결과는 표 14-2와 같은 총괄표(summary table)로 구성되며, 총괄표를 구성하는 각 내용은 다음과 같다.

분산원

종속변수의 분산을 가져오는 원천이 되는 분산원(分散源, source of variation)은 집

단 간(集團間, between groups)과 집단 내(集團內, within group)로 나뉜다. 집단 간 분산은 독립변수 유목이 다름으로 해서 발생하는 분산을 말하며, 집단 내 분산은 동일한 실험처치를 받았거나 동일한 집단임에도 불구하고 발생하는 분산으로 오차에 해당한다. 집단 간 분산과 집단 내 분산을 합친 것이 전체분산이다.

제곱합

제곱합(sum of squares; SS)은 편차의 제곱합(sum of squared deviations)의 줄임말로 분산을 말한다. 집단 간 제곱합은 독립변수에 의한 분산으로, $SS_{Treatment}$ 또는 $SS_{Between}$이라 한다.

$$SS_{Treatment} = \text{sum of squares due to treatment} = \sum_{i=1}^{k} (\overline{Y_i} - \overline{Y})^2$$

집단내 제곱합은 동일한 실험처치를 받았거나 동일한 집단에 속한 표본들 사이의 차이를 나타내는 오차분산으로 SS_{Error} 또는 SS_{Within}이라 한다.

$$SS_{Error} = \text{sum of squares due to error} = \sum_{i=1}^{k} \sum_{j=1}^{n} (Y_{ij} - \overline{Y_i})^2$$

전체 제곱합은 총분산으로 $SS_{Treatment}$와 SS_{Error}를 합친 값이다.

$$SS_{Total} = SS_{Treatment} + SS_{Error} = \sum_{i=1}^{k} (\overline{Y_i} - \overline{Y})^2 + \sum_{i=1}^{k} \sum_{j=1}^{n} (Y_{ij} - \overline{Y_i})^2$$

이러한 계산과정을 통하여 총분산은 독립변수에 의한 분산부분과 오차에 의한 분산부분으로 나뉜다.

자유도

자유도(degrees of freedom)는 분산원에 따라 차이가 있다. 집단 간 자유도는 집단수(k)에서 1을 뺀 k-1이고, 집단 내 자유도는 k(n-1)=N-k(여기서 N은 전체표본수, 즉 n×k를 의미한다)이며, 전체 자유도는 N-1이다. 숫자상으로 집단 간 자유도와 집단 내 자유도를 합하면 전체 자유도가 된다.

평균제곱

각 제곱합을 산출하는 과정에서 여러 개의 항이 합산되므로 이들의 평균을 구하게 되는데 이것이 평균제곱(MS; mean square; mean of the squared deviations)이다. 평균제곱은 각 제곱합을 해당 자유도로 나누어 계산한다.

$$MS_{Treatment} = SS_{Treatment} / (k-1)$$
$$MS_{Error} = SS_{Error} / (N-k)$$

F-비

분산분석 결과에 대한 유의성 판정에 F-비가 사용된다. F-비는 평균제곱 사이의 비로, 오차 평균제곱(MS_{Error})에 대한 집단 간 평균제곱($MS_{Treatment}$)의 비를 말한다.

$$F = MS_{Tr} / MS_E$$

유의확률

산출된 F-비를 분자와 분모의 자유도별 해당 유의수준의 F-분포상 임계치와 비교하여 통계적 검정을 하게 된다. 통계 패키지를 이용하면 유의수준의 값이 표시되므로 이를 0.05, 0.01, 0.001의 유의수준으로 표시해 준다.

| 통계적 검정 |

일원분산분석 결과에 대한 통계적 검정은 다음의 절차로 이루어진다.

① 가설을 설정한다.
② 총괄표를 작성하고 F-비를 구한다.
③ 임계치를 찾는다.
　임계치는 F-분포표(부록 B)에서 찾게 되는데, F-분포는 그림 14-1과 같은 형태를

자료의 코딩

분산분석을 시행할 때 자료를 간단히 하기 위하여 원점수에서 일정수를 더하거나 빼거나 곱하거나 나누어 코딩할 수 있다. 예를 들어 의복비와 같이 큰 숫자일 경우에는 단위를 줄여 줄 수 있다. 이와 같이 코딩을 하여도 분석의 결과물은 동일하게 산출된다. SPSS에서는 변환(transform)-변수 계산 (compute variable) 메뉴를 이용하여 원자료 값에서 연산을 적용한 새로운 자료값을 얻을 수 있다.

일원분산분석의 계산

일원분산분석의 과정을 손쉽게 계산할 수 있는 다음과 같은 방법이 사용되기도 한다.

G(Grand Total) $= \sum \sum Y_{ij}$

$C = G^2 / N$

$T_i = \sum_{j=1}^{n} Y_{ij}$일 때,

$\text{SS}_{\text{Total}} = \sum \sum Y_{ij}{}^2 - C$

$\text{SS}_{\text{Treatment}} = \dfrac{1}{n} \sum T_i{}^2 - C$

$\text{SS}_{\text{Error}} = \text{SS}_{\text{Total}} - \text{SS}_{\text{Treatment}}$

일원분산분석의 이해

다음과 같은 자료가 있을 때 일원분산분석의 총괄표를 구성하고 α=0.05 유의수준에서 세 집단의 평균이 같다는 귀무가설을 기각할 수 있는지 밝히시오.

집단 1	집단 2	집단 3
0	1	3
1	1	3
1	2	4
2	2	4

가지며, 오른쪽 끝에 귀무가설의 기각영역이 존재한다.

임계치는 $F_{\alpha;\,df_1,\,df_2}$로 찾게 되는데, 이때 α는 유의수준을 나타내며 df1과 df2가 만나는 위치의 숫자가 임계치가 된다. df1은 제1자유도 또는 분자자유도라고 하며, 집단 간 자유도이다. df2는 제2자유도 또는 분모자유도라고 하며, 집단 내 자유도이다. 임계치를 찾기 위하여 두 개의 자유도가 필요하므로 각 유의수준별로 별도의 분포표가 있다. 따라서 연구자가 원하는 유의수준의 분포표를 찾아 그 분포표 안에서 임계치를 찾아야 한다.

④ 통계적 결론을 내린다.

임계치와 산출된 F-비를 비교하여 F-비의 값이 임계치보다 더 크면 귀무가설을 기각하고 독립변수의 집단 간에 유의한 차이가 있다는 통계적 결론을 내리게 된다.

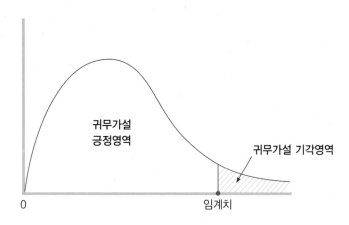

그림 14-1
F-분포와
귀무가설의
기각영역

참고 **독립변수의 설명력**

일원분산분석에서 종속변수에 대한 독립변수의 설명력은 두 변수 사이의 상관도를 나타내는 상관비 에타(η)의 제곱인 η^2으로 나타낼 수 있다(제9장 특수상관 참조). 이는 곧 종속변수에 대한 독립변수의 기여율로, 회귀분석에서의 R^2과 같은 의미를 가진다.

$$\eta^2 = \frac{SS_{Tr}}{SS_T}$$

2 다중 비교

일원분산분석 결과 귀무가설을 기각하게 되면 집단간 유의차가 있다는 통계적 결론을 내리게 된다. 그러나 이러한 통계적 결론은 독립변수가 종속변수에 유의한 영향을 미친다는 결론은 되지만 구체적으로 어느 집단이 서로 차이가 나는지에 대한 정보는 주지 못한다. 다중비교(多重比較, multiple comparison)는 독립변수의 각 집단들을 둘씩 비교하면서 유의차가 나는 집단들을 밝혀내는 기능을 한다.

| 다중비교의 개념 |

표 14-3은 섬유조성 중 면의 비율을 15%부터 35%까지 다르게 한 다섯 종류의 직물 에 대한 인장강도 실험결과이다.

이 실험자료를 일원분산분석한 총괄표가 표 14-4이다. 분석결과에 의하면 산출된

표 14-3	섬유조성 중 면의 비율(%)				
섬유조성별 인장강도 실험결과	15	20	25	30	35
	7	12	14	19	7
	7	17	18	25	10
	15	12	18	22	11
	11	18	19	19	15
	9	18	19	23	11
	9.8	15.4	17.6	21.6	10.8

자료 : Montgomery, D. C. (1985). *Design and analysis of experiments.*

표 14-4	분산원	제곱합(SS)	자유도(df)	평균제곱(MS)	F-비	유의확률
인장강도 실험결과에 대한 일원분산분석 총괄표	집단 간	475.76	4	118.94	14.76	〈 0.01
	집단 내(오차)	161.20	20	8.06		
	전체	636.96	24			

F-비는 14.76이며, 분자자유도(df1) 4, 분모자유도(df2) 20인 경우 1% 유의수준에서의 임계치($F_{0.01; 4, 20}$)가 4.43으로 14.76보다 작으므로 1% 유의수준에서 귀무가설을 기각하게 된다. 즉 혼방직물의 섬유조성 중 면의 비율은 인장강도에 1% 유의수준에서 영향을 미친다는 결론을 내리게 된다. 그러나 이러한 결론이 구체적으로 다섯 종류의 직물들 중 어느 것들 사이에 차이가 있는 것인지에 대해서는 알려주지 않는다. 예를 들어 면이 20%인 직물의 평균인장강도 15.4와 25%인 직물의 평균인장강도 17.6 사이의 차이 2.2가 과연 의미있는 차이인지, 아니면 우연에 의해서도 충분히 나타날 수 있는 차이인지 알 수 없다.

다중비교는 각 쌍(pair)을 서로 비교함으로써 차이나는 집단들을 구체적으로 밝혀준다.

| 다중비교의 종류 |

다중비교기법에는 여러 가지 종류가 있다. 다중비교의 기법들은 귀무가설이 사실이 아닐 때 이를 기각하는 힘(power)에 차이가 있다. 즉, 진실로 집단 간에 차이가 있을 때 작은 차이를 보고도 유의한 차이로 결론 내리는 힘을 말한다. 힘이 강한 기법은 유의차를 판정하는 기준이 낮기 때문에 비교적 작은 차이도 의미 있는 차이로 판정하며, 그 결과 집단들이 세밀하게 나누어진다. 따라서 연구자는 연구의 성격에 따라 적절한 힘을 갖는 기법을 선택하여 사용하여야 한다.

LSD

LSD(The Least Significant Difference)는 다중비교기법 중에서 가장 힘이 강한 것이다. 즉 집단 간 차이가 있을 때 이 차이를 확실히 찾아내는 방법으로, 집단 내 표본수가 다를 때에도 사용할 수 있다.

t-값을 기초로 하여 LSD값을 산출한 후, 유의차를 확인하고자 하는 두 집단 간 평균차의 절대값과 LSD값을 비교하여 두 집단 간의 평균차 절대값이 LSD값보다 크면 유의차가 있는 것으로, 두 집단 간의 평균차 절대값이 LSD값보다 작으면 유의차가 없는 것으로 결론짓는다.

LSD값을 계산하는 공식은 다음과 같다.

$$LSD = t_{a/2:\,N\text{-}k} \sqrt{\frac{2MS_E}{n}}$$

$t_{a/2:\,N\text{-}k}$: 자유도 Nk 의 양쪽검정시 임계치(N: 전체표본수, k: 독립변수의 집단수)

MS_E : 일원분산분석 총괄표의 오차평균제곱합

n : 각 집단 내 표본수

각 집단 내의 표본수가 다를 때에는 다음의 공식을 사용한다.

$$LSD = t_{a/2:\,N\text{-}k} \sqrt{MS_E\left(\frac{1}{n_i} + \frac{1}{n_j}\right)}$$

n_i와 n_j : 비교하고자 하는 두 집단 각각의 표본수

표 14-3에 나와 있는 예에 대하여 LSD 검정을 실시하면 다음과 같다.

① LSD값을 산출한다.

$a = 0.05$ 수준에서 계산하면,

$$LSD = t_{a/2:\ N-k} \sqrt{\frac{2MS_E}{n}} = 2.086 \sqrt{\frac{2(8.06)}{5}} = 3.75$$

② 각 집단쌍에 대하여 평균차를 계산하고, 이의 절대값과 LSD값을 비교하여 각 집단쌍에 대한 유의성을 판정한다.

$$\overline{Y}_1 = 9.8 \qquad \overline{Y}_2 = 15.4 \qquad \overline{Y}_3 = 17.6 \qquad \overline{Y}_4 = 21.6 \qquad \overline{Y}_5 = 10.8$$

$$\overline{Y}_1 - \overline{Y}_2 = 9.8 - 15.4 = -5.6^*$$
$$\overline{Y}_1 - \overline{Y}_3 = 9.8 - 17.6 = -7.8^*$$
$$\overline{Y}_1 - \overline{Y}_4 = 9.8 - 21.6 = -11.8^*$$
$$\overline{Y}_1 - \overline{Y}_5 = 9.8 - 10.8 = -1.0$$
$$\overline{Y}_2 - \overline{Y}_3 = 15.4 - 17.6 = -2.2$$
$$\overline{Y}_2 - \overline{Y}_4 = 15.4 - 21.6 = -6.2^*$$
$$\overline{Y}_2 - \overline{Y}_5 = 15.4 - 10.8 = 4.6^*$$
$$\overline{Y}_3 - \overline{Y}_4 = 17.6 - 21.6 = -4.0^*$$
$$\overline{Y}_3 - \overline{Y}_5 = 17.6 - 10.8 = 6.8^*$$
$$\overline{Y}_4 - \overline{Y}_5 = 21.6 - 10.8 = 10.8^*$$

③ 위의 결과를 종합하여 유의차가 있는 집단들을 제시한다.

이때 밑줄방식과 ABC방식이 주로 사용된다. 밑줄방식은 각 집단을 평균크기에 따라 순서대로 배열한 후 서로 유의차가 없는 집단들끼리 밑줄로 연결하여 실제로는 한 집단과 마찬가지임을 표시하는 것이다. 이 방식을 따를 경우 서로 유의차가 나는 집단을 시각적으로 쉽게 알아볼 수 있으나 집단을 평균크기에 따라 다시 배열하여야 하는 불편이 있으며 여러 변수에 대한 다중비교 결과를 동시에 제시할 때

변수마다 집단의 순서를 다시 배열하여야 하는 어려움이 있다.

$$\overline{Y}_1 \quad\quad \overline{Y}_5 \quad\quad \overline{Y}_2 \quad\quad \overline{Y}_3 \quad\quad \overline{Y}_4$$

$$9.8 \quad\quad 10.8 \quad\quad 15.4 \quad\quad 17.6 \quad\quad 21.6$$

ABC방식은 각 집단을 원래의 순서대로 두고, 서로 유의차가 있는 집단들을 다른 문자로 표시하는 방식이다. 이때 평균값의 절대값이 큰 것부터 시작하여 문자를 부여하는 것이 일반적이다.

$$\overline{Y}_1 \quad\quad \overline{Y}_2 \quad\quad \overline{Y}_3 \quad\quad \overline{Y}_4 \quad\quad \overline{Y}_5$$

$$9.8 \quad\quad 15.4 \quad\quad 17.6 \quad\quad 21.6 \quad\quad 10.8$$

$$C \quad\quad\quad B \quad\quad\quad B \quad\quad\quad A \quad\quad\quad C$$

위의 결과를 보면, $\overline{Y}_4$가 가장 인장강도가 높으며, 다음으로 $\overline{Y}_3$와 $\overline{Y}_2$가 높지만 이들 사이에는 유의차가 없고, $\overline{Y}_1$과 $\overline{Y}_5$가 가장 인장강도가 낮으며 이들 두 집단 사이에도 유의차가 없는 것을 알 수 있다. 따라서 인장강도에서 유의차를 보이는 결과대로 집단을 재구성하면 A, B, C의 세 개 집단이 됨을 알 수 있다.

LSD를 이용한 연구

Markee, N. L. et al. (1991). Effect of excercise garment fabric and environment on cutaneous conditions of human subject. **Clothing and Textiles Research Journal, 9**(4), 47–54.

덥고 습한(85℉, 75% R.H.) 환경상태와 덥고 건조한(85℉, 30% R.H.) 환경상태에서 운동을 하거나 휴식을 취하고 있는 피험자들에게 세 개의 다른 종류의 편성물로 구성된 의복을 착용시키고 피부상태를 관찰하였다. 일곱 명의 건강한 여성 피험자들에게 처음에는 덥고 습한 환경에서, 그 다음에는 덥고 건조한 환경상태에서 각각 세 개의 다른 운동복을 착용하고 운동하도록 하였다. 운동은 다단식 Treadmill test를 수행하도록 하였으며, 실험하는 동안에 각질층의 수분함량, 증발에 의한 수분손실률, 피부온, 모세관의 혈류량을 피험자의 등의 상부에서 세 차례 측정하였다. 분석 시 직물종류, 운동시간별 종속변수의 차이를 LSD를 이용하여 두 개씩 비교하였다.

일원분산분석 | CHAPTER 14 **321**

던컨

던컨의 다중비교(Duncan's multiple range test)는 가장 널리 사용되는 다중비교 기법으로, LSD보다는 보수적인 기준을 사용한다. 즉, 두 집단의 평균차에 대하여 유의성 판정을 내릴 때 LSD보다 큰 수치를 사용하여 보다 신중한 결론을 내린다는 것이다. 따라서 LSD로 유의차가 있다고 판정된 집단도 던컨의 다중비교 결과로는 유의차가 없는 것으로 판정될 수 있다.

또한 LSD와 다른 점은 LSD가 하나의 기준치를 가지고 모든 쌍의 집단차를 검정하는 데 비하여, 던컨의 다중비교는 여러 개의 기준치를 사용한다는 것이다. 기준치를 계산한 후 각 쌍의 집단 간 평균차를 기준치와 비교하여 유의성을 판정하는 절차는 LSD와 마찬가지이다.

표 14-3에 나와 있는 예에 대하여 던컨의 다중비교 검정을 실시하면 다음과 같다.

① 각 평균에 대한 표준오차를 다음의 공식에 따라 구한다.

$$S_{\overline{Y}} = \sqrt{\frac{MS_E}{n}} = \sqrt{\frac{8.06}{5}} = 1.27$$

② 던컨의 유의범위표(Duncan's table of significant ranges; 부록 B)에서 (p,f)를 찾는다.

여기서 a는 유의수준, f는 오차자유도이며, p=2, 3, … k이다. a=0.05, f=20이므로 $r_a(2, 20)$, $r_a(3, 20)$, $r_a(4, 20)$, $r_a(5, 20)$를 던컨의 유의범위표에서 찾으면 이들 값은 각각 2.95, 3.10, 3.18, 3.25가 된다. 이들 값에 앞에서 계산한 표준오차를 곱하여 유의성 판정의 기준이 되는 수치인 R_p를 산출한다.

$$R_2 = r_{0.05}(2, 20) \cdot S_{\overline{Y}} = 2.95 \times 1.27 = 3.75$$
$$R_3 = r_{0.05}(3, 20) \cdot S_{\overline{Y}} = 3.10 \times 1.27 = 3.94$$
$$R_4 = r_{0.05}(4, 20) \cdot S_{\overline{Y}} = 3.19 \times 1.27 = 4.05$$
$$R_5 = r_{0.05}(5, 20) \cdot S_{\overline{Y}} = 3.26 \times 1.27 = 4.14$$

③ 산출된 R_p을 이용하여 각 쌍의 집단에 대한 유의차를 검정한다.

이때 p의 숫자는 각 집단을 평균크기에 따라 순서대로 배열하였을 때 유의차를 판정하고자 하는 두 집단 사이에 끼어 있는 집단수에 2를 더한 수이다. 예를 들어 다섯 집단 중 가장 큰 집단과 가장 작은 집단을 비교하고자 할 때에는 두 집단 사이에 세 개의 집단이 끼어 있으므로 p=5가 된다. 반면에 바로 인접해 있는 두 집단은 p=2가 된다.

각 집단을 평균크기에 따라 큰 것부터 차례로 배열한 후에 가장 큰 것부터 가장 큰 것과 가장 작은 것, 두 번째 작은 것, 세 번째 작은 것 하는 순으로 각 쌍의 집단 간 평균차를 해당 R_p과 비교하여 유의성을 판정하면 다음과 같다.

$$\overline{Y}_4 \qquad \overline{Y}_3 \qquad \overline{Y}_2 \qquad \overline{Y}_5 \qquad \overline{Y}_1$$
$$21.6 \qquad 17.6 \qquad 15.4 \qquad 10.8 \qquad 9.8$$

$$\overline{Y}_4 와 \overline{Y}_1 : 21.6-9.8=11.8 > 4.14(R_5)$$
$$\overline{Y}_4 와 \overline{Y}_5 : 21.6-10.8=10.8 > 4.05(R_4)$$
$$\overline{Y}_4 와 \overline{Y}_2 : 21.6-15.4=6.2 > 3.94(R_3)$$
$$\overline{Y}_4 와 \overline{Y}_3 : 21.6-17.6=4.0 > 3.75(R_2)$$
$$\overline{Y}_3 와 \overline{Y}_1 : 17.6-9.8=7.8 > 4.05(R_4)$$
$$\overline{Y}_3 와 \overline{Y}_5 : 17.6-10.8=6.8 > 3.94(R_3)$$
$$\overline{Y}_3 와 \overline{Y}_2 : 17.6-15.4=2.2 > 3.75(R_2)$$
$$\overline{Y}_2 와 \overline{Y}_1 : 15.4-9.8=5.6 > 3.94(R_3)$$
$$\overline{Y}_2 와 \overline{Y}_5 : 15.4-10.8=4.6 > 3.75(R_2)$$
$$\overline{Y}_5 와 \overline{Y}_1 : 10.8-9.8=1.0 > 3.75(R_2)$$

이러한 방법을 시각적으로 쉽게 나타내면 그림 14-2와 같다. 그림 14-2에서 R_5부터 시작하여 R_4, R_3, R_2의 순서로 유의성을 판정해 나간다. 이때 유의한 차이가 없는 것으로 판정되는 셀이 나오면 그보다 오른편에 있는 셀과 아래에 있는 셀에 대해서는 유의성 검정을 하지 않고 유의차가 없는 것으로 판정한다. 예를 들어 위의

	$\overline{Y}_1$ 9.8	$\overline{Y}_5$ 10.8	$\overline{Y}_2$ 15.4	$\overline{Y}_3$ 17.6	$\overline{Y}_4$ 21.6
$\overline{Y}_4$ 21.6	$R_5 = 4.13$ $21.6-9.8 \rangle 4.14^*$	$R_4 = 4.04$ $21.6-10.8 \rangle 4.05^*$	$R_3 = 3.94$ $21.6-15.4 \rangle 3.94^*$	$R_2 = 3.75$ $21.6-17.6 \rangle 3.75^*$	
$\overline{Y}_3$ 17.6	$R_4 = 4.04$ $17.6-9.8 \rangle 4.05^*$	$R_3 = 3.94$ $17.6-10.8 \rangle 3.94^*$	$R_2 = 3.75$ $17.6-15.4 \rangle 3.75$		
$\overline{Y}_2$ 15.4	$R_3 = 3.94$ $15.4-9.8 \rangle 3.94^*$	$R_2 = 3.75$ $15.4-10.8 \rangle 3.75^*$			
$\overline{Y}_5$ 10.8	$R_2 = 3.75$ $10.8-9.8 \rangle 3.75$				
$\overline{Y}_1$ 9.8					

그림 14-2 던컨의 다중비교를 위한 임계치

그림에서 $\overline{Y}_5$와 $\overline{Y}_3$의 차이가 유의하지 않은 것으로 판정되면 $\overline{Y}_3$과 $\overline{Y}_2$, 또는 $\overline{Y}_5$와 $\overline{Y}_2$는 유의차가 없는 것으로 판정한다. 이것은 간혹 서로 상충되는 결과를 피하기 위해서이다.

④ 결과를 종합하여 밑줄방식이나 ABC방식으로 제시한다.

예로 사용된 자료의 경우에는 LSD로 검정한 결과와 던컨으로 검정한 결과가 동일한 것으로 나타났다.

던컨의 다중비교는 비교하고자 하는 집단의 수(k)가 많아질수록 유의차로 판정되는 평균차 크기가 커지는 특징을 갖는다. 평균의 크기 순서로 집단을 배열하였을 때, 서로 인접한 두 집단을 판정하는 p=2의 R_2는 LSD값과 같은 것을 볼 수 있다. 던컨은 LSD보다는 기준이 높지만 그래도 집단 간 차이가 존재할 때 그 차이를 밝혀내는 힘은 상당히 큰 편이기 때문에 널리 사용된다.

던컨의 다중비교를 이용한 연구

Forsythe, S. M. (1991). Effect of private, designer, and national brand names on shopper's perception of apparel quality and price. **Clothing and Textiles Research Journal, 9**(2), 1–6.

이 논문에서는 소비자 의사결정 유형에 따라 상표명의 영향으로 인해 품질과 가격 지각을 달리하는지 알아보기 위해 동일한 남성용 셔츠 세 장에 자체 상표, 디자이너 상표, 전국 상표를 각각 부착한 후 품질과 가격을 평가하게 하였다. 피험자는 모두 164명으로 셔츠 하나에만 응답하게 하였다. 피험자들을 기존 척도에 따라 품질지향적인 집단과 상표지향적인 집단으로 구분한 후 품질지향적인 집단의 세 개 상표에 대한 반응, 상표지향적인 집단의 세 개 상표에 대한 반응을 합해서 모두 여섯 개 반응에 대해 던컨테스트를 하였다. 그 결과 상표 의식적인 집단의 디자이너 상표와 전국상표에 대한 지각 및 품질 의식적인 집단의 디자이너 상표에 대한 지각이 동일한 것으로, 품질의식적인 집단의 자체 상표와 전국상표에 대한 지각 및 상표지향적인 집단의 자체 상표에 대한 지각이 동일한 것으로 나타났다.

뉴만–쿨즈

뉴만–쿨즈 검정(Newman–Keuls test)은 던컨의 다중비교와 매우 비슷한 절차로 이루어진다. 다만 집단 간 유의차를 판정하는 기준이 되는 수치가 던컨의 다중비교에 비하여 크다. 따라서 뉴만–쿨즈 검정은 던컨의 다중비교에 비하여 좀 더 보수적이며, 제1종 오류를 범할 확률, 즉 집단 간 차이가 없음에도 불구하고 차이가 있다고 잘못 결론내릴 위험률은 낮은 반면, 집단간 차이가 있을 때 이를 밝혀내는 힘은 떨어진다.

뉴만–쿨즈 검정을 위하여 다음의 몇 가지 수치를 계산하여야 한다.

$$K_p = q_\alpha(p, \ f) \times S_{\overline{Y}}$$

여기서 q_α는 스튜던트화 범위표(percentage points of Studentized range statistic; 부록 B)에 나와 있는 α수준의 수치이며, p, f, $S_{\overline{Y}}$는 던컨의 다중비교와 같다. 이와 같이 산출된 K_p를 기준으로 하여 던컨의 다중비교와 동일한 절차로 집단 간 유의차를 판정한다.

연구예 **뉴만-쿨즈를 이용한 연구**

Workman, J. E., & Johnson, K. K. P. (1993). Fashion opinion leadership, fashion innovativeness, and need for variety. **Clothing and Textiles Research Journal, 11**(3), 60–64.

이 연구는 유행확산과정에 나타나는 네 집단(의사선도자, 혁신자, 혁신적 의사선도자, 추종자)에 대하여 그들이 추구하는 제품다양성 욕구의 차이를 비교한 것이다. 다양성 욕구는 '감각추구척도(Sensation Seeking Scale)'로 측정되었으며, 네 집단 간 다양성 욕구를 Student-Newman-Keuls test를 이용하여 검정하였다. 검정결과 유행혁신자와 추종자 사이에는 유의한 차이가 있으나, 의사선도자와 혁신자 사이에는 유의한 차이가 없는 것으로 나타났다.

튜키

튜키 검정(Tukey's test)은 뉴만-쿨즈와 같은 스튜던트화 범위표를 이용한다. 그러나 던컨의 다중비교나 뉴만-쿨즈 검정과 같이 여러 개의 수치를 사용하여 집단 간 유의차를 판정하지 않고 LSD와 같이 하나의 수치로 모든 집단들을 판정한다. 이때 판정기준이 되는 수치인 T_α는 다음의 방법으로 구한다.

$$T_\alpha = q_\alpha(p,\ f) \times S_{\overline{Y}}$$

위의 공식을 보면 던컨의 다중비교나 뉴만-쿨즈 검정에서 p=2, 3, … k 이었던 것에 비하여 튜키에서는 p=k만을 사용하는 것을 볼 수 있다. 즉 p=k인 $q_\alpha(k, f)$ 값을 스튜던트화 범위표에서 찾아 표준오차를 곱한 수치를 집단 간 유의차를 판정하는 수치로 사용한다. 이 수치는 앞의 방법들에서 최고집단과 최저집단을 비교하던 가장 큰 수치와 동일하다.

표 14-3의 예를 튜키 검정을 이용하여 분석하면 다음과 같다.

$$T_{0.05} = q_{0.05}(5,\ 20) \times 1.27 = 5.37$$

튜키 검정은 다중비교방법 중 가장 보수적이어서 집단 간의 평균차가 매우 클 때에만 유의차가 있는 것으로 판정한다. 위의 식으로 계산된 5.37을 기준으로 하여 두 집

튜키를 이용한 연구

Morganosky, M. (1984). Aesthetic and utilitarian qualities of clothing: Use of a multidimensional clothing value model. **Home Economics Research Journal, 13**(1), 12–20.

패션 상품이 가지고 있는 미적 가치와 실용적 가치에 따른 가치평가를 연구하였다. 가치평가는 얼마를 지불할 의사가 있는지로 조작화되어 측정되었으며, 상품종류로는 스웨터, 신발, 앞치마, 장갑, 모자가 선정되었다. 각 상품종류별로 미적 가치와 실용적 가치가 높고 낮은 네 개(2×2=4)씩의 상품에 대하여 가치평가를 하도록 하였다. 결과에 대하여 튜키 검정으로 네 상품 간의 가치평가를 비교하였다.

단 간 평균차의 유의성을 판정하면 다음과 같은 결과를 얻게 된다.

$$\overline{Y}_1 \qquad \overline{Y}_5 \qquad \overline{Y}_2 \qquad \overline{Y}_3 \qquad \overline{Y}_4$$
$$9.8 \qquad 10.8 \qquad 15.4 \qquad 17.6 \qquad 21.6$$

| D | CD | BC | AB | A |

위의 결과를 보면 앞의 방법으로는 유의한 차이가 있는 것으로 판정되었던 $\overline{Y}_3$과 $\overline{Y}_4$, 그리고 $\overline{Y}_2$와 $\overline{Y}_5$ 사이에 유의한 차이가 없는 것으로 판정되었다.

이와 같이 튜키 검정은 유의차가 존재할 때 이것을 밝혀내는 힘은 가장 약하지만, 반대로 유의차가 존재하지 않는데 유의차가 있는 것으로 잘못 판정할 가능성은 가장 낮다. 따라서 연구자는 연구의 내용에 따라 가장 적절한 수준의 힘을 갖는 방법을 선택하여 사용하여야 한다.

3 SPSS를 이용한 일원분산분석

SPSS의 평균 비교(compare means) 메뉴에 t-검정과 함께 일원배치 분산분석(one–

way ANOVA)이 포함되어 있다. 독립변수에 의해 구분된 집단 간에 종속변수의 차이가 있는가를 알아본다는 데 있어서 독립표본 t-검정과 일원분산분석의 기능은 같지만, t-검정은 표준오차에 근거하고 일원분산분석은 분산의 크기에 기초한다는 기본원리의 차이가 있다. 또한 독립표본 t-검정에서는 두 집단 간만 비교할 수 있으나 일원분산분석에서는 두 집단 이상 여러 집단 간 비교분석이 가능하다. 일원배치 분산분석의 하위 대화상자에는 대비(contrasts), 사후분석(post hoc), 옵션(options)이 있다.

| 일원배치 분산분석에서의 변수 지정 |

자료의 변수목록으로부터 종속변수로 사용할 변수를 선정하여 오른쪽 종속변수 목록(dependent list)으로 옮긴다. 종속변수는 복수 지정이 가능한데, 종속변수의 수만큼 별도의 독립적인 분석이 행해지는 것이다.

독립변수로 지정하여 집단 간 구분을 해 줄 변수는 화살표 버튼을 이용하여 요인(factor) 상자에 넣어준다. 이때 요인은 하나만 지정이 가능하다. 즉, 하나의 요인에 의해 구분된 집단들에 대해 여러 개 측정치를 한번에 비교해 볼 수 있도록 메뉴를 제공하고 있다. 두 집단만이 아니라 두 집단 이상 여러 집단에 걸친 차이를 분석해 주므로 t-검정처럼 따로 분석 집단을 지정해 줄 필요는 없다.

| 일원배치 분산분석에서의 하위 대화상자 |

대비

대비(contrasts)는 전체 분산분석을 행하는 동안 사전에 지정해 준 집단 간의 제곱합을 분할해 보는 검정이다. 개념상으로는 다중비교와 같지만 다중비교는 분산분석 사후에 모든 가능한 집단 간 비교를 하는 것이고 대비는 사전에 정해진 집단들에 대하여 하는 것이다.

대비할 집단을 지정하기 위해서는 양수의 가중치와 음수의 가중치를 집단들에 할당하게 되는데, 이때 이 가중치들의 합은 0이 되어야 한다. 예를 들어 A, B, C, D의 네 집단이 있을 때, A와 B를 대비시키기 위해서는 1, -1, 0, 0과 같은 방식으로 대비값(contrast values)을 부여한다. 또 (A+B)의 평균과 (C+D)의 평균을 서로 비교하기 위해서는 1, 1, −1, −1로 대비값을 준다.

계수(coefficients)는 대비값을 입력하는 메뉴이다. 독립변수의 순차에 따라 독립변수 수만큼 차례로 하나씩 계수를 입력하고 추가(add) 버튼을 눌러준다. 예컨대 변수값이 1, 2, 3, 4로 코딩되어 있는 독립변수의 경우 집단 1과 집단 4를 비교하고 싶다면 (1)→(추가)→(0)→(추가)→(0)→(추가)→(−1)→(추가)로 입력하면 된다. 집단 2와 집단 4에 대한 또 다른 대비를 보고 싶다면 계수 입력 상자 오른쪽 어깨 위의 다음(next) 버튼을 눌러 두 번째 계수 입력 세트를 열고 (0)→(추가)→(1)→(추가)→(0)→(추가)→(−1)→(추가)로 입력한다. 이전(previous)과 다음(next) 버튼을 이용하여 총 10회의 계수 세트를 입력할 수 있으며, 입력시 계수합(coefficient total)은 계수 입력 상자 아래에 표시되므로 0이 되도록 조정해 준다.

다항식(polynomial)을 지정하면 독립변수와 종속변수의 관계에 있어서 2차항, 3차항, 4차항 등의 존재 여부를 확인할 수 있다.

사후분석 다중비교

사후분석 다중비교는 집단간 등분산을 가정하는(equal variances assumed) 경우 LSD, Bonferroni, Sidak, Scheffe, R−E−G−W의 F, R−E−G−W의 Q, S−N−K, Tukey, Tukey의 b, Duncan, Hochberg의 GT2, Gabriel, Waller−Duncan, Dunnett을, 등분산을 가정하지 않는(equal variances not assumed) 경우 Tamhane의 T2, Dunnett의 T3, Games−Howell, Dunnett의 C를 지정할 수 있다. LSD, 던컨(Duncan), 뉴만−쿨즈(S−N−K), 튜키(Tukey)에 대해서는 이 책에서 설명하였으며, 기타의 방법을 사용하고자 할 때에는 다른 자료를 참고하기 바란다.

한번에 여러 개의 다중비교분석을 실행할 수 있으며, 유의수준은 디폴트 0.05로 지정되어 있으나 수정 가능하다.

옵션

옵션(options) 상자의 통계량(statistics)에서는 분석에 투입된 변수별 기술통계(descriptive)와 분산 동질성검정(homogeneity of variance test)을 선택하여 볼 수 있다. 평균도표(means plot)를 선택해 두면 집단별 평균을 그림으로 보여준다. 결측값은 분석별 결측값 제외(exclude cases analysis by analysis)와 목록별 결측값 제외 (exclude cases listwise) 중 하나로 지정한다. 분석별 결측값 제외는 무응답치를 가진 사례를 무응답한 변수가 분석에 투입되는 경우만 제외하는 것이고, 목록별 결측값 제외는 독립변수나 종속변수로 입력된 변수 중 하나라도 무응답치가 있는 모든 사례를 모든 분석에서 제외시키는 것이다. 디폴트는 분석별 결측값 제외이다.

SPSS를 이용한 일원배치 분산분석

1. 분석(Analyze) 메뉴에서 평균 비교(Compare Means)에 커서를 가져가면 일원배치 분산분석 (One-way ANOVA)을 선택할 수 있다.
   ▷분석(Analyze) ▶평균 비교(Compare Means) ▶▶일원배치 분산분석(One-way ANOVA)

2. 일원배치 분산분석 대화상자가 나타나면 종속변수(Dependent List)와 요인(Factor)을 지정한다.

3. 대비(Contrasts)를 클릭하여 다항식 (Polynomial)을 선택하거나 대비계수 (Coefficients)를 입력한다.

(계속)

4. 사후분석(Post Hoc)을 클릭하여 원하는 분석방법을 모두 선택한다.

5. 옵션(Options)을 클릭하여 출력을 원하는 통계량을 지정하고 결측값(Missing Values) 처리를 확인한다.

6. 하위 대화상자들에서 계속(Continue) 버튼을 누르고 수 대화상자에서 확인(OK) 버튼을 누르면 결과를 얻을 수 있다.

예제

일원배치 분산분석

자료: 겨울용 스웨터를 다섯 가지 색채로 기획하여 생산한 후 20개 매장에 한 색채씩만 배분하여 일주일 동안 판매한 수량을 색채별로 비교해 보았다. 즉, 각각의 색채는 네 개의 매장에서 판매되었다. 이때 색채는 톤과 색상으로 표시하였으며, 톤에 따른 판매량의 차이도 함께 분석하고자 한다.

v9	v10	dp2	dp4	g12
5	5	12	10	2
4	7	14	8	4
6	8	12	8	5
6	6	10	7	4

(계속)

자료입력:

	🎱 매장	🎱 판매색채	📏 판매량	변수	변수	변수	변수	변수
1	1	1	5					
2	2	1	4					
3	3	1	6					
4	4	1	6					
5	5	2	5					
6	6	2	7					
7	7	2	8					
8	8	2	6					
9	9	3	12					
10	10	3	14					
11	11	3	12					
12	12	3	10					
13	13	4	10					
14	14	4	8					
15	15	4	8					
16	16	4	7					
17	17	5	2					
18	18	5	4					
19	19	5	5					
20	20	5	4					

분석: 일원배치 분산분석 ▷▷ 종속변수로 판매량, 요인으로 판매색채를 지정 ▷▷ 톤별 판매 차이를 보기 위해 세 가지 대비검정 (첫 번째: 1, 1, −1, −1, 0 ; 두 번째: 0.5, 0.5, 0, 0, −1 ; 세 번째: 0, 0, 0.5, 0.5 −1)

▷▷ 색채별 유의차 확인 위해 튜키 방법 지정하여 다중비교

▷▷ 옵션에서 기술통계 선택

결과:

기술통계

판매량

	N	평균	표준화 편차	표준화 오류	평균에 대한 95% 신뢰구간 하한	평균에 대한 95% 신뢰구간 상한	최소값	최대값
v9	4	5.25	.957	.479	3.73	6.77	4	6
v10	4	6.50	1.291	.645	4.45	8.55	5	8
dp2	4	12.00	1.633	.816	9.40	14.60	10	14
dp4	4	8.25	1.258	.629	6.25	10.25	7	10
g12	4	3.75	1.258	.629	1.75	5.75	2	5
전체	20	7.15	3.133	.701	5.68	8.62	2	14

(계속)

ANOVA

판매량

	제곱합	자유도	평균제곱	F	유의확률
집단-간	161.300	4	40.325	23.955	.000
집단-내	25.250	15	1.683		
전체	186.550	19			

대비 계수

대비	판매색체				
	v9	v10	dp2	dp4	g12
1	1	1	-1	-1	0
2	.5	.5	0	0	-1
3	0	0	.5	.5	-1

대비검정

		대비	대비 값	표준화 오류	t	자유도	유의확률 (양측)
판매량	등분산 가정	1	-8.50	1.297	-6.551	15	.000
		2	2.13	.795	2.675	15	.017
		3	6.38	.795	8.024	15	.000
	등분산을 가정하지 않습니다.	1	-8.50	1.307	-6.503	10.583	.000
		2	2.13	.747	2.847	5.455	.033
		3	6.38	.813	7.838	6.757	.000

다중비교

종속변수: 판매량
Tukey HSD

(I) 판매색체	(J) 판매색체	평균차이(I-J)	표준화 오류	유의확률	95% 신뢰구간	
					하한	상한
v9	v10	-1.250	.917	.659	-4.08	1.58
	dp2	-6.750*	.917	.000	-9.58	-3.92
	dp4	-3.000*	.917	.036	-5.83	-.17
	g12	1.500	.917	.499	-1.33	4.33
v10	v9	1.250	.917	.659	-1.58	4.08
	dp2	-5.500*	.917	.000	-8.33	-2.67
	dp4	-1.750	.917	.355	-4.58	1.08
	g12	2.750	.917	.059	-.08	5.58
dp2	v9	6.750*	.917	.000	3.92	9.58
	v10	5.500*	.917	.000	2.67	8.33
	dp4	3.750*	.917	.007	.92	6.58
	g12	8.250*	.917	.000	5.42	11.08
dp4	v9	3.000*	.917	.036	.17	5.83
	v10	1.750	.917	.355	-1.08	4.58
	dp2	-3.750*	.917	.007	-6.58	-.92
	g12	4.500*	.917	.002	1.67	7.33
g12	v9	-1.500	.917	.499	-4.33	1.33
	v10	-2.750	.917	.059	-5.58	.08
	dp2	-8.250*	.917	.000	-11.08	-5.42
	dp4	-4.500*	.917	.002	-7.33	-1.67

*. 평균차이는 0.05 수준에서 유의합니다.

(계속)

판매량

Tukey HSD[a]

판매색채	N	유의수준 = 0.05에 대한 부분집합		
		1	2	3
g12	4	3.75		
v9	4	5.25		
v10	4	6.50	6.50	
dp4	4		8.25	
dp2	4			12.00
유의확률		.059	.355	1.000

동질적 부분집합에 있는 집단에 대한 평균이 표시됩니다.

a. 조화평균 표본크기 4.000을(를) 사용합니다.

1. 요인변수로 사용된 색채별 사례수와 판매량의 평균, 표준편차 등 기술통계량을 알 수 있다. dp2 가 가장 많이 판매되었다.

2. 분산분석 결과 색채에 따른 판매 차이는 F-비 23.955로 매우 유의함이 밝혀졌다.

3. 분산분석과 함께 실행된 대비검정을 통해 톤별 판매량의 차이는 모두 유의한 것으로 밝혀졌다.

4. 사후분석의 튜키 검정을 통해 v9는 dp2, dp4와, v10은 dp2와, dp2는 다른 모든 색채와, dp4는 v9, dp2, g12와, g12는 dp2, dp4와 판매량에 유의한 차이가 있는 것으로 나타났다.

5. 유의한 차이에 근거하여 동질적인 집단으로 분류해 보면 g12, v9, v10이 한 집단, v10과 dp4가 한 집단, dp2가 한 집단을 이룬다. v10은 g12, v9와도 유의한 차이가 없으며 dp4와도 유의한 차이가 없어 두 개의 하위 집단에 포함되었다.

다원분산분석

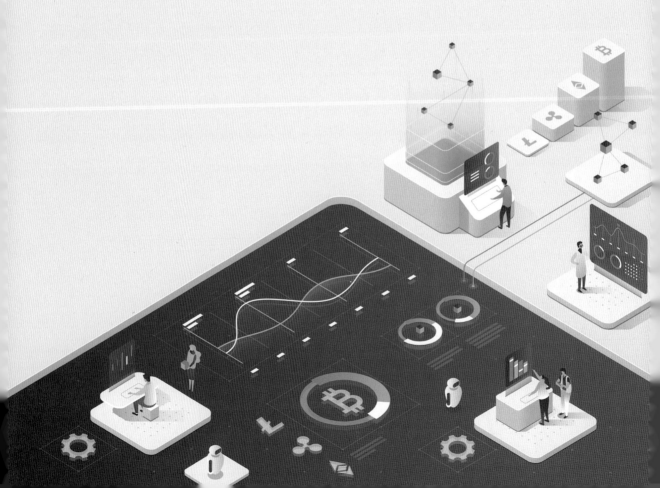

1 이원분산분석

다원분산분석(多元分散分析, multi-way ANOVA)은 독립변수가 두 개 이상인 분산분석을 통칭하는 말이며, 그중에서 독립변수가 두 개인 요인설계자료에 대한 분석을 이원분산분석(二元分散分析, two-way ANOVA)이라고 한다. 다원분산분석은 등간/비율척도로 측정된 하나의 종속변수에 대하여 명명척도인 독립변수의 효과를 분석하는 기법이다.

| 이원분산분석의 기본정리 |

변수 A와 변수 B의 두 개의 독립변수를 갖는 이원요인설계에 따라 수집된 자료가 표 15-1과 같을 때, 이원분산분석을 실시하게 된다.

다음의 예에서 측정치 Y_{ijk}는 변수 A가 i번째 집단이고, 변수 B는 j번째 집단이며, ij셀에서는 k번째 표본의 측정치임을 나타낸다. 변수가 두 개인 요인설계의 수학적 모델은 다음과 같다.

$$Y_{ijk} = \mu + \alpha_i + \beta_j + (\alpha\beta)_{ij} + \varepsilon_{ijk}$$

즉, 측정치는 모든 측정치의 평균에 변수 A가 i번째 집단이기 때문에 나타난 효과 부분, 변수 B가 j번째 집단이기 때문에 나타난 효과 부분, 변수 A가 i번째 집단이면서 동시에 변수 B가 j번째이기 때문에 나타나는 상호작용효과 부분, 그리고 그 표본의 무선오차로 구성된다.

이러한 수학적 모델에 따라서 자료의 총분산을 종속변수에 영향을 미친 요인별로 분할하면 다음과 같다.

변수 B / 변수 A	변수 A의 수준(집단)			
	1	2	...	a
1	Y_{111} Y_{112} Y_{113} ⋮ Y_{11n}	Y_{211} Y_{212} Y_{213} ⋮ Y_{21n}		Y_{a11} Y_{a12} Y_{a13} ⋮ Y_{a1n}
변수 B의 수준 (집단) 2	Y_{121} Y_{122} Y_{123} ⋮ Y_{12n}	Y_{221} Y_{222} Y_{223} ⋮ Y_{22n}		Y_{a21} Y_{a22} Y_{a23} ⋮ Y_{a2n}
	⋮	⋮		⋮
b	Y_{1b1} Y_{1b2} Y_{1b3} ⋮ Y_{1bn}	Y_{2b1} Y_{2b2} Y_{2b3} ⋮ Y_{2bn}		Y_{ab1} Y_{ab2} Y_{ab3} ⋮ Y_{abn}

표 15-1 이원분산분석을 위한 연구자료의 전형

※ a: 변수 A의 집단수 b: 변수 B의 집단수 n: 각 셀별 표본수

$$
\begin{aligned}
SS_{Total} = {} & SS_A \quad &(\text{변수 A에 의한 분산})\\
& + SS_B \quad &(\text{변수 B에 의한 분산})\\
& + SS_{AB} \quad &(\text{변수 A와 변수 B의 상호작용에 의한 분산})\\
& + SS_E \quad &(\text{오차에 의한 분산})
\end{aligned}
$$

$$
\begin{aligned}
\sum_{i=1}^{a}\sum_{j=1}^{b}\sum_{k=1}^{c}(Y_{ijk}-\overline{Y})^2 = {} & nb\sum_{i=1}^{a}(\overline{Y_i}-\overline{Y})^2\\
& + na\sum_{j=1}^{b}(\overline{Y_j}-\overline{Y})^2\\
& + n\sum_{i=1}^{a}\sum_{j=1}^{b}(\overline{Y_{ij}}-\overline{Y_i}-\overline{Y_j}+\overline{Y})^2\\
& + \sum_{i=1}^{a}\sum_{j=1}^{b}\sum_{k=1}^{c}(Y_{ijk}-\overline{Y_{ij}})^2
\end{aligned}
$$

상호작용효과

상호작용효과는 두 개의 변수가 함께 있음으로 해서 나타나는 상승효과를 말한다. 예를 들어 세제 1과 세제 2를 각각 20℃와 50℃로 세탁하였을 때(종속변수: 세척률) 상호작용효과가 없는 경우와 상호작용효과가 있는 경우는 다음과 같은 차이를 보인다.

상호작용효과가 없는 경우에는 세제 간의 세척률 차이가 두 세탁온도에서 같게 나타나며, 마찬가지로 세탁온도 간의 세척률 차이가 두 세제 사이에서 같게 나타난다. 반면에 상호작용이 있을 때에는 어느 세제인가에 따라서 세탁온도의 효과가 다르게 나타나게 된다. 즉 세제 1은 고온에서 세척률이 높고, 세제 2는 저온에서 세척률이 높다. 이와 같이 두 변수 사이에 상호작용이 있을 때에는 각 변수별 주효과는 의미가 없어진다. 바꾸어 말하면, 어느 세탁온도가 더 세척률이 높은가 하는 것은 어느 세제를 사용하는가에 따라 다르기 때문에 어느 온도가 더 좋다거나 어느 세제가 더 좋다는 식의 결론은 내릴 수 없다는 것이다. 따라서 상호작용 효과가 유의할 경우에는 두 개의 변수를 함께 고려한 각 셀별로 결과를 비교하여야 한다.

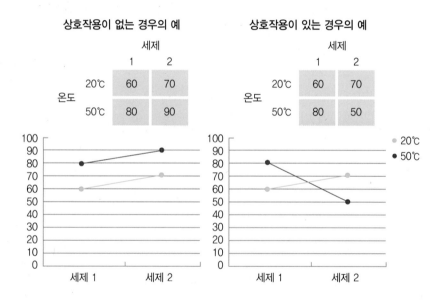

| 총괄표의 구성 |

이원분산분석 결과를 보여주는 총괄표의 형태는 표 15–2와 같으며, 총괄표를 구성하는 각 내용은 다음과 같다.

표 15-2
이원분산분석
결과의 총괄표

분산원		제곱합(SS)	자유도(df)	평균제곱(MS)	F-비	유의확률	η^2
집단 간 (주효과)	변수 A	SS_A	$a-1$	MS_A	MS_A/MS_E (F_A)		SS_A/SS_T
	변수 B	SS_B	$b-1$	MS_B	MS_B/MS_E (F_B)		SS_B/SS_T
상호작용		SS_{AB}	$(a-1)(b-1)$	MS_{AB}	MS_{AB}/MS_E (F_{AB})		SS_{AB}/SS_T
집단 내(오차)		SS_E	$ab(n-1)$	MS_E			
전체		SS_T	$abn-1$				

분산원

이원분산분석의 분산원은 집단 간, 집단 내 그리고 상호작용으로 나뉜다. 집단 간 분산은 주효과(main effect)라고 하며 다시 변수별로 나뉘는데, 주효과 A는 변수 A가 어느 집단인가에 따라 종속변수에 나타나는 효과, 주효과 B는 변수 B가 어느 집단인가에 따라 종속변수에 나타나는 효과를 말한다.

상호작용은 변수 A와 변수 B가 동시에 작용할 때 이들 둘이 서로 상호작용을 일으켜 종속변수에 나타나는 효과를 말한다. 이원분산분석은 이들 각 분산에 대하여 통계적 검정을 하기 때문에 이원분산분석에서는 변수 A의 효과, 변수 B의 효과, 그리고 이들의 상호작용 효과에 대한 3개의 F-비가 계산되며, 이들 각각에 대한 유의성 검정을 하게 된다.

제곱합

제곱합은 각 분산원별 분산의 크기를 나타내며, 다음과 같이 계산된다.

$$변수\ A에\ 의한\ 분산(SS_A)\ :\ nb\sum_{i=1}^{a}(\overline{Y_i}-\overline{Y})^2$$

$$변수\ B에\ 의한\ 분산(SS_B)\ :\ na\sum_{j=1}^{b}(\overline{Y_j}-\overline{Y})^2$$

$$변수\ A와\ 변수\ B의\ 상호작용에\ 의한\ 분산(SS_{AB})\ :\ n\sum_{i=1}^{a}\sum_{j=1}^{b}(\overline{Y_{ij}}-\overline{Y_i}-\overline{Y_j}+\overline{Y})^2$$

$$\text{오차에 의한 분산}(SS_E) : \sum_{i=1}^{a} \sum_{j=1}^{b} \sum_{k=1}^{c} (Y_{ijk} - \overline{Y}_{ij})^2$$

$$\text{전체분산}(SS_T) : \sum_{i=1}^{a} \sum_{j=1}^{b} \sum_{k=1}^{c} (Y_{ijk} - \overline{Y})^2$$

자유도

변수 A의 자유도는 변수 A의 집단수에서 하나를 뺀 a−1, 변수 B의 자유도는 b−1이며, 상호작용의 자유도는 이들 둘을 곱한 (a−1)(b−1)이다. 오차 자유도는 ab(n−1), 전체 자유도는 abn−1이다. 숫자상으로 두 변수의 자유도와 오차 자유도를 합치면 전체 자유도가 된다.

평균제곱

평균제곱은 제곱합을 해당 자유도로 나누어 계산한다.

변수 A의 평균제곱(MS_A) : $SS_A/(a\text{-}1)$
변수 B의 평균제곱(MS_B) : $SS_B/(b\text{-}1)$
상호작용의 평균제곱(MS_{AB}) : $SS_{AB}/(a{-}1)(b{-}1)$
오차의 평균제곱(MS_E) : $SS_E/ab(n\text{-}1)$

F−비

이원분산분석에서는 두 개의 주효과와 한 개의 상호작용을 검정하기 위한 세 개의 F−비가 산출된다. 각 F−비는 해당 평균제곱을 오차평균제곱으로 나눈 비이다.

$F_A = MS_A/MS_E$
$F_B = MS_B/MS_E$
$F_{AB} = MS_{AB}/MS_E$

유의확률

산출된 F-비를 분자와 분모의 자유도별 해당 유의확률의 F-분포상 임계치와 비교하여 통계적 검정을 하게 된다.

η²(에타제곱)

에타값은 독립변수(명명척도)와 종속변수(등간척도) 사이의 상관비를 나타내는 수치이다. 따라서 에타제곱은 종속변수의 전체분산 중 독립변수에 의하여 결정되는 비율을 나타낸다. 이 항은 필요에 따라 첨가한다.

| 통계적 검정 |

연구결과에 대한 통계적 검정은 변수 A의 효과(주효과 A), 변수 B의 효과(주효과 B), 그리고 상호작용효과의 세 부분에 대하여 이루어진다. 통계적 검정 절차는 일원분산분석과 마찬가지이나 다만 주의할 것은 임계치가 통계적 검정을 실시하려는 F-비별로 차이가 있다는 것이다. 각 F-비를 계산하는 데 사용되었던 분자(주효과 또는 상호작용효과)와 분모(오차)의 자유도를 임계치를 찾기 위한 분자자유도와 분모자유도로 사용한다.

참고 **이원분산분석에 대한 다중비교**

이원분산분석 결과에 대한 다중비교는 두 독립변수 사이에 상호작용이 있는지 여부에 따라 차이가 있다. 상호작용이 유의하지 않을 때에는 각 독립변수별로 집단평균 간 다중비교를 실시한다. 마치 두 개의 일원분산분석과 같이 변수 A의 각 집단에 대하여, 또한 변수 B의 각 집단에 대하여 다중비교를 실시한다. 그러나 두 변수 사이에 유의한 상호작용이 존재하면 각 셀별로 다중비교를 실시하여야 한다. 예를 들어 a=2, b=3이라면 2×3=6개의 셀들을 서로 비교하여야 한다.

이원분산분석을 이용한 연구

Leclerc, F., Schmitt, B. H., & Dube, L. (1994). Foreign branding and its effects on product perception and attitudes. **Journal of Marketing Research, 31**(2), 263–270.

이 논문은 외국어 상표명이 문화적 전형성을 떠올리게 함으로써 소비자의 제품 지각과 태도에 영향을 미치는지 밝히기 위한 것으로, 세 번의 실험으로 구성되어 있다. 실험 1에서는 프랑스어로 된 상표명이 제품의 쾌락적 특성을 높게 지각하는 데 영향을 미치는지, 실험 2에서는 표시된 제조국과 상표명이 서로 상호작용을 일으키는지, 그리고 실험 3에서는 외국어 상표명이 제품을 직접 경험한 후에도 영향을 미치는지를 알아보았다. 이들 실험에서 요인설계에 의한 이원 또는 삼원 분산분석이 실시되었다.

이원분산분석의 계산

이원분산분석은 계산과정이 복잡하기 때문에 손쉽게 계산할 수 있는 다음과 같은 방법이 사용된다.

$$G(\text{Grand Total}) = \sum_{i=1}^{a} \sum_{j=1}^{b} \sum_{k=1}^{n} Y_{ijk} \qquad\qquad C = G^2/N$$

$$A_{i\cdot} = \sum_{j=1}^{b} \sum_{k=1}^{n} Y_{ijk} \qquad\qquad\qquad B_{\cdot j} = \sum_{i=1}^{a} \sum_{k=1}^{n} Y_{ijk}$$

$$Y_{ij} = \sum_{k=1}^{n} Y_{ijk} \qquad\qquad\qquad SS_{\text{Cells}} = \sum_{i=1}^{a} \sum_{j=1}^{b} \frac{Y_{ij}^{\ 2}}{n} - C \text{ 일 때,}$$

$$SS_{T} = \sum_{i=1}^{a} \sum_{j=1}^{b} \sum_{k=1}^{n} Y_{ijk}^{\ 2} - C \qquad\qquad SS_{A} = \frac{\sum_{i=1}^{a} A_{i\cdot}^{2}}{bn} - C$$

$$SS_{B} = \frac{\sum_{j=1}^{b} B_{\cdot j}^{2}}{an} - C \qquad\qquad\qquad SS_{AB} = SS_{Cells} - SS_{A} - SS_{B}$$

$$SS_{E} = SS_{T} - SS_{Cells}$$

이원분산분석 총괄표 구성

자료:

변수 B \ 변수 A	1	2
1	3 4	5 4
2	4 4	2 2

계산:

$G=(3+4)+(4+4)+(5+4)+(2+2)=28$

$C=G^2/N=784/8=98$

$A_1=15 \quad A_2=13 \quad B_1=16 \quad B_2=12$

$Y_{11}=7 \quad Y_{12}=8 \quad Y_{21}=9 \quad Y_{22}=4$

$SS_{Cells}=(49+64+81+16)/2-98=7$

$SS_T=(3^2+4^2+4^2+4^2+5^2+4^2+2^2+2^2)-C=(9+16+16+16+25+16+44)-98=106-98=8$

$SS_A=(15^2+13^2)/2\times2-C=394/4-98=0.5$

$SS_B=(16^2+12^2)/2\times2-C=400/4-98=2$

$SS_{AB}=7-0.5-2=4.5$

$SS_E=8-7=1$

총괄표:

분산원	제곱합(SS)	자유도(df)	평균제곱(MS)	F-비	유의확률	η^2
주효과 A	0.5	1	0.5	2.0		0.06
주효과 B	2.0	1	2.0	8.0		0.25
상호작용	4.5	1	4.5	18.0		0.56
오차	1.0	4	0.25			
전체	8.0	7				

※ 유의확률은 각 F-비를 F-분포 상의 임계치와 비교함으로써 확인할 수 있다. 분자자유도 1, 분모자유도 4인 경우 $\alpha=0.05$에서 임계치는 7.71이고, $\alpha=0.01$에서 임계치는 21.20이므로 종속변수는 변수 B 집단간 5% 수준에서 유의한 차이가 있으며, 변수 A와 변수 B의 상호작용에 의해서도 역시 5% 수준에서 유의한 차이가 있다. η^2을 보면 주효과 A에 의해 전체 분산의 6%가, 주효과 B에 의해 25%가, 상호작용에 의해 56%가 설명됨을 알 수 있다.

2 단일표본의 이원분산분석

요인설계에 따라 연구를 진행할 때 각 셀에 하나의 표본만 존재하는 경우가 있다. 이러한 연구는 본실험을 위한 예비실험일 때나, 또는 의복환경학 연구와 같이 표본의 수가 매우 제한되어 있을 때 이루어진다.

| 단일표본 이원분산분석의 기본정리 |

연구자료가 그림 15-1과 같이 각 셀에 하나의 표본만 있도록 요인설계되어 있을 때에는 단일표본 이원분산분석을 실시한다.

단일표본에서는 각 셀 내 측정치 간의 차이에서 비롯되는 오차제곱합(SS_E)을 산출할 수 없다. 잔차제곱합($SS_{Residual}$)은 원래 전체제곱합에서 주효과 제곱합을 뺀 나머지 부분에 해당하는 것으로 상호작용 제곱합과 오차제곱합을 더한 값이나, 단일표본 이원분산분석에서는 오차제곱합이 없으므로 상호작용제곱합으로만 구성되는 잔차제곱합을 오차제곱합으로 간주하여 F-비를 구할 때 분모로 이용한다. 단일표본 이원분산분석의 기본정리는 다음과 같다.

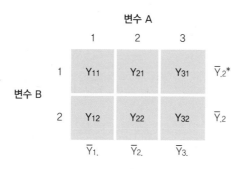

* 아래첨자의 점($\cdot$)은 자리수를 표시하기 위한 것임

그림 15-1
3×2 단일표본
이원요인설계의 예

$$SS_A = b\sum_{i=1}^{a} (\overline{Y_{i.}} - \overline{Y})^2$$

$$SS_B = a\sum_{j=1}^{b} (\overline{Y_{.j}} - \overline{Y})^2$$

$$SS_{Total} = \sum_{i=1}^{a} \sum_{j=1}^{b} (\overline{Y_{.j}} - \overline{Y})^2$$

$$SS_{AB} = \sum_{i=1}^{a} \sum_{j=1}^{b} (\overline{Y_{ij}} - \overline{Y_{i.}} - \overline{Y_{.j}} + \overline{Y})$$

$$SS_{Rsidual} = SS_{Total} - SS_A - SS_B$$
$$= SS_{AB} + SS_E \ (SS_E = 0\text{이므로 } SS_{Rsidual} = SS_{AB})$$

| 총괄표의 구성과 통계적 검정 |

단일표본 이원분산분석 결과에 대한 총괄표는 표 15–3과 같다.

단일표본의 이원분산분석에서는 상호작용과 오차가 붙어 있어 분리할 수 없기 때문에 상호작용에 대한 검정은 불가능하다. 연구자는 상호작용항이 없는 가법모델을 기준으로 하여 각 주효과에 대한 F–비를 산출하고, 이에 합당한 임계치를 찾아 통계적 유의성을 검정한다.

참고 **단일표본 이원분산분석의 계산**

단일표본 이원분산분석 과정은 다음과 같이 계산할 수 있다.

$G(\text{Grand Total}) = \sum \sum \sum Y_{ij}$ 　　　$C = G^2/N$

$A_{i.} = \sum_{j=1}^{b} Y_{ij}$ 　　　　　　$B_{.j} = \sum_{i=1}^{a} Y_{ij}$일 때,

$SS_r = \sum_{i=1}^{a} \sum_{j=1}^{b} Y_{ij}^2 - C$ 　　　　$SS_A = \dfrac{\sum_{i=1}^{a} A_{i.}^{2}}{b} - C$

$SS_B = \dfrac{\sum_{j=1}^{b} B_{.j}^{2}}{a} - C$ 　　　　$SS_{Res} = SS_T - SS_A - SS_B$

분산원	제곱합	자유도	평균제곱	F-비	유의확률
주효과 A	SS_A	$a-1$	MS_A	MS_A / MS_{Res}	
주효과 B	SS_B	$b-1$	MS_B	MS_B / MS_{Res}	
잔차(Residual)	SS_{Res}	$(a-1)(b-1)$	MS_{Res}		
전체	SS_{Total}	$ab-1$			

표 15-3
단일표본
이원분산분석
결과의 총괄표

예제

단일표본 이원분산분석 총괄표 구성

자료:

변수 B \ 변수 A	1	2	3
1	11	12	15
2	21	25	32

계산:

$G=11+21+12+25+15+32=116$

$C=G^2/N=13456/6=242.667$

$A_1=32$ $A_2=37$ $A_3=47$ $B_1=38$ $B_2=78$

$SS_T=(11^2+21^2+12^2+25^2+15^2+32^2)-C=121+441+144+625+225+1024)-2242.667$
$=2580-2242.667=337.333$

$SS_A=(32^2+37^2+47^2)/2-C=4602/2-2242.667=58.333$

$SS_B=(38^2+78^2)/3-C=2509.333-2242.667=266.666$

$SS_{Res}=337.333-58.333-266.666=12.334$

총괄표:

분산원	제곱합(SS)	자유도(df)	평균제곱(MS)	F-비	유의확률	η^2
주효과 A	58.333	2	29.197	4.729		0.1729
주효과 B	266.666	1	266.666	43.241		0.7905
잔차	12.334	2	6.167			
전체	337.333	5				

※ 유의확률은 각 F-비를 F-분포 상의 임계치와 비교함으로써 확인할 수 있다. 분자자유도 2, 분모자유도 2인 경우 α=0.05에서 임계치는 19.000이고, 분자자유도 1, 분모자유도 2인 경우 α=0.05에서 임계치는 18.510이므로 종속변수는 5% 수준에서 주효과 B에 따라 유의한 차이가 있다.

3 난괴분석

난괴분석은 난괴설계(亂塊設計, 무작위블록설계, randomized block design)에 의한 자료를 분석하는 기법으로 각 집단의 실험오차를 최소로 줄여줌으로써 독립변수의 효과를 최대화하는 데 사용된다.

| 난괴분석의 개념 |

난괴분석은 가외분산의 원인이 되는 요인을 괴(塊, block)로 보아 통계분석 과정에서 괴의 영향력을 체계적으로 분할하여 제거함으로써 순수하게 독립변수의 효과만을 추출해 내는 방법이다. 예를 들어 직물특성에 따른 발한량의 차이를 보고자 할 때, 세 명의 피험자를 대상으로 반복실험을 실시하여 표 15-4와 같은 결과를 얻었다고 가정하여 보자.

만약 위와 같은 실험을 단순무선설계로 하려면 12명의 피험자를 대상으로 이들을 각 집단에 세 명씩 무작위로 배치한 후 각 피험자를 대상으로 한 직물의 실험을 하고, 직물특성(독립변수)이 발한량(종속변수)에 미치는 영향을 보기 위해 일원분산분석을 실시하여 각 직물유목별 차이를 밝히면 된다.

그러나 이 실험의 경우에 각 피험자가 네 개의 직물로 된 의복을 모두 착용하고 실험을 반복하였기 때문에 이 측정치들이 독립적이지 못한 특징을 갖는다. 즉 Y_{11}, Y_{21}, Y_{31}, Y_{41}의 측정치에는 피험자 1의 체질이 공통적으로 반영되어 있으며, 마찬가지로

표 15-4 난괴설계 실험결과의 예	피험자 \ 직물	직물 1	직물 2	직물 3	직물 4
	피험자 1	Y_{11}	Y_{21}	Y_{31}	Y_{41}
	피험자 2	Y_{12}	Y_{22}	Y_{32}	Y_{42}
	피험자 3	Y_{13}	Y_{23}	Y_{33}	Y_{43}

피험자 2와 3의 체질도 각 측정치에 공통적으로 반영되어 있다. 이와 같이 공통적으로 영향을 미치는 요인이 있을 때 이 요인의 영향력을 체계적으로 분할해 넘으로써 독립변수의 효과를 보다 명확하게 밝히는 것이 난괴분석이다. 이 때 직물특성을 실험처치변수(treatment variable), 피험자를 괴변수(blocking variable)라 한다.

난괴분석의 수학적 모델은 다음과 같다.

$$Y_{ij} = \mu + \tau_j + \beta_i + \varepsilon$$

이러한 모델을 가법 모델(additive model)이라고 하는데, 그 이유는 각 측정치가 실험처치효과(τ_j)와 괴효과(β_i)의 합으로 결정되며, 실험처치변수와 괴변수 사이의 상호작용항은 갖고 있지 않기 때문이다. 이러한 수학적 모델에 따라 실험결과를 분석하면 전체분산이 실험처치효과와 괴효과에 의한 것으로 분할된다.

$$SS_{Total} = SS_{Treatment} + SS_{Block} + SS_{Residual}$$

이러한 모델은 이원분산분석에서 상호작용항을 제외한 것과 같다. 따라서 분석을 할 때에도 이원분산분석으로 분석하되 상호작용과 오차를 합친 잔차를 오차항으로 사용하면 된다. 위의 예에서 만일 각 피험자별로 발한량을 한번씩만 측정하였다면 앞에서 설명한 단일표본 이원분산분석과 동일한 구조가 된다. 만일 각 피험자별로 2회 이상 실험을 반복하였다면 정상적인 이원분산분석을 실시하되 반복실험 간의 차이로 인해 나타나는 오차항과 상호작용항을 합쳐 잔차항으로 사용하면 된다.

| 난괴분석의 총괄표 구성 |

난괴분석 결과물은 표 15-5와 같다.

난괴분석 총괄표는 이원분산분석과 유사하나 상호작용항을 갖고 있지 않는 것이 특징이다. 만일 괴효과를 따로 분할해 내지 않으면 괴효과의 제곱합이 오차제곱합에 합쳐져 오차가 커지며, 따라서 주효과인 실험처치효과의 F-비가 작아지게 된다.

이와 같이 난괴설계는 체계적으로 영향을 미치는 괴변수의 효과를 오차에서 분리

난괴분석 총괄표 구성

자료:

괴집단 \ 실험처치집단	1	2	3	4
1	2 2	2 3	3 4	5 5
2	1 1	2 1	2 2	3 3
3	1 0	1 1	2 1	2 2

계산:

$G=(2+2)+(2+3)+(3+4)+(5+5)+(1+1)+(2+1)+(2+2)+(3+3)+(1+0)+(1+1)+(2+1)+(2+2)=51$

$C=G^2/N=2601/24=108.375$

$B_1=26 \quad B_2=15 \quad B_3=10 \quad T_1=7 \quad T_2=10 \quad T_3=14 \quad T_4=20$

$SS_{Cells}=285/2-108.375=34.125$

$SS_T=145-108.375=36.625$

$SS_B=(26^2+15^2+10^2)/4\times2-108.375=16.75$

$SS_{Tr}=(7^2+10^2+14^2+20^2)/3\times2-108.375=15.792$

$SS_E=SS_T-SS_{Cells}=36.625-34.125=2.5$

$SS_{B*Tr}=34.125-16.75-15.792=1.583$

$SS_{Res}=SS_E+SS_{B*Tr}=2.5+1.583=4.083$

총괄표:

분산원	제곱합(SS)	자유도(df)	평균제곱(MS)	F-비	유의확률	η^2
괴효과	16.750	2	8.375	36.894		0.4573
실험처치효과	15.792	3	5.264	23.189		0.4312
오차	4.083	18	0.227			
전체	36.625	23				

※ 유의확률은 F-비를 F-분포 상의 임계치와 비교함으로써 확인할 수 있다. 분자자유도 3, 분모자유도 18인 경우 $\alpha=0.01$에서 임계치는 5.09이므로 종속변수는 1% 수준에서 실험처치집단에 따라 유의한 차이가 있다.

하여 줌으로써 독립변수의 효과를 명확히 밝히는 데 좋은 방법이다. 공변수도 분석과 정은 독립변수와 마찬가지로 취급된다. 그러나 논리적으로, 또는 연구자의 관심에 있어서 독립변수로 취급하기에는 부적절하다. 앞의 예에서 개인별 체질적 차이를 종속변수의 분산에서 분할해 제거하는 것은 좋으나, 개인별로 유의한 차이가 있는지는 관심의 대상이 되지 않는다. 즉 어느 피험자가 다른 피험자보다 유의하게 발한량이 많다는 식의 결과는 의미가 없는 것이다. 마찬가지로 직물실험에서 시험포가 세 장 사용되었으면 시험포를 공로 보아 시험포 별로 있을지도 모르는 차이를 제거해 줄 수 있다.

한편 실험에 있어서 실험단위들의 전체집단을 아주 동질적인 집단으로 세분화하였을 때 세분된 집단을 공로 처리할 수도 있다. 예를 들어 약의 효과를 보기 위하여 실험을 할 때, 병의 정도가 같은 사람들끼리 모아서 공로 처리하거나, 또는 광고의 효과를 보고자 할 때 점포의 크기나 위치를 공로 처리할 수 있다. 이러한 경우에 연구자의 흥미에 따라서는 이들을 독립변수로 처리하는 것도 가능하다. 독립변수로 처리할 경우에는 상호작용항을 갖는 이원분산분석이 적용된다.

분산원		제곱합	자유도	평균제곱	F-비	유의확률
집단 간	괴효과	SS_B	$b-1$	MS_B	MS_B/MS_E	
	실험처치효과	SS_{Tr}	$t-1$	MS_{Tr}	MS_{Tr}/MS_E	
집단내(오차)		SS_E	$(b-1)(t-1)$	MS_E		
전체		SS_T	$N-1$			

표 15-5
난괴분석
결과의 총괄표

완전난괴설계와 불완전난괴설계

참고

난괴설계에는 완전난괴설계(complete randomized block design)와 불완전난괴설계(incomplete randomized block design)가 있다. 대부분의 난괴설계는 완전난괴설계인데, 이는 각 괴 안에 모든 실험처치단계가 균형 있게 포함되는 경우이다. 앞의 발한량 연구예는 각 피험자(각 괴)가 네 종류의 직물로 된 실험복을 모두 착용하고 실험하였으므로 완전난괴설계가 된다. 불완전난괴설계는 각 괴 안에 모든 실험처치단계가 포함되지 못하는 경우이다. 예를 들어 세 종류의 이불로 침상기후실험을 할 때, 실험실의 조건상 하루밤에 두 명의 피험자만 실험할 수 있다고 가정하자. 이런 경우에 실험날짜를 괴로 보았다면 불완전난괴설계가 된다.

완전난괴분석연구

염희경, 최정화 (1992). 의복형태에 따른 성인여성의 발한반응에 관한 연구. **한국의류학회지, 16**(4), 405–416.

두 종류의 의복 유형에 따른 발한반응을 비교하기 위해 12명의 피험자에게 각 실험의복을 착용시키고 발한량, 직장온과 피부온, 혈압, 맥박의 생리적 반응, 온열감, 습윤감 및 쾌적감을 측정하는 실험을 2회씩 반복하였다. 이때 피험자를 괴(block)으로 처리하여 반응차이를 분석하였다.

완전난괴분석 연구

최영희, 이순원 (1993). 하지부 의복형태에 따른 체온조절반응 연구. **한국의류학회지, 17**(1), 77–88.

특별한 운동훈련을 받지 않은 일반대학생과 전문적인 운동훈련을 받아 건강한 체육대학생의 두 집단에게 하퇴부가 노출되는 스커트와 노출되지 않는 슬랙스의 두 실험의복을 춥고, 보통이고, 더운 환경에서 착용시켜 체온조절반응 실험을 하였다. 이때 일반대학생 두 명, 체육대학생 두 명으로 된 피험자는 괴로 처리하여 의복형태와 환경조건에 따른 인체반응차이를 분산분석하였다.

불완전난괴분석 연구

Heisey, F. L. (1990). Perceived quality and predicted price: Use of the minimum information environment in evaluating apparel. **Clothing and Textiles Research Journal, 8**(4), 22–28.

세탁 시 주의사항, 원산지, 섬유조성, 구매장소에 관한 최소한의 정보만 주어진 상황에서 소비자들의 품질 지각과 가격 예측을 알아보았다. 피험자는 모두 40명이었으며, 모든 자극은 두 가지 수준으로 조작하였다. 전체 2×2×2×2=16가지 자극물에 대해 각 피험자들을 무작위로 나누어 네 가지 자극물씩 평가하게 하였다. 모두 160회의 평가가 이루어졌으며 각 자극물은 10회씩의 평가를 받았다. 독립변수가 네 개인 분산분석에서 피험자 변수는 괴로 처리하였다.

4 다원분산 분석

분산분석에서는 독립변수가 세 개 이상 사용될 수도 있다. 그러나 독립변수의 수가 많아지면 통계적 검정의 수가 많아지고 상호작용효과로 인한 해석상의 어려움이 발생하기 때문에 널리 사용되지는 않는다.

독립변수가 세 개인 요인설계의 결과물은 표 15-6과 같다. 총괄표에서 보는 바와 같이 삼원분산분석의 결과물에는 7개의 F-비가 계산되며, 이들 각각에 대한 유의성을 검정하게 된다. F-비는 독립변수 각각에 대한 주효과(주효과 A, 주효과 B, 주효과 C) 세 개와, 두 개의 독립변수 사이의 상호작용 (A×B, A×C, B×C)인 1차 상호작용 세 개, 그리고 세 개의 독립변수 사이의 상호작용(A×B×C)인 2차 상호작용 한 개를 합쳐 일곱 개가 된다. 이들 각각에 대한 유의성이 검정되는데, 이때에도 상호작용효과가 유의하면 주효과에 대한 논의를 하지 말고 셀별 차이를 보아야 한다.

표 15-6
삼원분산분석
결과의 총괄표

분산원		제곱합	자유도	평균제곱	F-비	유의확률
집단 간 (주효과)	변수A	SS_A	$a-1$	MS_A	MS_A/MS_E	
	변수B	SS_B	$b-1$	MS_B	MS_B/MS_E	
	변수C	SS_C	$c-1$	MS_C	MS_C/MS_E	
1차 상호작용	A×B	SS_{AB}	$(a-1)(b-1)$	MS_{AB}	MS_{AB}/MS_E	
	A×C	SS_{AC}	$(a-1)(c-1)$	MS_{AC}	MS_{AC}/MS_E	
	B×C	SS_{BC}	$(b-1)(c-1)$	MS_{BC}	MS_{BC}/MS_E	
2차 상호작용	A×B×C	SS_{ABC}	$(a-1)(b-1)(c-1)$	MS_{ABC}	MS_{ABC}/MS_E	
집단 내(오차)		SS_E	$abc(n-1)$	MS_E		
전체			$abcn-1$			

연구예 **삼원분산분석을 이용한 연구**

김효숙, 노희숙 (1998). 여성 자켓의 2장 소매패턴에 관한 연구(제1보)-기존 소매패턴의 비교 연구-.
한국의류학회지, 22(5), 575–584.

착용자가 지각하는 안락감을 종속변수로 하고 소매패턴, 동작 유형, 팔 부위의 세 가지 변수를 독립
변수로 하여 삼원분산분석을 실시하여 주효과와 상호작용효과를 분석하였다. 소매 패턴과 팔 부위,
동작 유형과 팔 부위의 1차 상호작용 효과가 나타났는데, 팔굽히기 동작 시에는 팔꿈치 부위의 기능
성이 상완이나 진동둘레 부위보다 낮아지고 있었다.

5 SPSS를 이용한 다원분산분석

다원분산분석은 일반선형모형(general linear model; GLM) 메뉴의 일변량
(univariate)[3]에서 실행한다. 일변량에서는 일원분산분석과 다변량분산분석
(multivariate analysis of variance; MANOVA)을 제외하고는 이원분산분석, 단일변량
이원분산분석, 난괴분석, 공분산분석(제16장 참조)뿐 아니라 다양한 요인설계에 의한
분산분석을 실행할 수 있으므로, 본 절에서는 본 제15장에서 다룬 내용만 중심으로
해서 분석방법을 설명한다. 변수는 종속변수(dependent variable)와 고정요인(fixed
factors)만, 하위 대화상자는 모형(model)만 설명하도록 한다. 다른 메뉴는 제14장의
SPSS를 이용한 일원분산분석 부분 및 고급통계를 다룬 다른 서적이나 매뉴얼을 참고
하기 바란다.

---

3 SPSS 한글판에서는 '분산' 대신 '변량'이라는 용어를 사용하고 있다. 또한 SPSS에서는 독립변수의 수
가 여러 개일 수 있다는 의미에서 사용하는 '다원'분산분석이라는 용어 대신 종속변수가 하나라는 의
미의 '일'변량이라는 용어를 채택하고 있다.

| 일변량에서 다원분산분석을 위한 변수의 지정 |

자료의 변수목록으로부터 종속변수로 사용할 변수를 선정하여 오른쪽 종속변수 (dependent variable)로 옮긴다. 일원배치 분산분석에서는 한번에 여러 개의 종속변수를 지정할 수 있었지만 일변량에서는 종속변수를 하나만 지정할 수 있다.

다음으로 독립변수로 사용할 변수들을 선정하여 오른쪽 고정요인(fixed factors)으로 옮긴다. 독립변수의 개수는 제한이 없다. 이원분산분석을 위해서는 두 개를 사용한다.

| 일변량에서 다원분산분석을 위한 모형 하위 대화상자 |

모형설정(specify model)은 세 가지 형태가 가능하다. 디폴트는 완전요인모형(full factorial)인데 이는 고정요인, 즉 독립변수로 입력된 모든 변수들의 주효과와 가능한 모든 차원의 상호작용효과를 계산해 준다.

만약 단일표본을 사용한 경우나 난괴분석을 하는 경우에 상호작용효과를 제거해야 한다면, 항 설정(build terms)으로 설정을 변경해주고 분석하고자 하는 모형을 선택 해야 한다. 항 설정을 선택하면 요인 및 공변량(factors & covariate) 창 속의 변수들 이 활성화 상태가 된다. 여기서 변수를 선택한 후 가운데 항 설정(build term)에서 주 효과(main effects)를 설정하고 화살표 버튼을 눌러 주면 오른쪽 모형(model) 창에 해당 변수의 주효과가 포함된다. 두 변수를 선택한 후 상호작용(interaction)을 설정한 후 화살표 버튼을 눌러 주면 모형 창에 두 변수의 상호작용효과가 포함된다. 변수 선 택과 상관없이 한꺼번에 모든 2원 효과(all 2-way), 모든 3원 효과(all 3-way), 모든 4 원 효과(all 4-way), 모든 5원 효과(all 5-way)를 설정해 줄 수도 있다.

중첩 항을 포함하고자 하거나 변수별로 항 변수를 명시적으로 설정하고자 할 경우 에는 사용자 정의 항 작성(build custom terms)를 사용한다. 다른 요인 내에 중첩된 요인 또는 공변량을 선택한 후 아래의 이동 버튼을 누르고 추가(add)를 누르면 중첩 항을 포함하여 분석할 수 있다. 선택사항으로 곱(by)을 사용하여 상호작용 효과를 포함시키거나 여러 수준의 중첩을 중첩 항에 추가할 수 있다.

모형 대화상자의 아래 부분에 제곱합(sum of squares) 유형이 제시되어 있는데, 디 폴트는 제Ⅲ유형(type Ⅲ)이다. 이것은 비어있는 셀이 없는 경우라면 집단 간 표본수가 같은 균형 모형이든 집단 간 표본수가 다른 불균형 모형이든 모든 경우에 적용 가능한 것으로 현재 가장 일반적으로 사용되는 제곱합 계산 방법이다.

우리가 본 장에서 학습한 제곱합 계산법은 주효과와 상호작용효과와 오차효과의 제곱합을 모두 더하면 전체제곱합이 되는 방법으로서, 이는 제 I 유형에 속한다. 제 I 유형은 집단간 표본수가 같은 균형 모형에 적용하는 방법이다.

제곱합 오른쪽을 보면 모형에 절편 포함(include intercept in model)을 지정하거나 해제할 수 있는데, 제Ⅲ유형의 제곱합을 사용하는 경우 디폴트는 절편을 포함하는 것이다. 만약 자료가 원점을 관통한다고 가정할 수 있다면 절편을 배제시켜도 된다.

SPSS를 이용한 일변량분석

1. 분석(Analyze) 메뉴에서 일반선형모형(General Linear Model)에 커서를 가져가면 일변량(Univariate)을 선택할 수 있다.

   ▷분석(Analyze) ▶일반선형모형(General Linear Model) ▶▶일변량(Univariate)

2. 일변량 대화상자가 나타나면 종속변수(Dependent Variable)와 고정요인(Fixed Factor)을 지정한다.

3. 모형(Model) 대화상자에서 모형을 설정하고 제곱합(Sum of squares) 유형 및 모형에 절편 포함(Include intercept in model)을 선택한다.

4. 계속(Continue) 버튼을 누르고 주 대화상자에서 확인(OK) 버튼을 누르면 결과를 얻을 수 있다.

일변량을 이용한 이원분산분석

자료 1: 학교 축구팀의 유니폼을 제작하기 위해 상의는 빨강(r), 흰색(w), 노랑(y), 녹색(g), 검정(k)의 다섯 가지 색, 하의는 파랑(b), 녹색(g), 검정(k)의 세 가지 색으로 제작한 후 각 유니폼에 대한 선호도를 조사하였다. 선호도는 1점에서 10점 사이의 점수로 하였으며 모두 60명의 축구부원에게 무작위로 하나씩의 자극물을 주고 선호도를 응답하게 하여 각 자극물별로 4회의 점수가 부여되었다.

하의 \ 상의	r	w	y	g	k
b	8	5	4	3	1
	9	6	3	2	3
	8	6	2	1	1
	6	7	2	1	1
g	3	5	8	5	1
	4	5	7	6	2
	2	6	8	6	1
	3	5	7	5	1
k	9	6	8	2	9
	7	7	9	1	9
	8	6	8	1	9
	9	7	9	1	8

분석 1: 일변량 ▷▷ 종속변수에 선호도, 고정요인에 상의색채와 하의색채 지정

▷▷ 모형에서 완전요인모형, 제1유형 제곱합 선택, 모형에 절편 포함하지 않음

▷▷ 옵션에서 기술통계량 표시 선택

결과 1:

개체-간 요인

		값 레이블	N
상의색채	1	red	12
	2	white	12
	3	yellow	12
	4	green	12
	5	black	12
하의색채	1	blue	20
	2	green	20
	3	black	20

(계속)

기술통계량

종속변수: 선호도

상의색채	하의색채	평균	표준편차	N
red	blue	7.75	1.258	4
	green	3.00	.816	4
	black	8.25	.957	4
	전체	6.33	2.640	12
white	blue	6.00	.816	4
	green	5.25	.500	4
	black	6.50	.577	4
	전체	5.92	.793	12
yellow	blue	2.75	.957	4
	green	7.50	.577	4
	black	8.50	.577	4
	전체	6.25	2.701	12
green	blue	1.75	.957	4
	green	5.50	.577	4
	black	1.25	.500	4
	전체	2.83	2.082	12
black	blue	1.50	1.000	4
	green	1.25	.500	4
	black	8.75	.500	4
	전체	3.83	3.689	12
전체	blue	3.95	2.704	20
	green	4.50	2.283	20
	black	6.65	2.943	20
	전체	5.03	2.864	60

개체-간 효과 검정

종속변수: 선호도

소스	제 I 유형 제곱합	자유도	평균제곱	F	유의확률
모형	1977.000[a]	15	131.800	219.667	.000
상의색채	1642.833	5	328.567	547.611	.000
하의색채	81.433	2	40.717	67.861	.000
상의색채 * 하의색채	252.733	8	31.592	52.653	.000
오차	27.000	45	.600		
전체	2004.000	60			

a. R 제곱 = .987 (수정된 R 제곱 = .982)

1. 고정요인의 변수값별 사례수가 제시되었다. 상의색채는 색채별로 각 12개의 응답, 하의색채는 색채별로 각 20개의 응답으로 분석되었다.

2. 상의색채와 하의색채의 조합에 따른 선호도의 평균과 표준편차 및 사례수가 제시되었다. 모두 15가지의 조합이 가능하며, 검정상의에 검정하의의 평균이 8.75로 가장 높았고, 녹색상의에 검정하의 및 검정상의에 녹색하의, 즉 녹색과 검정의 조합에 대한 평균이 1.25로 가장 낮았다. 상의색채만 보았을 때의 선호도는 빨강이 평균 6.33으로 가장 높았으며, 하의색채만 보았을 때의 선호도는 검정이 6.65로 가장 높았다.

3. 집단 간 효과 분석 결과, 상의색채의 주효과(F=547.611), 하의색채의 주효과(F=67.861), 상의색채와 하의색채의 상호작용효과(F=52.653)가 모두 유의한 것으로 나타났다.

(계속)

자료 2: 상호작용효과가 유의한 것으로 나타났으므로 상의색채와 하의색채 조합에 따른 15개 집단을 개별 변수값으로 지정하여 다시 일원배치 분산분석을 실행하였다.

분석 2: 일원배치 분산분석 ▷▷ 종속변수에 선호도, 요인에 집단을 지정
　　　　　　　　　　 ▷▷ 집단별 유의차 확인 위해 사후분석에서 던컨 지정하여 다중비교

결과 2:

ANOVA

선호도

	제곱합	자유도	평균제곱	F	유의확률
집단-간	456.933	14	32.638	54.397	.000
집단-내	27.000	45	.600		
전체	483.933	59			

선호도

Duncan[a]

		유의수준 = 0.05에 대한 부분집합							
집단	N	1	2	3	4	5	6	7	8
k-g	4	1.25							
g-k	4	1.25							
k-b	4	1.50							
g-b	4	1.75	1.75						
y-b	4		2.75	2.75					
r-g	4			3.00					
w-g	4				5.25				
g-g	4				5.50	5.50			
w-b	4				6.00	6.00			
w-k	4					6.50	6.50		
y-g	4						7.50	7.50	
r-b	4							7.75	7.75
r-k	4							8.25	8.25
y-k	4							8.50	8.50
k-k	4								8.75
유의확률		.413	.075	.650	.203	.091	.075	.102	.102

등질적 부분집합에 있는 집단에 대한 평균이 표시됩니다.
　a. 조화평균 표본크기 4.000을(를) 사용합니다.

1. 15개 집단 간 선호도 차이는 매우 유의하다.
2. 유의한 선호도 차이를 유발하는 상의색채와 하의색채 조합에 따른 집단 수는 8이다. 상의 검정, 하의 검정; 상의 노랑, 하의 검정; 상의 빨강, 하의 검정; 상의 빨강, 하의 파랑은 집단간 유의차 없이 가장 선호도가 높은 집단을 형성하고 있다. 상의녹색, 하의검정; 상의검정, 하의녹색; 상의 검정, 하의파랑; 상의녹색, 하의파랑으로 된 네 집단은 집단 간 유의차 없이 가장 선호도가 낮은 집단을 형성하고 있다.

일변량을 이용한 단일표본 이원분산분석

자료: 겨울용 스웨터를 다섯 가지 색채로 기획하여 생산한 후 네 개 매장에 다섯 가지 색채의 티셔츠를 모두 배분하여 일주일 동안 판매한 수량을 색채별 및 매장별로 비교해 보았다.

매장 \ 색채	v9	v10	dp2	dp4	g12
매장 1	5	5	12	10	2
매장 2	4	7	14	8	4
매장 3	6	8	12	8	5
매장 4	6	6	10	7	4

자료입력:

	색채	매장	판매량	변수	변수	변수	변수	변수
1	1	1	5					
2	1	2	4					
3	1	3	6					
4	1	4	6					
5	2	1	5					
6	2	2	7					
7	2	3	8					
8	2	4	6					
9	3	1	12					
10	3	2	14					
11	3	3	12					
12	3	4	10					
13	4	1	10					
14	4	2	8					
15	4	3	8					
16	4	4	7					
17	5	1	2					
18	5	2	4					
19	5	3	5					
20	5	4	4					

분석: 일변량 ▷▷ 종속변수로 판매량, 고정요인으로 색채와 매장 지정

▷▷ 모형에서 항 설정으로 색채의 주효과와 매장의 주효과만 포함, 제Ⅰ유형 제곱합 선택, 모형에 절편 포함 선택

(계속)

결과:

<table>
<tr><th colspan="4" align="center">개체-간 요인</th></tr>
<tr><th></th><th></th><th>값 레이블</th><th>N</th></tr>
<tr><td>색채</td><td>1</td><td>v9</td><td>4</td></tr>
<tr><td></td><td>2</td><td>v10</td><td>4</td></tr>
<tr><td></td><td>3</td><td>dp2</td><td>4</td></tr>
<tr><td></td><td>4</td><td>dp4</td><td>4</td></tr>
<tr><td></td><td>5</td><td>g12</td><td>4</td></tr>
<tr><td>매장</td><td>1</td><td></td><td>5</td></tr>
<tr><td></td><td>2</td><td></td><td>5</td></tr>
<tr><td></td><td>3</td><td></td><td>5</td></tr>
<tr><td></td><td>4</td><td></td><td>5</td></tr>
</table>

개체-간 효과 검정

종속변수: 판매량

소스	제 I 유형 제곱합	자유도	평균제곱	F	유의확률
모형	1188.300[a]	8	148.538	86.109	.000
색채	1183.750	5	236.750	137.246	.000
매장	4.550	3	1.517	.879	.479
오차	20.700	12	1.725		
전체	1209.000	20			

a. R 제곱 = .983 (수정된 R 제곱 = .971)

1. 요인변수인 색채와 매장에 대한 분석 사례수를 변수값 별로 알 수 있다.
2. 주효과에서 색채에 따른 F−값은 유의했지만, 매장에 따른 F−값은 유의하지 않았다. 따라서 스웨터의 색채는 판매량에 영향을 미치지만 매장에 따른 판매량 차이는 없다고 결론내릴 수 있다.

예제

일변량을 이용한 난괴분석

자료: 폴리에스테르와 나일론 직물에 어떤 방법으로 친수성 처리를 하는 것이 투습성을 향상시키는 지 알아보기 위해, 두 종류의 직물에 네 가지 방법으로 친수성 처리를 하여 투습성을 측정하는 실험을 시료당 각각 2회씩 실시하였다. 전체 실험 횟수는 2(직물)×4(방법)×2(반복)로 16회였으며 종속변수는 투습성이다. 직물 종류에 따른 효과를 배제하기 위해 직물 종류는 괴로 처리하기로 하였다.

직물 \ 처리	처리 1		처리 2		처리 3		처리 4	
폴리에스테르	0.10	0.11	0.22	0.21	0.15	0.14	0.13	0.13
나일론	0.15	0.15	0.20	0.21	0.15	0.16	0.11	0.10

분석: 일변량 ▷▷ 종속변수로 투습성, 고정요인으로 직물과 처리 지정

▷▷ 모형에서 항 설정으로 직물의 주효과와 처리의 주효과만 포함, 제III유형 제곱합 선택, 모형에 절편 포함

▷▷ 사후분석에서 처리에 대한 Duncan만 선택

(계속)

결과:

개체-간 요인

		값 레이블	N
처리방법	1	처리1	4
	2	처리2	4
	3	처리3	4
	4	처리4	4
직물종류	1	폴리에스테르	8
	2	나일론	8

개체-간 효과 검정

종속변수: 투습성

소스	제 III 유형 제곱합	자유도	평균제곱	F	유의확률
수정된 모형	.021[a]	4	.005	18.686	.000
절편	.366	1	.366	1320.090	.000
직물종류	.000	1	.000	.361	.560
처리방법	.021	3	.007	24.795	.000
오차	.003	11	.000		
전체	.390	16			
수정된 합계	.024	15			

a. R 제곱 = .872 (수정된 R 제곱 = .825)

사후검정

처리방법

동질적 부분집합

투습성

Duncan[a,b]

처리방법	N	부분집합		
		1	2	3
처리4	4	.1175		
처리1	4	.1275	.1275	
처리3	4		.1500	
처리2	4			.2100
유의확률		.414	.082	1.000

동질적 부분집합에 있는 집단에 대한 평균이 표시됩니다.
관측평균을 기준으로 합니다.
오차항은 평균제곱(오차) = .000입니다.

a. 조화평균 표본크기 4.000을(를) 사용합니다.

b. 유의수준 = 0.05.

1. 분석에 포함된 요인변수의 변수값별 사례수를 확인한다.

2. 친수성 처리방법에 따른 투습성의 차이는 매우 유의한 것으로 나타났다.

(계속)

3. 처리방법에 대한 던컨 테스트 결과 처리 2에 의해 투습성이 가장 높아졌고, 처리 3과 1, 처리 1과 4에 의해서는 유의한 차이가 나타나지 않았으나 처리 3과 처리 4에 의한 차이는 유의했다.

16
CHAPTER

공분산분석

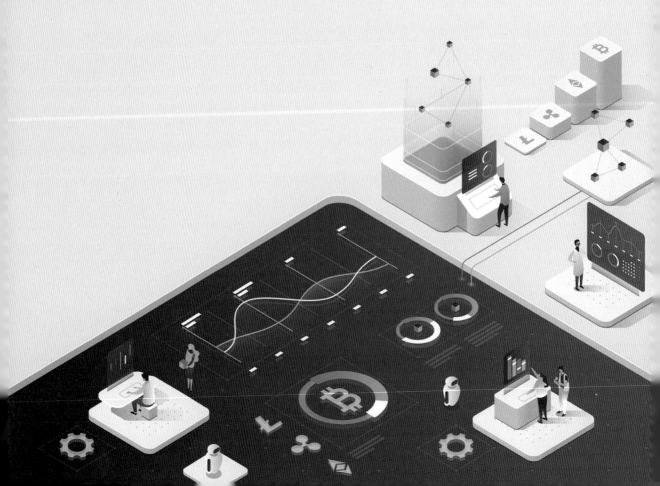

공분산분석의 기본개념

공분산분석(共分散分析, analysis of covariance; ANCOVA)은 종속변수에 대한 독립변수의 효과를 분석하는 데 있어서는 분산분석과 같으나, 종속변수의 측정치를 그대로 사용하지 않고 종속변수와 상관있는 공변수(共變數, covariate)의 효과를 고려하여 분석하는 기법이다.

| 공변수의 조건 |

공분산분석을 실시하기 위해서는 종속변수에서 공변수의 효과를 제거함으로써 순수한 종속변수의 분산만을 추출해 내야 한다. 예를 들어 옷감의 섬유조성에 따른 피험자의 발한량을 분석하고자 할 때, 섬유조성이 다른 옷감종류는 독립변수, 발한량은 종속변수가 된다. 그러나 발한량이 피험자의 비만도에 따라 영향을 받는다면 측정한 발한량에서 비만도에 의한 발한량을 제외시키고 분석하여야 독립변수의 효과를 더욱 명확히 밝혀낼 수 있다.

공분산분석에서 공변수가 되기 위해서는 다음의 몇 가지 조건을 충족시켜야 한다.

첫째, 공변수는 등간/비율척도로 측정되어야 한다. 분산분석에서 독립변수는 명명변수였던 것에 비하여 공분산분석의 공변수는 등간/비율척도로 측정되어야 한다. 이러한 특성 때문에 분산분석 시 종속변수에 영향을 미치는 요인들의 효과를 분석하고자 할 때, 명명척도로 측정되는 것은 독립변수로, 등간/비율척도로 측정된 것은 공변수로 하여 공분산분석을 실시할 수 있다. 예를 들어, 소비자의 의복비지출에 대하여 연구하면서 의복비지출에 영향을 미치는 변수로 성별, 결혼상태, 소득을 선정한 경우, 성별과 결혼상태는 유목으로 측정하고 소득은 가계 월소득액으로 측정하였다고 하자. 이때 성별과 결혼상태는 명명척도로 측정되었기 때문에 독립변수로 사용하고, 소득은 등간척도로 측정되었기 때문에 공변수로 처리하면 된다. 따라서 이러한 연구에서는 의복비지출을 그대로 종속변수로 사용하는 것이 아니라 의복비에 대한 소득의 영향을 제거한 후 순수하게 성별과 결혼상태가 의복비에 미치는 효과를 분석할 수 있다.

둘째, 공변수는 종속변수와 공변이를 가져야 한다. 즉, 공변수는 종속변수와 상관을 갖는 변수이어야 한다는 것이다. 두 변수가 서로 공변이를 가질 때 종속변수에서 공변수의 효과를 제거할 수 있다.

셋째, 공변수는 실험외부에서 결정된 외생변수(外生變數, exogenous variable)이어야 한다. 외생변수란 연구모형의 체계 밖에서 결정되는 변수를 말한다. 외생변수의 반대개념으로 내생변수(內生變數, endogenous variable)가 있는데, 이는 연구모형의 체계 내에서 결정되는 것으로 연구자가 종속변수에 대한 효과를 밝히기 위하여 연구과정에서 의도적으로 조작하는 실험처치변수이다. 따라서 공변수는 연구자가 연구과정에서 의도적으로 조작화하는 내생변수여서는 안되며, 실험외부에서 이미 결정된 변수여야 한다. 앞의 예에서 비만도, 소득 등은 모두 외생변수이다.

넷째, 공변수의 범위는 독립변수의 모든 유목에서 거의 같은 구역에 있어야 한다. 앞의 의복비지출 연구의 예에서 남성과 여성(성별), 기혼과 미혼(결혼상태) 집단이 소득에 있어서 동질적이어야 한다는 것이다. 이것은 모수적 추리통계에서 각 집단의 분산이 동질적이어야 하는 것과 마찬가지 이유에서이다. 만일 기혼과 미혼 집단이 소득에서 크게 차이나는 집단이라면 의복비에서 소득의 영향을 제거하는 과정이 동질적으로 이루어지지 못할 것이기 때문이다.

이와 같은 조건을 충족시킬 때 공변수로 사용될 수 있으며 공분산분석을 실시할 수 있다.

| 공분산분석의 모형 |

한 개의 독립변수와 한 개의 공변수를 갖는 연구설계의 자료는 표 16-1과 같다. 이 표에서 Y_{ij}는 종속변수 측정치, C_{ij}는 공변수의 측정치로, 각 종속변수 측정치는 대응하는 공변수의 측정치를 갖는다. 앞에서 예로 든 발한량 연구에서는 피험자로부터 발한량(Y_{ij})과 더불어 비만도(C_{ij})를 측정하여 공변수로 사용하며, 의복비지출 연구에서는 각 응답자의 의복비(Y_{ij})와 더불어 소득(C_{ij})을 측정하여 공변수로 사용한다.

표 16-1
공분산분석을
위한 자료

독립 변수(X)			
집단1	집단2	...	집단k
$Y_{11}(C_{11})$	$Y_{21}(C_{21})$		$Y_{k1}(C_{k1})$
$Y_{12}(C_{12})$	$Y_{22}(C_{22})$		$Y_{k2}(C_{k2})$
$Y_{13}(C_{13})$	$Y_{23}(C_{23})$		$Y_{k3}(C_{k3})$
⋮	⋮		⋮
$Y_{1n}(C_{1n})$	$Y_{2n}(C_{2n})$		$Y_{kn}(C_{kn})$

표 16-1의 자료를 이용하여 공분산분석을 실시하는 과정은 다음과 같다.

① 종속변수(Y)에 대한 독립변수(X)의 효과를 일원분산분석 모형으로 분석한다.

$$Y_{ij} = \mu + \alpha_i + \varepsilon_{ij}$$

② 종속변수(Y)에 대한 공변수(C)의 효과를 단순회귀 모형으로 분석한다.

$$Y_{ij} = \alpha + \beta(C_{ij} - \overline{C}) + \varepsilon_{ij}$$

③ 독립변수(X)와 공변수(C) 효과를 함께 고려한 공분산분석 모형을 구성한다.

$$Y_{ij} = \mu + \alpha_i + \beta(C_{ij} - \overline{C}) + \varepsilon_{ij}$$

④ 공변수효과를 종속변수항으로 이항시킴으로써 공분산분석 모형을 완성한다.

$$Y_{ij} - \beta(C_{ij} - \overline{C}) = \mu + \alpha_i + \varepsilon_{ij}$$

위의 공분산분석 모형을 보면 종속변수에서 공변수의 효과를 제거한 후 일원분산분석을 실시하는 것임을 알 수 있다.

| 공분산분석의 총괄표 구성과 통계적 검정 |

공분산분석의 총괄표 구성과 통계적 검정은 분산분석과 같이 이루어진다.

총괄표 구성

공분산분석 결과에 대한 총괄표는 표 16-2와 같이 구성된다.

통계적 검정

공분산분석 결과에 대한 통계적 검정은 공변수와 주효과에 대하여 각각 이루어진다.
공변수의 유의성에 대한 통계적 검정을 위하여 다음과 같이 F-비를 산출한다.

$$F = MS_{cov} / MS_E$$

$$= \frac{SS_E(R) - SS_E(F)}{1} \div \frac{SS_E(F)}{N-k-I}$$

여기에서 공변수에 의하여 설명되는 분산부분인 SS_{COV}는 $SS_E(R)$과 $SS_E(F)$의 차
이로 산출한다. $SS_E(R)$는 공변수를 포함하지 않는 수학적 모델을 이용한 축소모형
(Reduced model)의 오차제곱합이고, $SS_E(F)$는 공변수를 포함하는 수학적 모델을 이
용한 포화모형(Full model)의 오차제곱합이다.

포화모형(Full model) : $\qquad Y_{ij} = \mu + \alpha_i + \beta(C_{ij} + \overline{C}) + \varepsilon_{ij}$

축소모형(Reduced model) : $Y_{ij} = \mu + \alpha_i + \qquad\qquad + \varepsilon_{ij}$

분산원	제곱합(SS)	자유도(df)	평균제곱(MS)	F-비	유의확률
공변수	$SS_{COV}=SS_E(R)-SS_E(F)$	1	SS_{COV}	SS_{COV}/SS_E	
주효과	$SS_{Tr}=SS_E(R)-SS_E(F)$	$k-1$	SS_{Tr}	SS_{Tr}/SS_E	
오차	$SS_E(F)$	$N-k-1$	SS_E		
전체	SS_{Total}	$N-1$			

표 16-2
공분산분석
결과 총괄표

위의 식에서 축소모형의 ε_{ij}는 포화모형의 $\beta(C_{ij}-\overline{C})+\varepsilon_{ij}$와 같으므로 이 둘의 차이는 $\beta(C_{ij}-\overline{C})$, 즉 공변수에 의하여 설명되는 분산부분이 된다. 이러한 과정으로 산출된 F-비를 분자자유도 1, 분모자유도 $N-k-1$인 F-분포에서 찾아낸 임계치와 비교하여 유의성 여부를 판정한다. 공변수의 자유도는 항상 1이다.

주효과에 대한 통계적 검정도 공변수에 대한 검정과 같은 절차로 이루어진다. 주효과의 유의성 검정을 위한 F-비는 다음의 식으로 산출된다.

$$F = MS_{Tr}/MS_E$$

$$= \frac{SS_E(R)-SS_E(F)}{k-1} \div \frac{SS_E(F)}{N-k-1}$$

여기에서 독립변수에 의한 주효과로 설명되는 분산부분인 SS_{Tr}는 $SS_E(R)$와 $SS_E(F)$의 차이로 산출한다. $SS_E(R)$는 독립변수를 포함하지 않는 수학적 모델을 이용한 축소모형(Reduced model)의 오차제곱합이고, $SS_E(F)$는 독립변수를 포함하는 수학적 모델을 이용한 포화모형(Full model)의 오차제곱합이다.

포화모형(Full model) : $\qquad Y_{ij} = \mu + \alpha_i + \beta(C_{ij}+\overline{C}) + \varepsilon_{ij}$
축소모형(Reduced model) : $Y_{ij} = \mu + \quad + \beta(C_{ij}+\overline{C}) + \varepsilon_{ij}$

위의 식에서 축소모형의 ε_{ij}는 포화모형의 $\alpha_i+\varepsilon_{ij}$와 같으므로 이 둘의 차이는 α_i, 즉 독립변수에 의하여 설명되는 분산 부분이 된다. 이러한 과정으로 산출된 F-비를 분자자유도 $k-1$, 분모자유도 $N-k-1$인 F-분포에서 찾아낸 임계치와 비교하여 유의성 여부를 판정한다.

공분산분석을 이용한 연구

정인희 (2015). 소비자 성별에 따른 상품 유형별 관심도 차이, 내재적 혁신성과의 상관관계 및 상품 지각 구조 분석. **한국의류학회지, 39**(4), 505-516.

이 연구는 여러 상품 유형을 대상으로 상품별 관심도에서 성별 차이가 어떻게 나타나는지 알아보고, 상품유형별 관심도와 소비자의 내재적 혁신성의 관계 및 상품지각구조 등의 차이를 성별에 따라 비교하였다. 연구과정에서 남성 표본의 연령 평균이 여성 표본의 연령 평균보다 높은 점을 감안하여 연령을 공변수로 하고 성별을 독립변수로 하여 내재적 혁신성 차이를 공분산분석으로 분석하였다.

2 SPSS를 이용한 공분산분석

공분산분석은 제15장에서 설명한 다원분산분석과 같이 일반선형모형(general linear model; GLM) 메뉴의 일변량(univariate)에서 실행한다. 일변량 대화상자가 열리면 자료의 변수목록으로부터 종속변수로 사용할 변수를 선정하여 오른쪽 종속변수 (dependent variable)로 옮기고, 독립변수인 고정요인(fixed factors) 변수와 공변량 (covariates)을 각각 해당 상자에 옮겨 넣어주면 된다. 모형 하위 대화상자는 제15장에서 설명한 것과 같이 설정해 준다.

일변량을 이용한 공분산분석

자료: 유행혁신성이 사회활동 여부와 결혼상태에 따라 차이가 나는지 알아보기 위해 25세에서 45세 사이의 여성 30명으로부터 유행혁신성, 사회활동 여부, 결혼상태를 조사하였다. 또한 유행혁신성이 나이의 영향을 받을 수 있으므로 나이를 함께 조사하였다. 나이는 양적 변수, 사회활동 여부와 결혼상태는 질적 변수이므로 나이를 공변수로 하고, 사회활동 여부와 결혼상태를 고정요인 변수로 하는 공분산분석을 실시하였다. 종속변수인 혁신성 점수는 30점 만점이다.

응답자	혁신성	나이	사회활동	결혼상태
1	28	30	활동함	독신
2	25	25	활동 안함	독신
3	25	38	활동함	결혼생활 중
4	22	42	활동함	결혼생활 중
5	18	34	활동 안함	결혼생활 중
6	26	28	활동 안함	독신
7	27	28	활동함	결혼생활 중
8	17	39	활동 안함	결혼생활 중
9	15	40	활동 안함	결혼생활 중
10	14	44	활동 안함	결혼생활 중
11	25	40	활동함	결혼생활 중
12	22	36	활동함	결혼생활 중
13	23	27	활동함	독신
14	24	28	활동 안함	독신
15	29	32	활동함	독신
16	28	35	활동함	독신
17	24	32	활동함	결혼생활 중
18	19	26	활동 안함	결혼생활 중
19	20	30	활동 안함	결혼생활 중
20	22	36	활동 안함	결혼생활 중
21	18	37	활동 안함	결혼생활 중
22	17	33	활동함	결혼생활 중
23	16	26	활동 안함	결혼생활 중
24	15	28	활동 안함	독신
25	14	41	활동 안함	결혼생활 중
26	17	30	활동 안함	독신
27	19	32	활동함	결혼생활 중
28	24	33	활동함	결혼생활 중
29	28	28	활동 안함	독신
30	27	26	활동 안함	독신

(계속)

분석: 일변량 ▷▷ 종속변수로 혁신성, 고정요인으로 사회활동과 결혼상태, 공변량으로 나이 지정

▷▷ 모형에서 완전요인모형, 제Ⅲ유형 제곱합, 모형에 절편 포함 선택

▷▷ 옵션에서 기술통계량 선택

결과:

개체-간 요인

		값 레이블	N
사회활동	1	활동함	13
	2	활동안함	17
결혼상태	1	독신	11
	2	결혼생활중	19

기술통계량

종속변수: 혁신성

사회활동	결혼상태	평균	표준편차	N
활동함	독신	27.00	2.708	4
	결혼생활중	22.78	3.153	9
	전체	24.08	3.546	13
활동안함	독신	23.14	5.080	7
	결혼생활중	17.30	2.627	10
	전체	19.71	4.727	17
전체	독신	24.55	4.634	11
	결혼생활중	19.89	3.971	19
	전체	21.60	4.731	30

개체-간 효과 검정

종속변수: 혁신성

소스	제Ⅲ유형 제곱합	자유도	평균제곱	F	유의확률
수정된 모형	342.055[a]	4	85.514	6.960	.001
절편	389.424	1	389.424	31.697	.000
나이	11.368	1	11.368	.925	.345
사회활동	153.743	1	153.743	12.514	.002
결혼상태	83.608	1	83.608	6.805	.015
사회활동 * 결혼상태	1.826	1	1.826	.149	.703
오차	307.145	25	12.286		
전체	14646.000	30			
수정된 합계	649.200	29			

a. R 제곱 = .527 (수정된 R 제곱 = .451)

1. 고정요인으로 지정된 사회활동 여부에 따라 각각 13명과 17명의 두 집단, 결혼상태에 따라 각각 19명, 11명의 두 집단이 존재한다. 균형모형이 아니므로 제3유형 제곱합으로 분산분석 과정을 진행하는 것이 타당하다.

2. 기술통계량을 보면 사회활동을 하면서 독신인 집단의 혁신성이 평균 27.00으로 가장 높고 다음이 사회활동을 하지 않으면서 독신인 집단, 사회활동을 하면서 결혼생활을 하는 집단이었으며 사회활동을 하지 않으면서 결혼생활을 하는 집단은 평균 17.30으로 가장 낮았다.

3. 공분산분석 결과 공변수인 나이에 따른 혁신성 차이는 나타나지 않았고, 사회활동과 결혼상태의 상호작용효과도 없었으나, 사회활동 및 결혼상태 각각의 주효과는 1% 및 5% 수준에서 유의하였

(계속)

다. 즉, 사회활동을 할수록, 그리고 독신일수록 혁신성은 더 높을 것이며, 결혼상태보다는 사회활동의 혁신성에 대한 영향력이 더 크다.

17
CHAPTER

카이제곱분석

1 카이제곱분석의 과정

카이제곱(χ^2)분석은 비모수적 추리통계기법 중에서 가장 널리 사용되는 기법이다. 비모수적 추리통계(nonparametric statistics; distribution-free tests)는 모수적 추리통계와 같은 조건의 가정이 없다. 따라서 모수적 추리통계를 적용하기 위하여 필요한 분포의 정상성, 측정의 연속성, 분산의 동질성 등의 가정을 충족시킬 수 없을 때 비모수적 추리통계를 사용한다.

카이제곱은 변수의 측정이 유목별 빈도로 이루어졌을 때 주로 사용되며, 단일변수에 대하여 적용하기도 하고 또는 두 개의 변수에 대하여 적용하기도 한다.

| 단일변수에 대한 분석 |

단일변수에 대한 분석은 하나의 변수에 대한 응답이 유목별로 이루어졌을 때, 유목별 집단간 빈도(frequency)에 유의한 차이가 있는지 여부를 판정하기 위하여 사용된다. 예를 들어 "중학생의 자율복에 대하여 찬성하십니까?"라는 질문에 대하여 70명의 응답 학생 중 40명이 찬성, 30명이 반대하였다면 과연 열 명이라는 차이가 의미있는 차이인지, 즉 정말로 찬성하는 학생이 반대하는 학생보다 많은 것인지, 아니면 우연에 의한 차이인지, 즉 누구에게 묻느냐에 따라 얼마든지 나타날 수 있는 차이인지 여부를 판정하는 것이다.

카이제곱분석의 기본 개념은 '집단간 차이가 없다'는 가정에 따라 각 집단별 기대빈도를 나눈 후, 기대빈도와 실제 관찰빈도 사이의 차이를 평가하여 유의성 여부를 판정하는 것이다.

통계적 검정에 사용되는 카이제곱은 다음의 공식에 따라 산출된다.

$$\chi^2 = \sum_{i=1}^{k} \frac{(O_i - E_i)^2}{E_i}$$

O_i : i번째 유목의 관찰빈도(observed frequency)

E_i : i번째 유목의 기대빈도(expected frequency)

i : 유목의 수

앞의 예에서 집단 간 차이가 없을 때 찬성과 반대에 대한 기대빈도는 각각 35명씩이며, 이에 대한 카이제곱값을 계산하면 다음과 같다.

$$\chi^2 = \frac{(40-35)^2}{35} + \frac{(30-35)^2}{35} = 1.43 \langle 3.84$$

산출된 카이제곱값을 카이제곱분포표(부록 B)에서 자유도(k-1)의 임계치와 비교한다. 예에서는 자유도가 2-1=1이므로 자유도 1, α=0.05의 임계치는 3.84가 된다. 산출된 카이제곱값이 임계치보다 작아 그림 17-1과 같이 귀무가설의 긍정영역에 속한다. 따라서 자율복에 대한 찬성과 반대 사이에 차이가 없다는 통계적 결론을 내리게 된다. 즉, 찬성과 반대에 대한 열 명의 차이는 표본에 따라서 얼마든지 우연히 발생할 수 있는 정도이지 이것을 근거로 찬성하는 학생이 더 많다는 결론은 내릴 수 없다는 것이다.

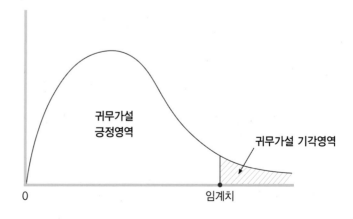

그림 17-1
카이제곱분포와
귀무가설의
기각 및 긍정영역

| 두 변수 사이의 관련성 분석 |

명명척도로 측정된 두 변수 사이의 관련성을 검정하는 데도 카이제곱분석이 유용하게 사용된다. 두 개의 변수가 모두 유목으로 나뉘어졌으며 유목에 따른 빈도분포를 알 때, 카이제곱분석을 통하여 두 변수 사이에 상호관련성이 있는지 여부를 판정할 수 있다.

두 명명변수의 각 유목별 빈도를 산출한 후 분할표(contingency table)를 작성한다. 변수 A가 세 집단, 변수 B가 두 집단인 예에 대한 이원분할표는 표 17–1과 같다.

각 셀의 기대빈도는 주변확률의 곱이므로 다음과 같은 방법으로 각 유목별 합계를 이용하여 셀의 기대빈도를 계산한다.

$$E_{ij} = N \times \frac{T_{i.}}{N} \times \frac{T_{.j}}{N} = \frac{T_{i.} \times T_{.j}}{N}$$

각 셀의 기대빈도를 계산한 후에, 아래의 공식에 따라 카이제곱값을 산출한다.

$$\chi^2 = \sum_{i=1}^{a} \sum_{j=1}^{b} \frac{(O_{ij} - E_{ij})^2}{E_{ij}}$$

O_{ij} : ij번째 셀의 관찰빈도
E_{ij} : ij번째 셀의 기대빈도
a : 변수 A의 집단수
b : 변수 B의 집단수

변수 A \ 변수 B	집단 1	집단 2	집단 3	
집단 1	O_{11}	O_{21}	O_{31}	$T_{.1}$
집단 2	O_{12}	O_{22}	O_{32}	$T_{.2}$
	$T_{.1}$	$T_{.2}$	$T_{.3}$	

표 17–1
3×2
이원분할표의 예

※ O_{ij} : 변수 A가 i번째 집단이며 변수 B가 j번째 집단인 셀의 빈도
　$T_{i.}$: 변수 A가 i번째 집단인 셀들의 세로합계
　$T_{.j}$: 변수 B가 i번째 집단인 셀들의 가로합계

표 17-2
자율복에 대한
태도와 역할의
이원분할표

역할 \ 태도	찬성	반대	
학생	$O_{11}=45$	$O_{21}=18$	$T_{.1}=63$
교사	$O_{12}=8$	$O_{22}=37$	$T_{.2}=45$
	$T_{.1}=53$	$T_{.2}=55$	$N=108$

산출된 카이제곱값을 카이제곱분포표에서 자유도가 $(a-1)(b-1)$인 임계치를 찾아 비교한 후 산출된 값이 임계치보다 더 크면 두 변수간에 유의한 관련성이 있다는 통계적 결론을 내린다.

앞에서 제시한 예인 자율복에 대한 태도 연구에서 학생과 교사들에게 각각 자율복에 대한 태도를 물어본 후 자율복에 대한 태도(찬성 또는 반대; 변수 A)와 역할(학생 또는 교사; 변수 B) 사이에 상호관련성이 있는지 카이제곱분석을 통하여 확인해 보자.

위의 자료를 이용하여 각 셀의 기대빈도를 계산하면 다음과 같다.

$E_{11} = (53 \times 63) / 108 = 30.9$

  (이 숫자만 계산하면 나머지 셀에 대해서는 뺄셈으로 계산할 수 있다.)

$E_{12} = (53 \times 45) / 108 = 22.1$

$E_{21} = (55 \times 63) / 108 = 32.1$

$E_{22} = (55 \times 45) / 108 = 22.9$

$$\chi^2 = \frac{(45-30.9)^2}{30.9} + \frac{(8-22.1)^2}{22.1} + \frac{(18-32.1)^2}{32.1} + \frac{(37-22.9)^2}{22.9} = 30.3$$

카이제곱분포상에서 유의수준 5%인 0.05, $\alpha=0.05$, 자유도=1의 임계치는 3.84이므로, 산출된 카이제곱값이 더 크다. 따라서 더 높은 유의수준에서 다시 검정해 볼 필요가 있다. $\alpha=0.01$에서의 임계치는 6.63, $\alpha=0.001$에서의 임계치는 10.83이므로 '자율복에 대한 태도와 역할사이에는 0.1%의 유의수준에서 서로 관련성이 있다.'는 통계적 결론을 내릴 수 있다. 즉, 자율복에 대한 찬성 또는 반대의 태도는 현재의 역할이 학

두 변수 카이제곱분석의 이해

(1) 다음 자료의 카이제곱 값을 구하고 (2) 변수 A와 변수 B의 관계에 대한 결론을 내려 보시오.

역할＼태도	1	2
1	$O_{11} = 80$	$O_{12} = 40$
2	$O_{21} = 20$	$O_{22} = 60$

카이제곱을 이용한 연구

권태신, 김용숙 (2000). 대학생의 모발화장품 추구혜택과 정보원 활용. **복식, 50**(7), 97–111.

이 논문에서는 모발화장품에 대한 추구혜택 요인을 변수로 군집분석을 하여 감각추구집단, 다혜택 추구집단, 실용성추구집단, 혜택무관심집단, 기능성추구집단으로 대학생들을 유형화한 후 성별로 추구혜택 세분집단의 소속에 차이가 있는지 알아보기 위하여 카이제곱분석을 하였다.

카이제곱분석 시의 유의점

첫째, 셀의 빈도가 너무 적으면 카이제곱 계산값이 너무 커져서 왜곡된 결과를 보인다. 따라서 빈도가 적은 셀이 많으면(일반적으로 5 이하의 빈도를 갖는 셀의 수가 전체 셀 수의 20% 이상이면) 카이제곱 대신 단순 백분율로 설명하거나 셀을 합쳐서 빈도를 높여준 후 카이제곱분석을 한다.
둘째, 카이제곱값은 표본수의 영향을 받아 표본수가 많아지면 카이제곱값도 커진다는 점에 유의하여야 하며, 표본수의 영향을 배제하고 싶을 때는 카이제곱값을 전체 표본수로 나누어준 파이제곱($Ø^2$)값을 사용하도록 한다.
카이제곱값에 대한 표본 크기의 영향을 다음의 예로 살펴보자.

30	20	50
20	30	50
50	50	100

60	40	100
40	60	100
100	100	200

두 자료의 각 셀별 빈도 비율은 같으나, 카이제곱값을 계산해 보면 표본수가 100인 경우는 4.0, 표본수가 200인 경우는 8.0이 산출된다.

생인지 또는 교사인지에 따라서 차이를 보인다는 것이다.

2 SPSS를 이용한 카이제곱분석

SPSS에서 카이제곱분석을 할 때 단일변수에 대한 카이제곱분석인 경우는 비모수검정(nonparametric tests)-레거시 대화상자(legacy dialogs)-카이제곱(chi-square test)에서, 두 변수 사이의 관련성 분석인 경우는 기술통계량(descriptive statistics)의 교차분석(crosstabs)에서 실행한다.

| 비모수검정의 카이제곱검정 |

비모수검정 메뉴에는 카이제곱(chi-square) 이외에도 이항(binomial), 런(runs), 1-표본 K-S(1-sample K-S), 2-독립표본(2-independent samples), K-독립표본(K-independent samples), 2-대응표본(2 related samples), K-대응표본(K related samples) 검정이 포함되어 있다.

카이제곱 대화상자가 열리면 전체 변수목록으로부터 검정을 원하는 변수들을 오른쪽 검정변수(test variable list)로 옮겨준다. 복수로 지정한 변수 하나하나에 대해 개별적으로 단일변수 검정이 이루어진다.

기대범위(expected range)는 데이터로부터 얻기(get from data)와 지정한 범위 사용(use specified range) 중에서 선택할 수 있다. 디폴트는 데이터로부터 얻기이며, 자료값에 따른 범주를 그대로 사용하는 것이다. 만약 특정 집단들만 선택하여 분석하고 싶다면 지정한 범위 사용에서 변수값의 하한(lower)과 상한(upper)을 입력해 주면 된다.

기대값(expected values)은 디폴트대로 모든 범주가 동일(all categories equal)함을 간주하여 분석할 수도 있고 값(value)을 지정하여 범주별로 다른 기대값을 부여해 줄 수도 있다. 기대값 입력 순서는 변수값 순서이다.

옵션(options) 대화상자에서는 통계량(statistics)으로 기술통계(descriptive)와 사분위수(quartiles)를 지정하여 구할 수 있고, 결측값 처리방식을 검정별 결측값 제외(exclude cases test-by-test)와 목록별 결측값 제외(exclude cases listwise) 중에서 선택할 수 있다. 디폴트는 검정별 결측값 제외이다.

SPSS를 이용한 단일변수 카이제곱분석

1. 분석(Analyze) 메뉴에서 비모수 검정(Nonparametric Tests)에 커서를 가져가면 카이제곱(Chi-Square)을 선택할 수 있다.
   ▷분석(Analyze) ▶비모수 검정(Nonparametric Tests) ▶▶카이제곱(Chi-Square)

2. 카이제곱검정 대화상자가 나타나면 검정변수(Test Variable List)를 선택한다. 필요한 경우라면 기대범위(Expected Range)와 기댓값(Expected Values)을 원하는 방식으로 변경해 준다.

3. 옵션(Options)에서 원하는 통계량(Statistics)을 지정하거나 결측값(Missing Values) 처리 방식을 변경해 줄 수 있다.

4. 계속(Continue) 버튼을 누르고 확인(OK) 버튼을 누르면 결과를 얻을 수 있다.

비모수 검정에서의 단일변수 카이제곱분석

자료: 2018년 여름 거리 관찰을 통해 유행색인 보라색과 전통적으로 여름의 베이식인 흰색의 셔츠 중 어떤 것을 더 많이 입고 있는지에 대해 카운트를 하여 두 색채의 착용빈도가 유의하게 차이나는 지 확인하였다. 두 색채의 사례수 합이 100이 될 때까지 조사하였다.

보라색	38
흰색	62

분석: 카이제곱검정 ▷▷ 검정변수로 색채 지정, 기대범위 및 기대값 디폴트
　　　　　　　　　▷▷ 옵션 지정 않음

결과:

색채

	관측빈도	기대빈도	잔차
보라색	38	50.0	-12.0
흰색	62	50.0	12.0
전체	100		

검정 통계량

	색채
카이제곱	5.760[a]
자유도	1
근사 유의확률	.016

a. 0개의 셀 (0.0%)은(는) 5보다 작은 기대빈도를 가집니다.
기대 빈도 셀 값 중 최소값은 50.0입니다.

1. 관찰빈도는 보라색 38, 흰색 62이다. 모든 범주의 기대값이 동일하다고 간주했으므로 기대값은 각각 50이다. 기대값과 관찰빈도의 차이는 보라색의 경우 −12, 흰색의 경우 12이다.
2. 카이제곱값은 5.760이며, 집단이 두 개이므로 자유도는 1, 유의확률은 0.016이다. 즉, 5% 수준에서 두 색의 출현빈도는 유의한 차이가 난다.

| 기술통계량의 교차분석 |

교차분석(crosstabs)은 한 변수의 범주를 다른 변수의 범주에 따라 교차시켜 셀별 빈도를 확인하는 기법이다. 교차분석을 통해 교차표(혹은 분할표, cross tabulation)를 얻으며 변수간 독립성과 관련성을 분석할 수 있다.

　교차분석 대화상자에서 행(row)과 열(column)에 들어갈 변수를 지정해 준다. 복수 지정이 가능한데, 각 행과 각 열에 입력된 변수들을 상호 교차시켜 개별적인 분석 결과를 출력해준다. 한편 세 변수 이상을 동시에 교차시켜 보고 싶다면 레이어(layer)를 사용한다. 레이어에는 행과 열에 선택된 변수 외에 교차분석할 변수를 원하는대로 지정한다. 또다른 레이어 변수 세트는 다음 버튼을 눌러 설정해 준다.

수평 배열 막대형 차트 표시(display clustered bar charts)와 교차표를 출력하지 않음(suppress tables)을 선택할 수 있다.

통계량(statistics) 버튼을 눌러 하위대화상자를 열면 카이제곱(chi-square)을 지정할 수 있다. 상관성 검정을 위해서는 상관관계(correlation)도 함께 선택 가능하다. 그 밖에 명목(nominal)척도 간에 대해 분할계수(contingency coefficient), 파이 및 크레이머의 V(phi and Cramer's V), 람다(lambda), 불확실성 계수(uncertainty coefficient), 순서형(ordinal) 척도 간에 대해 감마(gamma), Somers의 d(Somer's d), Kendall의 타우-b(Kendall's tau-b), Kendall의 타우-c(Kendall's tau-c), 명목 대 구간(nominal by interval)척도에 대해 에타(eta)가 있다. 또한 카파(kappa), 위험도 (risk), McNemar, Cochran과 Mantel-Haenszel 통계량을 선택지정할 수 있다. 통계량에 대한 자세한 설명은 관련 자료를 참고하기 바란다.

셀출력(cells display) 하위상자에서는 관측빈도(observed counts), 기대빈도 (expected counts), 행(row), 열(column), 전체(total)의 퍼센트(percentages), 잔차 (residuals)의 표준화 여부가 선택지정 가능하다. 필요한 항목만 선택해주도록 한다.

형식(table format) 하위 대화상자에서는 행 순서(row order)를 오름차순(ascending) 과 내림차순(descending)으로 선택해줄 수 있다. 디폴트는 오름차순이다.

SPSS를 이용한 두 변수 카이제곱분석

1. 분석(Analyze) 메뉴에서 기술통계량(Descriptive Statistics)에 커서를 가져가면 교차분석 (Crosstabs)을 선택할 수 있다.

   ▷분석(Analyze) ▶기술통계량(Descriptive Statistics) ▶▶교차분석(Crosstabs)

2. 교차분석 대화상자가 나타나면 행(Row), 열 (Column), 레이어(Layer)에 들어갈 변수를 선택 지정한다.

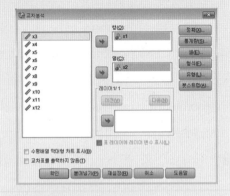

3. 통계량(Statistics)을 클릭하여 카이제곱 (Chi-square)을 선택한다.

4. 셀출력(Cells)을 클릭하여 원하는 내용을 선택한다.

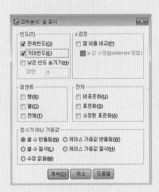

(계속)

5. 형식(Format)을 선택하여 오름차순 (Ascending), 내림차순(Descending)을 변경할 수 있다.

6. 계속(Continue) 버튼을 누르고 확인(OK) 버튼을 누르면 결과를 얻을 수 있다.

교차분석을 이용한 두 변수 카이제곱분석

자료: 여성 상반신의 측면 형태를 토대로 바른 체형, 젖힌 체형, 숙인 체형, 휜 체형의 네 집단을 분류한 후, 네 집단 간에 신체충실지수에 따른 마른형, 표준형, 비만형의 분포 차이가 있는지 확인하기 위해 카이제곱분석을 실시하기로 하였다.

구분	바른 체형	젖힌 체형	숙인 체형	휜 체형
마른형	7	6	9	14
표준형	49	17	116	50
비만형	9	3	31	2

※ 자료: 남윤자 (1991). 여성 상반신의 측면 형태에 따른 체형연구. p.49

자료입력:

	상반신	신체충실	빈도	변수	변수	변수	변수
1	바른 체형	마른형	7				
2	바른 체형	표준형	49				
3	바른 체형	비만형	9				
4	젖힌 체형	마른형	6				
5	젖힌 체형	표준형	17				
6	젖힌 체형	비만형	3				
7	숙인 체형	마른형	9				
8	숙인 체형	표준형	116				
9	숙인체형	비만형	31				
10	휜 체형	마른형	14				
11	휜 체형	표준형	50				
12	휜 체형	비만형	2				

↓

데이터 메뉴에서 가중케이스로 빈도 지정

(계속)

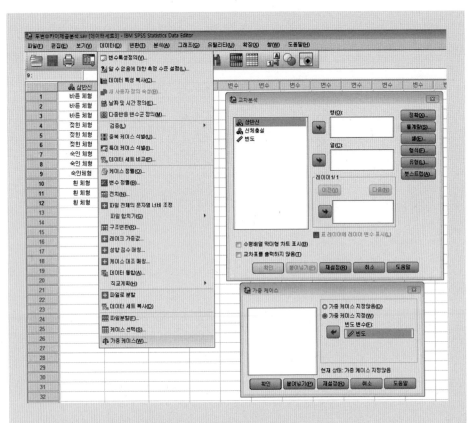

분석: 교차분석 ▷▷ 행에 신체충실지수, 열에 상반신측면 지정

▷▷ 통계량에서 카이제곱 선택

▷▷ 셀에서 관측빈도, 기대빈도 선택

결과:

케이스 처리 요약

	케이스					
	유효		결측		전체	
	N	퍼센트	N	퍼센트	N	퍼센트
신체충실 * 상반신	313	100.0%	0	0.0%	313	100.0%

(계속)

신체충실 * 상반신 교차표

			상반신				전체
			바른 체형	숙인 체형	젖힌 체형	휜 체형	
신체충실	마른형	빈도	7	9	6	14	36
		기대빈도	7.5	17.9	3.0	7.6	36.0
	비만형	빈도	9	31	3	2	45
		기대빈도	9.3	22.4	3.7	9.5	45.0
	표준형	빈도	49	116	17	50	232
		기대빈도	48.2	115.6	19.3	48.9	232.0
전체		빈도	65	156	26	66	313
		기대빈도	65.0	156.0	26.0	66.0	313.0

카이제곱 검정

	값	자유도	근사 유의확률 (양측검정)
Pearson 카이제곱	22.579[a]	6	.001
우도비	24.315	6	.000
유효 케이스 수	313		

a. 2 셀 (16.7%)은(는) 5보다 작은 기대 빈도를 가지는 셀입니다.
최소 기대빈도는 2.99입니다.

1. 사례수는 313이다.

2. 교차표에서 상반신 측면에 따른 신체충실지수의 관측빈도와 기대빈도를 확인할 수 있다. 예를 들어 바른 체형이면서 마른형은 관측빈도 7, 기대빈도 7.5이다.

3. 카이제곱값은 22.579로 계산되었으며, 자유도는 (4−1)×(3−1)로 6이다.

4. 0.1% 수준에서 상반신 측면 체형별 신체충실지수 체형에 유의한 차이가 있음이 발견되었다.

5. 그러나 셀들의 관측빈도와 기대빈도를 잘 살펴보면, 상반신 측면에 따른 바른 체형, 신체충실지수에 따른 표준형의 경우에는 관측빈도와 기대빈도에 거의 차이가 없다. 휜 체형에서는 기대빈도보다 마른형의 출현율이 높았고 비만형의 출현율이 낮았으며, 숙인 체형에서는 비만형의 출현율이 높았고 마른형의 출현율이 낮았다. 또한 젖힌 체형의 경우는 마른형의 출현율이 기대빈도보다 높았다. 그러므로 젖힌 체형과 휜 체형은 마른 경향을, 숙인 체형은 비만인 경향을 보인다고 할 수 있다.

6. 같은 내용을 신체충실지수의 측면에서 해석해 보면, 비만인 경우는 숙인 경향이, 마른 경우는 젖혀지거나 휜 경향이 있음을 알 수 있다.

기타 고급통계분석

1 군집
분석

군집분석(cluster analysis)은 다양한 특성을 지닌 대상들을 동질적인 몇 개의 집단으로 분류하는 데 이용되는 기법으로, 대상들을 분류하기 위한 명확한 분류기준이 존재하지 않거나 분류에 적합한 기준이 밝혀지지 않은 경우에 유용하다. 일반적으로 표본들의 군집화에 이용되며, 변수들을 군집화하는 데에도 사용될 수 있으나 이런 경우에는 요인분석이 더 흔히 사용된다. 이 책에서는 변수값에 의한 표본들의 군집화로 설명하고자 한다.

군집분석은 다음의 세 단계를 거쳐 수행된다. 첫째, 대상이 되는 개체들(표본들) 사이의 유사성을 계산한다. 유사성은 두 개의 대상이 여러 가지 변수에서 비슷하거나 같은 속성을 많이 가질 때 높게 나타나며, 분석 시에는 보통 두 표본 간 거리의 개념으로 나타낸다. 유클리디안거리(EUCLID)나 제곱유클리디안거리(SEUCLID)를 많이 사용하는데, 개체들간의 유사성이 높을 때 거리가 가깝게 된다.

둘째, 유사성을 기준으로 개체들을 군집화할 여러 가지 방법 중 하나를 선택하여야 한다. 이때의 원칙은 군집 내 개체들의 유사성은 최대화되고, 군집 간 개체들의 유사성은 최소화되도록 군집을 구성한다는 것이다.

군집화 결과는 상호배제적 군집으로, 또는 계층적 군집으로 얻을 수 있다. 상호배제적 군집의 형태에서는 하나의 개체가 하나의 군집에만 속하게 된다. 상호배제적 군집은 군집화의 기준으로 삼을 변수들을 선정하여 입력한 후 원하는 군집수를 몇 가지로 지정하여 얻을 수 있다. 군집별로 기준 변수값에 유의한 차이가 있는지 확인하는 분산분석 총괄표를 함께 얻을 수 있으므로, 이를 검토한 후 결과해석에 가장 적합한 군집수를 최종적으로 결정한다.

SPSS 프로그램에서는 상호배제적 군집을 'K-평균군집(K-means cluster; quick cluster)'으로 명명하고 있다. 표본수가 많을 때에는 표본의 정렬 순서에 따라 대상 간 계산 순서가 달라지므로 최종 결과에 차이가 날 수도 있다.

Dendrogram using Average Linkage(Between Groups) Rescaled Distance Cluster Combine

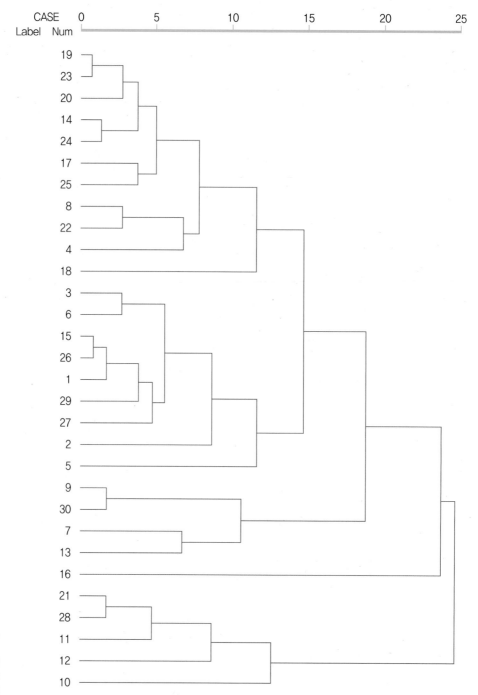

그림 18-1
군집화 과정을
보여주는
덴드로그램의 예

계층적 군집(hierarchical cluster)에서는 모든 대상이 각각 하나의 독립된 군집을 이루고 있는 상태에서 출발하여 순차적으로 가장 유사한 대상들끼리 군집화하여 감으로써 유사성이 높은 군집을 이루며, 최종적으로는 모든 대상이 하나의 군집으로 묶여진다. 계층적 군집 과정은 덴드로그램(dendrogram)을 통해 시각적으로 확인할 수 있으며, 덴드로그램의 내용을 분석하여 최종 군집수준 및 군집수를 결정한다.

계층적 군집분석에서는 먼저 모든 개체가 각기 독립된 하나의 군집으로 존재하는 상황에서(N=모든 개체수) 거리가 가장 가까운 두 개체(군집)를 묶어 하나의 새로운 군집을 형성한다. 두 군집이 묶여서 생긴 새로운 군집을 포함한 전체 군집(N'=N−1)을 대상으로 다시 가장 가까운 거리의 두 군집을 묶어준다. 이런 방식으로 가장 가까운 두 군집이 합쳐 하나가 되는 과정을 반복하여 전체가 하나의 군집이 될 때까지 계속한다.

이 과정에서 두 군집이 묶여서 생긴 새로운 군집과 다른 군집들간의 거리를 산정할 때에 거리를 측정하는 기준점이 필요하다. 즉 한 군집 속에 있는 두 대상 중 더 가까운 거리에 있는 것을 기준점으로 하여 거리를 구할 것인지, 더 먼 거리에 있는 것을 기준점으로 거리를 구할 것인지, 혹은 두 거리를 평균한 위치를 기준점으로 삼을 것인지를 결정해야 한다. 이 결정에 따라 군집화 결과는 달라진다. 그림 18–1에 평균 거리를 기준으로 한 군집화 과정의 예를 제시하였다.

셋째, 대상들의 군집화가 끝난 후 연구자는 그 결과를 해석해 주어야 한다. 군집화에 투입한 변수값에 대해 각 군집 간 차이가 있는지를 확인해야 하며, 그 변수값들의 대소 및 군집 간 유의한 차이를 반영하여 군집의 명칭을 부여한다.

연구예

군집분석을 이용한 연구

Gutman, J., & Mills, M. K. (1982). Fashion life style, self−concept, shopping orientation, and store patronage: An integrative analysis. **Journal of Retailing, 58**(2), 64−86.

네 가지 패션지향요인에 대한 150명 응답자들의 표준화된 점수를 사전정보로 하여 군집분석하였으며, 그 결과 의복−패션 생활양식 세분집단을 일곱 가지 유형으로 얻었다.

연구예 **군집분석을 이용한 연구**

심정희, 함옥상 (2001). 중년 여성의 체형 분류 및 연령별 특징 연구. **한국의류학회지, 25**(4), 795–806.

먼저 측정치에 대한 요인분석을 통해 중년기 여성의 체형 인자를 11가지로 추출한 후 이들 요인별 점수를 입력자료로 하여 군집분석을 한 결과 여섯 가지 유형의 체형을 분류하였다.

연구예 **군집분석을 이용한 연구**

박화순 (2001). 대학생들의 피부색과 머리카락색에 따른 개인색채 유형 분류-대구·경북지역을 중심으로-. **한국의류학회지, 25**(3), 516–524.

피부색과 머리카락색에 따른 개인색채 군집을 따뜻한 형, 차가운 형, 복합형의 세 개로 분류하였다.

연구예 **군집분석을 이용한 연구**

김인숙 (2017). 외모관리동기에 따른 외모관리행동의 차이에 관한 연구. **한국의류산업학회지, 19**(4), 468–478.

이 연구에서는 외모관리동기의 하위차원에 따른 집단을 유형화하기 위해 군집분석을 실시하였다. K-평균 군집분석 결과 응답자들은 '소극적 외모관리형', '매력표현 자기관리형', '사회적 자기관리형'의 세 집단으로 분류되었다.

SPSS **SPSS를 이용한 상호배제적 군집분석**

1. 분석(Analyze) 메뉴에서 분류분석(Classify)에 커서를 가져가면 K-평균군집(K-Means Cluster)을 선택할 수 있다.
   ▷분석(Analyze) ▶분류분석(Classify) ▶▶K-평균군집(K-Means Cluster)

2. K-평균 군집분석 대화상자가 나타나면 군집화 기준이 될 변수들을 선택하여 오른쪽 변수 (Variables) 창으로 옮기고, 결과로 얻기 원하는 군집 수(Number of Clusters)를 지정해 준다.

(계속)

만약 군집화 결과에서 각 사례들을 특정변수의 변수값별로 구분해서 보고 싶다면 케이스 레이블 기준변수(Label cases by)를 지정해 준다.

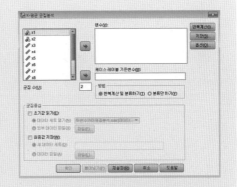

3. 군집화 방법을 반복계산 및 분류하기(Iterate and classify)로 선택한 경우, 반복계산(Iterate) 버튼을 클릭하여 최대 반복계산(Maximum Iterations)과 수렴기준(Convergence Criterion)을 변경할 수 있다.

4. 저장(Save) 버튼을 클릭하면 각 사례마다 군집분석 결과에 의해 할당된 소속군집(Cluster membership)과 군집중심으로부터의 거리(Distance from cluster center)를 새로운 변수로 생성시킬 수 있다.

5. 옵션(Options) 하위 대화상자에서는 결측값(Missing Values) 처리방법을 선택할 수 있고, 통계량(Statistics)으로 군집중심초기값(Initial cluster centers), 분산분석표(ANOVA table), 각 케이스의 군집정보(Cluster information for each case)를 지정하여 결과를 얻을 수 있다. 분산분석표를 지정해 주면, 분석결과로 얻은 군집 간에 군집화 기준변수에 의한 유의한 차이가 있는지 바로 확인할 수 있다. 또 각 케이스의 군집정보를 지정해 주면, 사례별 소속군집과 거리, 그리고 케이스 설명 기준변수의 변수값까지 확인할 수 있다.

SPSS를 이용한 계층적 군집분석

SPSS

1. 분석(Analyze) 메뉴에서 분류분석(Classify)에 커서를 가져가면 계층적 군집(Hierarchical Cluster)을 선택할 수 있다.
   ▷분석(Analyze) ▶분류분석(Classify) ▶▶계층적 군집(Hierarchical Cluster)

2. 계층적 군집분석 대화상자가 나타나면 군집화 기준이 될 변수들을 선택하여 오른쪽 변수(Variables) 창으로 옮기며, K-평균 군집분석에서와 마찬가지로 케이스 레이블 기준변수(Label

(계속)

cases by)를 지정해줄 수 있다. 만약 사례를 군집화하지 않고 변수를 군집화하고자 한다면 군집(Cluster) 항목에서 변수(Variavles)를 선택해준다. 표시(Display)는 통계량(Statistics) 및 도표(Plots)로 할 수 있다.

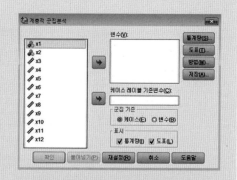

3. 계층적 군집분석에서는 군집화 방법(Method)을 결정해야 한다. 군집방법(Cluster method)은 집단 간 연결(Between-groups linkage), 집단내 연결(Within-groups linkage), 최근접 이웃 항목(Nearest neighbor), 가장 먼 이웃(Furthest neighbor), 중심값 군집화(Centroid clustering), 중위수 군집화(Median clustering), Ward의 방법(Ward's method) 중 하나를 선택할 수 있다. 측도(Measure)는 자료가 구간(interval; 등간척도)인가 빈도(counts)인가 이분형(binary)인가

에 따라 달라지는데, 일반적으로 사용하는 간격 자료에서는 유클리디안 거리(Euclidean distance), 제곱유클리디안 거리(Squared Euclidean distance), 코사인(Cosine), Pearson 상관(Pearson correlation) 등을 사용할 수 있다.

4. 통계량(Statistics) 대화상자에서 군집화 일정표(Agglomeration schedule)와 근접행렬(Proximity Matrix)을 지정하여 결과로 얻을 수 있다. 또한 소속군집(cluster membership)을 지정않음(None), 단일 해법(Single solution), 해법범위(Range of solutions) 중 하나로 지정할 수 있는데, 계층화 과정을 도표로 판단하여 연구자 임의로 군집화하고자 할 때는 지정않음의 디폴트

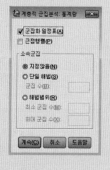

상태로 두고, 상호배제적 군집분석 결과에서와 같이 군집화 결과를 얻고자 할 때는 단일 해법 혹은 해법범위를 설정한다. 해법범위의 경우 만약 3에서 7을 지정한다면, 세 개로 군집화된 결과,

(계속)

네 개로 군집화된 결과, 다섯 개로 군집화된 결과, 여섯 개로 군집화된 결과, 일곱 개로 군집화된 결과를 한꺼번에 얻을 수 있다.

5. 도표(Plots) 하위대화상자에는 수직(Vertical)방향의 고드름(Icicle) 도표가 디폴트로 설정되어 있다. 추가로 덴드로그램(Dendrogram)을 지정하거나 지정된 고드름 도표를 해제할 수 있으며 출력 방향을 수평(horizontal)으로 바꿀 수 있다.

6. 저장(Save) 하위상자에서는 사례별 소속군집(Cluster Membership)을 새로운 변수로 저장하도록 설정할 수 있다. 단일 해법(Single solution) 인 경우는 하나의 변수가, 해법범위(Range of solutions)인 경우는 범위에 해당하는 수만큼 새로운 변수가 생성된다.

7. 확인(OK) 버튼을 누르면 결과를 얻을 수 있다.

2 판별분석

기업의 입장에서 생각해 본다면 어떤 사람은 우리 제품의 구매자이고 어떤 사람은 비구매자이다. 어떤 변수가 구매자와 비구매자를 구분하는 속성이 될까? 구매자와 비구매자라는 범주를 판별해 주는 변수와 그 변수 조합에 의한 함수를 도출한 후 정확성을 평가하고 예측에 적용할 수 있도록 하는 것이 바로 판별분석(discriminant analysis)이다. 이처럼 판별분석은 종속변수가 명명척도, 독립변수가 등간/비율척도인 경우에 사용한다.

판별분석 과정은 회귀분석과 유사하며, 어떤 대상이 어떤 집단에 속하는지를 가장 잘 판별할 수 있도록 선형결합을 도출해 내는 것이 가장 기본이 된다. 종속변수가 D, 독립변수가 X1, X2, … Xp일 때 판별함수는 다음과 같이 표시할 수 있으며, 이때 d_1, d_2, … dp는 판별계수라고 부른다.

$$DF=d_0+d_1X1+d_2X2+ \cdots +d_pXp$$

연구자에 의해 판별력이 있을 것으로 기대되어 선택된 독립변수들은 회귀분석에서와 같이 판별력이 높은 순서대로 단계적 방법(stepwise method) 혹은 지정한 독립변수들이 모두 들어가는 직접방법(direct method)에 의해 판별함수에 포함된다. 판별변수들의 조합으로 이루어진 판별함수에 의해서 종속변수에서의 소속 범주를 얼마나 정확하게 구별할 수 있는지 그 정도가 파악되므로, 판별함수를 도출할 때는 그림 18-2에서와 같이 집단간 겹치는 부분이 가장 적어지도록 해야 한다. 판별함수를 이용하면 분석대상이 아니었던 새로운 개체에 대해서도 어떤 집단에 소속될 것인지를 판단할 수 있다.

판별변수들의 선형결합을 나타내는 판별함수를 정준판별함수(cannonical discriminant function)라고도 하는데, 회귀분석에서와 같이 판별을 위해서는 표준화되지 않은 판별함수계수를 사용하고, 판별력을 비교할 때는 표준화된 판별함수계수를 사용하게 된다.

판별함수는 하나 이상이 도출될 수 있는데, 종속변수의 집단수보다 하나 적은 수까지, 판별변수의 수만큼 가능하다. 즉, 종속변수의 집단수가 세 개이면 판별함수는 두 개까지 가능하고 집단수가 네 개이면 세 개의 판별함수가 생길 수 있다. 집단수가 네 개인 경우라 하더라도 판별변수가 두 개이면 판별함수는 두 개까지만 가능하다. 복수

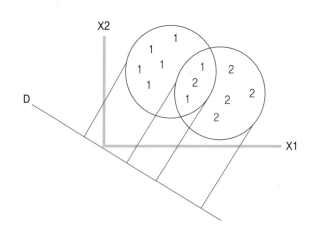

그림 18-2
판별함수의
도출

의 판별함수가 있을 때 각 판별함수별로 변수조합은 같으나 계수만 달라지며, 최종적인 판별함수의 수는 고유치의 비율과 정준상관계수의 제곱인 R^2을 고려하여 연구자가 결정한다.

그러나 판별함수가 여러 개일 때, 요인분석에서의 주성분분석과 마찬가지로 첫 번째 판별함수가 분산의 가장 큰 부분을 설명하고, 첫 번째 판별함수로 설명되지 못하는 나머지 분산을 두 번째 판별함수가 설명하게 되며, 세 번째 판별함수부터는 설명하는 부분이 매우 작아진다. 따라서 보통 판별함수는 두 개로 결정하는 경우가 많다.

이 밖에 분류함수(classification function)로 Fisher의 선형 판별식을 사용하여 개

판별분석을 이용한 연구   연구예

남윤자 (1991). **여성 상반신의 측면 형태에 따른 체형연구.** 서울대학교 대학원 박사학위논문.

여성 상반신 측면 형태에 따라 체형을 네 가지로 분류한 후 각 체형들의 특성을 가장 잘 판별해 주는 요인을 찾기 위해, 계측치와 지수치들을 판별변수로 하고 체형을 집단변수로 하여 판별분석을 행하였다.

판별분석을 이용한 연구   연구예

김현숙 (1991). **패션 점포의 이미지에 따른 유형화 연구.** 서울대학교 대학원 석사학위논문.

이 논문에서는 판별분석에 의해 점포이미지에 따라 패션 점포를 포지셔닝한 결과, 점포 유형간 구별에 가장 판별력이 큰 차원으로 품질 및 신용 요인과 입지편의 요인을 규명하였다.

판별분석을 이용한 연구   연구예

김재숙 (1991). **의복범주, 유행성 및 착용자 연령의 인상효과에 대한 연구-여성노인의 의생활 양식과 관련지어-.** 연세대학교 대학원 박사학위논문.

호오평가, 화친, 개화, 가정관리의 네 개 인상차원이 대인지각에 미치는 영향을 판별하기 위해 착용자 연령, 의복범주, 유행성을 각각 종속변수로 삼아 판별분석을 실행하였다.

연구예   **판별분석을 이용한 연구**

경문수, 서상우(2018). 점포 이미지에 의한 백화점 점포 유형화와 이에 영향을 미치는 점포 이미지 속성에 관한 연구. **복식, 68**(1), 109-125.

이 연구에서는 백화점 유형화에 영향을 미치는 점포 이미지 속성 중 기여도가 높은 변수를 판별하기 위해 군집분석으로 분류된 3가지 백화점 유형을 대상으로 단계별 판별분석을 실시하였다.

체의 소속을 결정하는데, 이는 사례마다 집단별 분류계수를 계산해서 큰 값을 갖는 집단에 속한다고 판별해 주는 것이다. 이때 집단간 사전 소속확률을 동등하게 하거나 차이나게 지정해줄 수 있으며, 분류 결과를 통해 실제 집단별 빈도와 예측 소속집단 빈도를 비교하여 결과의 적중률을 확인할 수 있다.

3 다차원 척도법

다차원척도법(multidimensional scaling)은 평가자들의 심리적 공간 내에서 자극들의 위치와 자극간 거리를 확인하고 자극들에 대한 평가기준을 추정하기 위해 사용하는 기법이다. 즉 다차원으로 구성된 개념을 종합적으로 평가하여 응답하게 한 후 그 평가결과를 시각적으로 재현해냄으로써 다차원 개념을 평가하는 데 사용된 기준을 규명하는 것이다. 마케팅에서는 시장세분화와 기업, 이미지, 상표 및 제품 포지셔닝 등에 활용된다.

다차원척도법의 기본원리는 여러 점들이 있을 때 각 점들간의 거리를 알고 그 점들의 좌표를 추정하는 것이다. 여기서 점들은 평가대상이며, 거리는 대상 간의 유사성 정도이다. 다차원척도법을 실행하기 위해서는 입력자료로 유사성 자료나 선호도 자료가 필요하다. 유사성 자료는 평가대상을 두 개씩 짝지워 각 쌍별로 두 대상의 유사성

SPSS를 이용한 판별분석

1. 분석(Analyze) 메뉴에서 분류분석(Classify)에 커서를 가져가면 판별분석(Discriminant)을 선택할 수 있다.

   ▷분석(Analyze) ▶분류분석(Classify) ▶▶판별분석(Discriminant)

2. 판별분석 대화상자가 나타나면 종속변수인 집단변수(Grouping Variable)를 선택하여 그 변수에서 판별하고자 하는 대상이 되는 집단의 변수값 범위를 지정해 준다. 모든 집단을 다 판별하고자 하면 전체 변수값의 범위를 포함시킨다. 독립변수(Independents)에는 종속변수인 집단에 대한 판별력이 있을 것으로 기대되는 변수들을 선택하여 옮겨준다.

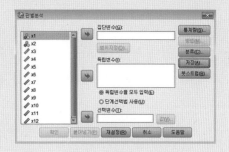

   판별방법의 디폴트는 독립변수를 모두 입력(enter independents together)시키는 것이나, 단계선택법 사용(Use stepwise method)으로 변경하여 지정할 수 있다. 단계선택법을 사용하는 경우에는 방법(Method) 하위대화상자에서 단계를 선택하는 방법과 기준을 설정해 주어야 한다.

3. 자료 파일에 있는 모든 사례를 대상으로 하지 않고 특정 사례만 선택하여 판별분석을 행하고자 할 때는 선택변수(Select Variable) 하위 대화상자에서 해당 변수의 변수값을 설정해 두면 된다. 이를테면 남녀 자료 중 남자의 자료에 대해서만 분석을 행하고자 하는 경우에 사용한다.

4. 통계량(Statistics) 하위 대화상자에서는 몇 가지의 기술통계(Descriptives), 행렬(Matrices), 함수의 계수(Function Coefficients)를 선택하여 결과를 얻을 수 있다.

5. 분류(Classify) 하위 대화상자에서는 분류함수를 위한 사전확률(Prior Probabilities)을 모든 집단이 동일(All groups equal)하게 혹은 집단 크기로 계산(Compute from group sizes)하도록 설정할 수 있으며, 구하고자 하는 표시(Display) 결과 및 도표(Plots)를 선택할 수 있다.

6. 저장(Save) 하위 대화상자에서는 각 사례별로 예측 소속집단(Predicted group membership), 판별 점수(Discriminant scores), 소속집단확률(Probabilities of group membership)을 선택하여 새로운 변수로 생성시킬 수 있다.

7. 확인(OK) 버튼을 누르면 결과를 얻을 수 있다.

정도를 평가하게 하는 것이며 선호도 자료는 대상별 응답자의 선호정도를 측정하는 것이다. 두 자료 모두 서열척도와 등간척도에 의해 구할 수 있다.

자료로부터 거리를 구하는 방법은 군집분석 시에 거리를 구하는 것과 같이 여러 가지 방법이 있으며, EUCLID, INDSCAL, ASCAL, AINDS, GEMSCAL 등 여러 다차원 분석 모델이 개발되어 프로그램화되어 있다. SPSS의 다차원척도법 메뉴에는 PROXSCAL(Proximities Scaling)과 ALSCAL(Alternating Least Squares Scaling)의 두 가지가 있다. PROXSCAL은 측정형 변수에 의해 유사성을 계산할 때, ALSCAL은 변수의 측정단위가 달라 표준화가 필요한 경우 사용한다.

다차원척도법의 결과는 평가된 대상들의 좌표값 및 좌표값에 따라 대상들을 위치시킨 공간도로 얻어진다. 차원은 2차원 이상으로 얻을 수 있으나 차원의 수가 평가 대상 수의 1/3을 넘으면 좋지 않다.

기준이 되는 차원을 결정하거나 출력자료의 정확도를 평가하기 위해서는 실제 입력자료를 얼마나 잘 재현해 주는가를 나타내주는 기준치가 필요하다. 여기에 사용되는

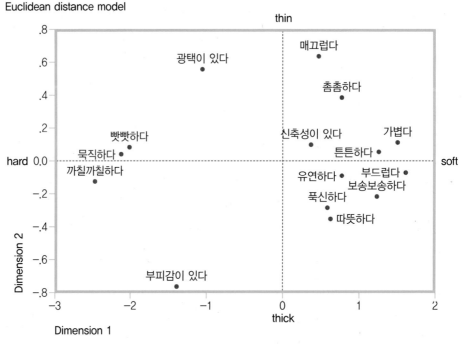

그림 18-3
재질감에 대한
다차원공간의 예

※ 자료: 정인희(2002). 의류제품구매 시 소재의 영향과 소비자 소재선호 구조분석. p. 92

두 가지 지표는 부적합도인 스트레스(stress)값과 설명변량(R^2)이다. 부적합도란 입력자료와 출력자료의 차이를 나타내는 측정치이다. 다차원 공간을 형성할 때 정확도를 높이기 위해 더 이상의 개선이 어려울 때까지 배열을 반복적으로 계속하게 되는데, 스트레스 값이 0일 경우는 완벽한 추정을 뜻하며, 0.025일 때 아주 좋고, 0.05일 때 좋은 편이며, 0.1일 경우 보통이다. 또, 0.2이면 나쁘며, 0.2 이상이면 아주 나쁘다.

차원수를 증가시킴에 따라 부적합도는 감소하고, 설명변량은 증가하여 보다 적합한 결과를 제공해 주지만, 차원수가 증가한 만큼 정확성이나 설명력이 증가하지 않는다면 굳이 차원수를 증가시키지 않는 것이 좋다. 또 차원이 너무 많을 경우 해석상의 어려움이 있으므로 보통 2차원으로 하고, 꼭 필요한 경우에는 3차원을 사용한다.

다차원 공간은 그림 18-3에서와 같이 2차원씩의 조합으로 얻게 되며 다차원 공간에서 서로 가까이 있는 것들은 멀리 있는 것보다 더 유사하다고 해석한다. 차원의 양 끝에 위치한 대상들과 값의 증가에 따른 대상의 배열들을 고려하여 차원축들을 명명해 주게 된다. 즉 다차원척도법 역시 요인분석이나 군집분석과 마찬가지로 평가자들의 응답기준인 속성(차원)을 주관적으로 명명해야 한다는 약점을 갖는다.

다차원척도법을 이용한 연구   연구예

박은주 (1992). **의복구매에 관련된 상황변수 연구-의복착용상황, 커뮤니케이션 상황, 구매상황을 중심으로-.** 서울대학교 대학원 박사학위논문.

의복착용상황의 개념적 구조를 밝히기 위하여 선정된 열 개의 착용상황들에 대한 착용의복의 유사성 정도를 다차원척도법으로 분석하였다.

다차원척도법을 이용한 연구   연구예

Holbrook, M. B. (1982). Mapping the retail market for esthetic product: The case of jazz records. **Journal of Retailing, 58,** 114-129.

이 연구에서는 소매 시장을 맵핑하기 위해 심미적 상품 중 재즈레코드를 다차원척도법으로 포지셔닝하였다.

연구예 **다차원척도법을 이용한 연구**

오현주 (1990). **다차원척도법을 이용한 여성기성복 상표 포지셔닝 연구.** 서울대학교 대학원 석사학위 논문.

이 연구는 여성기성복 상표를 포지셔닝하기 위한 목적으로 다차원척도법을 활용하였다.

연구예 **다차원척도법을 이용한 연구**

정인희 (1992). **의복 이미지의 구성요인, 계층구조 및 평가차원에 대한 연구.** 서울대학교 대학원 석사 학위논문.

이 연구에서는 의복 평가용어들의 거리를 계산하여 의복 이미지 평가차원을 밝히는 데 다차원척도 법을 사용하였다.

SPSS **SPSS를 이용한 다차원척도법**

1. 분석(Analyze) 메뉴에서 척도분석(Scale)에 커서를 가져가면 다차원척도법(ALSCAL) (Multidimensional Scaling(ALSCAL))을 선택할 수 있다.
   ▷분석(Analyze) ▶척도분석(Scale) ▶▶다차원척도법(ALSCAL)(Multidimensional Scaling(ALSCAL))

2. 다차원척도법 대화상자가 나타나면 다차 원척도법을 실행할 변수를 선택하여 변수 (Variables)창으로 옮긴다. 데이터 자체가 거 리행렬(Data are distances)인 경우가 디폴 트로 설정되어 있는데, 이 경우에는 행렬 모양 버튼을 눌러 데이터 행렬의 형태가 정 방대칭형(Square symmetric)인지 정방비 대칭형(Square asymmetric)인지 직사각형 (Rectangular)인지를 지정해 주어야 한다. 만약 데이터가 주어진 데이터로부터 거리행 렬을 계산해야 하는 경우(Create distances  from data)에는 설정을 바꾸어 주고, 측노(Measure)버튼을 눌러 거리행렬을 계산할 측도를 지정해 주어야 한다. 측도는 데이터 형식에 따라 구간(Interval), 빈도(Counts), 이분형(Binary)

(계속)

중 하나를 설정한 다음 사용하고자 하는 양식을 선택한다.

3. 모형 하위 대화상자에서는 자료의 측정 수
   준(Level of measurement)과 척도화 모형
   (Scaling Model), 조건부(Conditionality),
   차원수(Dimensions)를 설정해 주게 된
   다. 측정수준은 순서척도(Ordinal), 구간척
   도(Interval), 비율척도(Ration) 중에서 지
   정한다. 척도화모형은 유클리디안 거리
   (Euclidean distance), 개인차 유클리디
   안 거리(Individual differences Euclidean
   distance)의 두 가지 중 하나를 선택할 수 있

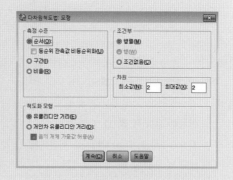

다. 조건부는 의미 있는 비교의 범위를 지정하는 것이다. 차원은 결과적으로 얻고자 하는 차
원수이다. 최소값(Minimum)과 최대값(Maximum)을 입력하면 그 범위 내의 모든 차원에 해당
하는 결과를 얻을 수 있다.

4. 옵션(Options)에서는 출력을 원하는 결과물을 집단 도표(Group plots), 개별 개체 도표(Individual
   subject plots), 데이터 행렬(Data matrix), 모형 및 옵션 요약(Model and options summary)에서
   모두 선택할 수 있다. 또한 기준(Criteria)을 변경하거나 결측값 처리기준을 변경할 수 있다.

5. 확인(OK) 버튼을 누르면 결과를 얻을 수 있다.

참고문헌

강경자 (2001). 한복배색의 조화감에 대한 한·미 여대생의 지각반응연구(제1보)-톤 인 톤 배색을 중심으로-. **한국의류학회지, 25**(4), 731-742.

강미정, 권영아 (2001). 자외선 흡수제 처리 면직물의 소비성능 개선(제1보)-자외선 차단성능에 관한 연구. **한국의류학회지, 25**(5), 925-932.

경문수, 서상우(2018). 점포 이미지에 의한 백화점 점포 유형화와 이에 영향을 미치는 점포 이미지 속성에 관한 연구. **복식, 68**(1), 109-125.

권수애 (1991). **온돌에서 취침시 이불종류에 따른 침상기후와 인체반응 연구.** 서울대학교 대학원 박사학위논문.

권태신, 김용숙 (2000). 대학생의 모발화장품 추구혜택과 정보원 활용. **복식, 50**(7), 97-111.

김건우 (1993). **SPSS/PC 예제통계학.** 서울: 신영사.

김경미(1996). **고객 특성을 통해 본 소규모 의류샵의 판매전략과 기능.** 서울대학교 대학원 석사학위논문.

김두섭, 강남준 (2000). **회귀분석.** 서울: 나남출판.

김미경 (2001). 패션상품 소비자의 상표전환 유형과 마케팅 커뮤니케이션 반응. **한국의류학회지, 25**(4), 685-696.

김미영 (1989). **생활양식유형과 의복평가기준에 관한 연구.** 서울대학교 대학원 박사학위논문.

김병수 외 3인 (1987). **SPSS를 이용한 통계자료분석.** 서울: 박영사.

김선아 (2010). 한복 유형에 따른 선호배색 비교연구. **한국패션디자인학회지, 10**(4), 47-58.

김성복 (1985). **여성기성복 상표이미지와 구매행동에 관한 연구.** 서울대학교 석사학위논문.

김성희 (2001). 패션 점포 유형별 소비자 만족과 재구매의도 -의류 제품품질 및 서비스 품질의 영향을 중심으로-. **복식, 51**(1), 61-74.

김수영 (1999). **패션상품의 연결마케팅에 관한 연구 -고객 관계증진 시스템을 중심으로-.** 서울대학교 석사학위 논문.

김수진, 정명선 (2005). 의류제품 구매시 소비자의 점포충성도에 미치는 점포지각변인의 경로분석. **한국의류학회지, 29**(2), 356-366.

김인숙 (2017). 외모관리동기에 따른 외모관리행동의 차이에 관한 연구. **한국의류산업학회지, 19**(4), 468-478.

김인숙, 석혜정 (2001). 20대 남성 체형 연구(제1보)-정면 체형 분류-. **한국의류학회지, 25**(2), 447-457.

김재숙 (1991). **의복범주, 유행성 및 착용자 연령의 인상효과에 대한 연구-여성노인의 의생활 양식과 관련지어-.** 연세대학교 대학원 박사학위논문.

김재숙, 이미숙 (2001). TV 미디어가 청소년의 신체이미지에 미치는 영향. **한국의류학회지, 25**(5), 957-968.

김현숙 (1991). **패션 점포의 이미지에 따른 유형화 연구.** 서울대학교 대학원 석사학위논문.

김효숙, 노희숙 (1998). 여성 자켓의 2장 소매패턴에 관한 연구(제1보)-기존 소매패턴의 비교 연구-. **한국의류학회지, 22**(5), 575-584.

나수임, 이정순, 배주형 (2000). 한국의류학의 연구경향분석: 1991~1999. **복식문화연구, 8**(6), 853-863.

남윤자 (1991). **여성 상반신의 측면 형태에 따른 체형연구.** 서울대학교 대학원 박사학위논문.

대한가정학회 편 (1990). **가정학 연구의 최신정보 III : 의류학.** 서울: 교문사.

민동원 (1986). **기성복의 구매 및 사용시 불만족 요인에 관한 연구.** 서울대학교 대학원 석사학위논문.

민동원 (1999). **의복의 상징적 소비에 관한 질적 연구.** 서울대학교 대학원 박사학위논문.

박경애 (2008). 쇼핑연구의 고찰: 학술영역의 이해를 통한 쇼핑이론의 기초적 접근. **한국의류학회지, 32**(11), 1802-1813.

박성혜 (1999). **마직물의 태에 관한 연구.** 서울대학교 대학원 박사학위논문.

박은주 (1992). **의복구매에 관련된 상황변수 연구-의복착용상황, 커뮤니케이션상황, 구매상황을 중심으로-.** 서울대학교 대학원 박사학위논문.

박재경 (1994). **슬랙스 원형의 밑위앞뒤길이 여유분에 관한 연구.** 서울대학교 대학원 석사학위논문.

박지수 (1997). **백화점 고객의 점포내 행동유형과 의복구매행동.** 서울대학교 대학원 석사학위논문.

박찬욱, 문병준 (2000). 관여도와 제품지식의 상관관계에 관한 연구: 제품유형과 제품지식 측정방법의 조정적 역할을 중심으로. **소비자학연구, 11**(1), 75-98.

박현정 (2016). 조선 초기 태조어진 봉안의식에서 관찰사의 역할과 관복-『세종실록』을 중심으로-. **한국의류학회지, 40**(5), 801-814.

박혜선 (1982). **의복에 대한 의미미분척도 개발연구.** 서울대학교 대학원 석사학위논문.

박혜선 (1991). **의복동조에 관한 연구-의복동조동기의 유형, 관련변인 및 준거집단을 중심으로-.** 서울대학교 대학원 박사학위논문.

박화순 (2001). 대학생들의 피부색과 머리카락색에 따른 개인색채 유형 분류-대구 경북지역을 중심으로-. **한국의류학회지, 25**(3), 516-524.

서상우 (2010). **패션 브랜드 진정성의 속성과 척도 개발.** 서울대학교 대학원 박사학위논문.

성내경 (1997). **실험설계와 분석.** 파주: 자유아카데미.

송혜향 (2003). **의학, 간호학, 사회과학 연구의 메타분석법.** 서울: 청문각.

신주영, 김민자 (2006). 18세기 로코코 패션에 나타난 시누아즈리(chinoiserie). **복식, 56**(1), 13-31.

신현영 (1999). **의상치료를 통한 정신장애자의 자기외모이미지 변화가 자기존중감과 정서에 미치는 영향.** 건국대학교 대학원 박사학위논문.

심수인, 이유리 (2017). 패션 브랜드의 브랜드 이미지 측정 도구 개발 -속성 상징성을 중심으로-. **한국의류학회지, 41**(6), 977-993.

심정희, 함옥상 (2001). 중년 여성의 체형 분류 및 연령별 특징 연구. **한국의류학회지, 25**(4), 795-806.

안광호, 황선진, 정찬진 (1999). **패션마케팅.** 서울: 수학사.

염희경, 최정화 (1992). 의복형태에 따른 성인여성의 발한반응에 관한 연구. **한국의류학회지, 16**(4), 405-416.

오현주 (1990). **다차원척도법을 이용한 여성기성복 상표 포지셔닝 연구.** 서울대학교 대학원 석사학위논문.

유희 (1995). **소비자의 가치의식과 의류제품평가.** 서울대학교 대학원 석사학위논문.

윤창상 외 4인 (2017). 세탁 및 건조과정에 의한 스판덱스 혼방 직물의 변형 비교. **한국의류학회지, 41**(3), 458-467.

이경미 (1999). **개항이후 한·일 복식제도 비교.** 서울대학교 대학원 석사학위논문.

이기춘 외 6인 (1997). 남북한 생활문화의 이질화와 통합(I) -북한 가정의 생활 실태를 중심으로-. **대한가정학회지, 35**(6), 289-315.

이명희, 이은실 (1997). 인구통계적 변인에 따른 노년 여성의 외모관심과 자신감에 관한 연구. **한국의류학회지, 21**(6), 1072-1081.

이순원, 조성교, 최정화 (1993). **피복환경학.** 한국방송통신대학.

이윤정, Salusso, C. J., Lee, J. (2016). 의류학 전공 대학생들의 패션디자인 독창성에 대한 자기효능감 연구. **한국패션디자인학회지, 16**(1), 117-132.

이은미, 강혜원 (1992). 남성 정장착용자의 연령 및 의복단서가 인상형성에 미치는 영향. **한국의류학회 1992년도 추계학술발표회 논문집**, 66.

이은영 (1997). **패션마케팅.** 서울: 교문사.

이은영 (2006). 지식정보화 사회와 의류학: 의류학의 세 번째 50년을 시작하며. **한국의류학회 창립 30주년 기념 학술대회 프로그램**, 35-42.

이종남, 유혜경 (2013). 의복관여 효과에 대한 메타분석. **한국의류학회지, 37**(3), 386-398.

이진화 (2001). 의류소비행동에 대한 민족적 하위문화집단의 영향에 관한 연구(제1보) -의류쇼핑 성향에 대한 영향을 중심으로-. **한국의류학회지, 25**(2), 401-411.

임용빈, 박성현, 안병진, 김영일 (2008). **실용적인 실험계획법.** 파주: 자유아카데미.

임종원, 박형진, 강명수 (2001). **마케팅조사방법론.** 서울: 법문사.

전양진 (2017). 여행 중 쇼핑활동이 삶의 질에 미치는 영향. **한국의류학회지, 41**(6), 1039-1049.

정유진 (1998). **소비자의 감각추구성향이 의복에 대한 탐색적 행동에 미치는 영향.** 서울대학교 대학원 석사학위논문.

정유진, 김동인, 박상진, 정인희 (2005). 패션 브랜드 지점 조사를 통한 구미시 상권 구조 및 패션 동향 분석. **한국의류학회지, 39**(3/4), 511-522.

정은숙, 김지선 (2001). 20~30대 여성 소비자들의 착장 동향에 대한 연구 -스트리트 패션 조사법을 이용하여 관찰한 2001년 2월~8월의 착장 실태를 중심으로-. **한국패션디자인학회지, 1**(1), 105-126.

정인희 (1992). **의복 이미지의 구성요인, 계층구조 및 평가차원에 대한 연구.** 서울대학교 대학원 석사학위논문.

정인희 (1998). **의복 착용 동기와 유행 현상의 상호작용에 관한 질적 연구.** 서울대학교 대학원 박사학위논문.

정인희 (2002). 의류제품구매시 소재의 영향과 소비자 소재선호 구조분석. **한국의류학회지, 26**(1), 83-94.

정인희 (2009). 웰빙 라이프스타일과 기능성 섬유에 대한 지식이 고기능성 스포츠레저웨어의 중요도 지각에 미치는 영향. **한국의류학회지, 33**(9), 1495-1505.

정인희 (2015). 소비자 성별에 따른 상품 유형별 관심도 차이, 내재적 혁신성과의 상관관계 및 상품 지각 구조 분석. **한국의류학회지, 39**(4), 505-516.

정재은 (1993). **20대 여성의 실제 체형과 이상형에 관한 연구.** 서울대학교 대학원 석사학위논문.

정찬진, 박신정, 황선진 (1991). 한국 의류학 연구의 현황과 재조명 : 1950-1990. **한국의류학회지, 15**(1), 28-37.

정충영, 최이규 (1998). **SPSS를 이용한 통계분석.** 서울: 무역경영사.

조윤진 (2007). **한국 방문 외국인의 패션문화상품에 대한 태도와 관련 변인 연구.** 서울대학교 대학원 박사학위 논문.

차배근 (1988). **사회통계방법.** 서울: 세영사.

채서일 (1987). **마케팅조사론.** 서울: 무역경영사.

채서일 (1993). **마케팅조사론**(2판). 서울: 학현사.

최선형 (1993). **의류제품에 대한 감정적 반응이 태도형성에 미치는 영향.** 서울대학교 대학원 박사학위논문.

최영희, 이순원 (1993). 하지부 의복형태에 따른 체온조절반응 연구. **한국의류학회지, 17**(1), 77-88.

홍금희, 이은영 (1992). 의복만족 모형 구성을 위한 이론적 연구. **한국의류학회지, 16**(3), 223-232.

홍두승 (1987). **사회조사분석.** 서울: 다산출판사.

Behling, D. U. (1992). Three and a half decades of fashion adoption research: What have we learned? *Clothing and Textiles Research Journal, 10*(2), 34-41.

Boyd, H. W., Westfall, R., & Stasch, S. F. (1989). 이종영, 강명주 역 (1990). **마아케팅조사론.** 서울: 석정.

Chung, M. K. (2001). The effects of creative problem-solving instruction model on the development of creativity in clothing education. *Journal of the Korean Society of Clothing and Textiles, 25*(9), 1563-1570.

Damhorst, M. L. (1990). In search of a common thread: Classification of information communicated through dress. *Clothing and Textiles Research Journal, 8*(2), 1-12.

Davis, L. L., & Miller, F. G. (1983). Conformity and judgment of fashionability. *Home Economics*

Research Journal, 11(4), 337–342.

Fairhurst, A. E., Good, L. K., & Gentry, J. W. (1989). Fashion involvement: An instrument validation process. *Clothing and Textiles Research Journal, 7*(3), 10–14.

Forsythe, S. M. (1991). Effect of private, designer, and national brand names on shopper's perception of apparel quality and price. *Clothing and Textiles Research Journal, 9*(2), 1–6.

Goldsmith, R. E., Heimeyer, J. R., & Freiden, J. B. (1991). Social values and fashion leadership. *Clothing and Textiles Research Journal, 10*(1), 37–45.

Guilford, J. P. (1956). *Fundamental statistics in psychology and education.* New York: McGraw–Hill.

Gurel, L. M., & Deemer, E. M. (1975). Construct validity of Creekmore's clothing questionnaire. *Home Economics Research Journal, 4*(1), 42–47.

Gutman, J., & Mills, M. K. (1982). Fashion life style, self–concept, shopping orientation, and store patronage: An integrative analysis. *Journal of Retailing, 58*(2), 64–86.

Heisey, F. L. (1990). Perceived quality and predicted price: Use of the minimum information environment in evaluating apparel. *Clothing and Textiles Research Journal, 8*(4), 22–28.

Holbrook, M. B. (1982). Mapping the retail market for esthetic product: The case of jazz records. *Journal of Retailing, 58*, 114–129.

Joel, J. & Holbrook, M. B. (1980). The use of real versus artificial stimuli in research on visual esthetic judgement. In E. C. Hirshman, & M. B. Holbrook, (Eds.), *Symbolic consumer behavior (Proceedings of the conference on consumer esthetics and symbolic comsumption),* 60–68.

Johnson, B. H., Nagasawa, R. H., & Peters, K. (1977). Clothing style differences: Their effect on the impression of sociability. *Home Economics Research Journal, 6*(1), 58–63.

Kerlinger, F. N. (1986). *Foundations of behavioral research.* New York: Holt, Rinehart and Winston.

Kim, C. J., & Hargett, E. (1985). Changes in tensile strength and stiffness of selected durable nonwoven fabrics due to abrasion and laundering. *Journal of the Korean Society of Clothing and Textiles, 9*(3), 191–200.

Kim, H–S., & Damhorst, M. L. (1998). Environmental concern and apparel consumption. *Clothing and Textiles Research Journal, 16*(3), 126–133.

Leclerc, F., Schmitt, B. H., & Dube, L. (1994). Foreign branding and its effects on product perception and attitudes. *Journal of Marketing Research, 31*(2), 263–270.

Lennon, S. (1990). Clothing and changing sex roles: Comparison of qualitative and quantitative analysis. *Home Economics Research Journal, 18*(3), 245–254.

Lin, N. (1976). *Foundations of social research.* New York: McGraw–Hill.

Lincoln, Y. B., & Guba, E. G. (1985). *Naturalistic inquiry.* Beverly Hills, California: Sage Publications.

Markee, N. L. et al. (1991). Effect of exercise garment fabric and environment on cutaneous conditions of human subject. *Clothing and Textiles Research Journal, 9*(4), 47–54.

Montgomery, D. C. (1985). *Design and analysis of experiments.* New York John Wiley & Sons.

Morganosky, M. (1984). Aesthetic and utilitarian qualities of clothing: Use of a multidimensional clothing value model. *Home Economics Research Journal, 13*(1), 12–20.

Morganosky, M. A. (1987). Aesthetic, function, and fashion consumer values: Relationships to other values and demographics. *Clothing and Textiles Research Journal, 6*(1). 15–19.

Publication Manual of the American Psychological Association, 6th edition, 2009.

Richins, M. L., & Dawson, S. (1992). A consumer values orientation for materialism and its measurement: Scale development and validation. *Journal of Consumer Research, 19*(12), 303–316.

Rogers, E. M., & Shoemaker, F. F. (1971). *Communication of innovations.* New York: The Free Press.

Sammarra, A., & Belussi, F. (2006). Evolution and relocation in fashion–led Italian districts: Evidence from two case–studies. *Entrepreneurship & Regional Development, 18*(11), 543–562.

Shaw, M. E., & Wright, J. M. (1967). *Scales for measurement of attitudes.* New York: McGraw–Hill.

Spiggle, S. (1994). Analysis and interpretation of qualitative data in consumer research. *Journal of Consumer Research, 21*(3), 491–504.

SPSS Basc 10.0 User's Guide (1999). Chicago: SPSS Inc.

Sultan, F., Farley, J. U., & Lehmann, D. R. (1990). A meta–analysis of applications of diffusion models. *Journal of Marketing Research, 27*(2), 70–77.

Wolf, F. M. (1986). Meta–analysis: Quantitative methods for research synthesis. Newbury Park, California: Sage.

Workman, J. E., & Johnson, K. K. P. (1993). Fashion opinion leadership, fashion innovativeness, and need for variety. *Clothing and Textiles Research Journal, 11*(3), 60–64.

Zaichowsky, J. L. (1985). Measuring the involvement construct. *Journal of Consumer Research, 12*(3), 341–352.

SUPPLEMENTS

부록

① 자기와 타인에 대한 수용 척도

Acceptance of Self and Others

(출처: Shaw, M. E., & Wright, J. M. (1967). Scales for measurement of attitudes, p.432)

This is a study of some of your attitudes. Of course, there is no right answer for any statement. The best answer is what you feel is true of yourself.

You are to respond to each question on the answer sheet according to the following scheme:

1	2	3	4	5
Not at all true of myself	Slightly true of myself	About half–way true of myself	Mostly true of myself	True of myself

Remember, the best answer is the one which applies to you.

+S	1	I'd like it if I could find someone who would tell me how to solve my personal problems.
S	2	I don't question my worth as a person, even if I think others do.
O	3	I can be comfortable with all varieties of people—from the highest to the lowest.
O	4	I can become so absorbed in the work I'm doing that it doesn't bother me not to have any intimate friends.
+O	5	I don't approve of spending time and energy in doing things for other people. I believe in looking to my family and myself more and letting others shift for themselves.
+S	6	When people say nice things about me, I find it difficult to believe they really mean it. I think maybe they're kidding me or just aren't being sincere.
+S	7	If ther is any criticism or anyone says anything about me, I just can't take it.
+S	8	I don't say much at social affairs because I'm afraid that people will criticize me or laugh if I say the wrong thing.

+S	9	I realize that I'm not living very effectively but I just don't believe that I've got it in me to use my energies in better ways.
+O	10	I don't approve of doing favors for people. If you're too agreeable they'll take advantage of you.
S	11	I look on most of the feelings and impulses I have toward people as being quite natural and acceptable.
+S	12	Something inside me just won't let me be satisfied with any job I've done—if it turns out well, I get a very smug feeling that this is beneath me, I shouldn't be satisfied with this, this isn't a fair test.
+S	13	I feel different from other people. I'd like to have the feeling of security that comes from knowing I'm not too different from others.
+S	14	I'm afraid for people that I like to find out what I'm really like, for fear they'd be disappointed in me.
+S	15	I am frequently bothered by feelings of inferiority
+S	16	Because of other people, I haven't been able ti achieve as much as I should have.
+S	17	I am quite shy and self-conscious in social situations.
+S	18	In order to get along and be liked, I tend to be what people expect me to be rather than anything else.
+O	19	I usually ignore the feelings of others when I'm accomplishing some important end.
S	20	I seem to have a real inner strength in handling things. I'm on a pretty solid foundation and it makes me pretty sure of myself.
+O	21	There's no sense in compromising. When people have values I don't like, I just don't care to have much to do with them.
+O	22	The person you marry may not be perfect, but I believe in trying to get him (or her) to change along desirable lines.
+O	23	I see no objection to stepping on other people's toes a little if it'll help get me what I want in life.
+S	24	I feel self-conscious when I'm with people who have a superior position to mine in business or at school.
+O	25	I try to get people to do what I want them to do, in one way or another.
+O	26	I often tell people what they should do when they're having trouble in making a decision.
+O	27	I enjoy myself most when I'm alone, away from other people.
+S	28	I think I'm neurotic or something.

O	29	I feel neither above nor below the people I meet.
O	30	Sometimes people misunderstand me when I try to keep them from making mistakes that could have an important effect on their lives.
+S	31	Very often I don't try to be friendly with people because I think they won't like me.
+O	32	There are very few times when I compliment people for their talents or jobs they've done.
O	33	I enjoy doing little favors for people even if I don't know them well.
S	34	I feel that I'm a person of worth, on an equal plane with others.
+S	35	I can't avoid feeling guilty about the way I feel toward certain people in my life.
+O	36	I prefer to be alone rather than have close friendships with any of the people around me.
S	37	I'm not afraid of meeting new people. I feel that I'm a worthwhile person and there's no reason why they should dislike me.
+S	38	I sort of only half-believe in myself.
O	39	I seldom worry about other people. I'm really pretty self-centered.
+S	40	I'm very sensitive. People say things and I have a tendency to think they're criticizing me or insulting me in some way and later when I think of it, they may not have meant anything like that at all.
+S	41	I think I have certain abilities and other peopel say so too, but I wonder if I'm not giving them an importance way beyond what they deserve.
S	42	I feel confident that I can do something about the problems that may arise in the future.
+O	43	I believe that people should get credit for their accomplishments, but I very seldom come across work that deserves praise.
O	44	When someone asks for advice about some personal problem, I'm most likely to say, "It's up to you to decide," rather than tell him what he should do.
+S	45	I guess I put on a show to impress people. I know I'm not the person I pretend to be.
+O	46	I feel that for the most part one has to fight his way through life. That means that people who stand in the way will be hurt.
+O	47	I can't help feeling superior (or inferior) to most of the people I know.
S	48	I do not worry or condemn myself if other people pass judgement against me.
+O	49	I don't hesitate to urge people to live by the same high set of values which I have for myself.
O	50	I can be friendly with people who do things which I consider wrong.

+S	51	I don't feel very normal, but I want to feel normal.
+S	52	When I'm in a group I usually don't say much for fear of saying the wrong thing.
+S	53	I have a tendency to sidestep my problems.
+O	54	If people are weak and inefficient I'm inclined to take advantage of them. I believe you must be strong to achieve your goals.
+O	55	I'm easily irritated by people who argue with me.
+O	56	When I'm dealing with younger persons, I expect them to do what I tell them.
+O	57	I don't see much point to doing things for others unless they can do you some good later on.
+S	58	Even when people do think well of me, I feel sort of guilty because I know I must be fooling them — that if I were really to be myself, they wouldn't think well of me.
S	59	I feel that I'm on the same level as other people and that helps to establish good relations with them.
+O	60	If someone I know is having difficulty in working things out for himself, I like to tell him what to do.
+S	61	I feel that people are apt to react differently to me than they would normally react to other people.
+S	62	I live too much by other people's standards.
+S	63	When I have to address a group, I get self-conscious and have difficulty saying things well.
+S	64	If I didn't always have such hard luck, I'd accomplish much more than I have.

❷ 감각추구성향에 대한 모의척도

문항	전혀 그렇지 않다	별로 그렇지 않다	보통이다	다소 그렇다	매우 그렇다
1. 나는 자주 새로운 장소(음식점, 상점 등)를 찾아다닌다.					
2. 나는 지속적으로 새로운 아이디어와 경험을 찾는다.					
3. 나에게 새로운 생각을 제시해 주는 사람을 만나는 것을 즐긴다.					
4. 나는 새롭고 다양한 분야에 관심이 있다.					
5. 때때로 나는 정말 흥분할 때가 있다.					
6. 조각품을 볼 때는 만지며 느끼고 싶다.					
7. 나는 계속적으로 변화하는 활동이 좋다.					
8. 나는 안정되고 단조로운 삶보다 변화로 가득찬 삶을 선호한다.					
9. 나는 남을 조금 놀라게 하는 일을 하기 좋아한다.					
10. 새로운 음악 조류에 관심이 많다.					
11. 나는 예기치 않은 일을 좋아한다.					
12. 나는 집을 떠나 세계 여러 곳을 여행하는 상상을 하곤 한다.					

Attitude toward the Aesthetic Value

(출처: Shaw, M. E., & Wright, J. M. (1967). Scales for measurement of attitudes, p. 292.)

The word Aesthetic has reference to the beautiful or to the appreciation of the beautiful.

Put a check mark (∨) if you agree with the statement.

Put a cross (×) if you disagree with the statement.

Form A

Scale Value		
3.0	1	I believe that aesthetic interests promote desirable relationships between nations.
7.0	2	I believe that individuals engaged in purely aesthetic occupations are parasites on society.
8.0	3	I do not care for highly aesthetic people because their interests seem to me to be more emotional than rational.
1.6	4	I have a great interest in aesthetic matters.
4.3	5	I believe that everyone should have a little training in aesthetic matters.
6.1	6	I would be willing to give money to support aesthetic enterprises if it were not for the "highbrow" atmosphere surrounding them.
1.8	7	I am interested in anything in which I can see an aesthetic quality.
9.9	8	I have no desire to join or have anything to do with any organization devoted to aesthetic activities.
0.8	9	It is in the aesthetic experiences of life that I find my greatest satisfaction.
9.3	10	I see very little worth while in aesthetic interests.
2.1	11	Attendance at an aesthetic entertainment (such as a concert or an art exhibition) gives me inspiration.

5.0	12	I am in favor of aesthetic entertainments (such as concerts and art exhibitions) for they do no harm to anyone.
5.5	13	Aesthetic matters do not interest me now, but I expect that sometime I shall find time to pursue them actively.
6.7	14	Practical considerations should come first, beauty second.
2.2	15	I believe that the pursuit of aesthetic interests increases one's satisfaction in living.
3.4	16	I am attracted to individuals who pursue aesthetic interests.
10.4	17	Aesthetic education is nonsense.
5.2	18	I believe that the teaching of aesthetic appreciation is all right, but the type of person now teaching it fails to "get it across."
7.7	19	I do not believe that I would receive any benefit from lectures concerning aesthetic subjects.
8.9	20	I see no reason for the government to spend money on aesthetic objects and activities.

Form B

Scale
Value

6.0	1	Aesthetic appreciation does not play an especially large part in my life.
5.5	2	Sometimes I feel that aesthetic interests are necessary and sometimes I doubt it.
10.5	3	The pursuit of aesthetic interests is a sheer waste of time.
8.8	4	I believe that aesthetic interests are rarely genuine and sincere.
2.1	5	Appreciation of beautiful things aids in making my life happier.
2.3	6	I believe that aesthetically sensitive people are fine people.
6.6	7	I can enjoy the beauty of such things as paintings, music, and sculpture only occasionally for I feel that they are impractical.
7.6	8	I find the life of people pursuing aesthetic interests too slow and uninteresting.
9.7	9	Education in artistic things is a waste of public funds.
9.5	10	It is hard for me to understand how anybody can be stupid enough to concentrate all his energies on aesthetic activities.

3.8	11	Aesthetic interests are not essential but make for happy existence.
8.4	12	The "highbrow" attitude of individuals having a great deal of aesthetic interest is quite distasteful.
4.8	13	I believe in the value of aesthetic interests but I do not like the stilted way in which the ideas on this subject are presented to me.
5.0	14	I believe that aesthetic interests have value, but I seldom take time to pursue them.
2.9	15	I believe that aesthetic pursuits are satisfying.
5.3	16	I go to such things as symphony orchestras, art exhibitions, etc., occasionally, but I have no strong liking for them.
1.8	17	I believe that the great leaders of the world come from the ranks of those individuals who are aesthetically inclined.
7.2	18	I have no interest in aesthetic objects (such as fine paintings and pottery) because I do not understand their technical aspects.
1.6	19	I like beautiful things because they give me genuine pleasure.
0.7	20	I find more satisfaction in aesthetic pursuits than in anything else.

❶ 정규분포표

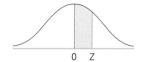

Z	0.00	0.01	0.02	0.03	0.04	0.05	0.06	0.07	0.08	0.09
0.0	.0000	.0040	.0080	.0120	.0160	.0199	.0239	.0279	.0319	.0319
0.1	.0398	.0438	.0478	.0517	.0557	.0596	.0636	.0675	.0714	.0753
0.2	.0793	.0832	.0871	.0910	.0948	.0987	.1026	.1064	.1103	.1141
0.3	.1179	.1217	.1255	.1293	.1331	.1368	.1406	.1443	.1480	.1517
0.4	.1554	.1591	.1628	.1664	.1700	.1736	.1772	.1808	.1844	.1879
0.5	.1915	.1950	.1985	.2019	.2054	.2088	.2123	.2157	.2190	.2224
0.6	.2257	.2291	.2324	.2357	.2389	.2422	.2454	.2486	.2517	.2549
0.7	.2580	.2611	.2642	.2673	.2703	.2734	.2764	.2794	.2823	.2852
0.8	.2881	.2910	.2939	.2967	.2995	.3023	.3051	.3078	.3106	.3133
0.9	.3159	.3186	.3212	.3238	.3264	.3289	.3315	.3340	.3365	.3389
1.0	.3413	.3438	.3461	.3485	.3508	.3531	.3554	.3577	.3599	.3621
1.1	.3643	.3665	.3686	.3708	.3729	.3749	.3770	.3790	.3810	.3830
1.2	.3849	.3869	.3888	.3907	.3925	.3944	.3962	.3980	.3997	.4015
1.3	.4032	.4049	.4066	.4082	.4099	.4115	.4131	.4147	.4162	.4177
1.4	.4192	.4207	.4222	.4236	.4251	.4265	.4279	.4292	.4306	.4319
1.5	.4332	.4345	.4357	.4370	.4382	.4394	.4406	.4418	.4429	.4441
1.6	.4452	.4463	.4474	.4484	.4495	.4505	.4515	.4525	.4535	.4545
1.7	.4554	.4564	.4573	.4582	.4591	.4599	.4608	.4616	.4625	.4633
1.8	.4641	.4649	.4656	.4664	.4671	.4678	.4686	.4693	.4699	.4706
1.9	.4713	.4719	.4726	.4732	.4738	.4744	.4750	.4756	.4761	.4767
2.0	.4772	.4778	.4783	.4788	.4793	.4798	.4803	.4808	.4812	.4817
2.1	.4821	.4826	.4830	.4834	.4838	.4842	.4846	.4850	.4854	.4857
2.2	.4861	.4864	.4868	.4871	.4875	.4878	.4881	.4884	.4887	.4890
2.3	.4893	.4896	.4898	.4901	.4904	.4906	.4909	.4911	.4913	.4916
2.4	.4918	.4920	.4922	.4925	.4927	.4929	.4931	.4932	.4934	.4936
2.5	.4938	.4940	.4941	.4943	.4945	.4946	.4948	.4949	.4951	.4952
2.6	.4953	.4955	.4956	.4957	.4959	.4960	.4961	.4962	.4963	.4964
2.7	.4965	.4966	.4967	.4968	.4969	.4970	.4971	.4972	.4973	.4974
2.8	.4974	.4975	.4976	.4977	.4977	.4978	.4979	.4979	.4980	.4981
2.9	.4981	.4982	.4982	.4983	.4984	.4984	.4985	.4985	.4986	.4986
3.0	.4987	.4987	.4987	.4988	.4988	.4989	.4989	.4989	.4990	.4990

❷ 누적정규분포표

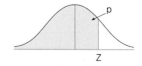

Z	0.00	0.01	0.02	0.03	0.04	0.05	0.06	0.07	0.08	0.09
0.0	.5000	.5040	.5080	.5120	.5160	.5199	.5239	.5279	.5319	.5359
0.1	.5398	.5438	.5478	.5517	.5557	.5596	.5636	.5675	.5714	.5753
0.2	.5793	.5832	.5871	.5910	.5948	.5987	.6026	.6064	.6103	.6141
0.3	.6179	.6217	.6255	.6293	.6331	.6368	.6406	.6443	.6480	.6517
0.4	.6554	.6591	.6628	.6664	.6700	.6736	.6772	.6808	.6844	.6879
0.5	.6915	.6950	.6985	.7019	.7054	.7088	.7123	.7157	.7190	.7224
0.6	.7257	.7291	.7324	.7357	.7389	.7422	.7454	.7486	.7517	.7549
0.7	.7580	.7611	.7642	.7673	.7704	.7734	.7764	.7794	.7823	.7852
0.8	.7881	.7910	.7939	.7967	.7995	.8023	.8051	.8078	.8106	.8133
0.9	.8159	.8186	.8212	.8238	.8264	.8289	.8315	.8340	.8365	.8389
1.0	.8413	.8438	.8461	.8485	.8508	.8531	.8554	.8577	.8599	.8621
1.1	.8643	.8665	.8686	.8708	.8729	.8749	.8770	.8790	.8810	.8830
1.2	.8849	.8869	.8888	.8907	.8925	.8944	.8962	.8980	.8997	.9015
1.3	.9032	.9049	.9066	.9082	.9099	.9115	.9131	.9147	.9162	.9177
1.4	.9192	.9207	.9222	.9236	.9251	.9265	.9279	.9292	.9306	.9319
1.5	.9332	.9345	.9357	.9370	.9382	.9394	.9406	.9418	.9429	.9441
1.6	.9452	.9463	.9474	.9484	.9495	.9505	.9515	.9525	.9535	.9545
1.7	.9554	.9564	.9573	.9582	.9591	.9599	.9608	.9616	.9625	.9633
1.8	.9641	.9649	.9656	.9664	.9671	.9678	.9686	.9693	.9699	.9706
1.9	.9713	.9719	.9726	.9732	.9738	.9744	.9750	.9756	.9761	.9767
2.0	.9772	.9778	.9783	.9788	.9793	.9798	.9803	.9808	.9812	.9817
2.1	.9821	.9826	.9830	.9834	.9838	.9842	.9846	.9850	.9854	.9857
2.2	.9861	.9864	.9868	.9871	.9875	.9878	.9881	.9884	.9887	.9890
2.3	.9893	.9896	.9898	.9901	.9904	.9906	.9909	.9911	.9913	.9916
2.4	.9918	.9920	.9922	.9925	.9927	.9929	.9931	.9932	.9934	.9936
2.5	.9938	.9940	.9941	.9943	.9945	.9946	.9948	.9949	.9951	.9952
2.6	.9953	.9955	.9956	.9957	.9959	.9960	.9961	.9962	.9963	.9964
2.7	.9965	.9966	.9967	.9968	.9969	.9970	.9971	.9972	.9973	.9974
2.8	.9974	.9975	.9976	.9977	.9977	.9978	.9979	.9979	.9980	.9981
2.9	.9981	.9982	.9982	.9983	.9984	.9984	.9985	.9985	.9986	.9986
3.0	.9987	.9987	.9987	.9988	.9988	.9989	.9989	.9989	.9990	.9990
3.1	.9990	.9991	.9991	.9991	.9992	.9992	.9992	.9992	.9993	.9993
3.2	.9993	.9993	.9994	.9994	.9994	.9994	.9994	.9995	.9995	.9995
3.3	.9995	.9995	.9995	.9996	.9996	.9996	.9996	.9996	.9996	.9997
3.4	.9997	.9997	.9997	.9997	.9997	.9997	.9997	.9997	.9997	.9998

❸ 상관계수표

df	5%	1%	df	5%	1%
1	.997	1.000	24	.388	.496
2	.950	.990	25	.381	.487
3	.878	.959	26	.374	.478
4	.811	.917	27	.367	.470
5	.754	.874	28	.361	.463
6	.707	.834	29	.355	.456
7	.666	.798	30	.349	.449
8	.632	.765	35	.325	.418
9	.602	.735	40	.304	.393
10	.576	.708	45	.288	.372
11	.553	.684	50	.273	.354
12	.532	.661	60	.250	.325
13	.514	.641	70	.232	.302
14	.497	.623	80	.217	.283
15	.482	.606	90	.205	.267
16	.468	.590	100	.195	.254
17	.456	.575	125	.174	.228
18	.444	.561	150	.159	.208
19	.433	.549	200	.138	.181
20	.423	.537	300	.113	.148
21	.413	.526	400	.098	.128
22	.404	.515	500	.088	.115
23	.396	.505	1,000	.062	.081

❹ t−분포표

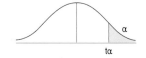

df ＼ α	0.25	0.10	0.05	0.025	0.01	0.005	0.0005
1	1.000	3.078	6.314	12.706	31.821	63.657	636.619
2	0.816	1.886	2.920	4.303	6.965	9.925	31.598
3	0.765	1.638	2.353	3.182	4.541	5.841	12.941
4	0.741	1.533	2.132	2.776	3.747	4.604	8.610
5	0.727	1.476	2.015	2.571	3.365	4.032	6.859
6	0.718	1.440	1.943	2.447	3.143	3.707	5.959
7	0.711	1.415	1.895	2.365	2.998	3.499	5.405
8	0.706	1.397	1.860	2.306	2.896	3.355	5.041
9	0.703	1.383	1.833	2.262	2.821	3.250	4.781
10	0.700	1.372	1.812	2.228	2.764	3.169	4.587
11	0.697	1.363	1.796	2.201	2.718	3.106	4.437
12	0.695	1.356	1.782	2.179	2.681	3.055	4.318
13	0.694	1.350	1.771	2.160	2.650	3.012	4.221
14	0.692	1.345	1.761	2.145	2.624	2.977	4.140
15	0.691	1.341	1.753	2.131	2.602	2.947	4.073
16	0.690	1.337	1.746	2.120	2.583	2.921	4.015
17	0.689	1.333	1.740	2.110	2.567	2.898	3.965
18	0.688	1.330	1.734	2.101	2.552	2.878	3.922
19	0.688	1.328	1.729	2.093	2.339	2.861	3.883
20	0.687	1.325	1.725	2.086	2.528	2.845	3.850
21	0.686	1.323	1.721	2.080	2.518	2.831	3.819
22	0.686	1.321	1.717	2.074	2.508	2.819	3.792
23	0.685	1.319	1.714	2.069	2.500	2.807	3.767
24	0.685	1.318	1.711	2.064	2.492	2.797	3.745
25	0.684	1.316	1.708	2.060	2.485	2.787	3.725
26	0.684	1.315	1.706	2.056	2.479	2.779	3.707
27	0.684	1.314	1.703	2.052	2.473	2.771	3.690
28	0.683	1.313	1.701	2.048	2.467	2.763	3.674
29	0.683	1.311	1.699	2.045	2.462	2.756	3.659
30	0.683	1.310	1.697	2.042	2.457	2.750	3.646
40	0.681	1.303	1.684	2.021	2.423	2.704	3.551
60	0.679	1.296	1.671	2.000	2.390	2.660	3.460
120	0.677	1.289	1.658	1.980	2.358	2.617	3.373
∞	0.674	1.282	1.645	1.960	2.326	2.576	3.291

⑤ F-분포표

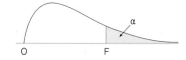

	α = 0.05									
df₂ \ df₁	1	2	3	4	5	6	8	12	24	∞
1	161.40	199.50	215.70	224.60	230.20	234.00	238.90	243.90	249.00	254.30
2	18.51	19.00	19.16	19.25	19.30	19.33	19.37	19.41	19.45	19.50
3	10.13	9.55	9.28	9.12	9.01	8.94	8.84	8.74	8.64	8.53
4	7.71	6.94	6.59	6.39	6.26	6.16	6.04	5.91	5.77	5.63
5	6.61	5.79	5.41	5.19	5.05	4.95	4.82	4.68	4.53	4.36
6	5.99	5.14	4.76	4.53	4.39	4.28	4.15	4.00	3.84	3.67
7	5.59	4.74	4.35	4.12	3.97	3.87	3.73	3.57	3.41	3.23
8	5.32	4.46	4.07	3.84	3.69	3.58	3.44	3.28	3.12	2.93
9	5.12	4.26	3.86	3.63	3.48	3.37	3.23	3.07	2.90	2.71
10	4.96	4.10	3.71	3.48	3.33	3.22	3.07	2.91	2.74	2.54
11	4.84	3.98	3.59	3.36	3.20	3.09	2.95	2.79	2.61	2.40
12	4.75	3.88	3.49	3.26	3.11	3.00	2.85	2.69	2.50	2.30
13	4.67	3.80	3.41	3.18	3.02	2.92	2.77	2.60	2.42	2.21
14	4.60	3.74	3.34	3.11	2.96	2.85	2.70	2.53	2.35	2.13
15	4.54	3.68	3.29	3.06	2.90	2.79	2.64	2.48	2.29	2.07
16	4.49	3.63	3.24	3.01	2.85	2.74	2.59	2.42	2.24	2.01
17	4.45	3.59	3.20	2.96	2.81	2.70	2.55	2.38	2.19	1.96
18	4.41	3.55	3.16	2.93	2.77	2.66	2.51	2.34	2.15	1.92
19	4.38	3.52	3.13	2.90	2.74	2.63	2.48	2.31	2.11	1.88
20	4.35	3.49	3.10	2.87	2.71	2.60	2.45	2.28	2.08	1.84
21	4.32	3.47	3.07	2.84	2.68	2.57	2.42	2.25	2.05	1.81
22	4.30	3.44	3.05	2.82	2.66	2.55	2.40	2.23	2.03	1.78
23	4.28	3.42	3.03	2.80	2.64	2.53	2.38	2.20	2.00	1.76
24	4.26	3.40	3.01	2.78	2.62	2.51	2.36	2.18	1.98	1.73
25	4.24	3.38	2.99	2.76	2.60	2.49	2.34	2.16	1.96	1.71
26	4.22	3.37	2.98	2.74	2.59	2.47	2.32	2.15	1.95	1.69
27	4.21	3.35	2.96	2.73	2.57	2.46	2.30	2.13	1.93	1.67
28	4.20	3.34	2.95	2.71	2.56	2.44	2.29	2.12	1.91	1.65
29	4.18	3.33	2.93	2.70	2.54	2.43	2.28	2.10	1.90	1.64
30	4.17	3.32	2.92	2.69	2.53	2.42	2.27	2.09	1.89	1.62
40	4.08	3.23	2.84	2.61	2.45	2.34	2.18	2.00	1.79	1.51
60	4.00	3.15	2.76	2.52	2.37	2.25	2.10	1.92	1.70	1.39
120	3.92	3.07	2.68	2.45	2.29	2.17	1.83	2.02	1.61	1.25
∞	3.84	2.99	2.60	2.37	2.21	2.09	1.75	1.94	1.52	1.00

df₂＼df₁	1	2	3	4	5	6	8	12	24	∞
					α = 0,01					
1	4052,00	4999,00	5403,00	5625,00	5764,00	5859,00	5981,00	6106,00	6234,00	6366,00
2	98,49	99,01	99,17	99,25	99,30	99,33	99,36	99,42	99,46	99,50
3	34,12	30,81	29,46	28,71	28,24	27,91	27,49	27,05	27,60	26,12
4	21,20	18,00	16,69	15,98	15,52	15,21	14,80	14,37	13,93	13,46
5	16,26	13,27	12,06	11,39	10,97	10,67	10,27	9,89	9,47	9,02
6	13,74	10,92	9,78	9,15	8,75	8,47	8,10	7,72	7,31	6,88
7	12,25	9,55	8,45	7,85	7,46	7,19	6,84	6,47	6,07	5,65
8	11,26	8,65	7,59	7,01	6,63	6,37	6,03	5,67	5,28	4,86
9	10,56	8,02	6,99	6,42	6,06	5,80	5,47	5,11	4,73	4,31
10	10,04	7,56	6,55	5,99	5,64	5,39	5,06	4,71	4,33	3,91
11	9,65	7,20	6,22	5,67	5,32	5,07	4,74	4,40	4,02	3,60
12	9,33	6,93	5,95	5,41	5,06	4,82	4,50	4,16	3,78	3,36
13	9,07	6,70	5,74	5,20	4,86	4,62	4,30	3,96	3,59	3,16
14	8,86	6,51	5,56	5,03	4,69	4,46	4,14	3,80	3,43	3,00
15	8,68	6,36	5,42	4,89	4,56	4,32	4,00	3,67	3,29	2,87
16	8,53	6,23	5,29	4,77	4,44	4,20	3,89	3,55	3,18	2,75
17	8,40	6,11	5,18	4,67	4,34	4,10	3,79	3,45	3,08	2,65
18	8,28	6,01	5,09	4,58	4,25	4,01	3,71	3,37	3,00	2,57
19	8,18	5,93	5,01	4,50	4,17	3,94	3,63	3,30	2,92	2,49
20	8,10	5,85	4,94	4,43	4,10	3,87	3,56	3,23	2,86	2,42
21	8,02	5,78	4,87	4,37	4,04	3,81	3,51	3,17	2,80	2,36
22	7,94	5,72	4,82	4,31	3,99	3,76	3,45	3,12	2,75	2,31
23	7,88	5,66	4,76	4,26	3,94	3,71	3,41	3,07	2,70	2,26
24	7,82	5,61	4,72	4,22	3,90	3,67	3,36	3,03	2,66	2,21
25	7,77	5,57	4,68	4,18	3,86	3,63	3,32	2,99	2,62	2,17
26	7,72	5,53	4,64	4,14	3,82	3,59	3,29	2,96	2,58	2,13
27	7,68	5,49	4,60	4,11	3,78	3,56	3,26	2,93	2,55	2,10
28	7,64	5,45	4,57	4,07	3,75	3,53	3,23	2,90	2,52	2,06
29	7,60	5,42	4,54	4,04	3,73	3,50	3,20	2,87	2,49	2,03
30	7,56	5,39	4,51	4,02	3,70	3,47	3,17	2,84	2,47	2,01
40	7,31	5,18	4,31	3,83	3,51	3,29	2,99	2,66	2,29	1,80
60	7,08	4,98	4,13	3,65	3,34	3,12	2,82	2,50	2,12	1,60
120	6,85	4,79	3,95	3,48	3,17	2,96	2,66	2,34	1,95	1,38
∞	6,64	4,60	3,78	3,32	3,02	2,80	2,51	2,18	1,79	1,00

⑥ 던컨의 유의범위표

f \ p	2	3	4	5	6	7	8	9	10	11	12	13	14	15	16	17	18	19
								$\alpha = 0.05$										
1	17.97	17.97	17.97	17.97	17.97	17.97	17.97	17.97	17.97	17.97	17.97	17.97	17.97	17.97	17.97	17.97	17.97	17.97
2	6.085	6.085	6.085	6.085	6.085	6.085	6.085	6.085	6.085	6.085	6.085	6.085	6.085	6.085	6.085	6.085	6.085	6.085
3	4.501	4.516	4.516	4.516	4.516	4.516	4.516	4.516	4.516	4.516	4.516	4.516	4.516	4.516	4.516	4.516	4.516	4.516
4	3.927	4.013	4.033	4.033	4.033	4.033	4.033	4.033	4.033	4.033	4.033	4.033	4.033	4.033	4.033	4.033	4.033	4.033
5	3.635	3.749	3.797	3.814	3.814	3.814	3.814	3.814	3.814	3.814	3.814	3.814	3.814	3.814	3.814	3.814	3.814	3.814
6	3.461	3.587	3.649	3.680	3.694	3.697	3.697	3.697	3.697	3.697	3.697	3.697	3.697	3.697	3.697	3.697	3.697	3.697
7	3.344	3.477	3.548	3.588	3.611	3.622	3.626	3.626	3.626	3.626	3.626	3.626	3.626	3.626	3.626	3.626	3.626	3.626
8	3.261	3.399	3.475	3.521	3.549	3.566	3.575	3.579	3.579	3.579	3.579	3.579	3.579	3.579	3.579	3.579	3.579	3.579
9	3.199	3.339	3.420	3.470	3.502	3.523	3.536	3.544	3.547	3.547	3.547	3.547	3.547	3.547	3.547	3.547	3.547	3.547
10	3.151	3.293	3.376	3.430	3.465	3.489	3.505	3.516	3.522	3.525	3.526	3.526	3.526	3.526	3.526	3.526	3.526	3.526
11	3.113	3.256	3.342	3.397	3.435	3.462	3.480	3.493	3.501	3.506	3.509	3.510	3.510	3.510	3.510	3.510	3.510	3.510
12	3.082	3.225	3.313	3.370	3.410	3.439	3.459	3.474	3.484	3.491	3.496	3.498	3.499	3.499	3.499	3.499	3.499	3.499
13	3.055	3.200	3.289	3.348	3.389	3.419	3.442	3.458	3.470	3.478	3.484	3.488	3.490	3.490	3.490	3.490	3.490	3.490
14	3.033	3.178	3.268	3.329	3.372	3.403	3.426	3.444	3.457	3.467	3.474	3.479	3.482	3.484	3.484	3.485	3.485	3.485
15	3.014	3.160	3.250	3.312	3.356	3.389	3.413	3.432	3.446	3.457	3.465	3.471	3.476	3.478	3.480	3.481	3.481	3.481
16	2.998	3.144	3.235	3.298	3.343	3.376	3.402	3.422	3.437	3.449	3.458	3.465	3.470	3.473	3.477	3.478	3.478	3.478
17	2.984	3.130	3.222	3.285	3.331	3.366	3.392	3.412	3.429	3.441	3.451	3.459	3.465	3.469	3.473	3.475	3.476	3.476
18	2.971	3.118	3.210	3.274	3.321	3.356	3.383	3.405	3.421	3.435	3.445	3.454	3.460	3.465	3.470	3.472	3.474	3.474
19	2.960	3.107	3.199	3.264	3.311	3.347	3.375	3.397	3.415	3.429	3.440	3.449	3.456	3.462	3.467	3.470	3.472	3.473
20	2.950	3.097	3.190	3.255	3.303	3.339	3.368	3.391	3.409	3.424	3.436	3.445	3.453	3.459	3.464	3.467	3.470	3.472
24	2.919	3.066	3.160	3.226	3.276	3.315	3.345	3.370	3.390	3.406	3.420	3.432	3.441	3.449	3.456	3.461	3.465	3.469
30	2.888	3.035	3.131	3.199	3.250	3.290	3.322	3.349	3.371	3.389	3.405	3.418	3.430	3.439	3.447	3.454	3.460	3.466
40	2.858	3.006	3.102	3.171	3.224	3.266	3.300	3.328	3.352	3.373	3.390	3.405	3.418	3.429	3.439	3.448	3.456	3.463
60	2.829	2.976	3.073	3.143	3.198	3.241	3.277	3.307	3.333	3.355	3.374	3.391	3.406	3.419	3.431	3.442	3.451	3.460
120	2.800	2.947	3.045	3.116	3.172	3.217	3.254	3.287	3.314	3.337	3.359	3.377	3.394	3.409	3.423	3.435	3.446	3.457
∞	2.772	2.918	3.017	3.089	3.146	3.193	3.232	3.265	3.294	3.320	3.343	3.363	3.382	3.399	3.414	3.428	3.442	3.454

								$\alpha = 0.01$										
df P	2	3	4	5	6	7	8	9	10	11	12	13	14	15	16	17	18	19
1	90.03	90.03	90.03	90.03	90.03	90.03	90.03	90.03	90.03	90.03	90.03	90.03	90.03	90.03	90.03	90.03	90.03	90.03
2	14.04	14.04	14.04	14.04	14.04	14.04	14.04	14.04	14.04	14.04	14.04	14.04	14.04	14.04	14.04	14.04	14.04	14.04
3	8.261	8.321	8.321	8.321	8.321	8.321	8.321	8.321	8.321	8.321	8.321	8.321	8.321	8.321	8.321	8.321	8.321	8.321
4	6.512	6.677	6.740	6.756	6.756	6.756	6.756	6.756	6.756	6.756	6.756	6.756	6.756	6.756	6.756	6.756	6.756	6.756
5	5.702	5.893	5.989	6.040	6.065	6.074	6.074	6.074	6.074	6.074	6.074	6.074	6.074	6.074	6.074	6.074	6.074	6.074
6	5.243	5.439	5.549	5.614	5.655	5.680	5.694	5.701	5.703	5.703	5.703	5.703	5.703	5.703	5.703	5.703	5.703	5.703
7	4.949	5.145	5.260	5.334	5.383	5.416	5.439	5.454	5.464	5.470	5.472	5.472	5.472	5.472	5.472	5.472	5.472	5.472
8	4.746	4.939	5.057	5.135	5.189	5.227	5.256	5.276	5.291	5.302	5.309	5.314	5.316	5.317	5.317	5.317	5.317	5.317
9	4.596	4.787	4.906	4.986	5.043	5.086	5.118	5.142	5.160	5.174	5.185	5.193	5.199	5.203	5.205	5.206	5.206	5.206
10	4.482	4.671	4.790	4.871	4.931	4.975	5.010	5.037	5.058	5.074	5.088	5.098	5.106	5.112	5.117	5.120	5.122	5.124
11	4.392	4.579	4.697	4.780	4.841	4.887	4.924	4.952	4.975	4.994	5.009	5.021	5.031	5.039	5.045	5.050	5.054	5.057
12	4.320	4.504	4.622	4.706	4.767	4.815	4.852	4.883	4.907	4.927	4.944	4.958	4.969	4.978	4.986	4.993	4.998	5.002
13	4.260	4.442	4.560	4.644	4.706	4.755	4.793	4.824	4.850	4.872	4.889	4.904	4.917	4.928	4.937	4.944	4.950	4.956
14	4.210	4.391	4.508	4.591	4.654	4.704	4.743	4.775	4.802	4.824	4.843	4.859	4.872	4.884	4.894	4.902	4.910	4.916
15	4.168	4.347	4.463	4.547	4.610	4.660	4.700	4.733	4.760	4.783	4.803	4.820	4.834	4.846	4.857	4.866	4.874	4.881
16	4.131	4.309	4.425	4.509	4.572	4.622	4.663	4.696	4.724	4.748	4.768	4.786	4.800	4.813	4.825	4.835	4.844	4.851
17	4.099	4.275	4.391	4.475	4.539	4.589	4.630	4.664	4.693	4.717	4.738	4.756	4.771	4.785	4.797	4.807	4.816	4.824
18	4.071	4.246	4.362	4.445	4.509	4.560	4.601	4.635	4.664	4.689	4.711	4.729	4.745	4.759	4.772	4.783	4.792	4.801
19	4.046	4.220	4.335	4.419	4.483	4.534	4.575	4.610	4.639	4.665	4.686	4.705	4.722	4.736	4.749	4.761	4.771	4.780
20	4.024	4.197	4.312	4.395	4.459	4.510	4.552	4.587	4.617	4.642	4.664	4.684	4.701	4.716	4.729	4.741	4.751	4.761
24	3.956	4.126	4.239	4.322	4.386	4.437	4.480	4.516	4.546	4.573	4.596	4.616	4.634	4.651	4.665	4.678	4.690	4.700
30	3.889	4.056	4.168	4.250	4.314	4.366	4.409	4.445	4.477	4.504	4.528	4.550	4.569	4.586	4.601	4.615	4.628	4.640
40	3.825	3.988	4.098	4.180	4.244	4.296	4.339	4.376	4.408	4.436	4.461	4.483	4.503	4.521	4.537	4.553	4.566	4.579
60	3.762	3.922	4.031	4.111	4.174	4.226	4.270	4.307	4.340	4.368	4.394	4.417	4.438	4.456	4.474	4.490	4.504	4.518
120	3.702	3.858	3.965	4.044	4.107	4.158	4.202	4.239	4.272	4.301	4.327	4.351	4.372	4.392	4.410	4.426	4.442	4.456
∞	3.643	3.796	3.900	3.978	4.040	4.091	4.135	4.172	4.205	4.235	4.261	4.285	4.307	4.327	4.345	4.363	4.379	4.394

❼ 스피어만 순위차 상관계수 검정표

n \ α	0.1	0.05	0.025	0.01	0.005	0.001
4	.8000	.8000				
5	.7000	.8000	.9000	.9000		
6	.6000	.7714	.8286	.8857	.9429	
7	.5357	.6786	.7450	.8571	.8929	.9643
8	.5000	.6190	.7143	.8095	.8571	.9286
9	.4667	.5833	.6833	.7667	.8167	.9000
10	.4424	.5515	.6364	.7333	.7818	.8667
11	.4182	.5273	.6091	.7000	.7455	.8364
12	.3986	.4965	.5804	.6713	.7273	.8182
13	.3791	.4780	.5549	.6429	.6978	.7912
14	.3626	.4593	.5341	.6220	.6747	.7670
15	.3500	.4429	.5179	.6000	.6536	.7464
16	.3382	.4265	.5000	.5824	.6324	.7265
17	.3260	.4118	.4853	.5637	.6152	.7083
18	.3148	.3994	.4716	.5480	.5975	.6904
19	.3070	.3895	.4579	.5333	.5825	.6737
20	.2977	.3789	.4451	.5203	.5684	.6586
21	.2909	.3688	.4351	.5078	.5545	.6455
22	.2829	.3597	.4241	.4963	.5426	.6318
23	.2767	.3518	.4150	.4852	.5306	.6186
24	.2704	.3435	.4061	.4748	.5200	.6070
25	.2646	.3362	.3977	.4654	.5100	.5962
26	.2588	.3299	.3894	.4564	.5002	.5856
27	.2540	.3236	.3822	.4481	.4915	.5757
28	.2490	.3175	.3749	.4401	.4828	.5660
29	.2443	.3113	.3685	.4320	.4744	.5567
30	.2400	.3059	.3620	.4251	.4665	.5479

⑧ 스튜던트화 범위표

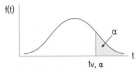

v \ α	.100	.050	.025	.010	.005
1	3.078	6.314	12.706	31.821	63.657
2	1.886	2.920	4.303	6.965	9.925
3	1.638	2.353	3.182	4.541	5.841
4	1.533	2.132	2.776	3.747	4.604
5	1.476	2.015	2.571	3.365	4.032
6	1.440	1.943	2.447	3.143	3.707
7	1.415	1.895	2.365	2.998	3.499
8	1.397	1.860	2.306	2.896	3.355
9	1.383	1.833	2.262	2.821	3.250
10	1.372	1.812	2.228	2.764	3.169
11	1.363	1.796	2.201	2.718	3.106
12	1.356	1.782	2.179	2.681	3.055
13	1.350	1.771	2.160	2.650	3.012
14	1.345	1.761	2.145	2.624	2.977
15	1.341	1.753	2.131	2.602	2.947
16	1.337	1.746	2.120	2.583	2.921
17	1.333	1.740	2.110	2.567	2.898
18	1.330	1.734	2.101	2.552	2.878
19	1.328	1.729	2.093	2.539	2.861
20	1.325	1.725	2.086	2.528	2.845
21	1.323	1.721	2.080	2.518	2.831
22	1.321	1.717	2.074	2.508	2.819
23	1.319	1.714	2.069	2.500	2.807
24	1.318	1.711	2.064	2.492	2.797
25	1.316	1.708	2.060	2.485	2.787
26	1.315	1.706	2.056	2.479	2.779
27	1.314	1.703	2.052	2.473	2.771
28	1.313	1.701	2.048	2.467	2.763
29	1.311	1.699	2.045	2.462	2.756
30	1.310	1.697	2.042	2.457	2.750
40	1.303	1.684	2.021	2.423	2.704
60	1.296	1.671	2.000	2.390	2.660
∞	1.282	1.645	1.960	2.326	2.576

⑨ χ^2 분포표

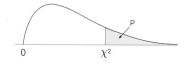

df	.99	.98	.95	.90	.80	.70	.50	.30	.20	.10	.05	.02	.01	.001
1	.03157	.03628	.03393	.0158	.0642	.148	.455	1.074	1.642	2.706	3.841	5.412	6.635	10.827
2	.0201	.0404	.103	.211	.446	.713	1.386	2.408	3.219	4.605	5.991	7.824	9.210	13.815
3	.115	.185	.352	.584	1.005	1.424	2.366	3.665	4.642	6.251	7.815	9.837	11.341	16.268
4	.297	.429	.711	1.064	1.649	2.195	3.357	4.878	5.989	7.779	9.488	11.668	13.277	18.465
5	.554	.752	1.145	1.610	2.343	3.000	4.351	6.064	7.289	9.236	11.070	13.388	15.086	20.517
6	.872	1.134	1.635	2.204	3.070	3.828	5.348	7.231	8.558	10.645	12.592	15.033	16.812	22.457
7	1.239	1.564	2.167	2.833	3.822	4.671	6.346	8.383	9.803	12.017	14.067	16.622	18.475	24.322
8	1.646	2.032	2.733	3.490	4.594	5.527	7.344	9.524	11.030	13.362	15.507	18.168	20.090	26.125
9	2.088	2.532	3.325	4.168	5.380	6.393	8.343	10.656	12.242	14.684	16.919	19.679	21.666	27.877
10	2.558	3.059	3.940	4.865	6.179	7.267	9.342	11.781	13.442	15.987	18.307	21.161	23.209	29.588
11	3.053	3.609	4.575	5.578	6.989	8.148	10.341	12.899	14.631	17.275	19.675	22.618	24.725	31.264
12	3.571	4.178	5.226	6.304	7.807	9.034	11.340	14.011	15.812	18.549	21.026	24.054	26.217	32.909
13	4.107	4.765	5.892	7.042	8.634	9.926	12.340	15.119	16.985	19.812	22.362	25.472	27.688	34.528
14	4.660	5.368	6.571	7.790	9.467	10.821	13.339	16.222	18.151	21.064	23.685	26.873	29.141	36.123
15	5.229	5.985	7.261	8.547	10.307	11.721	14.339	17.322	19.311	22.307	24.996	28.259	30.578	37.697
16	5.812	6.614	7.962	9.312	11.152	12.624	15.338	18.418	20.465	23.542	26.296	29.633	32.000	39.252
17	6.408	7.255	8.672	10.085	12.002	13.531	16.338	19.511	21.615	24.769	27.587	30.995	33.409	40.790
18	7.015	7.906	9.390	10.865	12.857	14.440	17.338	20.601	22.760	25.989	28.869	32.346	34.805	42.312
19	7.633	8.567	10.117	11.651	13.716	15.352	18.338	21.689	23.900	27.204	30.144	33.687	36.191	43.820
20	8.260	9.237	10.851	12.443	14.578	16.266	19.337	22.775	25.038	28.412	31.410	35.020	37.566	45.315
21	8.897	9.915	11.591	13.240	15.445	17.182	20.337	23.858	26.171	29.615	32.671	36.343	38.932	46.797
22	9.542	10.600	12.338	14.041	16.314	18.101	21.337	24.939	27.301	30.813	33.924	37.659	40.289	48.268
23	10.196	11.293	13.091	14.848	17.187	19.021	22.337	26.018	28.429	32.007	35.172	38.968	41.638	49.728
24	10.856	11.992	13.848	15.659	18.062	19.943	23.337	27.096	29.553	33.196	36.415	40.270	42.980	51.179
25	11.524	12.697	14.611	16.473	18.940	20.867	24.337	28.172	30.675	34.382	37.652	41.566	44.314	52.620
26	12.198	13.409	15.379	17.292	19.820	21.792	25.336	29.246	31.795	35.563	38.885	42.856	45.642	54.052
27	12.879	14.125	16.151	18.114	20.703	22.719	26.336	30.319	32.912	36.741	40.113	44.140	46.963	55.476
28	13.565	14.847	16.928	18.939	21.588	23.647	27.336	31.391	34.027	37.916	41.337	45.419	48.278	56.893
29	14.256	15.574	17.708	19.768	22.475	24.577	28.336	32.461	35.139	39.087	42.557	46.693	49.588	58.302
30	14.953	16.306	18.493	20.599	23.364	25.508	29.336	33.530	36.250	40.256	43.773	47.962	50.892	59.703

p. 189 **Z-분포에 대한 이해**

1. 59.87% 2. 85.99% 3. 28.10%

4. 7.78% 5. 166명 6. 65명

7. 24명 8. 72점 9. 51점

p. 229 **단순회귀분석의 이해**

(1) 회귀식: $Y' = -0.6 + 0.9X$

(2) 결정계수: 81%

(3) F값은 12.80, 자유도 1, 3에서 5% 수준의 임계치가 10.130이므로 귀무가설 기각하고 회귀식은 유의함.

p. 315 **일원분산분석의 이해**

(1) 총괄표

분산원	SS	df	MS	F
집단 간	14	2	7	15.1
집단 내	4	9	0.44	
전체	18	11		

(2) 5% 수준의 임계치는 4.26이므로 귀무가설 기각

p. 379 **두 변수 카이제곱분석의 이해**

(1) $\chi^2 = 33.33$

(2) 이 값은 자유도가 1일 때 5% 유의수준의 임계치 3.841, 1% 유의수준의 임계치 6.635, 0.1% 유의수준의 임계치 10.827보다 크므로 변수 A에 따라 변수 B는 유의한 차이를 보임.

찾아보기

저자 소개

이은영
서울대학교 사범대학 가정교육학과(학사)
미국 Texas Tech University(석사)
미국 Texas Tech University(박사)
서울대학교 생활과학대학 의류학과 교수
서울대학교 생활과학대학 학장
ITAA Distinguished Scholar
저서 복식디자인론, 패션마케팅, 패션과 문화(공저)

정인희
서울대학교 가정대학 의류학과(가정학사)
서울대학교 대학원(가정학석사)
서울대학교 대학원(이학박사)
이탈리아 Politecnico di Milano 방문교수
저서 이탈리아: 패션과 문화를 말하다
　　　패션 시장을 지배하라
역서 서양 패션의 역사, 재키스타일(공역), 창의성은 폭풍우처럼(공역)
현재 금오공과대학교 화학소재융합공학부 교수

서상우
서울대학교 생활과학대학 의류학과(학사)
서울대학교 대학원(생활과학석사)
서울대학교 대학원(생활과학박사)
저서 IT Fashion(공저), 현대패션의 이해(공저)
현재 전주대학교 문화관광대학 패션산업학과 교수

의류학연구방법론

2002년 2월 28일 초판 발행 | 2010년 2월 25일 개정판 발행 | 2019년 3월 6일 3판 발행

지은이 이은영·정인희·서상우 | **펴낸이** 류제동 | **펴낸곳 교문사**

편집부장 모은영 | **책임편집** 김선형 | **디자인** 신나리
영업 이진석·정용섭·진경민 | **출력·인쇄** 동화인쇄 | **제본** 한진제본

주소 (10881) 경기도 파주시 문발로 116 | **전화** 031-955-6111 | **팩스** 031-955-0955
홈페이지 www.gyomoon.com | **E-mail** genie@gyomoon.com
등록 1960. 10. 28. 제406-2006-000035호
ISBN 978-89-363-1831-4(93590) | **값** 24,000원